国防科技图书出版基金

"十三五"国家重点出版物出版规划项目
无人系统科学与技术丛书

无人机集群作战协同控制与决策

Cooperative Control and Decision of UAV Swarm Operations

甄子洋 江 驹 孙绍山 王波兰 编著

国防工业出版社
·北京·

图书在版编目（CIP）数据

无人机集群作战协同控制与决策 / 甄子洋等编著
. 一北京：国防工业出版社，2025.1 重印
（无人系统科学与技术丛书）
“十三五”国家重点出版物出版规划项目
ISBN 978-7-118-12354-8

Ⅰ. ①无…　Ⅱ. ①甄…　Ⅲ. ①无人驾驶飞机一集群一作战一研究　Ⅳ. ①E926.3

中国版本图书馆 CIP 数据核字（2021）第 245973 号

※

国防工業出版社 出版发行
（北京市海淀区紫竹院南路 23 号　邮政编码 100048）
雅迪云印（天津）科技有限公司印刷
新华书店经售
*
开本 710×1000　1/16　**印张** 20　**字数** 346 千字
2025 年 1 月第 1 版第 4 次印刷　**印数** 5001—7000 册　**定价** 148.00 元

国防书店：(010)88540777　　发行邮购：(010)88540776
发行传真：(010)88540775　　发行业务：(010)88540717

国防科技图书出版基金
2019 年度评审委员会组成人员

主任委员　吴有生

副主任委员　郝　刚

秘书长　郝　刚

副秘书长　刘　华　袁荣亮

委　员　（按姓氏笔画排序）

于登云	王清贤	王群书	甘晓华	邢海鹰
刘　宏	孙秀冬	芮筱亭	杨　伟	杨德森
肖志力	何　友	初军田	张良培	陆　军
陈小前	房建成	赵万生	赵凤起	郭志强
唐志共	梅文华	康　锐	韩祖南	魏炳波

致读者

本书由中央军委装备发展部**国防科技图书出版基金**资助出版。

为了促进国防科技和武器装备发展，加强社会主义物质文明和精神文明建设，培养优秀科技人才，确保国防科技优秀图书的出版，原国防科工委于1988年初决定每年拨出专款，设立国防科技图书出版基金，成立评审委员会，扶持、审定出版国防科技优秀图书。这是一项具有深远意义的创举。

国防科技图书出版基金资助的对象是：

1. 在国防科学技术领域中，学术水平高，内容有创见，在学科上居领先地位的基础科学理论图书；在工程技术理论方面有突破的应用科学专著。

2. 学术思想新颖，内容具体、实用，对国防科技和武器装备发展具有较大推动作用的专著；密切结合国防现代化和武器装备现代化需要的高新技术内容的专著。

3. 有重要发展前景和有重大开拓使用价值，密切结合国防现代化和武器装备现代化需要的新工艺、新材料内容的专著。

4. 填补目前我国科技领域空白并具有军事应用前景的薄弱学科和边缘学科的科技图书。

国防科技图书出版基金评审委员会在中央军委装备发展部的领导下开展工作，负责掌握出版基金的使用方向，评审受理的图书选题，决定资助的图书选题和资助金额，以及决定中断或取消资助等。经评审给予资助的图书，由中央军委装备发展部国防工业出版社出版发行。

国防科技和武器装备发展已经取得了举世瞩目的成就，国防科技图书承担着记载和弘扬这些成就，积累和传播科技知识的使命。开展好评审工作，使有限的基金发挥出巨大的效能，需要不断摸索、认真总结和及时改进，更需要国防科技和武器装备建设战线广大科技工作者、专家、教授，以及社会各界朋友的热情支持。

让我们携起手来，为祖国昌盛、科技腾飞、出版繁荣而共同奋斗！

国防科技图书出版基金

评审委员会

前 言

无人机种类繁多，使用灵活，应用甚广，尤其在军事上，无人机可执行情报搜索、侦察警戒、电子干扰、通信中继、战斗评估以及对陆或反舰攻击等众多作战任务。随着人工智能技术的突飞猛进，无人机的智能水平和自主能力必将大幅提高。无人机集群技术正是无人机与人工智能深度融合的新兴产物，日益成为当前国防领域的前沿热点。

无人机集群作战（有时又称作“蜂群”作战）通过较大规模无人机平台的协同控制，获得远超单个无人机作战平台的作战效能。无人机集群作战能够提高无人机的任务执行成功概率和生存概率。无人机集群作战的关键在于设计有效的编队控制、任务规划和作战决策系统，使无人机具备完成编队飞行、防撞避障、航迹规划、目标分配、态势评估、协同作战等环节的能力。

无人机集群作战技术正日益受到世界军事强国的广泛重视。美国国防部、空军、海军等机构不断提出一些无人机集群作战概念并进行立项研究，极大推动了无人机集群作战技术的发展。南京航空航天大学飞行控制实验室在国家自然科学基金、空军装备预研、海军装备预研、航空科学基金等课题支持下，较早地开展了该领域的研究，在无人机编队控制、协同任务规划、集群对抗等方面取得了较大研究进展，并进行了相关飞行试验验证。本书既是对上述研究成果的系统性总结，又有对国内外无人机集群作战技术的发展概述。本书共分10章，具体内容安排如下：

第1章“绪论”，主要概述了无人机的发展历程，阐述了多无人机编队控制、多无人机协同控制与决策、无人机集群协同控制与决策的基本概念和国内外发展现状。

第2章“多无人机编队飞行控制”，主要建立了无人机的数学模型，阐述了几种典型的飞行控制方法，建立了编队相对运动学模型，研究了编队飞行的队形集结、队形保持、队形重构与编队自适应控制技术。

第3章“多无人机协同航迹规划”，主要研究了二维空间下的单机航迹规划、多无人机协同离线航迹规划和在线航迹规划，以及三维空间下的多无人机协同航迹规划。

第4章“多无人机协同搜索”，主要研究了基于滚动时域优化的动态目标协同搜索，以及基于粒子群优化的静止目标协同搜索。

第5章“同构多无人机协同察打”，主要研究了考虑威胁躲避的协同察打、考虑航程约束的协同察打以及考虑动态目标的协同察打。

第6章“异构多无人机协同察打”，主要研究了以侦察型和察打型无人机组成的多无人机协同察打离线和在线任务规划。

第7章“多无人机协同空战决策”，主要研究了多无人机协同空战威胁评估、智能目标分配以及自主机动决策。

第8章“无人机集群自组织系统”，主要描述了生物群体自组织行为特征，阐述了自组织系统的定义和规范，概述了典型的无人机集群自组织系统模型，研究了基于行为规则的无人机集群自组织系统模型。

第9章“无人机集群协同搜索与察打”，主要研究了无人机集群协同搜索与无人机集群协同察打。

第10章“无人机集群协同对抗与饱和攻击”，主要研究了无人机集群协同对抗与无人机集群饱和攻击。

值此出版之际，作者衷心感谢樊邦奎院士、费树岷教授在百忙之中的认真审阅和鼎立推荐；非常感谢姜斌教授、龚华军教授、段海滨教授、陈谋教授、陆宇平教授、王道波教授、黄一敏研究员、王新华副教授等的热心指导和帮助；特别感谢薛艺璇、文梁栋博士的细心统稿与校对；大力感谢郜晨、欧超杰、李腾、宋遐淦、肖东、许玥、邢冬静、文成馀、朱平、陆晓安、陈棪、陈逸飞等研究生们对相关章节的无私贡献和帮助。此外，作者引用了国内外许多专家学者的研究成果，在此深表感谢。最后，感谢国防工业出版社的编辑对本书出版付出的诸多辛劳，同时感谢国防科技图书出版基金对本书出版的资助。

目前，无人机集群作战协同控制与决策的相关理论与技术尚未成熟，本书的出版旨在抛砖引玉，促进相关学科理论的不断发展，同时也为相关工程领域的专家同行们提供参考借鉴。尽管作者倾尽全力，但由于水平所限，书中难免有不妥与谬误之处，恳请专家和读者批评指正，不胜感激。

作　者

2021年6月于南京

目　录

Contents

第1章 绪论

1.1 无人机

无人机（Unmanned Aerial Vehicle，UAV）主要指没有飞行员驾驶、使用气动力提供升力、可自主飞行或远程驾驶、可消耗或可回收、可携带致命或非致命性有效载荷的机动飞行器。相比于有人机，无人机的生产、运行、维护成本较低，抗压作战能力强，不易造成操作人员伤亡，因此适合用于执行3D（Dull，Dirty and Dangerous）任务，即枯燥、肮脏和危险任务。其中，枯燥任务是指需要具备长航时的任务，如监视；肮脏任务是指可能接触不安全环境的任务，如大规模杀伤性武器影响区；危险任务主要是指对敌防空压制（Suppression of Enemy Air Defenses，SEAD）等任务。

无人机体系庞大，分支众多。军事领域主要涉及作战无人机、察打一体化无人机和支援保障无人机等几大类型。其中，作战无人机可细分为无人战斗机、无人轰炸机和无人攻击机，负责对敌方目标进行攻击和摧毁；察打一体化无人机用来实施战术战役级别的监视侦察、目标定位等任务，必要时可以对敌方目标进行攻击和摧毁；支援保障无人机用于为地面作战部队提供信息、情报、补给等方面的支援。无人机还可用于执行情报、监视与侦察、指挥与控制、通信、武装防御、大规模杀伤性武器、战区防空导弹防御、对敌防空压制、战场搜索救援、扫雷、禁毒、心理战、全天候/夜间打击、火力对抗、反潜战等多种任务。

1.1.1 发展历程

无人机最早出现在第一次世界大战时期，第二次世界大战后，不少军事强国将退役的飞机改装成靶机，开启了近代无人机发展的先河。

1917 年，Cooper 和 Sperry 发明了第一台自动陀螺稳定器，能够使得飞机保持平衡向前飞行。在此基础上，通用公司完成了“凯特灵”空中鱼雷的设计与制造。该无人机载重 136kg，机翼可拆卸，可从装有滚轮的手推车起飞，在第一次世界大战期间接受了大量美军订单。

1935 年，英国研制出“蜂王”号无人机，这是第一架能够回到起飞点并重复利用的无人机，最高飞行高度可达 5km，最高速度 161km/h，在英国皇家空军服役到 1947 年。

1944 年，德国工程师 Fieseler 设计了“复仇者”1 号无人机，用于攻击非军事目标，速度可达 756km/h，最高搭载 907kg 的导弹，最远可飞行 241km。

1955 年，瑞安航空公司制造的瑞安 XQ-2“火蜂”号进行首次试飞，这是世界上首架喷气式无人机，主要用于情报收集、无线电监控等任务。

1986 年，RQ-2A“先锋”号无人机首飞成功。该机通过火箭助力起飞，起飞质量 189kg，速度可达 175km/h，飞机能够漂浮在水面，通过海面降落进行回收。它曾经用于监视、侦察等任务，能够为地面站操作人员提供目标及战场的实时画面。

1994 年，通用原子公司研制出 MQ 系列无人机，其中 MQ-1“捕食者”和 MQ-9“死神”均为察打一体化中空长航时无人机，如图 1-1 所示。

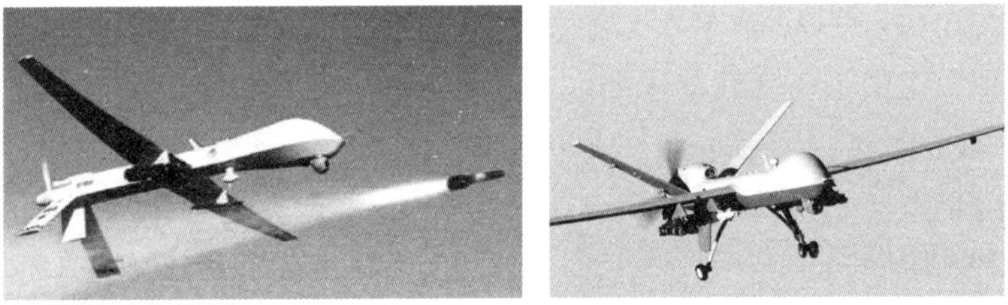

（a）MQ-1“捕食者”　　（b）MQ-9“死神”

图 1-1　常用军用无人机

2001 年，诺斯罗普·格鲁曼公司开始研发 RQ-4“全球鹰”无人机，该机为高空长航时无人机，能够完成跑道起降。该无人机服役于美国空军，装备了综合传感器，用于完成情报收集、侦察以及监视等任务。

海湾战争后，世界各国逐渐意识到无人机在作战中的优势，将各种新技术应用到无人机的研发中，如将隐身技术应用到无人机上，使其从实时战术侦察向空中预警方向发展。目前军用无人机中应用较广的是支援保障无人机、察打一体化无人机等。

2010 年 4 月，美国陆军发布《美国陆军无人机系统 2010—2035 路线图》，总结了美国陆军在全范围作战中如何使用、发展和应用无人机系统，解释了作战功能的概念，力图通过综合实验和测试对新技术进行评估[1]。该路线图将 25 年内的无人机发展分为 3 个阶段：近期发展阶段（2010—2015 年），为了满足陆军作战需求，需要无人机具备智能的自主侦察监视能力，主要利用远程多用途无人机、MQ-5B“猎人”无人机、“阴影”无人机和 RQ-11“大乌鸦”无人机；中期发展阶段（2016—2025 年），将多用途无人机系统用于战术层面，为陆军行动提供支援网络、运输保障等各个方面的支持；远期发展阶段（2026—2035 年），提高无人机的续航和携带载荷能力，同时尽可能减小无人机的尺寸、重量和动力需求，发展垂直起降无人机，使无人机能够适用于全天候条件，并加强无人机集群能力。

20 世纪 50 年代后期，我国开始投入无人机的研究中。1959 年 1 月，我国第一架无人机“北京”5 号试飞成功。北京航空航天大学组织研究人员设计了无人驾驶控制系统，并将其用于“安”-2 飞机上，操作员通过遥控完成了从起飞、下滑、着陆到滑跑的全过程试验。

1966 年，大型喷气式高亚声速无人机 CK-1“长空”1 号首飞成功。随后，南京航空航天大学积极投入到该机型的研制与改进中，并于 1976 年完成 CK-1 中高空靶机的定型，为部队提供打靶、防空训练。该机为多款改进型号提供了原型，核试验取样机 CK-1A 完成了我国一次核试验的穿云取样飞行，CK-1B 低空型靶机能够完成低空巡航，CK-1C 大机动型靶机能够完成 70°～77°的高速水平大机动飞行。

进入 21 世纪，我国的无人机技术进入井喷式发展，历次航展中展示了多种型号无人机，不仅享誉国内，甚至在海外市场也占据了一席之地。中国航天科技集团公司第十一研究院研制的“彩虹”系列无人机已经形成较为完备的应用体系。“彩虹”-3A 集侦察、攻击于一体，可以对地面静止和动态目标进行侦察和精确打击，攻击精度可达 1.5m，具有一定超低空突防和隐身性能，是国内首款批量出口的攻击型无人机。“彩虹”-4 着眼于持续滞空压制的应用场景，最大续航时间提升到 35h，可以携带更多的武器载荷，具有良好的中空长航时性能，可以实现对海面目标的侦察打击，其整体性能指标堪比美国“捕食者”-A 无人机。2017 年，“彩虹”-5 实现量产，在前代型号的基础上，其载重能力大幅提升，最多可挂载 16 枚空地导弹，最大载荷高达 1t，得以搭载更为优秀的中型多功能对海雷达、电子战设备等，同时，机上搭载了余度飞控系统，极大增强了安全性能，作为大型“察打一体”无人机，受到了世界各国的广泛关注。

2015 年，国务院印发《中国制造 2025》，十大重点领域提及无人机产业的发展。2016 年，国务院印发《十三五国家战略性新兴产业发展规划》，首次将无人机产业提升到国家战略层面。在国家的大力推动下，依托国内高校及科研机构，我国的无人机行业将迎来前所未有的发展势头。

1.1.2 智能自主控制

美国无人系统自主等级（Autonomy Levels For Unmanned System，ALFUS）工作组将自主定义为：无人系统通过自身的探测、感知、分析、通信、规划、决策和行动能力，实现指挥人员下达的作战指令[2]。

无人机能够进行独立工作，但其控制权限中须考虑人的因素。无人机一般有 3 种工作模态：自主（自动）模态、人工干预模态和人工操纵模态。操作员根据实时环境情况与任务需求对工作模态进行设置与选择。

（1）自主（自动）模态：是指按照操作人员制定的规则、理念、思路进行工作，监督无人机的飞行，无人机系统一般情况下默认以该模式运行。

（2）人工干预模态：是指在自主模态下，操作人员通过施加一个增量，在线修正自主飞行模态的偏差。

（3）人工操纵模态：是指无人机发生故障无法自主运行的应急条件下，由操作人员直接操纵飞机。由于操作人员难以准确判断飞机的实时运动状态，因此一般情况下，人工操纵难以保证飞机的控制效果。

无人机按任务需求自主生成控制指令完成操纵过程，操作人员对飞机的飞行情况及相关载荷进行实时监控，并作出适度的修正，应急情况下，操作人员接管飞机，进行应急处理。

美国空军研究实验室（Air Force Research Laboratory，AFRL）根据观察—判断—决策—执行（Observe-Orient-Decide-Act，OODA）模型，制定了无人机自主控制等级发展路线图，将无人机自主控制能力分为 10 个等级，如图 1-2 所示[3]。

1~3 级是无人机个体安全飞行等级，定义为“高可靠地活着”。无人机能够安全飞行，高度、速度和姿态等状态是安全的；具备防撞能力，能自主安全地规避障碍物；具备空中加受油能力，确保无人机能量充足；具备故障重构和自修复能力以及应急安全着陆能力。

4~7 级是无人机多机协同等级，定义为“高品质地工作”。无人机能够实现四维导航，进行态势感知；能够实现航迹规划与重规划；进一步实现任务规划与重规划。

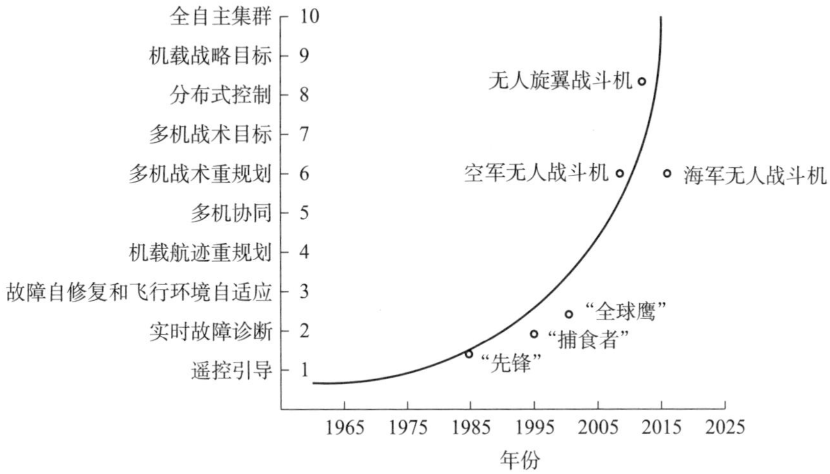

图 1-2　美国无人机自主控制等级划分

8~10 级是无人机集群协同等级，定义为“为集体使命高效地工作”。无人机具有编队飞行能力、有人/无人协同作战能力、群体感知与态势共享能力以及集群联合作战能力。

在无人机的自主控制方面，国外研究机构已经取得一系列成果。华盛顿大学的 Rydsyk 等提出了一个基于知识水平的自主控制模型，充分利用了全局状态、局部状态和飞机状态作为信息来源，成功地在有限领域内实现了无人机的自主控制，其架构如图 1-3 所示[4]。规划系统综合考虑障碍物、燃料、天气等因素，为无人机规划航迹，并分配侦察、搜索等任务。

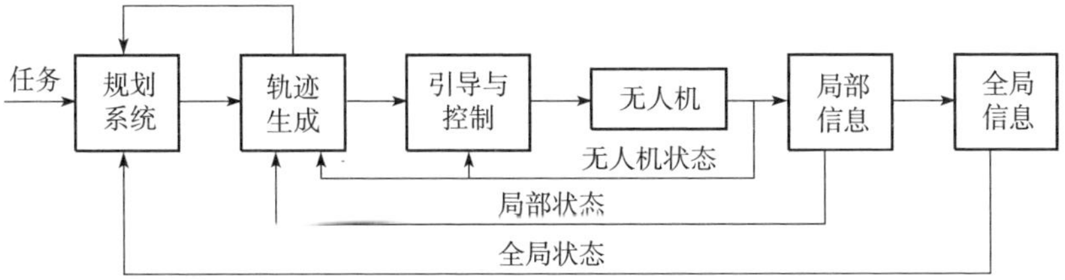

图 1-3　Rydsyk 三级自主控制架构

麻省理工学院的 Reynolds 建立了动作选择—转移—移动（Action Selection-Steering-Locomotion）的三级架构，实现了对智能体的自主控制，如图 1-4 所示[5]。动作选择层由任务规划模块实现，根据作战需求和目标情况，为无人机进行规划。转移层将任务分解为靠近目标、远离目标、避障等子任务，通过无人机飞行控制模块，生成控制指令。移动层基于无人机传感器、执行器等机构的相互作用机理，驱动无人机按照任务规划结果飞行。

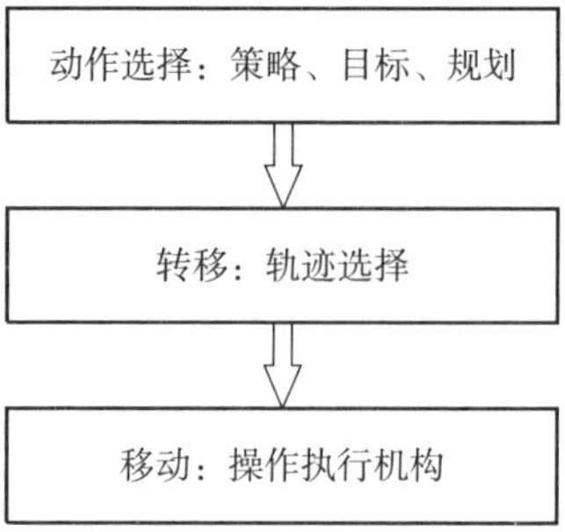

图 1-4　Reynolds 三级自主控制架构

1.2　多无人机编队控制

候鸟群体在长途迁徙过程中通过编队飞行减小个体的能量消耗，研究人员受到启发，将多架无人机组成编队协同控制，使其能够完成更大规模和更加复杂的作战任务。无人机编队飞行是指通过无人机之间的协同机制，多架无人机按照满足任务需求的队形编队，进而组成一个较大规模的作战单位。常规飞行过程中无人机维持一定的编队队形，当作战任务改变时，编队队形会进行动态重构，以提高整体的作战效能，使其完成多种复杂任务。与单架无人机相比，多无人机编队飞行具有以下优点：

（1）进行侦察时，多无人机多角度、多方位对目标进行拍摄，形成立体影像资料，从而建立更准确的三维作战态势模型。

（2）进行空战时，多无人机通过协同占据优势位置，阻碍敌机的机动、攻击动作，多无人机也可以发起对目标的多角度饱和攻击，提高作战效力。

（3）进行紧密编队飞行时，通过合理设计队形，使无人机编队在气流耦合效应的影响下，增大气动效率，减小燃油消耗。

编队飞行是无人机领域的一大研究热门，受到各国军队和研究者的广泛关注，并开展了大量的飞行验证。

2004 年美国波音公司首次在 X-45 无人机上进行双机编队飞行试验，2012 年使用“全球鹰”无人机完成了空中加油试验，标志着无人机编队飞行及协同控制等技术实现了工程应用。2015 年，美国海军进行 50 架自主无人机同时放飞的试飞验证，50 架无人机分成 2 组，由 2 名操作人员使用蜂群界面进行操作，改变了以往每个操作人员只操作 1 架无人机的模式，使其可以做出有限的自主决策，提高了自主飞行能力，减轻了地面操作人员的压力，实现了主从协同行动和信息交换。

2007年，英国皇家空军首次完成了有人机与无人机的协同模拟作战试验。1架“狂风”战斗轰炸机指挥3架BAC-111改装的无人机，对地面移动目标进行模拟攻击。无人机自主完成了从起飞到目标的探测、识别、锁定和瞄准的全过程，由战斗机飞行员下达发射武器的指令。

2014年4月，法国达索公司的宣传片展示了有人战斗机伴飞无人机的场景，“阵风”战斗机、“神经元”无人机与“猎鹰”公务机进行编队飞行，体现了无人机与有人机紧密编队飞行的能力。

2010年，北京航空航天大学和西北工业大学使用翼展3.5m、质量9kg级的军用型无人机分别进行编队飞行试验。编队飞行过程中使用全球定位系统（Global Positioning System，GPS）和微波通信进行视距内控制，完成了速度135km/h的2架无人机保持距离差30m、高度差20m以内的1h密集编队飞行。2012年，西北工业大学深圳无人机研究院研发出2kg级无人机的视距内编队控制技术，通过微波传输控制指令，实现了3架无人机的密集编队飞行与队形变换。2017年，南京航空航天大学飞行控制实验室将自组织无线网络技术应用到无人机编队中，进行了无人机编队保持、集结及队形变换的控制策略设计，并使用固定翼及多旋翼无人机完成了飞行验证。

1.2.1 编队控制策略

无人机编队飞行控制主要涉及运动协调和覆盖协调两类基本问题。运动协调主要包括编队集结、编队保持、编队重构和防碰避障等，依赖于编队结构类型和信息交互策略。覆盖协调主要包括无人机编队的航迹规划、任务规划和相对导航等。

1. 编队结构类型

编队结构类型主要有长机—僚机法、行为法、虚拟结构法、图论法、一致性法等。

（1）长机—僚机法。它是目前多无人机编队控制中最常用的方法，如图1-5所示。将编队中的1架无人机定义为长机，剩余无人机定义为僚机，长机按照预定航迹飞行，僚机与长机进行实时通信，确保对长机位置和方向信息的快速准确跟踪，从而形成特定的编队队形，一般存在链状结构、树状拓扑结构等多种编队结构。长机—僚机法将编队控制问题转化为经典控制理论中的误差跟踪问题，通过指定长机的飞行状态来影响整个编队的飞行状态，可扩展性强，通信量小，控制简单，易于实现。但是，当长机出现故障等特殊情况时，僚机不能及时获取长机反馈的飞行信息，难以保持队形。文献［6］根据长机—僚机法设计了编队导引律，基于非线性模型预测控制算法和启发式算法设计了无人机飞行控制系统，僚机跟随长机避开威胁区域，始终保持期望队形。文献［7］提出了一种非线性滚动时域控制方法，利用智能算法求解优化问题，得到控制序列用于无人机的编队飞行，使僚机跟踪长机飞行状态，具有较快的全局收敛速度。

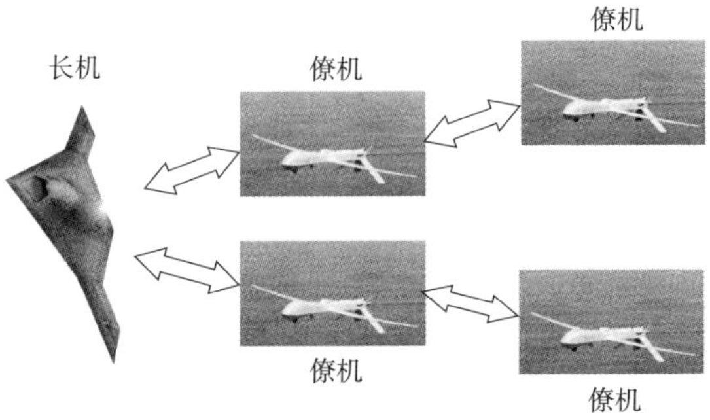

图 1-5　长机—僚机法

（2）行为法。通过定义跟随、避障和队形集结等无人机的基本行为规则，对几种行为进行加权从而得到编队控制方法。基于行为法的多无人机编队综合考虑并整合编队飞行过程中的多种行为，编队中的每个个体都具备依据自身决策来协同其他个体完成任务的能力，在传感器数据错误或丢失的情况下仍然可以保持编队队形。但是，其控制指令由预设信息和触发条件形成，降低了编队的适应性和灵活性。文献［8］定义了 10 个基本行为规则，并根据任务需求为各行为规则设置相应的权重，进行无人机编队控制。文献［9］基于零空间行为映射设计了自适应行为控制律，通过分布式状态预估器实现多无人机编队控制。

（3）虚拟结构法。它是一种集中式控制方法，如图 1-6 所示。整个编队可以看作一个单一的几何实体，虚拟长机用于协调各无人机的运动状态。任务规划系统为虚拟长机规划航迹，各无人机参照虚拟长机发布的航迹进行调整。虚拟结构法避免了由于长机出现故障或僚机掉队而导致的编队队形难以保持的问题，控制器中包含了编队误差的反馈信息，编队控制精度较高。但是，虚拟结构法是一种集中式的控制方法，对通信质量和计算能力要求很高，降低了其可靠性；而且虚拟结构法需要满足刚性运动条件，限制了其应用范围。

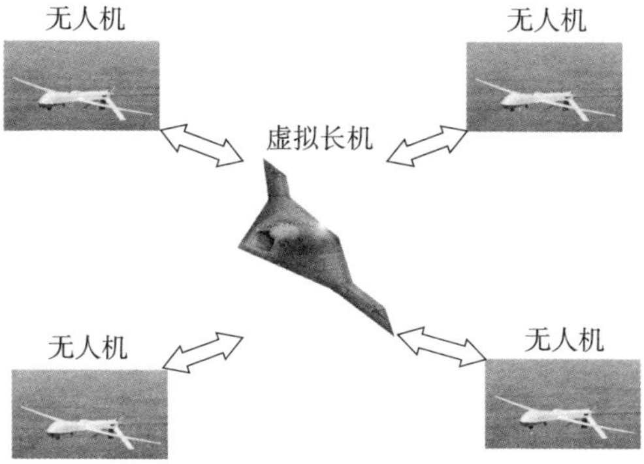

图 1-6　虚拟结构法

（4）图论法。它是指用拓扑图上的顶点代表无人机，2 点之间的边来描述无人机间的感知、通信等关联/约束拓扑关系，利用控制理论构建编队控制策略的方法。其中刚性图是指无向图的处理过程，即无人机之间的联系是双向的。由于刚性图可以表示任意队形，因此得到了广泛的研究。

（5）一致性法。它是指智能体通过与其相邻智能体之间的通信，获取邻居智能体的状态信息，进而更新自身的状态，最终使所有智能体状态达到一致。将一致性理论应用到多无人机编队控制中，实现基于分布式网络的无人机信息感知与交互，能够提高无人机应对突发情况的能力，提高编队飞行的安全能力。它适合用于分布式大规模编队的情况，灵活性高，适应性强，单架无人机损伤或退出不会降低编队鲁棒性。

2. 信息交互策略

无人机要执行侦察、搜索、攻击等多种类型的任务时，需要设计一种能够面向不同任务特点的无人机编队系统组织结构。无人机信息交互策略主要包括集中式、分散式、分布式和分层式控制方式等。

（1）集中式控制。如图 1-7 所示，地面站作为中心节点进行所有数据的计算和处理，完成与无人机的信息接收和指令传送，无人机通过中心节点与其他无人机进行间接通信。集中式控制能够提供最优的解决方案，使编队队形具有更好的准确性，同时可以根据战场态势进行调整，满足任务效能的最大化。然而，集中式控制对中心节点具有很高的计算和通信要求，对于规模较大的无人机编队，可能出现通信延迟或负载过高的情况，导致编队信息交互性能降低。文献［10］提出一种基于虚拟结构策略的无人机集中式编队控制算法，中间层根据任务规划系统发送的航迹点信息和战术约束条件选择编队队形，并含有威胁躲避模式的航迹规划，将解算得到的控制指令发送给各无人机，从而实现编队的安全飞行。

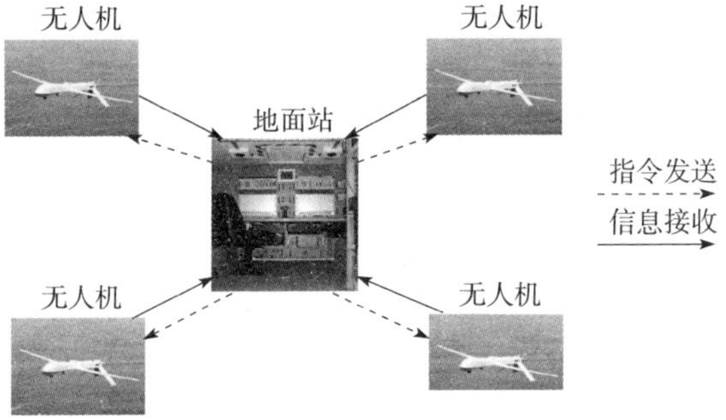

图 1-7　集中式控制

(2) 分散式控制。如图 1-8 所示，系统中不存在集中式控制器，所有无人机能够进行自主决策，具备独立完成任务分配和规划的能力，只与一定数量的相邻无人机进行信息交互，控制结构最简单，计算量和复杂程度最小，且无人机规模增加对通信量影响极小，可扩展性强，易于工程实现。然而，分散式控制的指令由无人机单独生成，可能与其他无人机发生冲突，影响编队队形的稳定性。文献 [11] 提出了一种具有避碰方案的分散式编队飞行控制策略，基于滑模变结构控制设计编队防撞和队形保持控制器。文献 [12] 提出了一种分散式控制方案，利用刚性图的概念，使用虚拟目标跟踪和平滑切换技术，解决固定翼无人机和四旋翼无人机的编队队形保持问题。

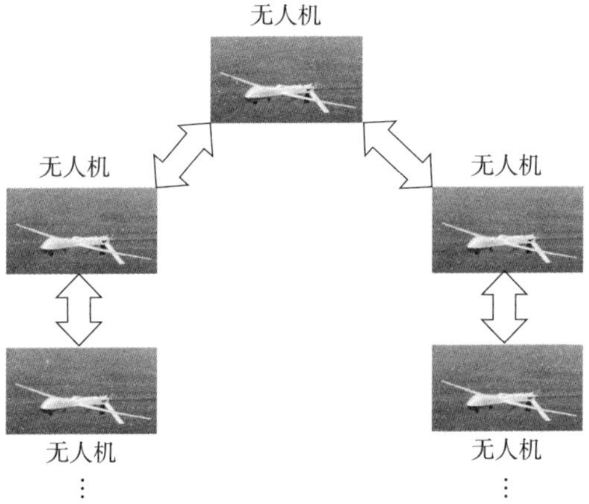

图 1-8　分散式控制

(3) 分布式控制。如图 1-9 所示，编队中所有无人机都具有一定级别的自主决策能力，各无人机只与相邻无人机进行状态信息的交互。分布式控制结构避免了信息冲突，控制结构简单，计算量和复杂程度显著降低，易于工程实现和维护。分布式控制的拓扑关系可以描述为有向图，设计时可以指定 1 架无人机作为长机，其余为僚机，使所有僚机都能与长机进行信息交互。然而，分布式控制不存在全局的信息交互，控制效果略差于集中式控制。文献［13］研究了四旋翼无人机的编队控制问题，每个无人机的机载数字处理器基于鲁棒局部非线性控制和分布式航迹生成算法，得到控制指令。

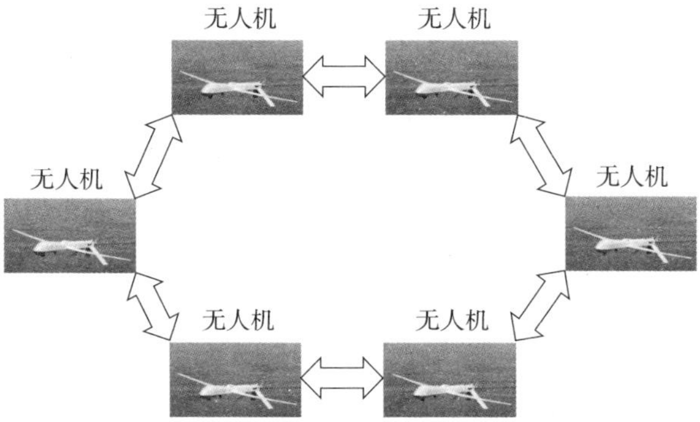

图 1-9　分布式控制

（4）分层式控制。如图 1-10 所示，编队中的每架无人机都被赋予不同级别的自主决策能力。根据无人机的自主水平进行编队任务分配，通常长机的自主水平较高。与分散式控制相比，分层式控制的可伸缩性小，需要更多的通信联系。然而与集中式控制相比，分层式控制的可伸缩性大，需要通信联系较少。文献［14］采用分层式控制策略，将固定翼无人机编队运动视为单机运动，通过与虚拟长机的通信，完成队形保持下的编队控制。

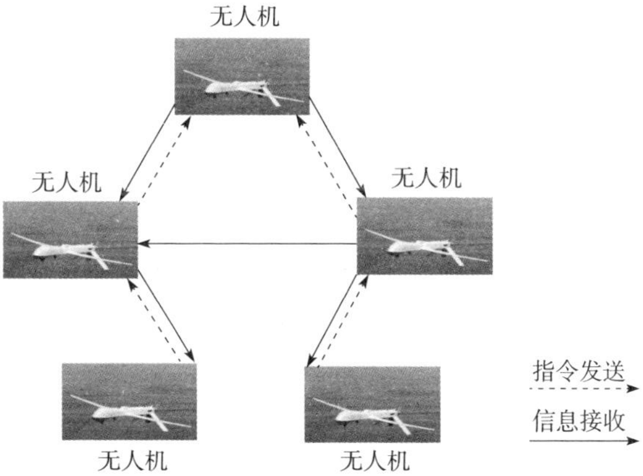

图 1-10　分层式控制

1.2.2 编队集结、保持与重构

编队集结是无人机编队飞行的前提条件，一般指通过协同航迹规划为不同出发点的无人机规划等时航迹，使其沿预定航迹到达指定区域，并满足编队队形要求。编队集结是一个动态过程，要求各无人机的速度和姿态信息在完成集结时达到一致。因此，一致性理论适合应用于解决编队集结问题，编队集结过程描述为：根据约束条件快速确定参考集结点并完成集结点分配、松散编队集结、紧密编队集结，通过速度一致性使无人机向目标集结点飞行，结合杜宾曲线与粒子群优化算法等设计航迹参数，通过航迹跟踪控制快速进行松散编队集结，利用速度、姿态一致性完成紧密编队集结。

无人机完成编队集结后，需要进行队形保持，主要是指编队队形结构的稳定不变。编队保持的效果受到编队控制策略的影响。编队保持主要分为实时位置控制和相对位移控制。实时位置控制通过位置传感器获得位置信息，通过与期望位置信息比较，进行位置的修正，准确性较高。相对位移控制通过传感器得到无人机之间的相对距离，与编队队形的期望相对距离比较，得到控制指令，能够更好地体现编队队形的变化。无人机通过空中加油提高其任务半径和续航时间，为此需要具备良好的编队保持能力，文献［15］使用被动的视觉传感器识别前方飞机并估计其相对位置和方向，提出了一种基于视觉引导的神经网络导航算法，设计了基于极点配置的全状态时变跟踪控制器，使无人机实现空中加油。考虑无人机在飞行过程中存在的各种不确定性和扰动问题，例如，无人机本身模型具有不确定性，受到阵风的扰动等情况，采用滑模变结构[16]、自适应控制[17]等方法能够很好地解决系统摄动和干扰问题。

无人机编队在飞行过程中，可能会遇到障碍和突发威胁，与此同时，复杂多变的作战态势以及无人机加入编队或退出编队等情况，都需要对编队队形做出改变以适应环境变化和任务需求，这个过程称为编队重构。编队重构过程描述为：决策系统根据无人机初始位置和期望编队队形，为各无人机分配位置；各无人机以此进行航迹重规划，并进行航迹控制指令的解算；无人机飞行控制系统收到航迹控制指令，通过自动驾驶仪完成航迹跟踪，最终实现编队队形重构。编队重构需要考虑多种约束条件，如时间约束、机间距离约束、飞行状态约束、燃油约束、执行器约束、机动性能约束等。因此，可以建立约束方程，使用智能算法求解优化问题，得到每架无人机的最优控制序列。文献［18］考虑机间距离约束设计重构安全控制架构，基于人工势场方法实现了无人机间的良好通信和安全无碰撞。文献［19］考虑时间约束，利用一致性反馈控制策略，设计有界时变控制参数，从而保证了无人机的时间协同。

1.2.3　编队导航与防撞

单一的导航技术只能保证某些方面的性能，无法同时满足导航系统对于自主、精度、使用场合、测量信息等要求，利用多个不同种类的传感器相互补充形成组合导航系统，通过数据融合算法可以弥补单一传感器确定性和可靠性差等缺点，提高导航系统的精度。

GPS 是美国的新一代卫星定位系统，能够提供全球、全天候、实时的导航定位服务，但 GPS 是一种非自主式系统，在动态环境中的可靠性降低，数据采集频率不够高，使用过程中会受到地形遮挡的影响。惯性导航系统（Inertial Navigation System，INS）利用惯性元件实现对运动载体加速度的测量，经运算求出导航参数，是一种自主式导航系统，对外界环境的抗干扰能力强，无信号丢失，隐蔽性强，短期精度高，但惯性导航系统不能给出时间，误差会随着时间积累。因此，GPS 与 INS 的组合导航系统能够提高导航精度，增强抗干扰能力。单架无人机一般在卫星导航、惯性导航等导航方式中进行选择，形成组合导航系统，以惯性导航为主，通过卫星导航校正惯性导航的误差。

无人机编队相对导航是指各无人机通过探测载荷与机间通信获得其相对于其他无人机的位置、速度等飞行状态信息，从而有效地避免碰撞，与其他无人机协同地完成编队队形集结、保持、重构等行为，确保任务圆满完成。相对导航是无人机编队飞行的关键技术之一。基于长机—僚机法的编队控制策略，INS /GPS 的组合导航系统可以提供在空间中的位置、速度等信息，惯导/视觉（VISION）组合导航子系统则可以更好地获取僚机相对于长机的位置、速度等状态信息，基于信息融合估计的分布式滤波器，将不同导航子系统的信息进行融合处理，进而得到编队相对导航信息。

1. INS/GPS 组合导航系统

INS/GPS 组合导航系统以惯性导航系统的误差方程作为系统的状态方程，将二者各自的输出位置做差得到量测量，通过卡尔曼滤波估计位置误差等状态变量，利用输出校正法校正惯性导航系统的输出。

基于微机电系统（Micro-Electro-Mechanical System，MEMS）的惯性传感器体积小、成本低、重量轻，因此将其作为惯性测量原件。组合导航系统包括 MEMS 传感器、GPS 接收机和数据融合模块，采用东—北—天导航坐标系。MEMS 传感器利用磁罗盘进行姿态角初始对准，测量得到的陀螺数据经过四元数法处理，解算出实时的系统姿态角，利用加速度信息进而解算出载体的位置、速度；GPS 接收机接收卫星信号，经过处理得到系统的位置、速度信息；数据融合模块用于建立系统误差方程，将惯性导航系统与卫星导航系统输出的速度与位置信息做差得到量测量，将系统方程离散化，卡尔曼滤波算法处理离散化的系统方程，得到系统误差的估计值，用来修正惯性导航系统的误差。INS/GPS 组合导航系统的工作原理如图 1-11 所示。

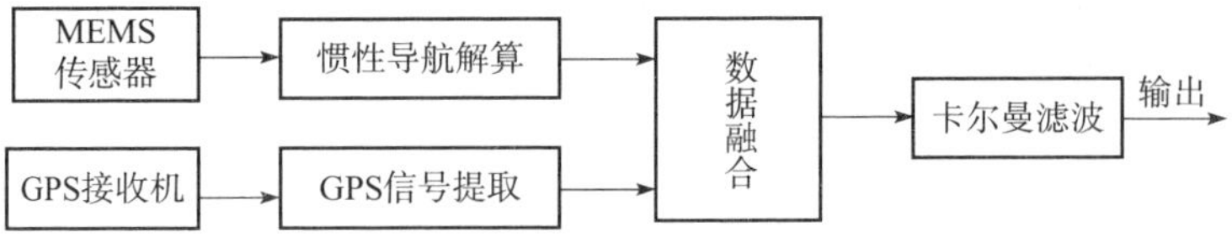

图 1-11　INS/GPS 组合导航系统工作原理

2. INS/VISION/DL 组合导航系统

视觉导航可以解决目标检测、识别与跟踪等问题。随着图像处理算法与计算机硬件技术的迅速发展，基于计算机视觉技术的视觉导航被广泛应用到无人机、机器人等各个领域。视觉导航使用摄像机作为传感器，更善于捕捉运动信息，且视觉信号具有很强的抗干扰能力，能够获得丰富的环境信息，利用可见光或红外线等自然信息，隐蔽性强，具有准确性、可靠性以及完整性等优势。

INS/VISION/DL 组合导航系统包括 MEMS 传感器、视觉导航设备、数据融合模块、数据链路（Data Link，DL），采用东—北—天导航坐标系。MEMS 传感器获得实时的系统姿态角、位置、速度信息；无线机载数据通信系统为长机和僚机实时提供互相的惯性导航输出信息；数据融合模块建立系统的误差方程，将长机与僚机的惯导输出位置做差得到相对距离；视觉导航系统通过对视觉图像进行处理，得到长机与僚机的相对距离、俯仰角、方位角，解算出量测距离；将系统方程离散化，卡尔曼滤波算法处理离散化的系统方程，得到系统误差的估计值，用来修正僚机惯性导航系统的误差。系统工作原理如图 1-12 所示。

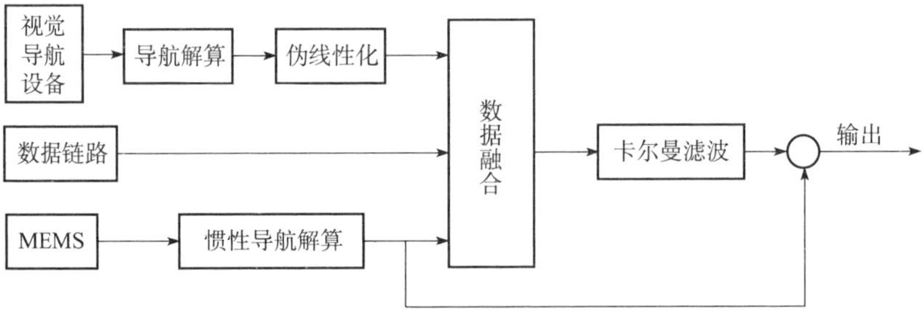

图 1-12　INS/VISION/DL 组合导航系统工作原理

3. 分布式融合滤波相对导航系统

传感器信息融合主要有集中式和分布式两种结构。集中式结构，系统中的传感器将信息发送到滤波器中，由滤波器集中处理所有信息，运算过程维数高、计算量大；同时，集中式结构的子系统发生故障会影响其他系统，因此难以进行故障诊断。分布式结构又分为层次化分布式结构和完全分布式结构。层次化分布式结构，传感器信息经过低层次的子滤波器后，还需要主滤波器做进一步处理。完全分布式结构，仅通过滤波器间的通信实现数据交换，不存在主滤波器。分布式结构具有设计灵活、计算量小、容错性高的优点。

采用层次化分布式结构的相对组合导航系统结构如图 1-13 所示，包括低层次子滤波器和一个主滤波器。长机子滤波器将长机的卫星导航信息与惯性导航信息进行融合滤波，得到校正后的惯性导航输出；僚机 INS/VISION/DL 子滤波器将长机校正后的惯性导航输出信息与视觉导航量测信息进行融合滤波，得到校正后的惯性导航输出；僚机 INS/GPS 子滤波器将卫星导航信息与惯性导航信息进行融合滤波，得到校正后的惯性导航输出；最后，主滤波器将视觉导航校正后的僚机惯性导航输出信息与卫星导航校正后的僚机惯性导航输出信息进行融合滤波，得到更精确的僚机惯性导航输出。

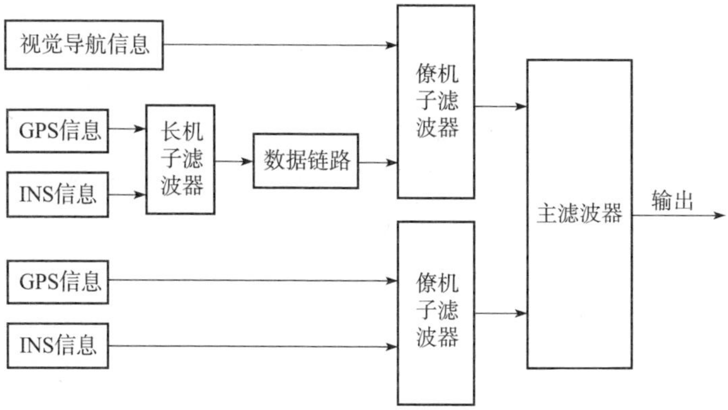

图 1-13 基于分布式滤波结构的编队相对导航系统工作原理

多无人机编队控制的关键在于安全性，因此需要具备自主实时防碰能力，体现在无人机自主控制等级第 6 级中。为了提高多无人机防碰能力，可以通过一系列策略进行航迹协调：

（1）借鉴民用航空中的航迹空管模式，为多无人机分配不同的飞行高度，避免碰撞。新一代空管系统中的基于四维航迹运行策略也能防碰。

（2）将已经规划好的航迹添加到规划威胁数据库中，以此进行剩余无人机的航迹规划，避免不同无人机之间的航迹重叠。

实时防碰问题可通过协作式避碰方法和非协作式避碰方法解决。协作式避碰是指无人机通过通信共享各自传感器探测得到的障碍物信息，使用预测控制等算法进行航迹规划，使无人机避开障碍区域，到达指定位置。非协作避碰中，每架无人机只利用自身传感器探测结果进行航迹重规划，或者紧急机动来避碰。

通常采用基于“安全模式”和“危险模式”的双模控制策略。没有障碍物时，无人机处于“安全模式”下，当所规划航迹中突然探测到障碍物时，立即切换到“危险模式”，进行航迹重规划。文献［20］提出了“威胁锥”（Collision Cone）的概念，用于进行威胁判断。将障碍安全边界的多组切线集合定义为“威胁锥”，当无人机与障碍之间的相对运动向量位于这个威胁锥内时，将被视为可能发生碰撞，多障碍情况下，为距离最近的障碍赋予最高的威胁处理等级。当所有的障碍经过威胁判定并确定威胁等级之后，立即启动自主防碰撞策略，机载计算机根据预先设定的防碰策略，设计可以到达预定航迹点并完成防撞避碰的最佳航迹，完成碰撞规避之后再回到预先设置的航路；若无人机没有发生碰撞的危险，则按照预设航路正常飞行。

1.3 多无人机协同控制与决策

多无人机协同控制是指根据任务需求，使多架无人机组成具有态势感知能力和任务执行能力的多机系统，依据综合收益最大原则，施加决策、控制与管理。协同控制的目标是强调单机自主性的同时，实现无人机之间的协同决策。

在军事方面，多机协同控制具有广泛应用。在地面移动目标协同作战场景中，多架无人机环绕地面目标，使其传感器能够提供足够的融合精度来定位目标，协同控制使无人机在适应非完整动力学、转弯速度约束、避碰约束等条件下，保证传感器的融合要求。在基于视觉的协同目标跟踪场景中，多架无人机将通过视觉跟踪目标，实现不同视角或不同距离对目标持续跟踪，协同控制既能提高识别精度，又能提高跟踪能力。无人机的空中加油问题与目标的激光定位类似，也需要进行协同控制。对敌防空压制任务是通过摧毁、欺骗或干扰敌方的综合防空系统（Integrated Air Defense Systems，IADS）来实现，综合防空系统通常由一些地面跟踪雷达站和地空导弹发射场组成。对其进行摧毁打击时，使用几架无人机干扰雷达站，掩护其他无人机轰炸导弹发射场。对其进行欺骗误导时，多架无人机必须向特定的雷达站发送延迟雷达脉冲，通过协同控制呈现出虚拟的飞机雷达图像，只有该图像足够准确时，综合防空系统才会发生误判。对其进行干扰时，多架无人机必须通过协同控制缩小雷达站的探测范围，以使非隐身飞机安全通过综合防空协同探测区域。在车队护卫过程中，地面车队的护卫通过监视其侧翼和前方的敌人动向来实现，由于无人机的飞行速度远超被护送的地面车队，因此需要通过协同控制以监视区域间隙最小的方式适当切换监视方向。

随着现代作战模式的发展，单机机动性、敏捷性已不能满足复杂的任务需求，需要无人机能够进行多机协同。多机协同作战的优势可以体现在以下几方面：

（1）多机协同既能对单一目标进行多角度饱和攻击，从而增加杀伤范围和破坏力；又能对多目标进行复合打击，以此破坏敌方防御能力。

（2）多机协同既能对目标进行多角度、多方位拍摄，进而获取立体影像资料；又能利用机间协同，显著提高搜索、侦察范围。

（3）多机协同可以有效避免单机任务失败的情况，利用任务分配与重分配技术最大程度完成预定任务，具备对复杂变化的作战态势的适应性。

1.3.1　协同控制架构

协同控制需要考虑的问题主要包括：

（1）任务耦合。它是控制结构分散程度的主要限制因素，没有任务耦合时，无人机可以自主运行。如果任务之间存在强烈的耦合关系，需要采用集中式控制结构，每架无人机将信息发送到一个中心点或发送给所有无人机。协同控制通过设计决策系统，使每架无人机选择局部最优行为，然后协商、仲裁以解决冲突并满足任务约束，同时最大限度地提高系统整体的效能。

（2）通信受限。分布式控制结构存在通信受限问题，所采用的同步模型没有延迟和足够的信息吞吐量，各无人机在进行异步处理时，可能导致整个通信网络无法达成一致，通信过程会大大降低系统的决策速度，削弱协同带来的优势，发生任务无法完成、无人机执行同样的任务、任务执行顺序打乱等不利情况。

（3）局部信息共享。它是分散式控制结构的本质。协同控制需要决定在所有无人机间进行全局信息传递的状态量，即充分统计量，该信息能够确保多机系统维持一致性。只有在特殊情况下，系统才能够利用严格的局部信息进行高效的运作。因此，全局信息过少使得系统整体性能变弱。由于所有无人机的目标函数相同，对无法测量或通信获取的状态量进行估计，每架无人机的状态都能得到带有不确定性的预测。

（4）不确定性。主要包括对目标、威胁等先验分布信息的描述，对实际发生事件与预测事件的描述，系统所采取行为带来的效果以及系统对目标行为的反应。协同控制需要具备动态计算期望价值的能力，即无人机个体何时利用资源能够取得更好的作战效能。目前，可以通过动态在线自适应方法辨识问题的不确定性类别并进行补偿。

为了使多架无人机在一个空域内安全有序飞行，以完成监视、察打等任务，需要合理的协同控制架构，将无人机避碰、智能航迹规划和传感器/资源调度等模块有效结合起来。强化学习算法和马尔可夫决策过程（Markov Decision Process，MDP），通过离线式的大量训练，优化得到无人机的航迹和任务分配情况。无人机协同策略将相似的任务划分到同一组中，能够显著提高通信效率。智能协同控制方法的关键在于：一是采用鲁棒控制应对物理传感器、目标和环境条件的变化；二是利用态势感知控制管理不确定性、基于智能体的任务需求和全局/局部性能目标。为此，美国莱特帕特森空军基地的 Eric 等提出了一种统一的协同控制框架，如图 1-14 所示，该框架由物理层、功能层和态势感知层组成，下面进行详尽介绍[21]。

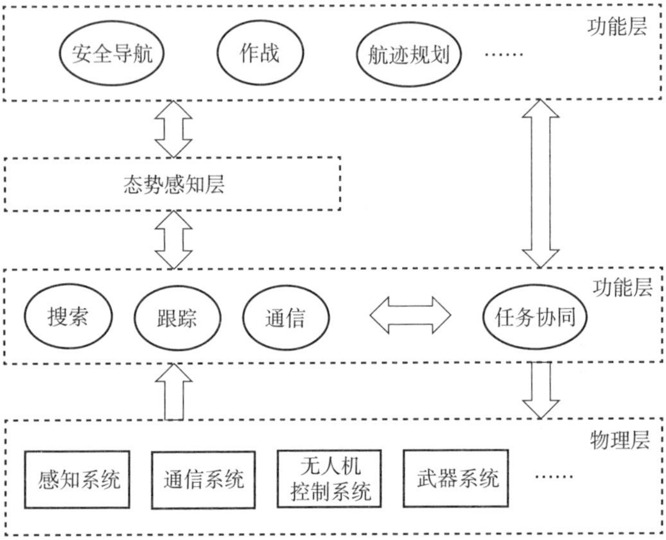

图 1-14　协同控制框架结构

（1）物理层。包括无人机的基本控制系统和其他机载硬件资源（如传感器、通信系统、武器等），物理层为功能层提供控制接口。

（2）功能层。由无人机执行特定类型任务的任务模块（如安全导航、避碰、航迹规划、搜索、目标识别、目标跟踪等）和任务协同模块组成，既能作为信息处理器，使用传入的数据来更新其状态，同时还能作为一个控制器，引导无人机利用其机载资源，并与其他功能模块协同完成目标。任务协同模块直接控制无人机的物理层，采用分层决策框架，实现了多个竞争目标下各任务模块之间的无人机控制和机载资源共享。任务模块内部的状态和参数用于描述所对应的问题模型，如表 1-1 所示。各任务模块都有明确的输入和输出，输入包括：用于处理状态更新的数据、来自态势感知层与其任务相关的其他功能模块状态、该状态及功能模块指定的目标、控制无人机或其他资源的可用控制集等。

表 1-1　不同任务模块内部的状态和参数

任务模块	状态和参数
目标辨识	目标 ID、目标类型、目标特性等
搜索	目标出现的时空密度、目标出现在不同侦察区域的概率、目标探测结果等
跟踪	目标数量、目标间距、轨迹、路线图信息等
安全导航	威胁模型参数、无人机生存概率等

（3）态势感知层。获取功能模块的状态和参数，考虑环境和敌方的不确定性，并将该信息共享给其他功能模块，从不同的任务角度评估不确定性对实现其目标的影响，总结无人机对环境的认知情况。

多无人机系统各功能模块的信息传递过程如图 1-15 所示。在功能层中引入一个专用的通信网络模块，以维持无人机间各功能模块的通信交流，协同维护通信网络连通性和容量，最大限度地提高系统性能，满足无人机任务的动态通信需求。任务协同模块接收通信网络模块发送的控制请求，对无人机物理层进行直接控制，并将协同、通信请求发送到通信网络模块中，通信网络模块再将其转发到态势感知层中对应功能模块的数据接收缓冲区，或发送给其他无人机。通过通信网络模块和功能模块，无人机的任务协同、航迹规划、作战、跟踪、搜索等功能模块可以与其他无人机的对等方进行通信，使其协同完成目标的跟踪、搜索、察打等任务。

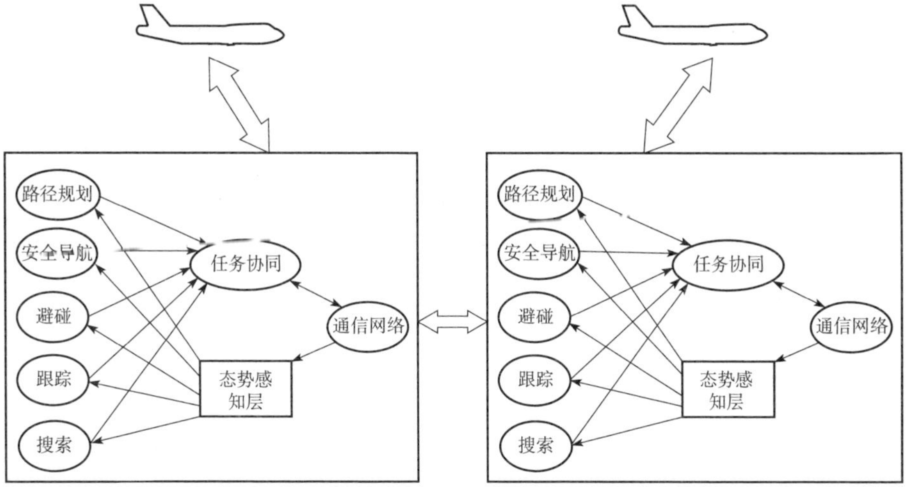

图 1-15　无人机各功能模块间的信息传递示意图

无人机协同控制框架有助于协同任务规划中高级功能模块的集成，使其能够与低级功能模块有效地协作。协同任务规划模块将复杂任务分配给多架无人机，为每架无人机生成动态的目标列表。然后通过任务协同模块将目标分派到相应的功能模块以供执行。态势感知层实时感知不同任务的状态和参数，将任务完成程度反馈到协同任务规划模块，由此生成新的目标，以实现分配的任务。此外，协同任务规划模块还支持动态任务规划，以便根据实时反馈的作战信息，将任务重新分配给无人机。

学习能力对于无人机在动态不确定环境中执行任务至关重要。多无人机系统采用目标驱动学习（Objective Driven Learning，ODL）框架，提高其态势感知能力，包括用于处理数据、减少任务/环境不确定性的学习算法和用于评估不确定性对各种任务所产生影响的学习算法。环境和敌方的不确定性反映在各个功能模块的状态和参数的不确定性上，因此还为功能模块开发了算法，以评估不确定性对其实现目标的影响，并为学习和信息收集过程设定适当的目标。目标驱动学习过程如图 1-16 所示，通过高级功能模块与具有学习能力的若干低级功能模块的协同作用，指导无人机的学习过程。

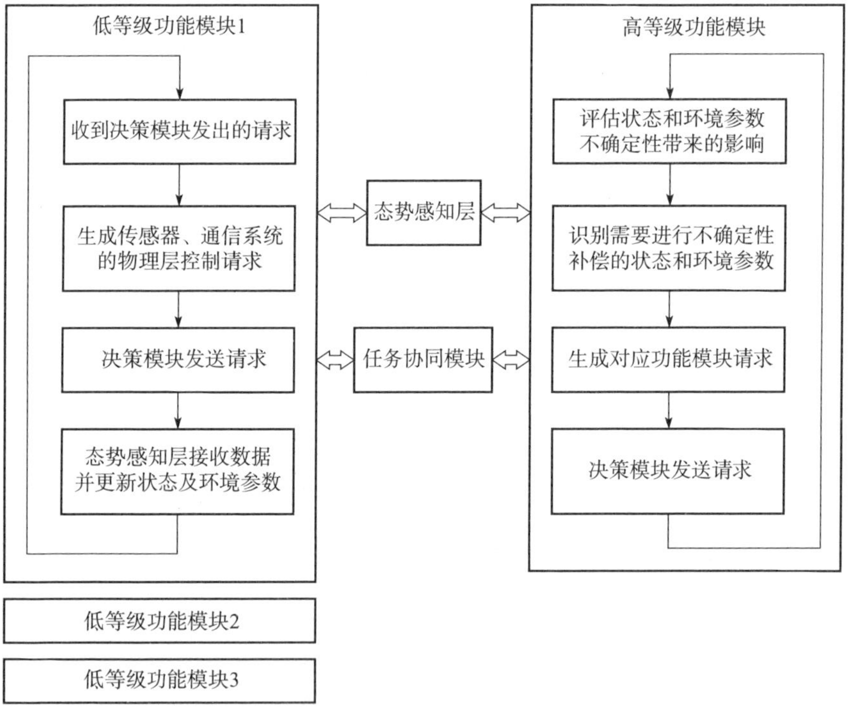

图 1-16　目标驱动学习过程示意图

该框架使无人机具备协同和任务学习能力，主要特点有：①具有模块化结构，每个功能模块用于解决特定类型的任务，通过接口为其他功能模块提供服务；②通过功能模块能够有效地共享无人机控制和机载资源，并能够同时应对多个目标；③能够实现不同功能模块之间的协同以及多架无人机间的任务协同；④具备目标驱动的学习方法，使无人机能够系统地探索不确定的任务环境，提高对任务及目标的态势感知水平。

美国莱特帕特森空军基地的 Eric 还提出过一种基于智能体的协同控制框架，对低、中、高水平的规划和控制进行分析，通过数学方式解决了通信信息要求、通信延迟和异步通信的鲁棒性、输入饱和约束和非完整行为等问题[22]。该框架的三大原则是控制 Lyapunov 函数、势场理论和动态规划的最优收益函数，如图 1-17 所示。它给出了协同控制所需的信息交换量，消除了各级闭合控制回路的模糊性，提供了稳定性、鲁棒性的分析证明。通过三项基本原则的统一，能够充分考虑单个飞行器动力学（包括非完整动力学和约束）、所需飞行器间通信和信息交换最少、用于航迹跟踪的底层控制、避免与环境障碍物和其他飞行器碰撞、协同精确分配/编队和追击/规避/搜索控制、最小代价无人机分配等条件。

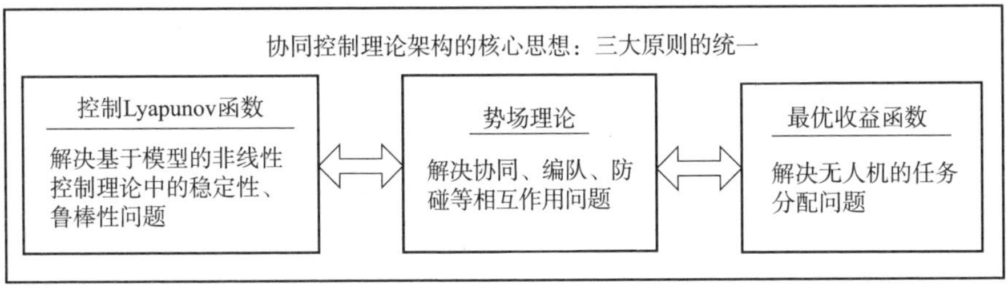

图 1-17 Eric 协同控制框架基本原则

协同控制算法原理如图 1-18 所示。该框架由 4 个基本要素组成：最优收益函数、协同控制 Lyapunov 函数、势场函数和智能体控制函数。协同控制 Lyapunov 函数确保多智能体系统代价渐进减少。其导数在智能体之间进行拆分，使得相互关联的控制函数分配给每架无人机，并定义了无人机的角色。智能体控制函数与势场函数结合，以完成机间局部信息交互，适应动力学和输入约束条件。势场函数和协同控制 Lyapunov 函数给出各无人机的期望轨迹。通过评价不同智能体任务的最优收益函数，可以选择代价最低且收益最大的任务分配方案。

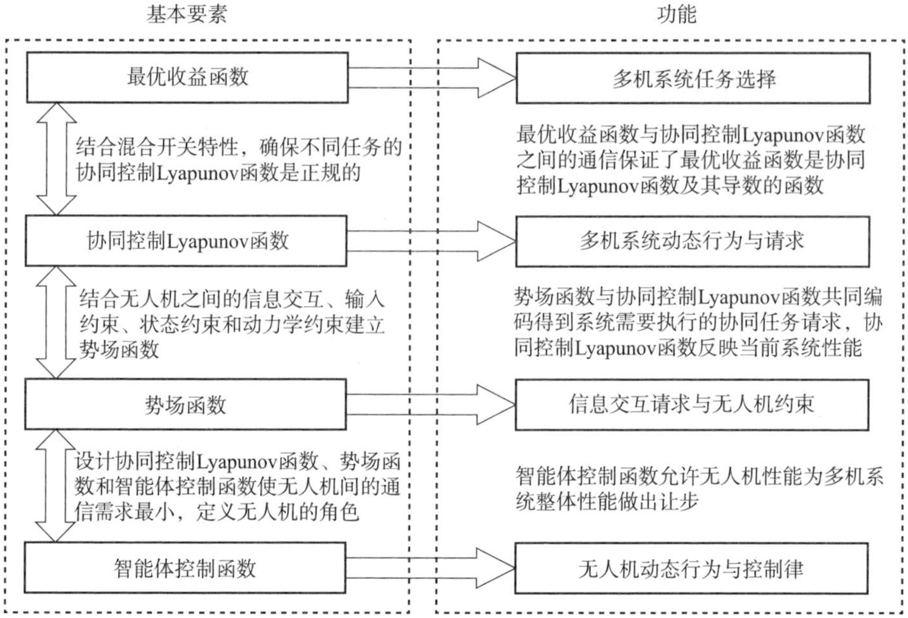

图 1-18　Eric 协同控制算法原理图

美国莱特帕特森空军基地的 Chandler 等提出了一种基于层次分解的协同控制架构，如图 1-19 所示[23]。该架构将多无人机按照所分配目标分组，任务目标相同或相近的无人机形成 Sub-Teams，将复杂的多无人机优化问题进行分解，得到容易解决的单个或多个分配问题。为了实现资源的高效配置，考虑无人机的机动约束，结合迭代资源分配和图论思想，将资源分配分为 2 个阶段：在第一阶段使用经典分配方法，将资源分配给必须尽快执行的任务；第二阶段运用图论方法消除资源配置中的低效现象。为了弥补单一指派的不足，使用多重任务分配方法，并遵循 3 个原则：①同一个任务不宜分配给多个无人机；②任务完成的估计时间不应早于当前先决任务的估计时间；③以攻击目标为最终任务，实现任务收益最大化。

根据美国国防高级研究计划局（Defense Advanced Research Projects Agency，DARPA）/空军研究实验室的软件激活控制（Software Enabled Control，SEC）计划，美国诺斯罗普·格鲁曼公司的 Awalt 等正在开发一种多无人机控制机制，主要包括模型建立、模型跟踪和容错控制。考虑有人机与无人机、无人机与无人机协同系统中的紧密耦合和置信度问题，提出了图 1-20 所示的分层体系协同控制架构[24]。为了提升作战效能，通过通信链路接收协同的无人机状态信息，并结合了机载传感器数据和有关僚机的先验知识（如僚机动态模型)，最终使得无人机在近距离飞行时（如近距离编队飞行和空中加油），机间时刻保持安全距离；在协同机动时（如重新加入编队），通过预测和协调各无人机的未来航迹，避免发生碰撞。

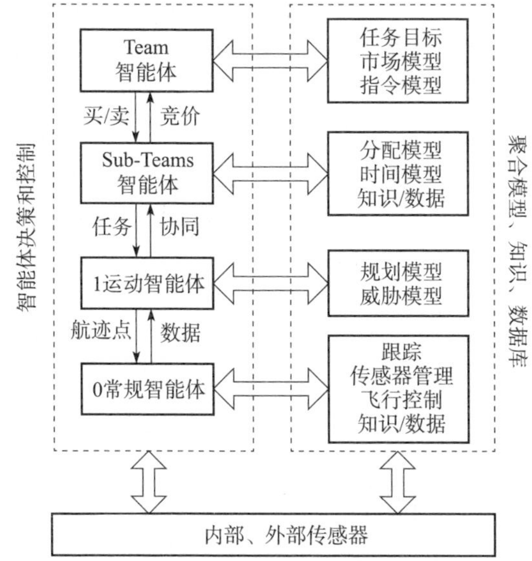

图 1-19　Chandler 协同控制架构

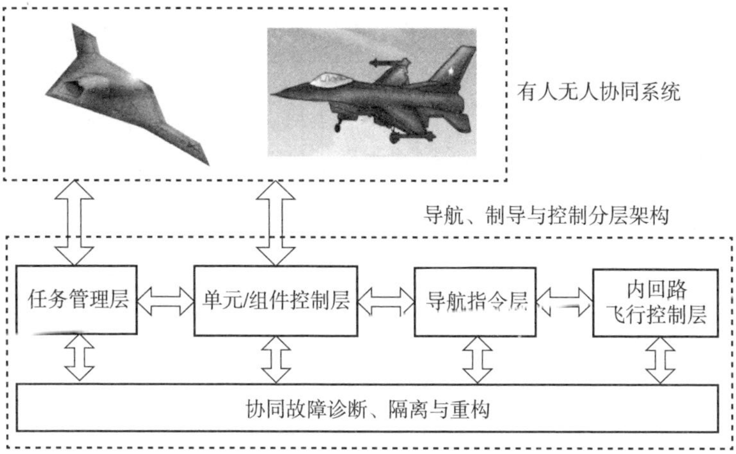

图 1-20　Awalt 协同控制架构

1.3.2　协同任务规划

任务规划技术是一门多学科交叉综合应用新兴技术，一般采用计算机、规划算法和人工智能等先进技术，依据任务要求进行分解细化，并依据应用对象的使用约束、工作环境、信息资源等进行综合处理及资源优化配置，以获取应用对象的最佳受益或最佳使用效能。无人机的任务规划是指为无人机规划执行任务的方式、任务目标、任务时序以及任务航迹等，使得无人机能够安全可靠地飞行，确保飞行性能、生存能力、突防概率和整体作战效能最大化。

美国国防部副部长办公室（Office of the Under Secretary of Defense，OUSD）建立了如图 1-21 所示的无人机通用任务规划架构（Common Mission Planning Architecture，CMPA），包括无人机任务规划过程中的所有功能模块、操作信息要素以及信息来源[25]。考虑系统之间的互操作性，该架构强调信息与信息共

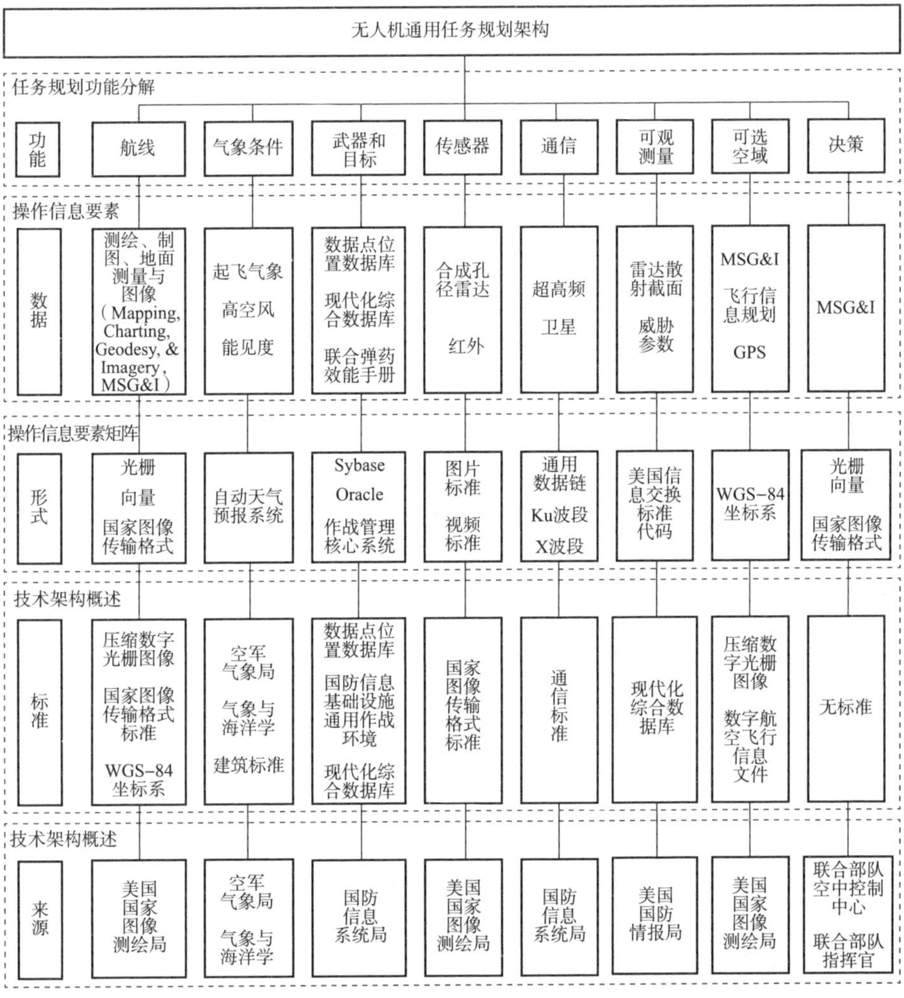

图 1-21　无人机通用任务规划架构

享能力，具备与指挥、控制、通信、计算机和情报（Command，Control，Communications，Computers，and Intelligence，C^4I）节点共享任务相关数据的能力，给无人机提供了充分的作战决策和支持，并促进多无人机系统的高效运行。

目前，任务规划的总体架构分为自顶向下和自底向上。自顶向下基于分层递阶思想，能够减小问题的复杂程度。自底向上基于自组织思想，可以协调底层子系统之间的关系，使上层系统具有更好的组织能力，适应环境以及任务的变化。

文献［26］提出了如图 1-22 所示的分层自主任务规划架构，采用动态可实现性衡量无人机在不同故障、外部干扰等动态环境条件下的最大性能，作为任务规划与决策的依据。

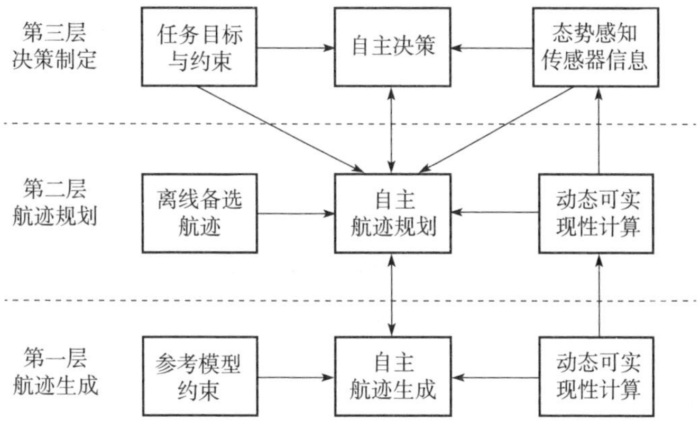

图 1-22　分层自主任务规划架构

（1）决策层。利用多机系统的总体任务目标和约束条件，以及传感器和态势感知信息，为无人机提供避碰、消解冲突、任务重规划、目标重评估等决策。

（2）航迹规划层。是指对多无人机系统进行运动规划，并计算航迹所需空间与其他约束。航迹规划系统提前离线计算并存储一系列备选航迹，通过实时监测动态可实现性，切换或修改备选航迹，适应环境的变化。

（3）航迹生成层。在满足状态、控制输入和空间约束等条件下，通过航迹点拟合得到可行航迹。当故障、威胁等突发事件发生时，航迹规划层修改航路点进行航迹重规划，航迹生成层进而求解得到此时的最优航迹。

多机协同任务规划主要包括协同任务分配和协同航迹规划。

1. 任务分配

多机任务分配是指在满足一定约束条件下，设计将多个任务目标分配给多架无人机的方案，选择能够使任务分配效能函数最大的分配方案，需要解决不同任务类型的任务分配、时序分配、攻击目标资源分配等问题。任务分配可以建模成组合优化问题，通过优化算法求解任务分配结果。

多机协同任务分配既要解决单机单任务的时序问题，也要协调多机间的竞争和协作关系，需要考虑各无人机的载荷、任务执行时间等限制条件，使得分配的结果能够达到多机系统作战性能的最大化。多机协同任务分配问题包括单类任务分配和多类任务分配。

多机单类任务分配是指多无人机协同完成某一相同种类的任务，如协同侦察、协同搜索等。单类任务分配的关键在于目标序列的分配，可用旅行商问题（Travelling Salesman Problem，TSP）、车辆路径问题（Vehicle Routing Problem，VRP）等进行描述，模型求解的优化算法包括蚁群优化（Ant Colony Optimization，ACO）、遗传算法（Genetic Algorithm，GA）、粒子群优化（Particle Swarm Optimization，PSO）等启发类智能优化算法。

多机多类任务分配是指在对敌防空压制、对地目标攻击等复杂作战场景下，多架无人机将合作完成侦察、打击、态势评估等多类任务。多类任务分配的关键在于时序约束下的优化问题建模，可选择多维多选择背包问题（Multidimensional Multiple-choice Knapsack Problem，MMKP）模型、动态网络流优化（Dynamic Network Flow Optimization，DNFO）模型以及混合整数线性规划（Mixed Integer Linear Programming，MILP）模型等。其中，MILP 模型能够考虑时间约束条件，为每架无人机分配目标并使其依次完成目标的确认、攻击和损毁任务，使无人机满足不同类任务的时序约束需求。

传统优化算法通过将任务分配问题建模成经典数学模型，实现问题的求解，主要包括深度搜索、分类界定法、广度搜索算法等。然而，传统优化算法在求解过程中不考虑各种约束条件，当问题规模扩大时，任务规划的搜索空间随之急剧扩大，降低了算法的求解效率。以遗传算法、禁忌搜索算法、粒子群优化算法等为代表的智能算法，具有求解速度快、搜索能力强等优点，可以用于解决包含约束条件的任务分配问题。

目标分配是任务分配的重要环节，根据敌我双方态势，合理为每架无人机分配目标，以提高无人机集群作战效能，可以利用人工神经网络法、矩阵对策法、智能优化算法、博弈法等算法进行求解。文献［27］利用满意决策算法，通过递阶分配求解满意度最优的攻击方案，进而解决多目标分配问题。

任务分配问题既可以使用集中式结构解决，也可以使用分散式结构解决。

以基本分配、冗余目标分配为代表的集中式分配算法受到通信能力、鲁棒性和可扩展性的限制，而隐式协调分配、市场分配、固定分配等分散式分配算法能够降低多无人机对外部干扰的敏感性，具有广阔的应用前景。

2. 航迹规划

20 世纪 80 年代中后期，美国开始研究自动航迹规划方法。其中，麦克唐纳·道格拉斯公司和霍尼韦尔公司开发的可变方向算法（Feasible Direction Algorithm，FDA）、通用动态算法（General Dynamics Algorithm，GDA）都经过了美国空军莱特飞行实验室的地面实时仿真测试。

无人机航迹规划是指在任务时序、防碰避撞、机动性能等条件的约束下，规划得到使无人机绕过威胁区域、执行所分配任务的运动轨迹。航迹规划算法主要包括动态规划法、人工势场法、启发式算法、智能优化算法等。

（1）动态规划法。它适用于求解多阶段规划问题。无人机在各种约束条件限制下，通过改变滚转角解算出下一时刻位置的预测值，并根据其正向生长的航迹树及性能指标要求，反向搜索得到最优航迹。动态规划法无须进行威胁场的连续化，对地形要求较低，模型建立简单，容易实现。但规划区域过大时，该方法将导致维数爆炸，优化时间过长。

（2）人工势场法。假设目标对无人机具有吸引力，威胁区域对无人机具有排斥力，通过二者合力引导无人机的运动。人工势场法最早用于移动机器人的在线航迹规划和离线航迹规划中，规划速度快。然而，当出现局部极小点时，无法求解得到规划航迹，可以通过多种势函数对其进行改进，避免局部极小点问题。

（3）启发式算法。通过直观或经验构造而来，包括各种仿自然体算法。作为一种典型的启发式算法，A^* 算法将规划区域栅格化，设计代价函数，计算当前位置可能到达的所有下一个位置的代价，选择代价最小的位置加入到搜索空间中，适合用于静态环境下的航迹规划问题求解。D^* 算法通过对航迹代价图的局部更新，扩展相关节点获得当前环境下修正后的最优航迹，解决了动态环境的最优航迹规划，实时性较好。

（4）智能优化算法。源于对自然过程的模拟，包括模拟退火算法、遗传算法、禁忌搜索算法、蚁群优化算法、粒子群优化算法等。智能优化算法全局优化能力较强，能够考虑众多约束条件，解决连续优化、组合优化问题等。

1.3.3　协同空战决策

空战决策是指无人机根据战场态势，调整自身状态，做出规避、接敌、占位、攻击、退出等机动行为，尽可能在成本最小的情况下完成最佳的作战任务。协同空战体现了动态决策的过程，无人机对战场环境信息进行搜集和分析，根据敌我双方态势，实时调整自身状态，并控制所携带载荷，完成威胁规避、目标分配与攻击等任务。空战决策以态势评估和目标分配结果为前提，利用数学优化、人工智能等算法，通过学习、模仿多种局势下操作员的决策，驱动无人机做出机动反应，占据有利位置，实现战术打击。现有的空战机动决策方法可以大致归纳为基于对策法和基于人工智能法。

对策法利用博弈论进行分析求解，主要包括追逃对策和双目标对策。

（1）追逃对策。它是指把对策转化为双边极值问题，通过各种状态之间的转移来描述机动动作的切换，在各种约束条件的限制下，求解追逃对策。基于追逃对策的机动决策能够很好地描述无人机集群的对抗过程，然而随着时间的增长，算法的计算量将显著增加，产生“组合爆炸”问题，对机载计算机的数据传输、储存和计算能力具有很高的要求。

（2）双目标对策。它主要包括两类机动决策方式：①矩阵对策，基于自身的目标函数，敌我双方无人机各自构建支付矩阵，然后经过寻优得到每个决策周期的决策指令序列。虽然该方法具有实时性，但是计算时间较长，限制了机动决策集的复杂程度，无法实现整个任务时间内的全局最优。②影响图，通过影响图可以在模型中考虑飞行员的个人偏好、感知、信念与战场环境中的不确定性信息，能够更加直观地描述空战态势信息，更符合操作员的真实选择，然而该方法求解较为烦琐。

无人机性能的不断提升、机载设备功能的不断丰富、战场环境的不断变化，极大增加了空战决策的复杂程度，因此利用人工智能法的自主学习能力，能够降低各种不确定性对决策带来的不利影响，提高决策效率和作战效能。

（1）专家系统。一般通过产生式规则（知识库中的规则）描述机动决策信息。其中，美国国家航空航天局（National Aeronautics and Space Administration，NASA）参与开发了自适应机动逻辑（Adaptive Maneuvering Logic，AML）系列程序，并提出试探机动方法，是基于专家系统机动决策的典型应用[28]。以 AML 为代表的专家系统机动决策，需要建立复杂的知识库，参数要根据机型进行不断调整，通用性较差。

（2）遗传学习系统。遗传学习分类系统（Genetic Learning Classifier System，GLCS）具有完整的规则库，可以在多种战场环境下使用，通用性较好，其结构如图 1-23 所示[29]。然而，由于遗传算法的固有属性，使得遗传学习分类系统具有一定程度上的主观性。

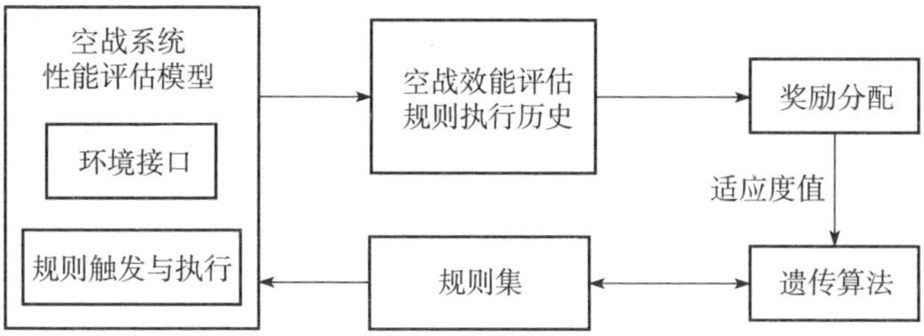

图 1-23　GLCS 结构

(3) 人工免疫系统。战术免疫机动系统（Tactical Immunize Maneuvering System，TIMS）利用生物免疫系统的运行机制进行机动决策，计算过程简单，抗干扰能力强，能够适应作战态势的变化，其原理如图 1-24 所示[30]。

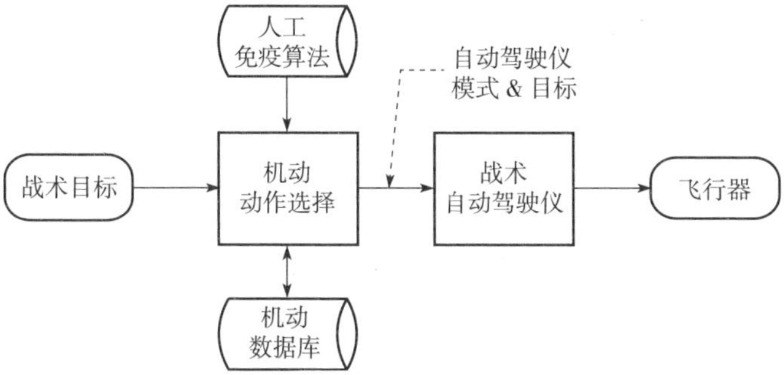

图 1-24　TIMS 原理图

(4) 神经网络。通过丰富的训练样本进行学习，以此来解决决策问题。在训练样本的数量和多样性得到保证的基础上，具有很强的鲁棒性。另外，它可以通过对新决策的不断学习，进行自主改进。然而，学习大量的训练样本需要消耗大量的计算资源和时间；其求解过程无法运用模型进行解释，限制了它的进一步优化处理；算法的寻优能力和效果受到神经网络结构、参数等各种因素的影响，且目前缺乏成熟的调参方式。

1.3.4　协同搜索

协同搜索是指多架无人机同时对一个未知区域进行搜索，以获取搜索区域中的目标信息，降低环境不确定度的过程。

无人机在任务区域进行目标搜索的传统方法是将整个监视区域栅格化，计算所有栅格的目标存在概率，基于当前探测结果对其进行实时更新，从而建立目标存在概率图，利用中心概率图存储所有无人机的探测信息，根据探测获得的信息进行离线或在线航迹规划，为所有无人机生成合理的航迹规划方案，使其无冲突且效率最高地完成对任务区域的搜索。概率图的更新一般分为两步：首先获取每架无人机覆盖区域内栅格的观测结果，并通过贝叶斯规则进行概率图更新；然后将其概率图发送给邻居无人机进行数据融合。

在大范围区域的搜索任务中，单架无人机搜索效率低，且数据传输条件限制了无人机的搜索半径，因此文献［31］提出基于角色分配策略的多无人机协同搜索架构，如图 1-25 所示。多机系统由侦察员、中继节点、关节节点、返回者等角色组成，侦察员角色由搜索无人机承担，执行探测搜索任务，中继节点无人机用于维持基站与侦察员或关节节点之间的通信连接，关节节点无人机将多机系统分成独立的通信集合，返回者角色是指无人机处于中继无人机的通信范围以外，必须返回基站重新连接。

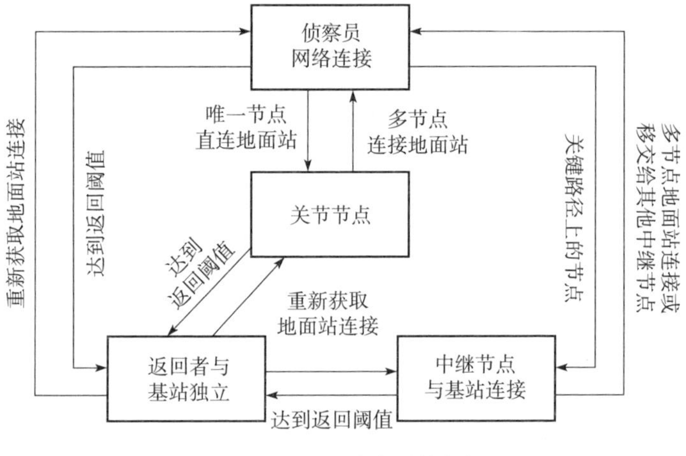

图 1-25　协同搜索总体架构

1.3.5　协同侦察

协同侦察是指多架无人机通过平台协同配合多种传感器的使用，完成对某区域的持续性监测，获得该区域的地理地形及目标动态变化等态势信息的过程。

无人机的协同侦察为情报收集、地理测绘、搜索救援、战术侦察和目标探测等应用场景提供了解决办法，在控制和人工智能领域得到了广泛的研究。持续侦察任务需要不断搜索所有区域，而非一次性地探索并覆盖整个任务区域。安全巡逻需要迅速上报入侵者的位置，以捕获入侵者并防止犯罪发生。森林火灾监测需要迅速准确地确定森林火灾地点，以便规划有效的灭火策略，尽量减少火灾造成的损害。因此，协同侦察对延迟信息要求较为严格，无人机系统需要最大限度地提高重访率，以确保获得及时和准确的探测信息。

文献［32］提出了一种多无人机广域协同侦察策略，为无人机规划合理的初始位置，将基于地面站的规划和控制系统移植到无人机上，快速生成航迹点，减少了无人机的侦察时间。该协同侦察的总体架构如图 1-26 所示。

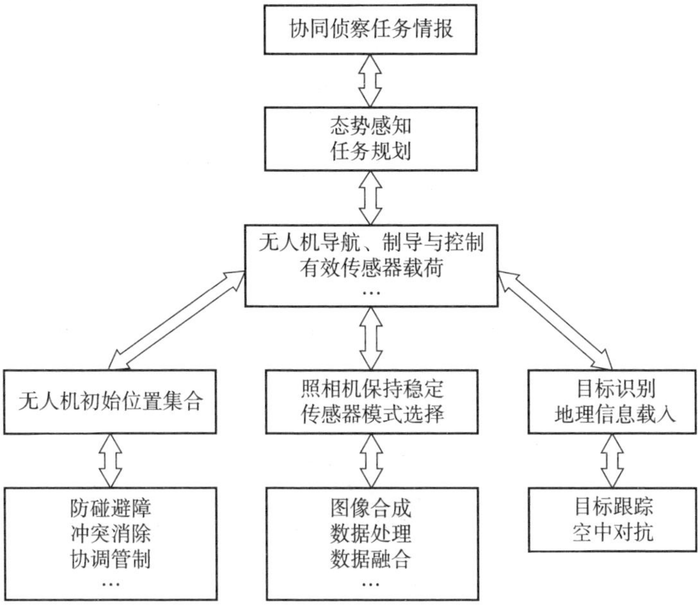

图 1-26　协同侦察总体架构

该协同侦察的总体功能示意图如图 1-27 所示。上层为任务目标模块，底层为无人机控制模块，中间部分是与完成所需态势感知和决策有关的总体目标，通过态势感知推动任务进行。

该协同侦察的任务流程如图 1-28 所示。操作员选择一个广域监视区域并分配无人机进行侦察，系统首先估算覆盖时间，以便操作员调整用于执行任务的无人机数量。将该区域划分为可飞行区域和基于先验信息的禁飞区域，并进行栅格化。然后选择合适的航迹覆盖该区域，或选择将任务区域中的每个栅格都作为一个节点，顶点之间的连线代表栅格间的连接关系，为分配到任务的无人机创建由一组顶点和边构成的树，然后将所有树连接起来，得到可以覆盖任务区域的扩展树。航迹点生成模块将该路径转换为无人机的航迹，传感器信息通过无人机的中继发送给地面控制站，提供任务区域的实时信息。

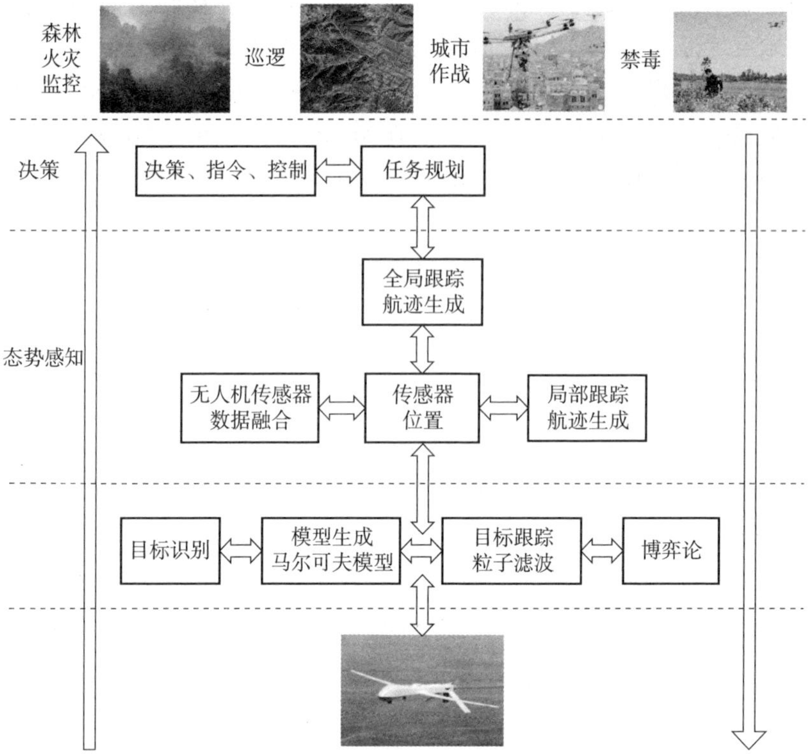

图 1-27　协同侦察总体功能示意图

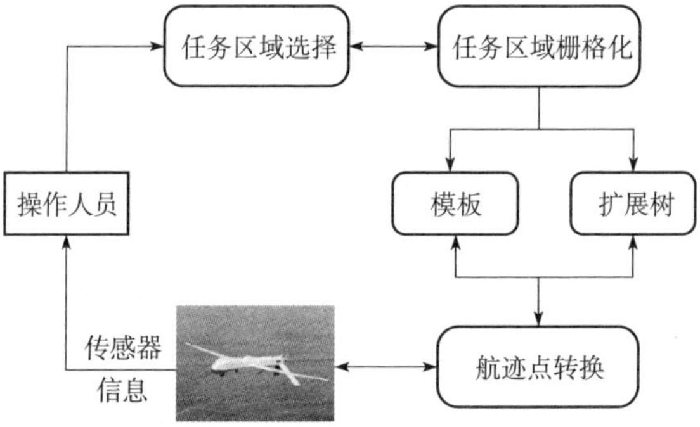

图 1-28　协同侦察任务流程图

1.3.6　协同察打

协同察打是指多架无人机通过自主决策与协同控制，同时进行目标的搜索和攻击行为，以获得更全面、更彻底、更有效作战能力的过程。

协同察打的重点在于航迹规划和任务分配，需要通过分析成功概率、预期攻击次数等进行决策和资源分配。多无人机协同察打系统由高等级决策规划和低等级协同控制组成。高等级结构对广域搜索与攻击场景进行建模，获取作战空间中目标密度、干扰目标密度、导引头和自主目标识别模块性能以及弹头杀伤力等参数，建立任务规划决策模型，使用智能优化算法进行求解，完成任务的决策。低等级结构包括分布式控制、分布式估计和实时跟踪优化模块，在底层控制无人机及其携带载荷按照决策结果运行。

2003 年，北达科他州立大学的 Lua 等研究了多无人机同步多点攻击问题，建立了如图 1-29 所示的控制体系结构，主要包括传感器、执行器和行为模块[33]。每个时间步长中，控制架构读取外部传感器的状态和当前内部状态，以调用并设置无人机当前的方向和速度。在攻击时，无人机系统依赖于定位目标周围的 2 个不同的轨道运行模式，使用 2 个轨道中的更近的轨道来协调向外轨道移动。在外轨道上时，无人机通过沿轨道原地盘旋实现等待模式，在无人机全部进入外轨道之后，同时对目标进行多点攻击。

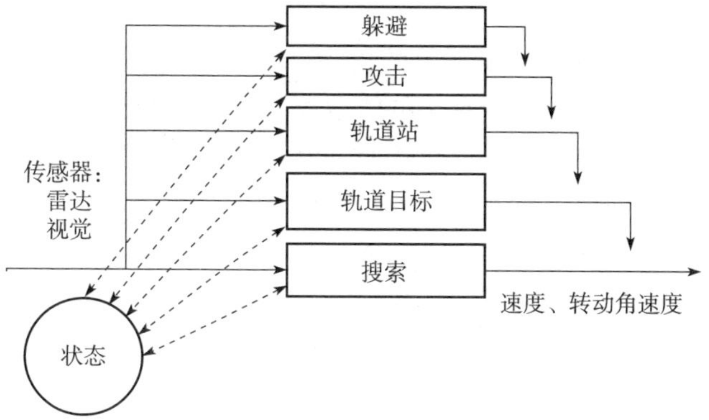

图 1-29　同步多点攻击控制结构

基于该同步多点攻击策略，3 架无人机的协同察打如图 1-30 所示，三角形表示无人机，位于中心的实心点表示攻击目标，以目标为圆心的 2 个虚线圆圈表示外部和内部 2 组航路点，假设 2 个航线都处于目标探测的安全距离。当无人机探测到目标时，可以立即对目标进行打击，同时对目标的攻击行为进行规避，或最大限度地增强无线电信号的强度，以便进行远程通信。内外圈的半径根据每架无人机的探测信息进行计算估计。外圈上的 3 个点为站点，维持无人机之间的会合与通信。内圈上的 3 个点为跳跃点，用于使无人机“跳跃”到对应站点。

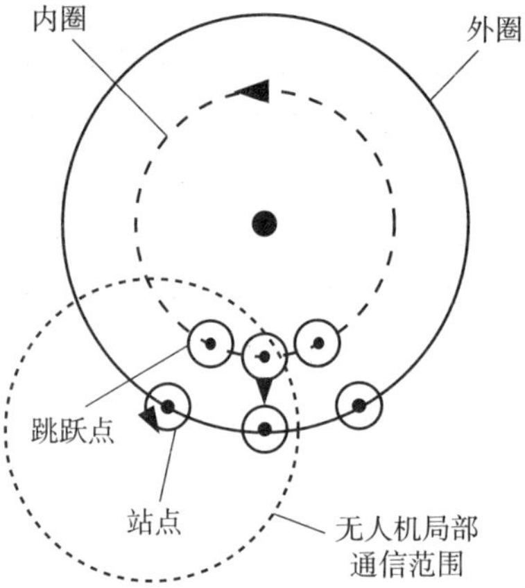

图 1-30　协同察打示意图

1.4　无人机集群协同控制与决策

1953 年，Grasse 在对昆虫群落的行为研究中提出了“集群”的概念，能力有限的个体通过协作可以涌现出群体行为，进而完成复杂的任务。无人机集群协同控制与决策是指大量无人机按照一定的层次、功能进行组合，在少量人工干预下，自主有序地完成复杂任务。

无人机集群可以用于执行多种任务，例如：

（1）基础设施或高价值资产的防御。无人机通过执行空中巡逻任务，主动完成对入侵敌方无人机的搜索和打击任务，能够承担对敌方无人机饱和攻击的防御工作。

（2）情报、监视和侦察。无人机集群携带异构传感器有效载荷阵列，通过机间的协同控制，生成更全面、多维、多光谱的作战空间图像。

（3）火力压制与摧毁。无人机集群深入敌方空域，对敌综合防空系统和战略目标进行火力压制和摧毁。

（4）电子干扰。无人机携带不同频率的捷变干扰设备，通过机间载荷的互相搭配，在更广阔的空间范围内破坏敌方通信。

无人机集群协同作战具有高度的信息共享水平，能够最大限度发挥每个个体的价值；可以将从属于不同个体的各类任务进行充分的整合，使得所有任务协调平滑运作；系统中的各项资源在信息共享和整合过程中得到统一的调配和优化；可以弥补单机作战效能不足，实现集群作战能力涌现。

随着无人机及其机载设备的不断发展，作战环境更加复杂多变，单机作战已经无法满足未来作战需求，多机、多机种协同的集群作战将作为新一代作战模式，受到世界军事强国的极大重视。

1.4.1 协同控制架构

为了确保无人机系统适应复杂任务环境的动态变化，提高集群任务效能，协同控制与决策系统需要解决以下问题[34]：

（1）任务性能指标。它能够通过数学形式描述任务完成情况，如任务时间、目标命中数、损毁率、消耗燃料等，利用多目标优化准则可以为无人机提供最佳任务完成方案。

（2）目标分配。它属于NP（Nondeterministic Polynomially）问题的范畴，需要综合考虑无人机的各任务性能指标，且受到各种条件的约束，求解较为复杂，因此常采用层次分解、启发松弛等方法。

（3）动态任务重规划。面对复杂变化的任务场景，如突发威胁、无人机损伤、随机目标等，预先制定的任务规划方案难以适应这种动态变化，因此需要进行重规划。重规划问题对求解时间有较高的要求，因此所选算法需要具有实时性，能够立即响应系统的动态变化，通过多次迭代进一步优化分配方案。考虑到一些场景中要求在集群层面或情报、监视与侦察（Intelligence，Surveillance and Reconnaissance，ISR）、SEAD、对敌防空打击（Destruction of Enemy Aerial Defenses，DEAD）、作战毁伤评估（Battle Damage Assessment，BDA）、近距离空中支援（Close Air Support，CAS）等任务层面上进行重规划，此时还需要无人机与指挥中心保持特定级别的通信。

（4）系统可扩展性。无人机集群的灵活性要求决策系统能够适应集群规模的改变，特别是集群规模大幅增加时，为了避免运算量激增带来的不利影响，需要系统具有高度分散或分布式的控制结构。

（5）通信。复杂度越高的系统往往对通信的要求也越高，灵活的通信架构能够实现远离威胁时正常通信、靠近威胁区域时适度通信、在威胁区域时隐蔽或半隐蔽通信等多种模式的切换，同时还需要系统对间歇性通信丢失和通信延迟具有足够的鲁棒性。

（6）态势感知。信息一致性问题是无人机集群协同控制与决策的关键问题，无人机之间、无人机对环境掌握的信息不一致时，难以进行正确的决策，因此需要系统具有信息共识机制。

（7）人机交互。主要完成向地面站操作员显示无人机集群动态信息以及操作员对无人机集群下达指令。人机交互需要明确无人机的自主级别，制定合理的控制权限，确保系统的安全高效运行。

为此，文献［34］提出了如图1-31所示的无人机集群协同控制与决策架构，基于分层控制思想，将系统划分为任务规划层、任务执行层、功能执行层、团队任务执行层、小队任务执行层以及无人机层。

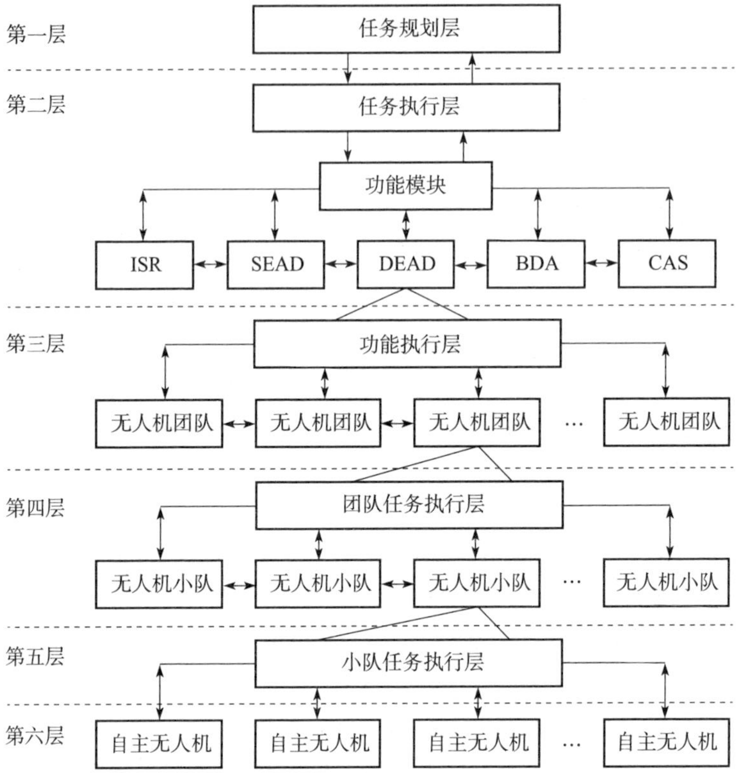

图1-31　集群协同控制与决策架构

任务规划层位于指挥中心，由任务规划人员完成高价值目标、资源分配、时间线规范等任务预规划工作，为任务执行层提供目标分配的4D轨迹。任务执行层同样位于指挥中心，根据任务规划层制定的时间线规范，为功能执行层提供任务模式和时间线序列，并能够在全局层面与任务进行交互，完成实时任务重规划、继续任务、中止任务等决策。功能执行层可以将任务分解后分配给一个或多个团队任务执行层，当外界环境或集群内部发生重大变化时，每个功能模块都能重新分配半全局长机，完成与任务的交互。各团队的长机构成团队任务执行层，负责协调小队任务执行层，并与其他团队进行交互。各小队的长机构成小队任务执行层，经过任务的再次分解后为每架无人机分配一系列单机任务和航迹。无人机任务执行层能够完成动态路径重规划、避碰、局部任务执行、航迹跟踪等任务。

在战略和战术层面，指挥员需要实时调整自己的决策，以适应战场的动态变化。该架构的动态重规划、可扩展以及人机交互，使得系统能够自主学习目标的行为策略，用博弈论的思想进行实时决策调整。分层结构遵循任务执行逻辑，将全局任务目标逐层分解，允许操作员在任务、功能、团队、小队和无人机层面进行人工干预，有助于操作员监督和调整任务的执行过程。在生物群体涌现行为的启发下，通过跟随长机、避碰等简单行为，即可完成 ISR、搜索、地图绘制等任务。因此，该架构有效地结合了智能任务规划、分层自主任务执行和生物集群涌现行为，使得无人机集群系统在高度不确定的动态环境中，通过实时任务重规划、动态目标分配、协同运动规划完成预定任务，实现集群的协同控制与决策。

1.4.2 协同任务规划

无人机集群协同任务规划系统需要具备实时的动态重规划能力，以应对突发威胁、机间碰撞、集群规模变化等复杂情况。任务规划系统需要具备以下能力：

（1）防碰避障。为了避免发生碰撞，根据人工势场函数定义相对距离，当相对距离小于安全距离时，激活防碰避障控制器，在飞行控制系统的作用下，驱动无人机远离。

（2）动态目标分配。无人机与目标的距离、机载传感器、武器资源类型、可用燃料等单机任务效能，小队/团队中的无人机类型、通信拓扑、自主级别、分散级别等协同任务效能，是目标规划的基础，建立集群任务效能模型和任务列表，然后利用贪婪算法、拍卖算法等即可完成目标分配问题的求解。

（3）集群分层动态管理。分层结构是无人机集群任务规划的重要内容，团队长机常负责协调下一级无人机的行动，并能够与团队其他无人机保持相互通信。当某一层级的僚机退出集群时，该层长机进行重规划，使剩余僚机接管退出僚机的目标。当团队的长机退出集群时，任务规划系统或指挥中心在该层其他僚机中指派新的长机，继续完成任务。

（4）冲突消解。当几架无人机同时占据同一任务时，可能发生冲突。为此，利用竞争机制，根据无人机与目标处的距离、完成任务的时间等设计无人机对目标优先级，将目标分配给优先级最高的无人机。此外，空域冲突消解是集群管理要解决的重要问题。

文献［34］建立了如图 1-32 所示的无人机自主任务管理系统。操作员借助全局传感器掌握集群的实时状态，以监督任务的进行情况，并能通过监督控制模块调整无人机的自主级别，控制无人机适应任务的动态变化。监督控制模块协同机载传感器，建立能够反映无人机状态信息、环境信息等的通用作战态势图（Common Operating Picture，COP），并进行定时更新保证态势图的准确性。通信系统能够实现集群内部通用作战态势图的共享，信息的传递遵循分散式结构，各级无人机除进行组内通信以外，还能将探测信息发送给上一级别，上一级别又能将控制指令、决策信息发送给下一级无人机。决策模块基于传感器信号、通用作战态势图、通信获得的其他无人机信息以及指挥中心的指令，依次完成任务分解、目标分配与航迹规划，为执行器单元提供底层的执行序列。

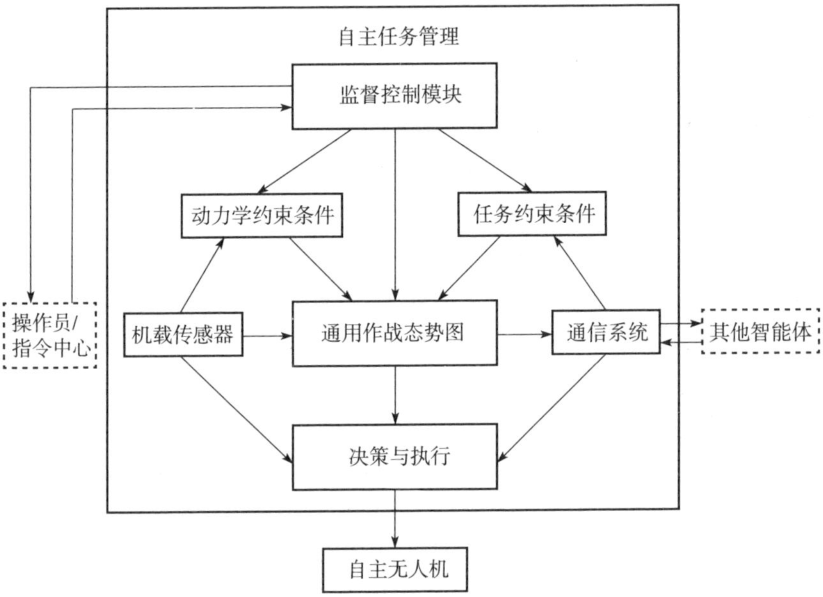

图 1-32　自主任务管理系统架构

1.4.3　协同搜索

协同搜索是指无人机集群通过协同控制与决策，遍历任务区域并利用机载传感设备进行实时探测，以获得目标状态信息的过程。

协同搜索以搜索论为基础，将最大化目标发现概率作为求解目标，为各无人机规划搜索航迹。实际战场环境复杂多变，目标可能出现在任务区域中的任何区域，因此需要无人机具备在线决策能力。针对动态目标的搜索问题，可以采用基于概率图、信息素图等搜索图方法构造二维离散地图，描述目标和环境信息，根据搜索情况对其进行实时更新，据此完成搜索决策。无人机集群在线协同搜索决策最早基于集中式架构，由中央节点对全局搜索图进行维护与更新，然后基于滚动时域优化、模型预测控制等方法在线求解得到所有无人机的搜索航迹。虽然集中式方法具有全局决策能力，但当无人机集群规模较大时，其计算量和通信量均将呈指数增长，甚至难以在有效的决策时间内得到可行解，此时需要采用分布式搜索决策方法。集中式任务优化模型转化为各无人机的分布式优化模型后，可以结合纳什最优和粒子群优化等算法进行各无人机子系统的优化模型求解，实现无人机集群的分布式自主在线优化决策。

美国国防部（United States Department of Defense，DOD）提出无人机部署传感器集群的概念，利用无人机的灵活性，对城市和乡村等地区展开大范围覆盖搜索，发现目标后进行指示与定位。无人机传感器集群可以避免由于复杂城市环境对卫星带来的干扰，减少使用卫星带来的高昂成本。为此，美国空军技术学院（Air Force Institute of Technology，AFIT）的 Morris 提出如图 1-33 所示的无人机集群协同搜索系统架构和图 1-34 所示的协同搜索流程[35]。

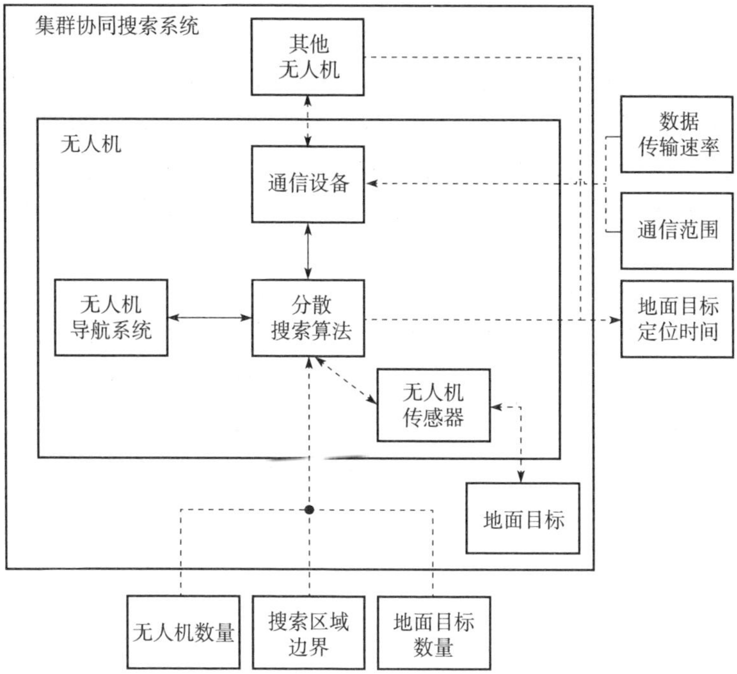

图 1-33 集群协同搜索系统架构

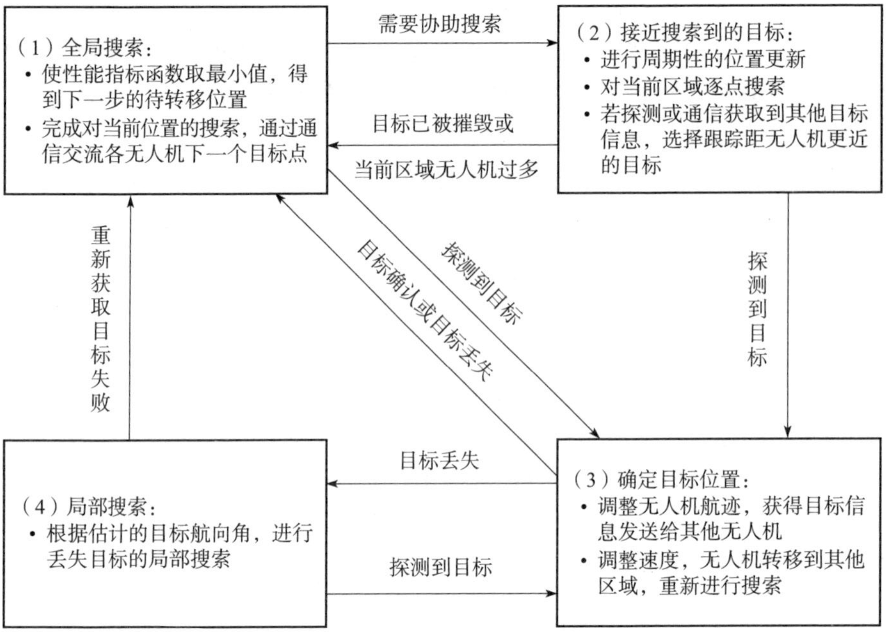

图 1-34　集群协同搜索流程

美国海军研究生院（Naval Postgraduate School，NPS）的 Berner 提出了使用“全球鹰”海上演示（Global Hawk Maritime Demonstration，GHMD）无人机用于战略支持，旨在通过雷达、电光和红外传感器，实现定位、识别、跟踪和侦察，提高决策者对环境的认知[36]。可以通过以下 2 种情景来描述该无人机的任务执行过程。

无人机海上拦截的示意图如图 1-35 所示。红方由 2 种水面舰艇组成，试图将货物偷运到 B 国而不被蓝军检测到，其中一艘红方舰艇隐藏在渔船和商船中，试图直接穿越海洋到达 B 国，另一艘舰艇靠近蓝军无法进入的领海，迂回到达 B 国。无人机使用其广域搜索海上监视雷达检测区域内的所有有关目标，无人机经过所有目标点，通过短距传感器进行分类和识别。当无人机侦察到关键目标时，使用垂直起降无人机收集关于该目标的详细信息并保持监视，对于商船或渔船，无人机关注度较小。

无人机情报支持的示意图如图 1-36 所示。红方势力由一定数量的巡逻艇组成，负责对海峡及海岸线附近的敌方势力进行侦察。蓝方舰艇为了穿过国际海峡，需要无人机提供情报支持。无人机穿过海峡飞行，通过广域搜索海上监视雷达探测区域内所有目标，获取所有红方势力的位置和活动信息，据此进行决策使舰艇绕过红方巡逻艇，成功穿越海峡。

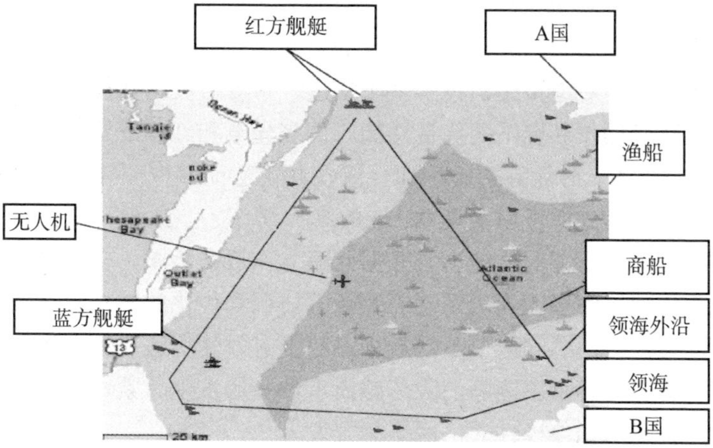

图 1-35　海上拦截示意图

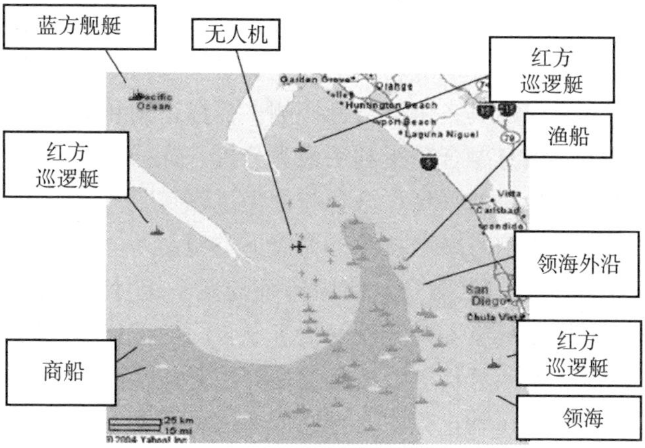

图 1-36　情报支持示意图

1.4.4　协同感知

协同感知是指无人机集群携带不同传感器利用通信网络以并行、协调的方式收集探测数据，增加传感器对目标的探测时间，通过对多源信息进行融合处理，得到目标和环境的探测信息，完成情报、监视和侦察任务，实现对任务区域的态势感知。协同感知的成功取决于 2 个关键技术：先进成像传感器的发展和传感器与情报、监视、侦察系统的无缝集成。

1. 传感器技术

由于地形变化和地面覆盖物的多样性，在陆地表面移动的目标可以有效地采用隐藏、伪装、欺骗（Concealment，Camouflage and Deception，CCD）策略防止被无人机探测到。因此，对地目标的协同感知需要性能更为互补的探测传感器。近年来，空对地传感器技术突飞猛进，常规微波雷达探测距离更远，并且表现出大范围操作环境下的优良性能。许多光电和红外成像传感器可以达到小于 1m 的分辨率，叶簇穿透雷达和合成孔径雷达能够探测处于隐藏和伪装下的目标，激光雷达成像可以实现 0.1m 的高分辨率，“穿墙”成像雷达具有防区外观察建筑物内部情况的能力，并据此建立作战态势图。多种多样的空对地雷达和成像传感器使多无人机系统以并行、协调和优化的方式收集数据，形成协同感知网络。协同感知涉及不同战术态势下有效使用适当传感器的智能传感技术，装备智能传感系统能够消除传感需求冲突的发生。紧密集成的传感器系统促进了高吞吐量和鲁棒性通信网络的开发。

2. 信息融合技术

无人机集群协同空战需要掌握实时的空战形势，准确评估全局态势与威胁情况，根据双方战机之间的位置关系，进行有效的决策，使己方占据更多优势，取得最终胜利。因此，对战场情况的正确态势感知是集群协同控制和决策的前提条件，需要无人机具备协同目标探测、目标识别和融合估计、协同态势理解与共享等能力。信息融合是指利用聚类分析、证据理论、计算机智能方法等算法，对多种来源信息的采集、融合与处理过程。

根据不同的算法将信息融合技术分为以下类型：

（1）基于统计学的信息融合。使用传统的概率统计方法，通过概率分布函数或密度函数，用于具有不确定性的信息融合问题，代表性的算法有贝叶斯估计、卡尔曼滤波、回归分析等。信息滤波算法对初始值的选取具有良好的鲁棒性，由于无人机处于运动过程中，且通信通道可能发生故障，使得其鲁棒性和隐蔽性降低，难以通过集中式控制方式解决，分散式信息融合算法能够根据信息融合所得到的信息熵及无人机的观测信息质量作为性能指标函数，通过简单的代数和融合无人机传感器信息，实现协同目标跟踪。

（2）基于人工智能的信息融合。在先验知识的基础上，通过自组织、自学习算法完成数据的训练与预测，能够寻优得到更好的融合系数，具有更好的鲁棒性，代表性的算法有深度学习算法、神经网络算法、模糊逻辑算法等。

3. 态势感知技术

态势感知模型是态势感知的研究基础，主要包括 Endsley 三级模型、分布式态势感知、团体态势感知模型等。其中，Endsley 三级模型能够在时空约束条件下，感知并理解环境中的元素，预测各元素将来的状态[37]。该模型以个人为感知主体，通过长期记忆的训练来提高态势感知能力，无人机利用人工智能处理、分析（理解与预测态势）所获取的环境态势要素信息，并做出决策，在态势感知过程中，知识规则提供指导作用。

美国空军科学咨询委员会（Air Force Scientific Advisory Board，AFSAB）提出了建立联合作战空间信息圈的设想，用于识别特定监视区域的目标轨迹（如潜在的高利益恐怖目标），并将任务分配给作战单位，实现战场信息感知，如图 1-37 所示[38]。为了获得更高精度的感知信息，设计集群的全局路径，使无人机能够近距离接触目标，并将探测信息发送给态势感知系统，系统识别出感兴趣的目标，并为无人机集群重新规划路径。

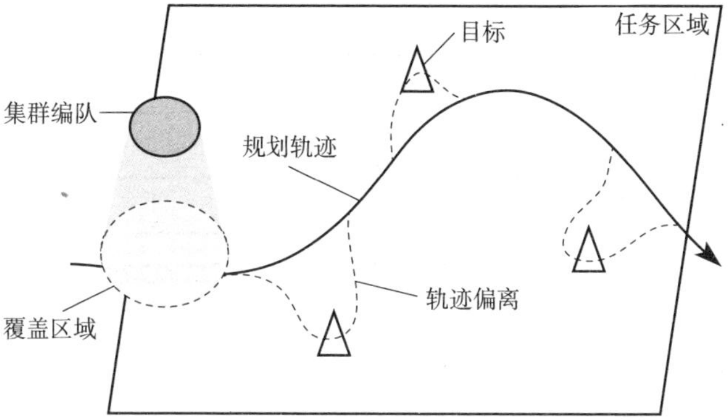

图 1-37 协同感知场景示意图

洛克希德·马丁公司开发了无人机通用作战态势感知模块[39]。首先对传感器探测得到的信息进行融合处理，进行敌我身份识别，然后对敌我双方无人机的探测、攻击范围、攻击能力进行评估，进而得到任务区域的态势评估与预判，最后基于上述评估结果判断任务执行情况。

1.4.5 协同定位与跟踪

协同定位是指无人机集群估计系统内其他无人机或目标位置信息的过程。通过对其他无人机的协同定位可以减小 GPS 使用受限所带来的位置误差，提供准确的位置信息，减少无人机集群中的个体碰撞危险。通过对任务目标的协同定位，可以为后续攻击、干扰等任务提供必要的信息。

协同跟踪是指在协同定位的基础上，根据与目标的相对位置信息，使无人机跟随目标飞行，通过协同控制保持目标不丢失。无人机内部之间的协同跟踪能够保持机间距离，实现满足任务需求的队形控制。无人机通过对任务目标的协同跟踪，有利于完成后续侦察、攻击等任务的切换。20 世纪 50 年代以来，多目标跟踪问题得到了广泛的研究与应用，主要包括基于雷达的空中交通管制、基于声呐的海洋生物探测、车辆跟踪监视系统以及基于计算机的视觉跟踪系统。无人机通过分布式传感器跟踪多个目标，可以用于执行军事侦察任务、公共安全任务等。美国海军研究生院的 Soylu 提出了基于多目标分布式跟踪算法的协同跟踪模型，使用 K-means 聚类法识别目标，在基于卡尔曼滤波方法上进一步改善航迹估计，协同跟踪的信息流向如图 1-38 所示[40]。无人机可以通过自身机载传感器及与其他无人机的通信获取探测信息，根据该探测信息生成跟踪航迹，利用联合概率数据关联（Joint Probabilistic Data Association，JPDA）和 Munkres 算法进行进一步分析、处理，通过无人机间的协同完成多目标跟踪。

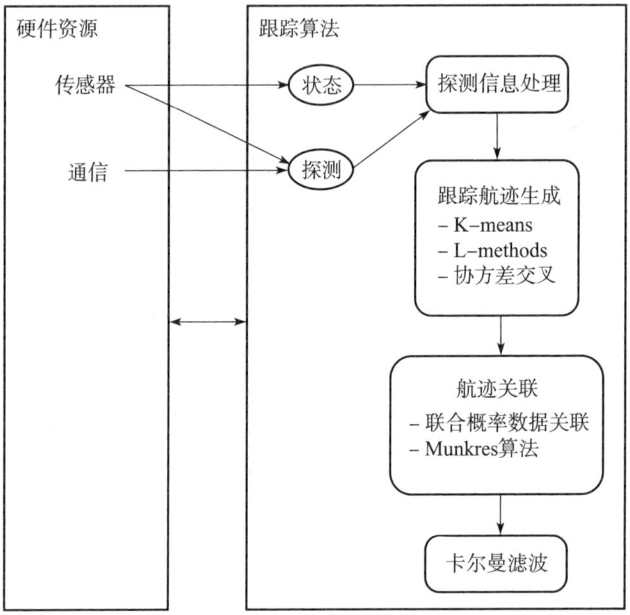

图 1-38　协同跟踪的信息流向示意图

1.4.6　协同察打

协同察打是指无人机集群在任务区域内进行协同搜索，发现目标后将目标信息发送给相关无人机并进行任务决策与航迹规划，使得处于最佳位置并携带相应载荷的无人机向着目标位置飞行，发起对目标的协同攻击，经过战场毁伤评估后，确定是否发动二次攻击，最终摧毁敌方指挥机构、防空系统和移动车辆等地面目标。

目前，美国开展了大量的无人机集群协同察打研究和论证工作。美国国防部战略能力办公室主持了“山鹑”微型无人机高速发射演示项目，通过在无人机上装备微型战斗部作为轻型巡飞弹进行大规模集群攻击。2015 年 4 月，美国海军研究办公室（Office of Naval Research，ONR）主持了美国海军低成本无人机集群技术（Low-Cost UAV Swarming Technology，LOCUST）项目，以实现无人机快速发射并进行集群作战，达成对敌方的压倒性优势。通过自适应组网及自主协调，对任务区域进行全面侦察，攻击并摧毁指挥控制系统等关键节点及目标。2016 年 5 月，美国空军发布了《小型无人机系统飞行规划 2016—2036》，详细阐述了“蜂群”“编队”“忠诚僚机”3 种集群协同概念。“蜂群”是指相互独立的小型无人机组成的智能集群，通过自主通信增强无人机的情报传送和响应速度能力，提高协同察打的作战效率，是“机与机”的控制。“编队”包括无人机之间的编队和无人机与有人机之间的编队，无人机远程操作人员或有人机飞行员可以对无人机及其载荷进行指挥与控制，是“人与人”的控制。“忠诚僚机”是指无人机与有人机的编队，其中有人机作为长机，无人机作为僚机为长机提供弹药扩充；将易被敌方探测到的任务分配给无人机进行，以减小有人机被探测到的风险；将无人机用作远程传感器，以增强长机对环境和目标的感知能力，实现协同察打，是“人与机”的控制。2017 年，美国通用原子公司提出了利用“复仇者”无人机集群与 F-22 战斗机协同作战，攻击地空导弹阵地的战术设想。

文献［41］提出一种分布式协同自主察打系统（Autonomous Search and Attack System，ASAS），该系统利用自下而上的任务规划方法，基于自主决策和本地信息，并行、分散地控制无人机。依赖全局信息的系统容易受到通信网络干扰或饱和、缺乏战场情报、高度动态的战场条件等不利影响，导致任务规划失败，而所提出的 ASAS 对不确定和动态环境具有很好的鲁棒性，系统中的无人机具备目标自动识别能力、对任务区域的基本了解和搜索策略的设计方法，不依赖于先验知识、情景知识或高带宽的通信，能够执行需要较高适应性和灵活性的任务。无人机集群协同察打的状态图如图 1-39 所示，当无人机在搜索区域内巡航时，可能会发现目标，评估功能决定了无人机在发现目标时立刻攻击或保持继续搜索状态，若决策系统认为目标是该无人机的最终任务，则立即执行攻击模式。作战模式的切换使得无人机集群的搜索区域出现缺口，为此，执行攻击任务的无人机在攻击目标之前会发射一个近距信号，未搜索区域最近一侧的相邻无人机向搜索区域移动，并传播该信号和近距离排列，通过这种级联过程缩小了搜索缺口。

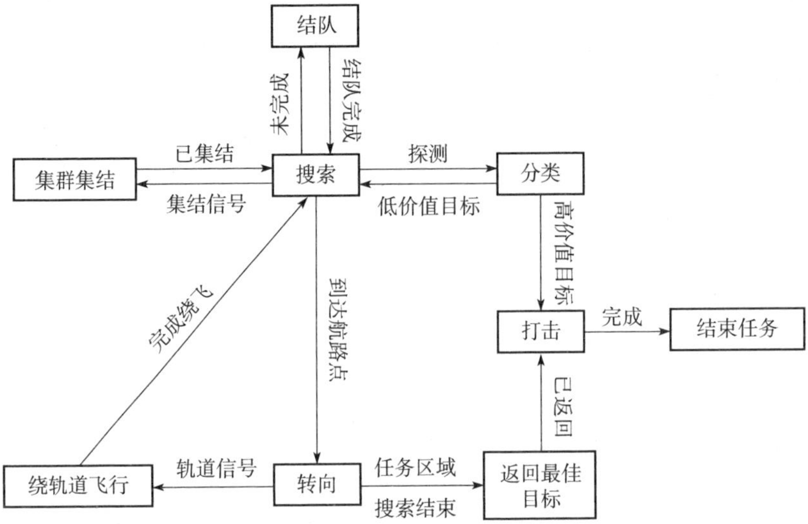

图 1-39　协同察打状态图

2008 年，美国空军技术学院的 Dustin 研究了无人机集群在进入目标区域后学习如何成功攻击目标的问题，解决了集群到达目标区域和利用目标弱点进行攻击的算法设计[42]。通过计算无人机到给定目标的距离加权向量，驱动无人机向目标集合位置移动。同时目标向量的权重能够反映其威胁值，利用目标集的特点（攻击中间目标会产生聚合防御效果，攻击最上面的目标会降低聚合能力），为无人机分配攻击目标。协同察打的基本流程如图 1-40 所示，在空间加权向量受动力学模型约束的情况下定义下一个位置，向量集形成不同的控制模式（侦察、攻击、巡航等），控制器在行为原型之间进行仲裁，遗传算法基于参数权重控制结构和运动向量进行优化。

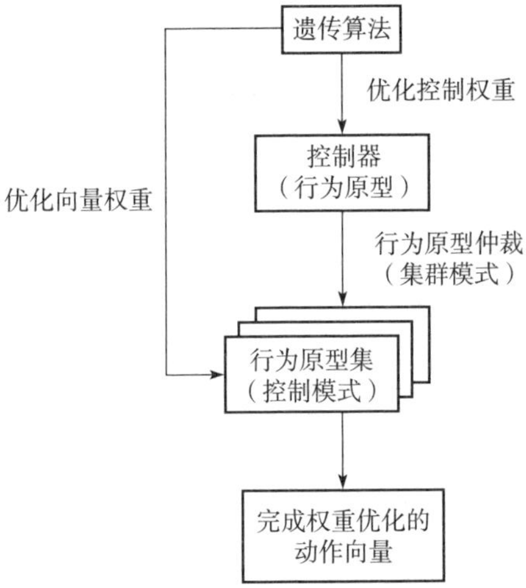

图 1-40　协同察打基本流程图

无人机集群的协同察打可以分为 3 种状态子集：无人机只探测到一个目标、无人机决定作战目标的优先顺序以及最终的实际攻击状态[42]。当无人机只探测到一个目标时，采用基于蜜蜂寻找蜂巢位置的行为规则，无人机停止后续搜索过程，绕着目标飞行并与其他无人机进行通信，同时对可能发生聚集防御的其他目标进行局部侦察，如图 1-41 所示。无人机进行目标搜索期间的集群决策过程如图 1-42 所示，收集到所有局部信息后，每个无人机根据目标的位置和重叠关系确定最脆弱的目标并迅速接近，该决策过程基于蜂巢选择模型。当通过隐式通信得到的攻击条件达到阈值时（主要指集群中参与攻击的无人机数和目标位置），集群发起协同攻击，如图 1-43 所示。

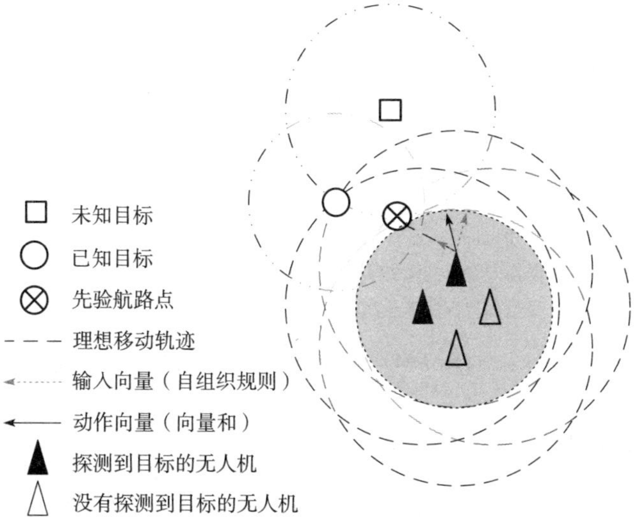

图 1-41　状态子集 1 示意图

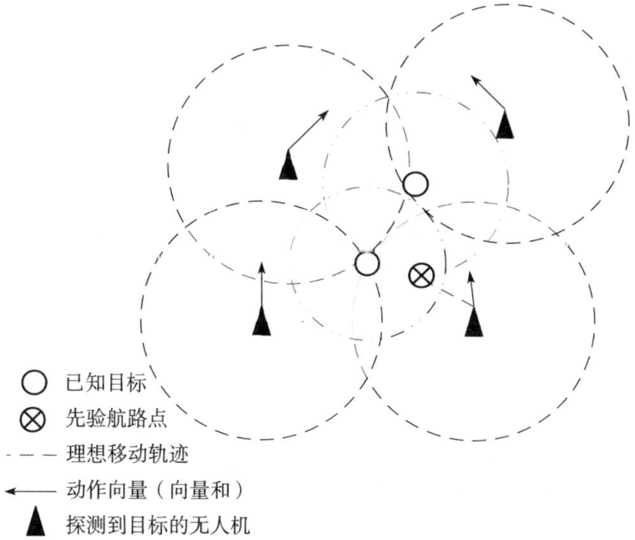

图 1-42　状态子集 2 示意图

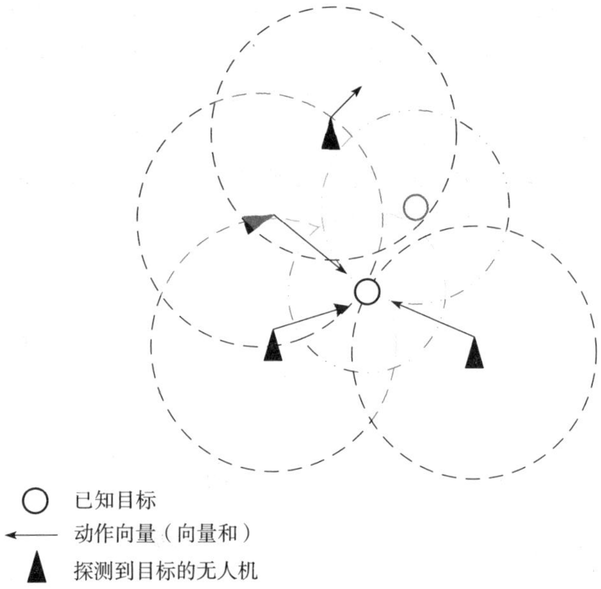

图 1-43　状态子集 3 示意图

1.4.7　协同对抗

协同对抗是指无人机集群对敌方空中力量进行攻击或防御而形成的空中协作式的缠斗过程。无人机通过协同控制，完成占位、掩护、避让、进攻等战术行为，使得集群整体获得作战优势。

无人机集群对抗取得胜利的关键因素主要包括隐蔽性、攻击策略、态势感知能力、无人机的速度和其武器载荷的命中概率。在大规模杀伤性防御武器的作用下，无人机分散分布更适合于现代作战。

空中对抗是一个复杂的动态随机过程，要进行无人机集群对抗任务规划，首先要理解集群动态对抗的演化机制，建立集群对抗模型。兰彻斯特方程可以描述敌对双方作战的资源消耗模型，但只适合早期空战模式。基于多智能体理论的 EINSTein 对抗模型将自适应系统理论应用于无人机集群对抗中，模型中的每个个体都具有自主决策的能力，被广泛用于中小型作战的兵棋模拟。

无人机集群对抗过程的关键在于作战双方策略的选择与竞争，因此决策方法的选择对对抗结果有着重要的影响。将多对多空战分解为一对一空战，使用影响图分析描述决策过程，根据贝叶斯定理进行实时态势评估，进而求解得到最优决策。动态博弈理论在每一个决策步骤中，每一方都寻求最佳方案，以实现其自身目标功能的最大化。基于捕食者粒子群优化的博弈论方法，将无人机集群的动态任务分配问题分解成单架无人机之间的博弈问题，使用混合纳什均衡方法求解每个决策阶段的最优分配方案。上述方法多适用于小规模集群间的作战，难以处理大规模集群之间的对抗问题。

为了应对无人机集群的饱和攻击，美国海军研究生院的 Gaertner 提出了使用无人机集群进行防御性拦截的策略，描述了无人机集群协同对抗问题[43]。将无人机集群对抗看作一个马尔可夫过程，利用状态表示特定的战斗情况。基于两级马尔可夫过程，首先研究一对一的无人机作战，为每架无人机设计相应的行为规则集，然后在此基础上将转换概率合并到无人机集群中，通过无人机的行为决策实现无人机集群的协同对抗，通过分层思想和多智能体理论设计无人机集群对抗建模的总体框架，其中最底层为任务层，每架无人机利用自身的先验知识和规则进行自主决策，然后由上层指挥层下达作战指令，使系统整体表现出对抗效果，有效应用于解决大规模集群对抗问题。Gaertner 设计的协同对抗状态转移如图 1-44 所示。初始时刻的状态 50/50 表示蓝方与红方各 50 架无人机参与对抗，战场情况有 p_B 的概率变为 50/49，p_R 的概率变为 49/50，直到其中一方的无人机数清零，每一次状态转移的过程都有可能使其中一方的高价值目标被摧毁，此时被摧毁的一方作战失败。

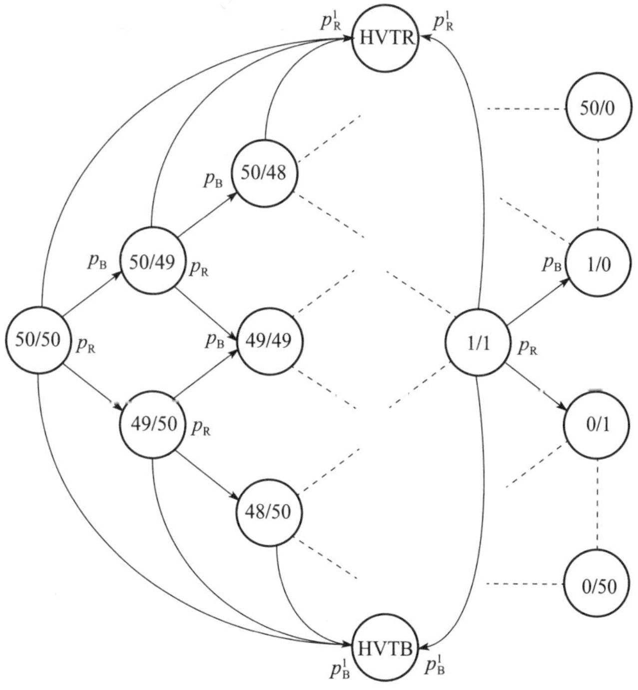

图 1-44　协同对抗状态图

随着无人机自主水平的提高，以及人工智能技术的发展，采用数据挖掘、深度学习、机器学习等方法从大量空战数据中挖掘对抗规律与模式，用于求解复杂大规模集群对抗问题，将成为未来无人机集群空战技术的重要发展趋势。

第2章
多无人机编队飞行控制

无人机编队飞行是指多无人机通过机间通信和协同控制实现特定队形的飞行过程。编队飞行控制主要涉及编队队形集结、队形保持和队形重构等关键问题。多无人机相继从不同基地起飞后，需要迅速收缩、靠近，以完成编队队形集结；多无人机通过相对导航系统获取其他无人机的相对位置信息，根据队形要求控制无人机完成编队队形保持；当作战任务发生变化时，为了提高整体的作战效能，多无人机根据任务需求对其队形进行适当的调整，实现动态的编队队形重构。

本章研究多无人机编队飞行控制问题，建立无人机数学模型，分析典型控制方法在无人机飞行控制中的应用，建立无人机编队相对运动学模型，分别设计无人机编队队形集结、无人机编队队形保持、无人机编队队形重构，以及无人机编队自适应控制算法。

2.1 无人机数学模型

无人机数学模型是控制器设计的基础，因此首先建立无人机的动力学与运动学模型。无人机是具有6自由度运动特性的刚体，包括质心沿地面坐标系平移的3个自由度和绕机体坐标系转动的3个自由度。

2.1.1 非线性全量方程组

常规气动布局的无人机含有升降舵、副翼、方向舵等执行机构，所受合外力 $\boldsymbol{F}$ 包括气动力 $\boldsymbol{R}_{\Sigma}$、发动机推力 T、重力 G，作用在飞机上的总力矩包括气动力矩 $\boldsymbol{M}_{\Sigma}$、推力力矩。$\boldsymbol{R}_{\Sigma}$ 在气流坐标系下的分量为阻力 D、侧力 Y、升力 L，$\boldsymbol{M}_{\Sigma}$ 在机体坐标系下的分量为滚转力矩 $\bar{L}_{\mathrm{A}}$、俯仰力矩 M_{A}、偏航力矩 N_{A}，总力

矩在机体坐标系下的分量为滚转力矩 $\bar{L}$、俯仰力矩 M、偏航力矩 N，T 与机体轴 X 重合，G 在气流坐标系下的分量为 G_{xa}、G_{ya}、G_{za}。

无人机建模时通常选取如下状态变量：速度 V、迎角 α、侧滑角 β、滚转角速率 p、俯仰角速率 q、偏航角速率 r、滚转角 ϕ、俯仰角 θ、偏航角 ψ、航迹倾斜角 μ、航迹方位角 φ，以及地面坐标系下的位置分量 X、Y、H。通常选取如下控制输入变量：升降舵偏角 δ_e、油门开度 δ_T、副翼偏角 δ_a、方向舵偏角 δ_r。以动力学为基础，在机体坐标系 $S_b-O_bX_bY_bZ_b$ 下，建立无人机的 6 自由度非线性全量模型。

（1）力方程组。根据牛顿运动学定理，建立动力学方程组，即

$$\begin{cases}\dot{V}=\dfrac{(T\cos\alpha\cos\beta-D+G_{xa})}{m}\\ \dot{\alpha}=\dfrac{[-T\sin\alpha-L+mV(-p\cos\alpha\sin\beta+q\cos\beta-r\sin\alpha\sin\beta)+G_{za}]}{mV\cos\beta}\\ \dot{\beta}=\dfrac{[-T\cos\alpha\sin\beta+Y-mV(-p\sin\alpha+r\cos\alpha)+G_{ya}]}{mV}\end{cases} \tag{2-1}$$

（2）力矩方程组。根据动量矩定理，建立无人机绕质心转动的动力学方程组，即

$$\begin{cases}\dot{p}=(c_1r+c_2p)q+c_3\bar{L}+c_4N\\ \dot{q}=c_5pr-c_6(p^2-r^2)+c_7M\\ \dot{r}=(c_8p-c_2r)q+c_4\bar{L}+c_9N\end{cases} \tag{2-2}$$

式中：$c_1=\dfrac{(I_y-I_z)\ I_z-I_{xz}^2}{I_xI_z-I_{xz}^2}$；$c_2=\dfrac{(I_x-I_y+I_z)\ I_{xz}}{I_xI_z-I_{xz}^2}$；$c_3=\dfrac{I_z}{I_xI_z-I_{xz}^2}$；$c_4=\dfrac{I_{xz}}{I_xI_z-I_{xz}^2}$；$c_5=\dfrac{I_z-I_x}{I_y}$；$c_6=\dfrac{I_{xz}}{I_y}$；$c_7=\dfrac{1}{I_y}$；$c_8=\dfrac{I_x\ (I_x-I_y)\ +I_{xz}^2}{I_xI_z-I_{xz}^2}$；$c_9=\dfrac{I_x}{I_xI_z-I_{xz}^2}$；$I_x$，$I_y$，$I_z$ 分别为绕 3 个轴的转动惯量，I_{xz} 为惯性积。

（3）角运动方程组。将无人机 3 个姿态角变化率向机体轴上投影，得到与绕机体轴 3 个角速度之间的转换关系，即

$$\begin{cases}\dot{\phi}=p+(r\cos\phi+q\sin\phi)\tan\theta\\ \dot{\theta}=q\cos\phi-r\sin\phi\\ \dot{\psi}=\dfrac{1}{\cos\theta}(r\cos\phi+q\sin\phi)\end{cases} \tag{2-3}$$

（4）线运动方程组。若质心动力学方程是建立在航迹坐标轴系的，考虑到地轴系速度分量分别是对应质心空间坐标的微分，则无人机线运动方程组表示为

$$\begin{bmatrix}\dot{X}\\\dot{Y}\\\dot{H}\end{bmatrix}=\begin{bmatrix}V\cos\mu\cos\varphi\\V\cos\mu\sin\varphi\\V\sin\mu\end{bmatrix} \tag{2-4}$$

由上述方程组确定了无人机的非线性全量方程为

$$\dot{\boldsymbol{x}}=f(\boldsymbol{x},\boldsymbol{u},\boldsymbol{d}) \tag{2-5}$$

式中：$\boldsymbol{x}=[V,\ \alpha,\ \beta,\ \phi,\ \theta,\ \psi,\ p,\ q,\ r,\ X,\ Y,\ H]^{\mathrm{T}}$ 为状态变量；$\boldsymbol{u}=[\delta_{\mathrm{e}},\ \delta_{\mathrm{T}},\ \delta_{\mathrm{a}},\ \delta_{\mathrm{r}}]^{\mathrm{T}}$ 为控制输入；$\boldsymbol{d}$ 为扰动量。

2.1.2　线性化方程组

基于小扰动原理，将无人机的非线性全量模型在配平点附近进行线性化，表示为

$$\dot{\boldsymbol{x}}=\boldsymbol{A}\boldsymbol{x}+\boldsymbol{B}\boldsymbol{u} \tag{2-6}$$

式中：$\boldsymbol{A}$ 和 $\boldsymbol{B}$ 为系统矩阵。

根据无人机的运动特点，将 6 自由度的无人机运动分成对称平面内的纵向运动和非对称平面内的横侧向运动，纵向、横侧向模型表示为

$$\dot{\boldsymbol{x}}_{\mathrm{lon}}=\boldsymbol{A}_{\mathrm{lon}}\boldsymbol{x}_{\mathrm{lon}}+\boldsymbol{B}_{\mathrm{lon}}\boldsymbol{u}_{\mathrm{lon}} \tag{2-7}$$

$$\dot{\boldsymbol{x}}_{\mathrm{lat}}=\boldsymbol{A}_{\mathrm{lat}}\boldsymbol{x}_{\mathrm{lat}}+\boldsymbol{B}_{\mathrm{lat}}\boldsymbol{u}_{\mathrm{lat}} \tag{2-8}$$

式中：纵向状态量 $\boldsymbol{x}_{\mathrm{lon}}=[\Delta V,\ \Delta\alpha,\ \Delta q,\ \Delta\theta,\ \Delta H]^{\mathrm{T}}$；纵向控制输入 $\boldsymbol{u}_{\mathrm{lon}}=[\Delta\delta_{\mathrm{e}},\ \Delta\delta_{\mathrm{T}}]^{\mathrm{T}}$；横侧向状态量 $\boldsymbol{x}_{\mathrm{lat}}=[\Delta\beta,\ \Delta p,\ \Delta r,\ \Delta\phi,\ \Delta\psi,\ \Delta Y]^{\mathrm{T}}$；横侧向控制输入 $\boldsymbol{u}_{\mathrm{lat}}=[\Delta\delta_{\mathrm{a}},\ \Delta\delta_{\mathrm{r}}]^{\mathrm{T}}$；$\boldsymbol{A}_{\mathrm{lon}}$，$\boldsymbol{B}_{\mathrm{lon}}$，$\boldsymbol{A}_{\mathrm{lat}}$，$\boldsymbol{B}_{\mathrm{lat}}$ 分别为纵向及横侧向的系统矩阵；Δ 为配平点附近增量。

2.2　无人机飞行控制

无人机飞行控制的主要目标是对姿态和轨迹指令的稳定与跟踪。比例—积分—微分（Proportion-Integration-Differentiation，PID）控制是使用范围最广的经典控制方法，随着控制理论的不断发展，越来越多的控制方法用在无人机飞行控制系统的设计中，使得无人机具有更好的动态和稳态性能，如最优控制、预见控制、自适应控制、智能控制等。

2.2.1 PID 控制

PID 控制通过对理想输出信号与真实输出信号之间做差得到误差信号，再对其进行比例、微分、积分等操作，从而产生控制信号作用于被控系统。比例控制可以调节系统的开环增益，提高稳态精度，加快响应速度，但会降低系统稳定性；积分控制可以消除稳态误差，但会增加超调；微分控制可以提高系统的阻尼比，加快响应速度，改善稳定性，但会放大噪声。因此，根据控制对象特点，合理调节 PID 参数，获得满足控制需求的控制效果。

PID 控制易于工程实现，可以通过经验、仿真分析及实际试飞进行参数调试。文献［44］以变推力轴线无人机为研究对象，采用 PID 控制设计了气动舵面控制和推力变向控制相结合的无人机纵向姿态混合控制器。

基于 PID 控制的无人机轨迹控制结构如图 2-1 所示，包括纵向控制系统和横侧向控制系统。纵向控制系统包括速度通道和俯仰角通道，由高度控制器、姿态控制器、速度控制器组成。高度控制器利用高度指令与实际高度之间的误差，生成俯仰角指令；姿态控制器控制升降舵完成俯仰角指令跟踪；速度控制器控制油门开度完成速度指令跟踪。横侧向控制系统包括滚转角通道和侧滑角通道，由侧向偏离控制器、姿态控制器和侧滑角控制器组成。侧向偏离控制器利用侧偏指令与实际侧偏之间的误差，生成滚转角指令；姿态控制器控制副翼完成滚转角指令跟踪；侧滑角控制器控制方向舵完成侧滑角指令跟踪。

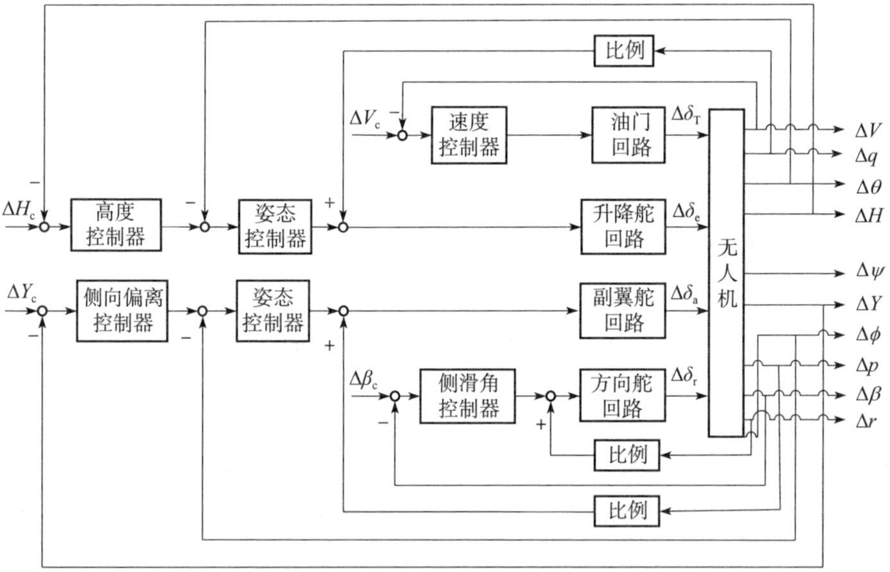

图 2-1　基于 PID 控制的无人机轨迹控制结构

高度控制器的控制律表示为

$$\Delta\theta_{\mathrm{c}}=\left(K_{H\mathrm{p}}+\frac{K_{H\mathrm{i}}}{s}+K_{H\mathrm{d}}s\right)(\Delta H_{\mathrm{c}}-\Delta H) \tag{2-9}$$

俯仰姿态控制器的控制律表示为

$$\Delta\delta_{\mathrm{e}}=K_q\Delta q+K_\theta(\Delta\theta_{\mathrm{c}}-\Delta\theta) \tag{2-10}$$

速度控制器的控制律表示为

$$\Delta\delta_{\mathrm{T}}=\left(K_{V\mathrm{p}}+\frac{K_{V\mathrm{i}}}{s}+K_{V\mathrm{d}}s\right)(\Delta V_{\mathrm{c}}-\Delta V) \tag{2-11}$$

侧向偏离控制器的控制律表示为

$$\Delta\phi_{\mathrm{c}}=\left(K_{Y\mathrm{p}}+\frac{K_{Y\mathrm{i}}}{s}+K_{Y\mathrm{d}}s\right)(\Delta Y_{\mathrm{c}}-\Delta Y) \tag{2-12}$$

滚转姿态控制器的控制律表示为

$$\Delta\delta_{\mathrm{a}}=K_p\Delta p+K_\phi(\Delta\phi_{\mathrm{c}}-\Delta\phi) \tag{2-13}$$

侧滑角控制器的控制律表示为

$$\Delta\delta_{\mathrm{r}}=K_r\Delta r+K_\beta(\Delta\beta_{\mathrm{c}}-\Delta\beta) \tag{2-14}$$

2.2.2　最优控制

20 世纪 50 年代，最优控制逐渐形成并得到发展，一般采用极小值原理、动态规划、Lyapunov 函数、矩阵配方法等算法进行求解。20 世纪 70 年代，信息融合理论开始逐渐发展，已在众多领域进行了广泛的研究。信息融合本质上是按照一定准则对多源信息进行分析和综合以完成决策。融合估计主要研究多源信息下的最优估计问题，是传统最优估计理论与信息融合技术的有机结合。融合控制是指基于信息融合思想，利用融合估计方法，通过融合受控对象信息、性能评价信息、执行机构信息、测量信息、期望输出信息、干扰信息等，获得最优控制律[45]。目前，融合估计方法已被成功用于求解线性系统和非线性系统的预见控制问题、预测控制问题、解耦控制问题等，并产生了多种融合控制算法。文献［46］针对离散线性系统最优跟踪问题，提出一种基于信息融合最优估计的控制方法，将当前给定值和可测干扰值分别看作系统未来输出和干扰的预见值，将系统当前输入信息作为跟踪系统的预见信息，融合成一步等效预见信息，获得近似最优融合控制律。文献［47］推导出协状态融合滤波方程和控制量融合估计值，由此获得最优融合控制律，从理论上证明了信息融合估计解法与传统解法的等同性，建立了有限时间离散线性最优跟踪控制系统。文献［48］采用集中式融合和序贯式融合两种信息处理方法，求得最优状态调节器问题的最优融合控制序列。

最优控制在实际飞行控制系统中得到了成功应用。它同 PID 控制的主要区别在于它引入了最优评价函数，通过状态反馈实现线性控制。文献［49］和文献［50］将最优控制用于大型民用飞机的飞行控制中，考虑到 PID 控制难以消除风扰动对飞机着陆阶段产生的影响，提出了一种基于信息融合控制的着陆阶段扰动抑制控制策略，使用基于信息融合的最优调节器设计了横侧向控制回路，用于实现横侧向的姿态稳定控制。

下面介绍一种基于信息融合最优控制的无人机飞行控制方法[51]。

定理 2.1：受控对象的离散动力学方程表示为

$$\boldsymbol{x}(k+1)=\boldsymbol{A}(k)\boldsymbol{x}(k)+\boldsymbol{B}(k)\boldsymbol{u}(k) \tag{2-15}$$

设系统可控、可观测，且初始状态 $\boldsymbol{x}(0)=\boldsymbol{x}_0$。离散状态调节器问题是指设计最优控制序列，使性能指标函数

$$J=\boldsymbol{x}^{\mathrm{T}}(N)\boldsymbol{Q}(N)\boldsymbol{x}(N)+\sum_{k=0}^{N-1}\left[\boldsymbol{x}^{\mathrm{T}}(k)\boldsymbol{Q}(k)\boldsymbol{x}(k)+\boldsymbol{u}^{\mathrm{T}}(k)\boldsymbol{R}(k)\boldsymbol{u}(k)\right] \tag{2-16}$$

最小。式中：权重矩阵 $\boldsymbol{Q}(k)=\boldsymbol{Q}^{\mathrm{T}}(k)>0$；$\boldsymbol{R}(k)=\boldsymbol{R}^{\mathrm{T}}(k)>0$；$N$ 为末端时刻。状态调节问题的最优融合控制序列为

$$\hat{\boldsymbol{u}}(k)=-[\boldsymbol{R}(k)+\boldsymbol{B}^{\mathrm{T}}(k)\boldsymbol{P}^{-1}(k+1)\boldsymbol{B}(k)]^{-1}\boldsymbol{B}^{\mathrm{T}}(k)\boldsymbol{P}^{-1}(k+1)\boldsymbol{A}(k)\boldsymbol{x}(k) \tag{2-17}$$

式中：$\boldsymbol{P}(k)$ 为对称非负定矩阵，满足如下黎卡提微分方程

$$\begin{cases}\boldsymbol{P}^{-1}(k)=\boldsymbol{Q}(k)+\boldsymbol{A}^{\mathrm{T}}(k)[\boldsymbol{P}(k+1)+\boldsymbol{B}(k)\boldsymbol{R}^{-1}(k)\boldsymbol{B}^{\mathrm{T}}(k)]^{-1}\boldsymbol{A}(k) \quad (k=0,1,\cdots,N-1)\\ \boldsymbol{P}^{-1}(N)=\boldsymbol{Q}(N)\end{cases} \tag{2-18}$$

定理 2.2：受控对象的输出方程表示为

$$\boldsymbol{y}(k)=\boldsymbol{C}(k)\boldsymbol{x}(k) \tag{2-19}$$

离散系统跟踪问题是指设计最优控制序列，使系统输出跟踪期望轨迹，使性能指标

$$J=\|\boldsymbol{y}^*(N)-\boldsymbol{y}(N)\|_{\boldsymbol{Q}(N)}^2+\sum_{k=0}^{N-1}\left[\|\boldsymbol{y}^*(k)-\boldsymbol{y}(\mathrm{k})\|_{\boldsymbol{Q}(k)}^2+\|\boldsymbol{u}(k)\|_{\boldsymbol{R}(k)}^2\right] \tag{2-20}$$

最小。式中：$\boldsymbol{y}^*(k)$ 为期望输出向量。系统跟踪问题的最优融合控制序列为

$$\hat{\boldsymbol{u}}(k)=-[\overline{\boldsymbol{K}}(k)\boldsymbol{x}(k)+\overline{\boldsymbol{v}}(k)] \quad (k=0,1,\cdots,N-1) \tag{2-21}$$

式中：

$$\overline{\boldsymbol{K}}(k)=[\boldsymbol{R}(k)+\boldsymbol{B}^{\mathrm{T}}(k)\boldsymbol{P}^{-1}(k+1)\boldsymbol{B}(k)]^{-1}\boldsymbol{B}^{\mathrm{T}}(k)\boldsymbol{P}^{-1}(k+1)\boldsymbol{A}(k) \tag{2-22}$$

$$\bar{\boldsymbol{v}}(k)=-[\boldsymbol{R}(k)+\boldsymbol{B}^{\mathrm{T}}(k)\boldsymbol{P}^{-1}(k+1)\boldsymbol{B}(k)]^{-1}\boldsymbol{B}^{\mathrm{T}}(k)\boldsymbol{P}^{-1}(k+1)\hat{\boldsymbol{x}}(k+1) \tag{2-23}$$

$$\begin{cases}\hat{\boldsymbol{x}}(k)=\boldsymbol{P}(k)\boldsymbol{C}^{\mathrm{T}}(k)\boldsymbol{Q}(k)\boldsymbol{y}^{*}(k)+\boldsymbol{P}(k)\boldsymbol{A}^{\mathrm{T}}(k)[\boldsymbol{P}(k+1)+\boldsymbol{B}(k)\boldsymbol{R}^{-1}(k)\boldsymbol{B}^{\mathrm{T}}(k)]^{-1}\hat{\boldsymbol{x}}(k+1)\\ \hat{\boldsymbol{x}}(N)=\boldsymbol{P}(N)\boldsymbol{C}^{\mathrm{T}}(N)\boldsymbol{Q}(N)\boldsymbol{y}^{*}(N)\end{cases} \tag{2-24}$$

$$\begin{cases}\boldsymbol{P}^{-1}(k)=\boldsymbol{C}^{\mathrm{T}}(k)\boldsymbol{Q}(k)\boldsymbol{C}(k)+\boldsymbol{A}^{\mathrm{T}}(k)[\boldsymbol{P}(k+1)+\boldsymbol{B}(k)\boldsymbol{R}^{-1}(k)\boldsymbol{B}^{\mathrm{T}}(k)]^{-1}\boldsymbol{A}(k)\\ \boldsymbol{P}^{-1}(N)=\boldsymbol{C}^{\mathrm{T}}(N)\boldsymbol{Q}(N)\boldsymbol{C}(N)\end{cases} \tag{2-25}$$

基于最优融合控制的无人机姿态控制结构如图 2-2 所示。为了设计最优融合控制律，首先对无人机纵向和横侧向线性化方程进行离散化。无人机的纵向状态方程离散化为

$$\boldsymbol{x}_{\mathrm{lon}}(k+1)=\boldsymbol{A}_{\mathrm{lon}}\boldsymbol{x}_{\mathrm{lon}}(k)+\boldsymbol{B}_{\mathrm{lon}}\boldsymbol{u}_{\mathrm{lon}}(k) \tag{2-26}$$

式中：$\boldsymbol{x}_{\mathrm{lon}}=[\Delta V,\ \Delta\alpha,\ \Delta\theta,\ \Delta q]^{\mathrm{T}}$；$\boldsymbol{u}_{\mathrm{lon}}=[\Delta\delta_{\mathrm{e}},\ \Delta\delta_{\mathrm{T}}]^{\mathrm{T}}$

无人机的横侧向状态方程离散化为

$$\boldsymbol{x}_{\mathrm{lat}}(k+1)=\boldsymbol{A}_{\mathrm{lat}}\boldsymbol{x}_{\mathrm{lat}}(k)+\boldsymbol{B}_{\mathrm{lat}}\boldsymbol{u}_{\mathrm{lat}}(k) \tag{2-27}$$

式中：$\boldsymbol{x}_{\mathrm{lat}}=[\Delta\beta\quad \Delta\phi\quad \Delta p\quad \Delta r]^{\mathrm{T}}$；$\boldsymbol{u}_{\mathrm{lat}}=[\Delta\delta_{\mathrm{a}}\quad \Delta\delta_{\mathrm{r}}\quad \Delta\beta_{\mathrm{T}}]^{\mathrm{T}}$。

根据融合控制律的求解过程，分别获得纵向与横侧向最优融合控制律。

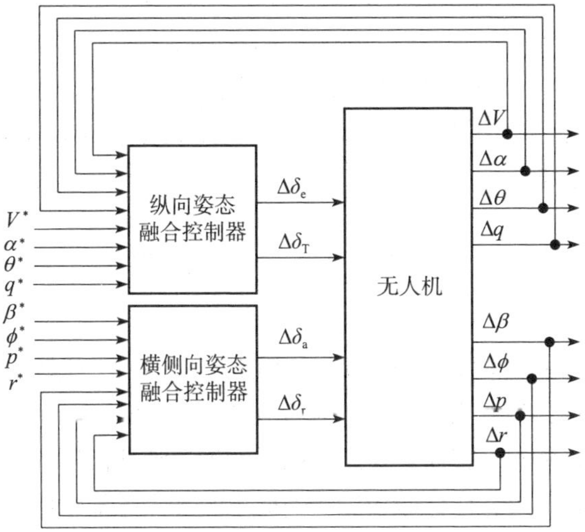

图 2-2　基于最优控制的无人机姿态控制结构

2.2.3　预见控制

20 世纪 60 年代，美国麻省理工学院的 Sheridan 教授率先提出了预见控制的 3 种模型，可以引入已知的未来信息提高系统性能，获得了广泛关注和应用。

传统最优预见控制方法基于误差系统进行设计，推导过程烦琐，计算量大。信息融合估计作为求解最优控制问题的一种新方法，同样适合于求解最优预见控制问题。文献［52］针对非线性离散系统的最优预见控制问题，设计了基于信息融合最优估计的迭代预见控制算法，在预见模型的基础上，融合了包含未来参考轨迹和控制能量的软约束信息，以及系统状态方程和输出方程的硬约束信息，根据非线性信息融合最优估计理论，推导出滚动优化性能指标的最优控制律，获得协状态序列和控制序列的最优估计。文献［53］针对期望轨迹和干扰可预见的最优跟踪问题，通过信息融合估计算法处理期望轨迹、干扰输入、误差系统状态等信息，并设计包括积分项、状态反馈控制项和预见前馈补偿项的最优预见控制系统。文献［54］重点概述了 H_2 线性最优预见控制、H_∞ 线性鲁棒预见控制、非线性预见控制等相关理论和应用的研究进展。

信息融合预见控制是在全状态反馈最优控制系统的基础上，引入目标和干扰预见前馈补偿项，其反馈控制项与传统最优控制一致，因此其稳定性与最优控制系统一致。当预见步数增加时，任意时刻的信息量也随之增加，融合估计准确性提高。

定理 2.3：受扰被控对象的离散状态方程和输出方程为

$$\boldsymbol{x}(k+1)=\boldsymbol{A}(k)\boldsymbol{x}(k)+\boldsymbol{B}(k)\boldsymbol{u}(k)+\boldsymbol{E}(k)\boldsymbol{d}(k) \tag{2-28}$$

$$\boldsymbol{y}(k)=\boldsymbol{C}(k)\boldsymbol{x}(k) \tag{2-29}$$

设系统可控、可观，未来目标的可预见时间范围为［$k+1$，$k+k_\mathrm{f}$］，未来干扰信息的可预见时间范围为［k，$k+k_\mathrm{f}-1$］，最优预见控制问题是指设计最优控制律，使性能指标函数

$$J=\sum_{j=1}^{k_\mathrm{f}}\|\boldsymbol{y}^*(k+j)-\boldsymbol{y}(k+j)\|_{\boldsymbol{Q}(k+j)}^2+\sum_{j=1}^{k_\mathrm{f}}\|\boldsymbol{u}(k+j-1)\|_{\boldsymbol{R}(k+j-1)}^2 \tag{2-30}$$

极小。等式右侧第一项表示在未来 $k+1$，$k+2$，…，$k+k_\mathrm{f}$ 时刻，系统输出尽可能跟踪参考输入轨迹；等式右侧第二项表示在未来 k，$k+1$，…，$k+k_\mathrm{f}-1$ 时刻，系统总控制能量尽可能小，以防止系统因固有的饱和特性而导致不稳定。选择半正定矩阵 $\boldsymbol{Q}$、正定矩阵 $\boldsymbol{R}$，使性能指标达到极小的最优控制序列的最优融合估计为

$$\hat{\boldsymbol{u}}(k)=\overline{\boldsymbol{R}}^{-1}(k)\boldsymbol{B}^\mathrm{T}(k)\boldsymbol{P}^{-1}(k+1)[\hat{\boldsymbol{x}}(k+1)-\boldsymbol{A}(k)\boldsymbol{x}(k)-\boldsymbol{E}(k)\boldsymbol{d}(k)] \tag{2-31}$$

式中：$\overline{\boldsymbol{R}}(k)=\boldsymbol{R}(k)+\boldsymbol{B}^\mathrm{T}(k)\boldsymbol{P}^{-1}(k+1)\boldsymbol{B}(k)$。协状态的最优融合滤波方程为

$$\begin{aligned}\hat{\boldsymbol{x}}(k+j)=&\boldsymbol{P}(k+j)\{\boldsymbol{A}^\mathrm{T}(k+j)[\boldsymbol{P}(k+j+1)+\boldsymbol{B}(k+j)\boldsymbol{R}^{-1}(k+j)\boldsymbol{B}^\mathrm{T}(k+j)]^{-1}\\&[\hat{\boldsymbol{x}}(k+j+1)-\boldsymbol{E}(k+j)\boldsymbol{d}(k+j)]+\boldsymbol{C}^\mathrm{T}(k+j)\boldsymbol{Q}(k+j)\boldsymbol{y}^*(k+j)\}\end{aligned} \tag{2-32}$$

$$\boldsymbol{P}^{-1}(k+j)=\boldsymbol{C}^\mathrm{T}(k+j)\boldsymbol{Q}(k+j)\boldsymbol{C}(k+j)+\boldsymbol{A}^\mathrm{T}(k+j)[\boldsymbol{P}(k+j+1)+$$

$$\boldsymbol{B}(k+j)\boldsymbol{R}^{-1}(k+j)\boldsymbol{B}^{\mathrm{T}}(k+j)]^{-1}\boldsymbol{A}(k+j) \tag{2-33}$$

最优控制律的另一种表达形式为

$$\hat{\boldsymbol{u}}(k)=\boldsymbol{K}_x(k)\boldsymbol{x}(k)+\sum_{j=0}^{k_\mathrm{f}-1}\boldsymbol{K}_d(k+j)\boldsymbol{d}(k+j)+\sum_{j=0}^{k_\mathrm{f}-1}\boldsymbol{K}_{y*}(k+j+1)\boldsymbol{y}^*(k+j+1) \tag{2-34}$$

式中：$\boldsymbol{K}_x$ 为状态反馈系数；$\boldsymbol{K}_d$ 为干扰前馈系数；$\boldsymbol{K}_{y*}$ 为目标前馈系数，且

$$\boldsymbol{K}_x(k)=-\overline{\boldsymbol{R}}^{-1}(k)\boldsymbol{B}^{\mathrm{T}}(k)\boldsymbol{P}^{-1}(k+1)\boldsymbol{A}(k) \tag{2-35}$$

$$\begin{cases}\boldsymbol{K}_d(k)=-\overline{\boldsymbol{R}}^{-1}(k)\boldsymbol{B}^{\mathrm{T}}(k)\boldsymbol{P}^{-1}(k+1)\boldsymbol{E}(k)\\ \boldsymbol{K}_d(k+j)=-\overline{\boldsymbol{R}}^{-1}(k)\boldsymbol{B}^{\mathrm{T}}(k)\boldsymbol{P}^{-1}(k+1)\left[-\prod_{i=1}^{j}\widetilde{\boldsymbol{P}}(k+i)\right]\boldsymbol{E}(k+j)\quad(j=1,2,\cdots,k_\mathrm{f}-1)\end{cases} \tag{2-36}$$

$$\begin{cases}\boldsymbol{K}_{y*}(k+1)=\overline{\boldsymbol{R}}^{-1}(k)\boldsymbol{B}^{\mathrm{T}}(k)\boldsymbol{C}^{\mathrm{T}}(k+1)\boldsymbol{Q}(k+1)\\ \boldsymbol{K}_{y*}(k+j)=\overline{\boldsymbol{R}}^{-1}(k)\boldsymbol{B}^{\mathrm{T}}(k)\boldsymbol{P}^{-1}(k+1)\prod_{i=1}^{j-1}\widetilde{\boldsymbol{P}}(k+i)\\ \qquad [\boldsymbol{P}(k+j)\boldsymbol{C}^{\mathrm{T}}(k+j)\boldsymbol{Q}(k+j)]\quad(j=2,3,\cdots,k_\mathrm{f})\end{cases} \tag{2-37}$$

传统无人机飞行轨迹控制基于当前信息如偏航距、高度差等，来实施控制作用，难以避免滞后问题。当无人机的飞行轨迹被预先确定时，通过未来可预见信息，在全状态最优反馈控制系统中引入预见前馈控制器，可以提高目标跟踪性能、减小输入峰值，且不影响系统的稳定性和鲁棒性。文献［55］和文献［56］使用最优预见控制算法，设计了舰载机自动着舰控制系统，使用预见控制融合了参考下滑道的未来信息，具有良好的轨迹跟踪性能和鲁棒性。由此给出基于最优预见控制的无人机轨迹控制系统结构如图 2-3 所示。

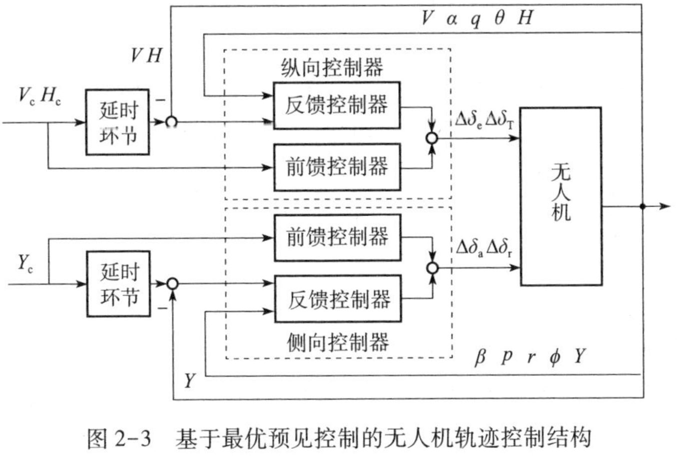

图 2-3　基于最优预见控制的无人机轨迹控制结构

无人机的纵向状态方程离散化为

$$\begin{cases}\boldsymbol{x}_{\text{lon}}(k+1)=\boldsymbol{A}_{\text{lon}}\boldsymbol{x}_{\text{lon}}(k)+\boldsymbol{B}_{\text{lon}}\boldsymbol{u}_{\text{lon}}(k)\\ \boldsymbol{y}_{\text{lon}}(k+1)=\boldsymbol{C}_{\text{lon}}\boldsymbol{x}_{\text{lon}}(k)\end{cases} \tag{2-38}$$

式中：$\boldsymbol{x}_{\text{lon}}=[\Delta V,\ \Delta\alpha,\ \Delta q,\ \Delta\theta,\ \Delta H]^{\text{T}}$；$\boldsymbol{u}_{\text{lon}}=[\Delta\delta_{\text{e}},\ \Delta\delta_{\text{T}}]^{\text{T}}$；$\boldsymbol{y}_{\text{lon}}=[\Delta V,\ \Delta H]^{\text{T}}$。

对参考输出信号及实际输出信号做差，得到误差信号为

$$\boldsymbol{e}_{\text{lon}}(k)=\boldsymbol{y}_{\text{lon}}^{*}(k)-\boldsymbol{y}_{\text{lon}}(k) \tag{2-39}$$

代入式（2-38）中，扩大误差系统模型表示为

$$\boldsymbol{X}_{\text{lon}}(k+1)=\boldsymbol{\Phi}_{\text{lon}}\boldsymbol{X}_{\text{lon}}(k)+\boldsymbol{G}_{\text{lon}}\Delta\boldsymbol{u}_{\text{lon}}(k)+\boldsymbol{E}_{\text{lon}}\Delta\boldsymbol{y}_{\text{lon}}^{*}(k+1) \tag{2-40}$$

式中：$\boldsymbol{X}_{\text{lon}}(k)=[\boldsymbol{e}_{\text{lon}}(k),\ \Delta\boldsymbol{x}_{\text{lon}}(k)]^{\text{T}}$；$\boldsymbol{\Phi}_{\text{lon}}=\begin{bmatrix}\boldsymbol{I} & -\boldsymbol{C}_{\text{lon}}\boldsymbol{A}_{\text{lon}}\\ \boldsymbol{0} & \boldsymbol{A}_{\text{lon}}\end{bmatrix}$；$\boldsymbol{G}_{\text{lon}}=\begin{bmatrix}-\boldsymbol{C}_{\text{lon}}\boldsymbol{B}_{\text{lon}}\\ \boldsymbol{B}_{\text{lon}}\end{bmatrix}$；$\boldsymbol{E}_{\text{lon}}=\begin{bmatrix}\boldsymbol{I}\\ \boldsymbol{0}\end{bmatrix}$。

以理想输出信息作为预见信息（即参考信号），设未来 k_{f} 步的信息已知，性能指标函数设计为

$$J=\sum_{k=-k_{\text{f}}+1}^{\infty}[\boldsymbol{X}_{\text{lon}}^{\text{T}}(k)\boldsymbol{Q}\boldsymbol{X}_{\text{lon}}(k)+\Delta\boldsymbol{u}_{\text{lon}}^{\text{T}}(k)\boldsymbol{R}\Delta\boldsymbol{u}_{\text{lon}}(k)] \tag{2-41}$$

无人机的纵向最优预见控制律设计为

$$\Delta\boldsymbol{u}_{\text{lon}}(k)=\boldsymbol{F}_{0}\boldsymbol{X}_{\text{lon}}(k)+\sum_{j=1}^{k_{\text{f}}}\boldsymbol{F}(j)\Delta\boldsymbol{y}_{\text{lon}}^{*}(k+j) \tag{2-42}$$

式中：状态反馈系数为

$$\boldsymbol{F}_{0}=-[\boldsymbol{R}+\boldsymbol{G}_{\text{lon}}^{\text{T}}\boldsymbol{P}\boldsymbol{G}_{\text{lon}}]^{-1}\boldsymbol{G}_{\text{lon}}^{\text{T}}\boldsymbol{P}\boldsymbol{\Phi}_{\text{lon}} \tag{2-43}$$

预见前馈系数为

$$\boldsymbol{F}(j)=-[\boldsymbol{R}+\boldsymbol{G}_{\text{lon}}^{\text{T}}\boldsymbol{P}\boldsymbol{G}_{\text{lon}}]^{-1}\boldsymbol{G}_{\text{lon}}^{\text{T}}(\boldsymbol{\Phi}_{\text{lon}}+\boldsymbol{G}_{\text{lon}}\boldsymbol{F}_{0}\boldsymbol{G}_{\text{lon}}^{\text{T}})^{j-1}\boldsymbol{P}\boldsymbol{E}_{\text{lon}} \tag{2-44}$$

且满足

$$\boldsymbol{P}=\boldsymbol{Q}+\boldsymbol{\Phi}_{\text{lon}}^{\text{T}}\boldsymbol{P}\boldsymbol{\Phi}_{\text{lon}}-\boldsymbol{\Phi}_{\text{lon}}^{\text{T}}\boldsymbol{P}\boldsymbol{G}_{\text{lon}}[\boldsymbol{R}+\boldsymbol{G}_{\text{lon}}^{\text{T}}\boldsymbol{P}\boldsymbol{G}_{\text{lon}}]^{-1}\boldsymbol{G}_{\text{lon}}^{\text{T}}\boldsymbol{P}\boldsymbol{E}_{\text{lon}} \tag{2-45}$$

无人机的横侧向控制以理想侧向偏离量作为预见信息，最优预见控制律的设计方法与纵向控制相同。

2.2.4 自适应控制

20 世纪 50 年代，美国麻省理工学院的 Whitaker 教授首先提出了模型参考自适应控制（Model Reference Adaptive Control，MRAC）的方法。自适应控制理论不依赖于被控对象的数学模型，对系统参数时变、外界扰动都具有很强的自适应能力与鲁棒性。它的本质是使受控闭环系统的特性与参考模型特性保持

一致，可用于系统参数估计、状态观测等。美国弗吉尼亚大学的陶钢教授系统地研究了直接和间接自适应控制、多变量自适应控制、非线性自适应控制等理论方法及其在航空航天领域的应用。

此外，将模型参考自适应控制应用于无人机系统中，使得飞行控制系统的设计不依赖于无人机模型参数，能够提高控制系统的跟踪性能和抗干扰性能。文献［57］以常规气动布局舰载无人机的撞网着舰过程为研究对象，采用单输入单输出（Single Input Single Output，SISO）模型参考自适应控制方法，分别设计了升降舵、油门、副翼和方向舵控制通道的自适应控制律。文献［58］利用自适应反演控制设计无人机飞行控制系统，实现输入约束、外部干扰和执行器故障下的容错控制。文献［59］将参数自适应和滑模微分器相结合，提出了一种自适应超螺旋控制算法，并将其应用于舰载机自动着舰系统中，以保证着舰过程的跟踪精度、快速性和鲁棒性。自适应控制除了模型参考自适应外，还有非线性自适应控制、自适应动态面反步控制、自适应滑模控制、自适应模糊滑模控制和神经网络自适应控制等多种自适应控制技术，它们不仅应用在无人机中，也可应用于高超声速飞行器[60]、客机[61] 等其他飞行器的控制中。

定理 2.4[62]：针对 SISO 线性时不变系统

$$\begin{cases}\dot{\boldsymbol{x}}=\boldsymbol{A}\boldsymbol{x}+bu\\ y=\boldsymbol{c}\boldsymbol{x}\end{cases} \tag{2-46}$$

设模型参数 $\boldsymbol{A}$，b，$\boldsymbol{c}$ 未知，系统可控、可观，传递函数零点多项式为 m 阶稳定多项式。参考模型可设计为

$$y_{\mathrm{m}}(t)=\frac{1}{P_{\mathrm{m}}(s)}[r](t) \tag{2-47}$$

状态反馈输出跟踪自适应控制律可设计为

$$u(t)=\boldsymbol{k}_1^{\mathrm{T}}(t)\boldsymbol{x}(t)+k_2(t)r(t) \tag{2-48}$$

$$\dot{\boldsymbol{K}}(t)=-\frac{\operatorname{sign}[\rho^*]\boldsymbol{\Gamma}\boldsymbol{\zeta}(t)\varepsilon(t)}{m^2(t)}\quad(\boldsymbol{\Gamma}=\boldsymbol{\Gamma}^{\mathrm{T}}>0) \tag{2-49}$$

$$\dot{\rho}(t)=-\frac{\gamma\xi(t)\varepsilon(t)}{m^2(t)}\quad(\gamma>0) \tag{2-50}$$

式中：$\boldsymbol{K}(t)=[\boldsymbol{k}_1^{\mathrm{T}}(t),\ k_2(t)]^{\mathrm{T}}$；$\xi(t)=\boldsymbol{K}^{\mathrm{T}}(t)\boldsymbol{\zeta}(t)-\dfrac{1}{P_{\mathrm{m}}(s)}[\boldsymbol{K}^{\mathrm{T}}\boldsymbol{\omega}](t)$；$\boldsymbol{\zeta}(t)=\dfrac{1}{P_{\mathrm{m}}(s)}[\boldsymbol{\omega}](t)$；$\boldsymbol{\omega}(t)=[\boldsymbol{x}^{\mathrm{T}}(t),\ r(t)]^{\mathrm{T}}$；$\varepsilon(t)=\rho^*(\boldsymbol{K}(t)-\boldsymbol{K}^*)^{\mathrm{T}}\boldsymbol{\zeta}(t)+(\rho(t)-\rho^*)\xi(t)$；$m(t)=\sqrt{1+\boldsymbol{\zeta}^{\mathrm{T}}(t)\boldsymbol{\zeta}(t)+\xi^2(t)}$。上述参数自适应律能保证 $\rho(t)\in L^{\infty}$，

$\dot{\rho}(t)\in L^2\cap L^\infty$，则闭环系统输出渐近跟踪参考模型输出，即满足

$$\lim_{t\to\infty}(y(t)-y_m(t))=0 \tag{2-51}$$

$$\int_0^\infty (y(t)-y_m(t))^2<0 \tag{2-52}$$

同时，闭环系统所有信号都是有界的。

基于模型参考自适应控制的无人机轨迹控制结构如图 2-4 所示，包括基准轨迹生成与轨迹误差计算模块、纵向与侧向引导律模块以及油门、升降舵、副翼和方向舵控制通道[57]。

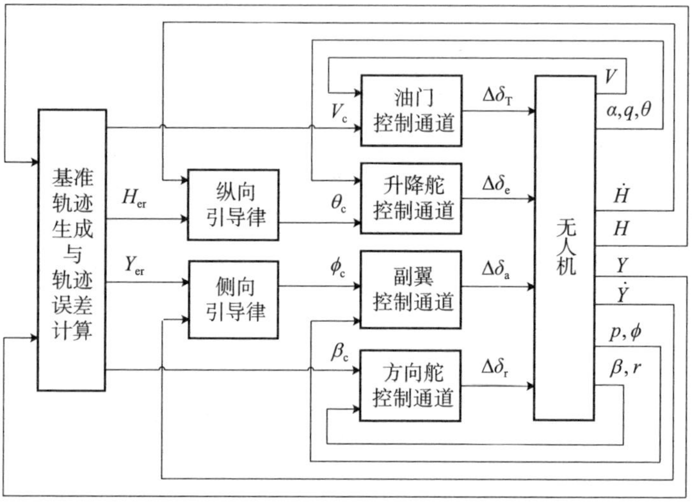

图 2-4　基于自适应控制的无人机轨迹控制结构

基于模型参考自适应控制的无人机各通道控制律如下：

（1）升降舵通道控制律。该通道的状态空间模型表示为

$$\begin{bmatrix}\Delta\dot{\alpha}\\ \Delta\dot{q}\\ \Delta\dot{\theta}\end{bmatrix}=\boldsymbol{A}_1\begin{bmatrix}\Delta\alpha\\ \Delta q\\ \Delta\theta\end{bmatrix}+b_1\Delta\delta_e \tag{2-53}$$

$$\Delta\theta=\begin{bmatrix}0 & 0 & 1\end{bmatrix}\begin{bmatrix}\Delta\alpha\\ \Delta q\\ \Delta\theta\end{bmatrix} \tag{2-54}$$

根据模型阶次，设计二阶参考模型

$$y_m(t)=\frac{1}{(s+p_0)(s+p_1)}[\Delta\theta_c](t) \tag{2-55}$$

式中：p_0，p_1 是配置的稳定极点。引入辅助变量 $\boldsymbol{\omega}(t)=[\Delta\alpha, \Delta q, \Delta\theta, \Delta\theta_c]^T$，则升降舵通道的自适应控制律设计为

$$\Delta\delta_e(t)=\boldsymbol{k}_1^T(t)\begin{bmatrix}\Delta\alpha(t)\\ \Delta q(t)\\ \Delta\theta(t)\end{bmatrix}+k_2(t)\Delta\theta_c(t) \tag{2-56}$$

（2）油门通道控制律。该通道的状态空间模型表示为

$$\Delta\dot{V}=a_2\Delta V+b_2\Delta\delta_T \tag{2-57}$$

设计一阶参考模型

$$y_m(t)=\frac{1}{s+p_3}[\Delta V_c](t) \tag{2-58}$$

式中：p_3 是配置的稳定极点。引入辅助变量 $\boldsymbol{\omega}(t)=[\Delta V, \Delta V_c]^T$，则油门通道的自适应控制律设计为

$$\Delta\delta_T(t)=k_3(t)\Delta V(t)+k_4(t)\Delta V_c(t) \tag{2-59}$$

（3）副翼通道控制律。该通道的状态空间模型表示为

$$\begin{bmatrix}\dot{p}\\ \dot{\phi}\end{bmatrix}=\boldsymbol{A}_3\begin{bmatrix}p\\ \phi\end{bmatrix}+b_3\delta_a \tag{2-60}$$

$$\phi=[0 \quad 1]\begin{bmatrix}p\\ \phi\end{bmatrix} \tag{2-61}$$

设计一阶参考模型

$$y_m(t)=\frac{1}{s+p_4}[\phi_c](t) \tag{2-62}$$

式中：p_4 是配置的稳定极点。引入辅助变量 $\boldsymbol{\omega}(t)=[p, \phi, \phi_c]^T$，则副翼通道的自适应控制律设计为

$$\delta_a(t)=\boldsymbol{k}_5^T(t)\begin{bmatrix}p(t)\\ \phi(t)\end{bmatrix}+k_6(t)\phi_c(t) \tag{2-63}$$

（4）方向舵通道控制律。该通道的状态空间模型表示为

$$\begin{bmatrix}\dot{\beta}\\ \dot{r}\end{bmatrix}=\boldsymbol{A}_4\begin{bmatrix}\beta\\ r\end{bmatrix}+b_4\delta_r \tag{2-64}$$

$$\beta=[1 \quad 0]\begin{bmatrix}\beta\\ r\end{bmatrix} \tag{2-65}$$

设计一阶参考模型

$$y_m(t)=\frac{1}{s+p_5}[\beta_c](t) \tag{2-66}$$

式中：p_5 是配置的稳定极点。引入辅助变量 $\boldsymbol{\omega}(t)=[\beta, r, \beta_c]^T$，则方向舵通道的自适应控制律设计为

$$\delta_r(t)=\boldsymbol{k}_7^T(t)\begin{bmatrix}\beta(t)\\ r(t)\end{bmatrix} \tag{2-67}$$

控制参数矩阵 $\boldsymbol{k}_1(t)\sim\boldsymbol{k}_7(t)$ 可由自适应参数更新律式（2-49）进行调节。

2.2.5 智能控制

典型智能控制方法包括神经网络、模糊控制及群体智能优化技术。神经网络控制模拟人脑结构机理以及人的知识和经验实施控制，具有学习能力，能够不断修正神经元之间的连接权值，对非线性系统和难以建模系统的控制具有良好效果。模糊逻辑控制模拟人的思维方式，对难以精确建模的对象实施模糊推理和决策。群体智能是指简单智能的主体通过合作表现出复杂智能行为的特性，为解决组合优化、知识发现、模式识别和网络路由控制等实际问题提供了新的解决方法。

1. 神经网络

1986 年，以 Rumelhart 和 McClelland 为首的科学家提出了 BP 神经网络的概念，是目前应用最广泛的神经网络之一。BP 神经网络是一种按照误差逆向传播算法训练的多层前馈神经网络，具有任意复杂的模式分类能力和优良的多维函数映射能力，解决了简单感知器不能解决的异或和问题。BP 网络包括输入层、隐藏层和输出层，以网络误差平方为目标函数，采用梯度下降法来计算目标函数的最小值。基于快速双幂次趋近律滑模与神经网络结合的自适应滑模控制方法，用于解决可变翼飞行器小翼伸缩过程中带来的稳定性问题，利用神经网络充分逼近复杂的非线性关系，得到小翼伸缩全过程的滑模趋近律。美国海军研究实验室开发了无人机从线性飞行状态到高迎角飞行状态全覆盖的飞行控制系统，基于近似动态逆设计控制律，神经网络在线学习并消除模型误差。

1988 年，Moody 和 Darken 提出了径向基函数（Radial Basis Function, RBF）神经网络，它具有收敛速度快、运算量小等特点。RBF 网络通常包括输入层、隐含层、输出层，从输入层到隐含层的变换是非线性的，从隐含层到输出层空间变换是线性的。RBF 网络利用径向基函数作为隐单元的“基”组成隐含层，并对输入层向量进行变换，无须通过权连接，将低维空间的模式变换到高维空间内，使得低维空间内的线性不可分问题转化为高维空间内的线性可分问题。RBF 网络的学习算法主要解决隐含层单元数、基函数的中心和宽度以及层与层之间权重的选择问题，典型的 RBF 神经网络结构如图 2-5 所示。

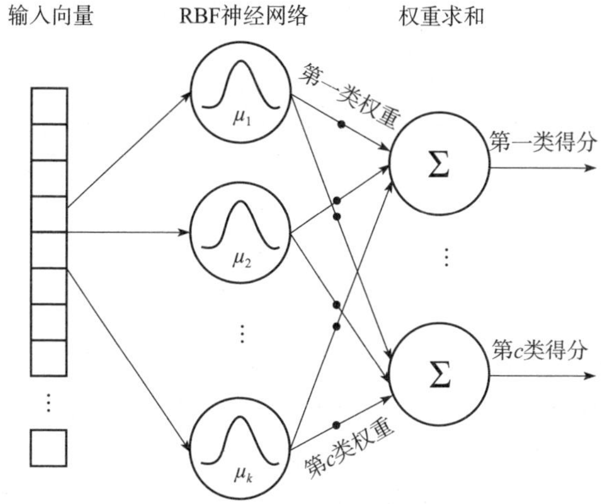

图 2-5　典型 RBF 神经网络结构示意图

文献［63］提出了一种基于模糊聚类和蚁群优化算法的改进 RBF 神经网络，隐含点数据中心由模糊聚类确定，引入蚁群优化算法，优化了影响 RBF 网络泛化能力的加权矩阵和聚类数目。文献［64］针对四旋翼无人机在输入饱和、未建模非线性动力学和外部干扰下的位置和姿态跟踪问题，在控制器设计中引入了一种由双曲正切函数构造的非对称饱和非线性逼近器，通过神经网络反步控制，设计新的虚拟控制信号，改进误差补偿机制，从而避免了由于执行器中未知的非对称饱和非线性而导致系统退化甚至失稳的情况。

2. 模糊逻辑

1974 年，英国的 Mamdani 首次设计了模糊控制器。模糊控制无须对象的精确数学模型，适于解决非线性、强耦合时变、滞后等控制问题，有较强的鲁棒性和容错能力。使用模糊化处理，易于表达不确定事项且便于人机交互，可操作性强。然而，模糊控制不能适应受控对象动力学特征变化及环境特征变化，因此需要与自适应控制等方法结合。

模糊控制器主要由定义变量、模糊化、知识库、逻辑判断及去模糊化等 5 部分组成，如图 2-6 所示。①定义变量：一般取误差 e 及其变化率 ec 作为输入变量，控制量 u 作为输出变量；②模糊化：是指将输入值转换为语言值的过程，该语言值作为模糊子集合；③知识库：由数据库与规则库组成，数据库定义数据的处理方式，规则库根据语言控制规则描述控制目标和策略；④逻辑判断：模仿人类的判断行为，通过模糊逻辑得到模糊控制信号；⑤去模糊化：是指将模糊控制信号转换为实际控制量的过程。

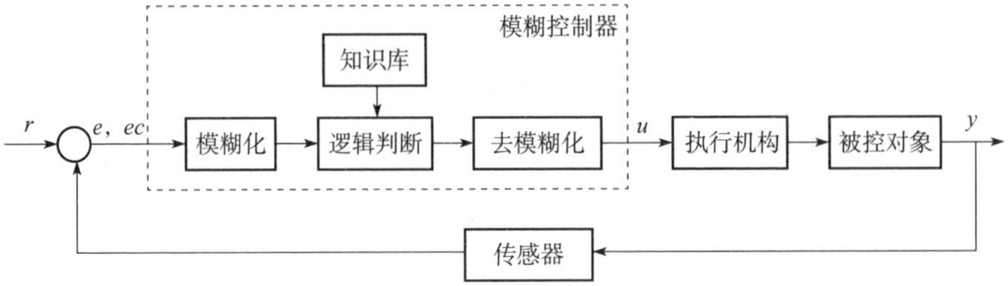

图 2-6　模糊控制系统基本结构

模糊控制在工业控制、航空航天等领域中开展了大量的研究。文献［65］设计了自适应模糊滑模控制律，用于无人机着舰过程，采用 IF-THEN 形式的模糊规则构成模糊系统，通过乘积推理机、单值模糊器和中心平均解模糊器得到模糊系统的输出，用于代替滑模控制的开关项，有效降低了舵面抖振，抵消了外界干扰带来的误差。将模糊控制和模型参考自适应控制相结合，用于无人机的姿态控制中，当无人机的俯仰角和滚转角过大时，模型参考自适应控制使得系统可能出现不稳定情况，引入模糊控制能够避免对误差的过度补偿。

3. 大脑情感学习算法

2000 年，伊朗的 Moren、Balkenius 等在大脑神经逻辑学的基础上，提出大脑情感学习（Brain Emotional Learning，BEL）计算模型。2004 年，伊朗的 Lucas 设计了大脑情感学习智能控制器，并进行了大量的应用研究。

大脑情感学习模型模拟了大脑中杏仁体和眶额皮质组织之间的信息传递方式，其基本结构如图 2-7 所示。杏仁体完成情感学习的过程，眶额皮质对该过程进行监督。

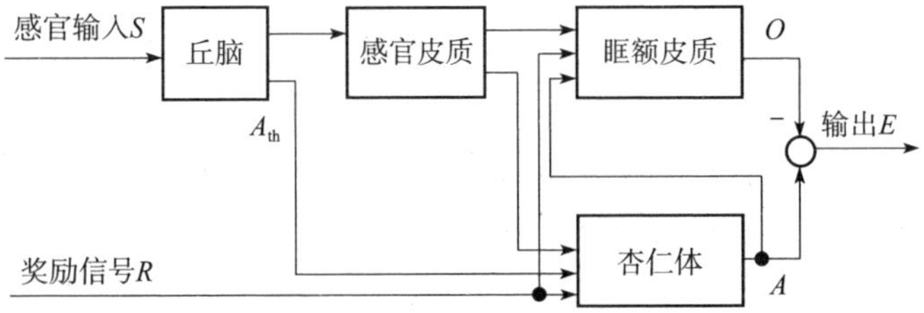

图 2-7　大脑情感学习模型的基本结构

大脑情感学习模型的总输出为

$$E = A - O = \sum_{i=1}^{m+1} A_i - \sum_{i=1}^{m} O_i \tag{2-68}$$

式中：A 为杏仁体组织的输出；O 为眶额皮质组织的输出；m 为感官输入信号

的个数。

杏仁体和眶额皮质内各有一个对应节点来接收刺激信号，如感官输入信号 S、奖励信号 R 以及丘脑信号 A_{th} 等，丘脑接收感官输入信号中的最大值，将其传输到杏仁体部分。杏仁体和眶额皮质内各节点的输出分别表示为

$$A_i=\begin{cases}C_iS_i & (i=1,2,\cdots,m)\\ C_{m+1}A_{\text{th}} & (i=m+1)\end{cases} \tag{2-69}$$

$$O_i=W_iS_i \tag{2-70}$$

式中：$A_{\text{th}}=\max(S_1,\ S_2,\ \cdots,\ S_m)$；$C_i$ 为节点 A_i 的权值；W_i 为节点 O_i 的权值。

情感的学习过程即为节点权值的动态调节过程，根据联想式学习方法，权值的调节律为

$$\Delta C_i=\begin{cases}a_A\max(0,R-A)S_i & (i=1,2,\cdots,m)\\ a_A\max(0,R-A)A_{\text{th}} & (i=m+1)\end{cases} \tag{2-71}$$

$$\Delta W_i=a_O(E'-R)S_i \tag{2-72}$$

式中：a_A，a_O 为正值的学习率，是影响学习速度的关键因素；E' 为不含丘脑刺激信号的大脑情感学习模型输出，满足

$$E'=\sum_{i=1}^{m}A_i-\sum_{i=1}^{m}O_i \tag{2-73}$$

大脑情感学习算法在电气工程、航空航天等领域进行了很多应用研究。文献［66］研究了转台在摩擦等非线性干扰力矩作用下的控制，提出了一种基于大脑情感学习模型的转台伺服系统复合控制方法，设计了基于大脑情感学习模型的同结构系统逆模型辨识器和前馈补偿控制器，通过在线辨识系统逆模型来学习大脑情感学习模型的节点权值。文献［67］提出了一种大脑情感学习智能控制结构，融合了系统跟踪误差、控制输入等信息，根据感官输入信号选择控制结构，利用联想学习法调整控制器参数，以完成转台伺服系统的自适应跟踪控制。

利用大脑情感学习算法解决变推力轴线无人机的航迹控制，建立气动舵面、推力变向的大脑情感学习智能控制器，以实现无人机的自适应推力变向。文献［51］针对倾斜转弯飞行控制问题，为跟踪水平航迹并保持飞行高度，推力纵向偏转控制回路的感官输入函数、情感暗示函数选取为

$$\boldsymbol{S}_{\text{lon}}=[s_H(\Delta H-\Delta H_{\text{c}}),s_{\dot H}\Delta\dot H]^{\text{T}} \tag{2-74}$$

$$R_{\text{lon}}=r_H(\Delta H-\Delta H_{\text{c}})+r_{\dot H}\Delta\dot H \tag{2-75}$$

推力横侧向偏转控制回路的感官输入函数和情感暗示函数可选取为

$$\boldsymbol{S}_{\mathrm{lat}}=[s_Y\Delta Y, s_{\dot{Y}}\Delta\dot{Y}]^{\mathrm{T}} \tag{2-76}$$

$$R_{\mathrm{lat}}=r_Y\Delta Y+r_{\dot{Y}}\Delta\dot{Y} \tag{2-77}$$

式中：S_H，$S_{\dot{H}}$，r_H，$r_{\dot{H}}$，S_Y，$S_{\dot{Y}}$，r_Y，$r_{\dot{Y}}$ 均为权重参数。

大脑情感学习算法也可以进行无人机的姿态控制。无人机飞行条件发生变化时，传统的飞行控制系统无法实时调节参数适应环境的变化。文献［68］在升降舵、副翼和方向舵通道分别设计大脑情感学习控制器，用于调整对应控制回路的控制增益，控制结构如图 2-8 所示。

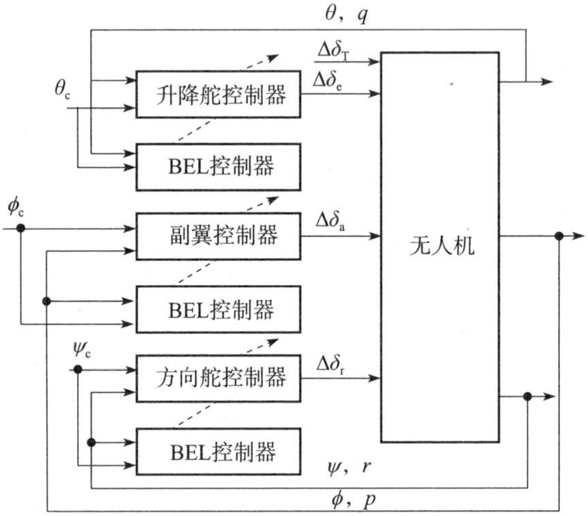

图 2-8　基于 BEL 算法的无人机飞行控制结构

4. 遗传算法

1975 年，美国密歇根大学的 Holland 教授提出遗传算法，这是一种模拟达尔文自然生物进化论与孟德尔遗传变异理论的人工智能算法，来源于对自然选择和遗传学机理的生物进化过程进行的研究和模拟，是一种随机化搜索方法。

遗传算法可以直接对结构对象进行操作，没有函数连续可微等限制条件；能同时评估搜索空间中的多个解，极大程度上避免陷入局部最优解；采用概率化的变迁规则，基本不依赖于搜索空间或其他辅助信息，具有很强的自适应性和自组织能力。因此，遗传算法已经广泛地应用于飞行器的编队控制、容错控制、任务规划等多个领域。遗传算法通过编码及初始化、选择、交叉和变异等环节进行不断的迭代计算，实现最优解的生成，算法的实施步骤如下：

（1）编码及初始化。首先需要将问题的可行解映射成较为简单的编码，依据该解的特征将其编译成一条染色体，象征着一个个体。随机生成大量染色体，实现种群的初始化，其中的每一条染色体都表示一个可行解。

（2）个体的选择。为初始种群中所有染色体赋予适应度值，根据适应度值采用概率化的变迁规则对种群中的染色体进行淘汰或选择，使适应度大的染色体具有更高的遗传概率。

（3）基因的交叉。模拟生物遗传过程中的交叉配对，按照一定规则交换相互配对个体的部分基因，产生编码方式与父本、母本不同的染色体，得到新的解集。

（4）基因的变异。模拟生物遗传过程中的基因突变，按照一定的规则用新的基因替换已有染色体上的部分基因，产生编码方式不同的新染色体，极大程度上避免了算法在迭代过程中陷入局部最优。

遗传算法使得最初生成的随机解，按照自然遗传学中交叉和变异的方式，生成新的解集，利用适应度函数值模拟生物遗传与进化过程中适者生存、优胜劣汰的规则，逐代选择并进化出更好的近似解，使可行解像自然进化一样更加符合实际问题的需求，最后一代得到的最优个体经过解码，即可作为问题的近似最优解。遗传算法适合处理复杂系统，但它全局优化能力不强，易于陷入局部最优。因此，需要对遗传算法进行改进，主要有两种形式：①对遗传操作因子的改进，如混沌遗传算法、自适应遗传算法等；②对种群的改进，如家族遗传算法、多种群遗传算法等。

跳跃基因是维持生物大脑神经细胞多样性的主要原因，因此在遗传算法中引入跳跃基因操作，以提高算法的全局搜索能力。然而，标准跳跃基因遗传算法（Jumping-Gene Genetic Algorithm，JGGA）的随机跳跃过程容易破坏较优性能染色体的基因。文献［69］对标准跳跃基因遗传算法进行改进，跳跃基因所在染色体适应度越高，其朝向性能比它差的染色体跳跃的概率越高，为提高进化速度，在适应度函数中引入密度评价机制，以保持染色体的差异性，改进跳跃基因遗传算法能够进一步提高遗传算法对复杂多峰函数最优解的求解速度与精度。

俯仰和横滚姿态控制是无人机中最基本的控制。基于遗传算法优化的无人机姿态控制结构如图 2-9 所示。差动舵面控制能够起到升降舵和副翼的作用。左、右水平舵面同方向偏转，可等效为升降舵，在控制律中升降舵的信号以同号的方式加到左、右水平舵面上，同时向上则飞机抬头，同时向下则飞机低头；水平舵面差动偏转，可等效为副翼，在控制律中将副翼的控制信号异号加到左、右水平舵面上，则

$$\Delta\delta_{\mathrm{L}}=\Delta\delta_{\mathrm{e}}+\Delta\delta_{\mathrm{a}} \tag{2-78}$$

$$\Delta\delta_{\mathrm{R}}=\Delta\delta_{\mathrm{e}}-\Delta\delta_{\mathrm{a}} \tag{2-79}$$

式中：$\Delta\delta_L$，$\Delta\delta_R$ 分别为差动升降副翼左舵面、右舵面偏转角；$\Delta\delta_e$，$\Delta\delta_a$ 满足

$$\Delta\delta_e = K_\theta(\theta_c - \theta) + K_q q \tag{2-80}$$

$$\Delta\delta_a = K_\phi(\phi_c - \phi) + K_p p \tag{2-81}$$

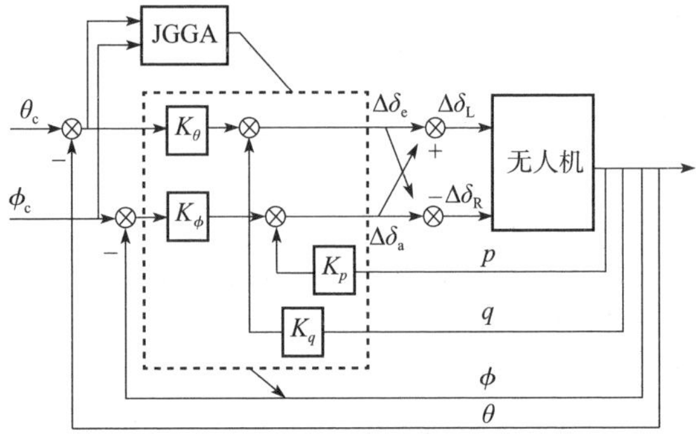

图 2-9　基于遗传算法的无人机姿态控制结构

引入跳跃基因遗传算法，对控制参数 K_θ，K_q，K_ϕ，K_p 进行优化整定，不需要被控对象的精确数学模型，在目标函数的引导下，能够自动地完成最优控制参数的搜索，使闭环系统性能接近期望性能。

为减轻计算负担并提高收敛速度，采用实数编码方法，用染色体基因表示待优化的参数组合，设染色体组表示为 $\boldsymbol{X}_i = [x_{i1}, x_{i2}, x_{i3}, x_{i4}]$，$i = 1 \sim N$，$N$ 为群体规模，$x_{i1} \sim x_{i4}$ 分别表示参数 K_θ，K_q，K_ϕ，K_p。根据加权误差绝对值时间积分最小原理，设计性能指标函数为

$$J(\boldsymbol{X}_i) = \sum_{t=0}^{T} t[\kappa_1 |e_\theta(th)| + \kappa_2 |e_\phi(th)|]h \tag{2-82}$$

式中：h 为仿真计算步长；T 为仿真时间；$e_\theta(\cdot)$ 为俯仰角偏差；$e_\phi(\cdot)$ 为滚转角偏差。该函数不仅考虑大的起始误差，而且也重视控制过程后期出现的误差，有较好的整体性能，强调超调量和调节时间，反映了飞行控制系统的快速性和精确性。

5. 粒子群优化算法

1995 年，美国的 Kennedy 和 Eberhart 提出了粒子群优化算法，它是一种模拟自然界鸟群觅食或迁徙过程的群体智能算法。粒子群优化算法将优化问题的每个待选解看作是没有体积和质量的飞行粒子，根据自身飞行经验和群体飞行经验，对粒子的飞行速度进行动态调节，以更新其在搜索空间中的位置。

设待优化函数的解空间维数为 D，群体中第 i 个粒子的位置为 $\boldsymbol{X}_i = [x_{i1}, x_{i2}, \cdots, x_{iD}]^T$，速度为 $\boldsymbol{V}_i = [v_{i1}, v_{i2}, \cdots, v_{iD}]^T$，飞行过程中所经历的最好位

置（个体极值）为 $\boldsymbol{P}_i=[p_{i1}, p_{i2}, \cdots, p_{iD}]^{\mathrm{T}}$，整个群体所经历的最好位置（全局极值）为 $\boldsymbol{P}_g=[p_{g1}, p_{g2}, \cdots, p_{gD}]^{\mathrm{T}}$，$g$ 为群体所经历最好位置的索引号。粒子的学习过程就是待选解的进化过程，表现形式为粒子飞行速度的更新。对于每一代群体，第 i 个粒子位置的更新方程可表示为

$$v_{id}(k+1)=wv_{id}(k)+c_1r_1[p_{id}(k)-x_{id}(k)]+c_2r_2[p_{gd}(k)-x_{id}(k)] \tag{2-83}$$

$$x_{id}(k+1)=x_{id}(k)+v_{id}(k+1) \tag{2-84}$$

式中：w 为惯性权值，初始进化阶段取值应较大，以提高收敛速度和跳出局部极值的能力，后期逐渐减小，以提高局部搜索精度；c_1 和 c_2 为认知参数和社会参数，分别表示粒子向自身过去最好状态和群体过去最好粒子学习的能力；r_1 和 r_2 为（0，1）之间的随机数；k 为进化代数。

粒子群优化算法的搜索性能取决于对全局和局部搜索能力的平衡，很大程度上依赖于种群规模、更新策略、惯性权值、加速常数等算法参数。考虑到粒子群优化算法容易陷入局部极值点，文献［70］和文献［71］分别对其做出以下2种改进：

（1）自适应学习粒子群优化算法。若粒子的当前时刻状态差于自身历史最优状态，则粒子状态没有进步，此时停止惯性运动，令更新公式中的惯性项为0，保留或加强对自身历史最好位置和群体历史最好位置的学习；若粒子的当前状态优于群体历史最优状态，则该粒子处于领先状态，此时停止对自身历史最好位置和群体历史最好位置的学习，令更新公式中的学习项为0，保持或加强惯性运动。针对最优化问题，粒子的速度更新公式为

$$v_{id}(k+1)=\begin{cases} c_1r_1[p_{id}(k)-x_{id}(k)]+c_2r_2[p_{gd}(k)-x_{id}(k)] & (f_{x_{id}(k)}<f_{p_{id}(k-1)}) \\ wv_{id}(k) & (f_{x_{id}(k)}>f_{p_{gd}(k-1)}) \\ wv_{id}(k)+c_1r_1[p_{id}(k)-x_{id}(k)]+c_2r_2[p_{gd}(k)-x_{id}(k)] & (\text{其他}) \end{cases} \tag{2-85}$$

式中：f 为适应度函数。

（2）随机学习粒子群优化算法。每个粒子不再向自身历史最优状态和群体历史最优状态学习，而在当前群体中任意选择一个比自身状态优越的其他粒子进行学习。由于粒子不需要记忆历史最优状态信息，增强了学习对象的随机性，提高了粒子的多样性。对所有粒子按照位置优劣进行排序，排名靠前则其当前状态好，加强其自身的惯性运动，减弱对其他粒子的学习；个体排名靠后则其位置状态差，减弱自身的惯性运动，加强对排名靠前较优个体的学习。粒子的速度更新公式为

$$v_{jd}(k+1)=\chi\left\{\left(1-\frac{j}{n}\right)r_1v_{jd}(k)+\left(1+\frac{j}{n}\right)r_2[p_{bd}(k)-x_{jd}(k)]\right\} \tag{2-86}$$

式中：χ 为收缩因子；n 为粒子个数；j 为排名序号；$\boldsymbol{P}_b=[p_{b1},\ p_{b2},\ \cdots,\ p_{bD}]^{\mathrm{T}}$ 为适应度函数评价值高于第 j 个个体的任意选中个体的位置向量。

个体的适应度函数与实际优化问题的目标函数相关，极大值问题可选择目标函数作为适应度函数，极小值问题可选择目标函数的倒数作为适应度函数。考虑实际优化问题中存在的各种约束条件，适应度函数可设计为

$$f(x)=\begin{cases}f(x) & (x\in \boldsymbol{S})\\ \lambda f(x)+\sum\limits_{j=1}^{m}f_j(x) & (x\notin \boldsymbol{S})\end{cases} \tag{2-87}$$

式中：$f_j(x)=\max\{0,\ g_j(x)\}$，$g_j(x)$ 为不等式约束条件；$\boldsymbol{S}$ 为可行解空间；λ 为惩罚系数；m 为不等式约束条件个数。

粒子群优化算法求解最优化问题的过程为：初始化最大迭代次数、群体规模、算法参数等；生成群体的初始位置向量和初始速度向量集；计算每个个体的适应度函数；利用学习策略更新每个个体的速度向量，进而更新位置向量。

使用粒子群优化算法可以解决无人机姿态控制器的 PID 参数优化问题。每个粒子根据惯性运动和群体最佳位置来调整速度，只需学习另一个性能更高的随机粒子。俯仰姿态控制和滚转姿态控制的控制律设计为

$$\Delta\delta_{\mathrm{e}}=k_2[k_1(\theta_{\mathrm{c}}-\theta)-q] \tag{2-88}$$

$$\Delta\delta_{\mathrm{a}}=k_4[k_3(\phi_{\mathrm{c}}-\phi)-p] \tag{2-89}$$

式中：$k_1\sim k_4$ 为控制参数。使用改进的粒子群优化算法对控制参数进行优化，性能指标函数设计为

$$J=\sum_{t=1}^{T}[a\,|\theta_{\mathrm{c}}(t)-\theta(t)|+b\,|\phi_{\mathrm{c}}(t)-\phi(t)|] \tag{2-90}$$

式中：T 为优化时间；a，b 为权重。

最优控制方法的性能指标函数中，权重矩阵 $\boldsymbol{Q}$，$\boldsymbol{R}$ 的选取对闭环系统的动态特性有较大影响。针对基于最优控制方法的无人机轨迹控制问题，使用粒子群优化算法可以优化最优控制器中的权重矩阵，目标函数可设计为

$$J(\boldsymbol{Q},\boldsymbol{R})=\sum_{k=1}^{N}t_{\mathrm{s}}[\|\Delta H(k)-\Delta H_{\mathrm{c}}(k)\|_{\lambda}^2+\|\Delta Y(k)\|_{\mu}^2] \tag{2-91}$$

式中：λ，μ 为权值；t_{s} 为采样周期。考虑到无人机气动舵面的操纵范围，建立约束条件

$$\begin{cases} |u_e(\boldsymbol{Q},\boldsymbol{R})| \leqslant \delta_{e,\max} \\ |u_a(\boldsymbol{Q},\boldsymbol{R})| \leqslant \delta_{a,\max} \\ |u_r(\boldsymbol{Q},\boldsymbol{R})| \leqslant \delta_{r,\max} \end{cases} \tag{2-92}$$

式中：$u_e(\boldsymbol{Q},\ \boldsymbol{R})$，$u_a(\boldsymbol{Q},\ \boldsymbol{R})$，$u_r(\boldsymbol{Q},\ \boldsymbol{R})$ 分别为升降舵、副翼和方向舵偏转角所对应的控制量。

6. 混合蛙跳算法

21 世纪初，Eusuff 和 Lansey 提出了混合蛙跳算法（Shuffled Frog Leaping Algorithm，SFLA），用于解决给水管网的优化设计，该算法是一种基于生物种群或社会文化群体信息交流的群体智能算法。混合蛙跳算法融合了基于遗传特性的模因算法和基于行为的粒子群算法，具有设置参数少、鲁棒性强等优点，能够用于解决旅行商问题、车间调度问题、0-1 背包问题等各类组合优化问题。

混合蛙跳算法模拟自然界中的青蛙特性，将全体成员分成若干子种群，子种群根据一定的进化策略进行种群进化，每一轮迭代过程淘汰子种群中性能最差的个体，然后将子种群中的青蛙进行混合，形成新种群，以此实现子种群间的信息传递。这种局部深度搜索和全局跳跃信息交换的平衡策略，使得算法能够跳出局部极值点，向全局最优解的方向移动。为了提高混合蛙跳算法的搜索效率，一些研究人员对其进行改进。文献［72］提出了一种结合粒子群优化和混合蛙跳算法的新文化基因算法，根据性能将种群划分为若干个模因，每个模因中的模因类型根据自学习和从最佳模因类型中学习而演化，该算法具有更好的局部搜索和全局搜索性能。文献［73］针对离散优化问题，提出了一种改进的混合蛙跳算法，利用局部和全局相结合的搜索策略，提高了青蛙在连续空间分布的随机性和多样性。

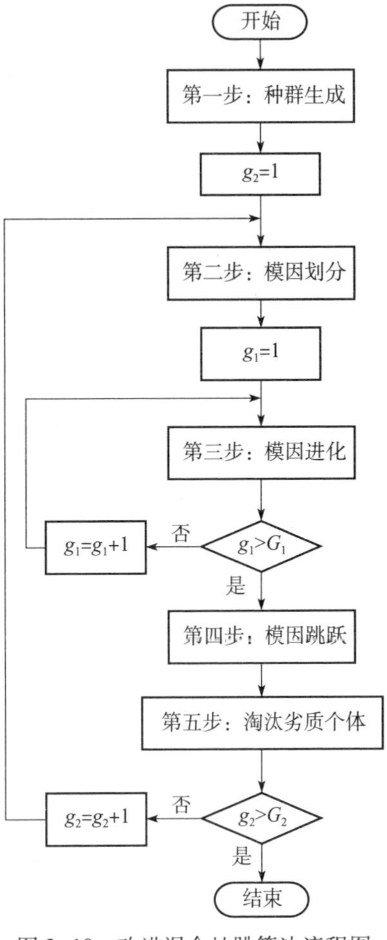

图 2-10　改进混合蛙跳算法流程图

下面给出一种改进的混合蛙跳算法，算法流程如图 2-10 所示，解决无人机飞行控制参数的整定问题，使得控制系统具有快速的动态特性，稳定调节范围大，超调量小，精度高。图中 g_1，g_2 分别为模因进化和蛙跳算法迭代次数，G_1，G_2 分别为最大迭代次数[74]。

基于 PID 控制的飞行控制律设计为

$$\Delta\delta_e = k_{\theta p}(\theta_c - \theta) + k_{\theta i}\int(\theta_c - \theta)\mathrm{d}t + k_{\theta d}\frac{\mathrm{d}(\theta_c - \theta)}{\mathrm{d}t} \tag{2-93}$$

$$\Delta\beta_c = k_{Vp}(V_c - V) + k_{Vi}\int(V_c - V)\mathrm{d}t + k_{Vd}\frac{\mathrm{d}(V_c - V)}{\mathrm{d}t} \tag{2-94}$$

$$\Delta\theta_c = k_{\dot{H}p}(\dot{H}_c - \dot{H}) + k_{\dot{H}i}\int(\dot{H}_c - \dot{H})\mathrm{d}t + k_{\dot{H}d}\frac{\mathrm{d}(\dot{H}_c - \dot{H})}{\mathrm{d}t} \tag{2-95}$$

式中：$k_{\theta p}$，$k_{\theta i}$，$k_{\theta d}$，k_{Vp}，k_{Vi}，k_{Vd}，$k_{\dot{H}p}$，$k_{\dot{H}i}$，$k_{\dot{H}d}$ 为控制器参数，使用混合蛙跳算法对其进行优化。性能指标函数设计为

$$J = \sum_k [\omega_1\|\dot{H}_c(k) - \dot{H}(k)\|^2 + \omega_2\|V_c(k) - V(k)\|^2 + \omega_3\|\delta_e(k)\|^2 + \omega_4\|\beta_c(k)\|^2] \tag{2-96}$$

式中：ω_1，ω_2，ω_3，ω_4 为各控制目标的权重。选择性能指标函数的倒数作为混合蛙跳算法的适应度函数。

由此得到基于混合蛙跳算法的无人机控制结构，如图 2-11 所示。

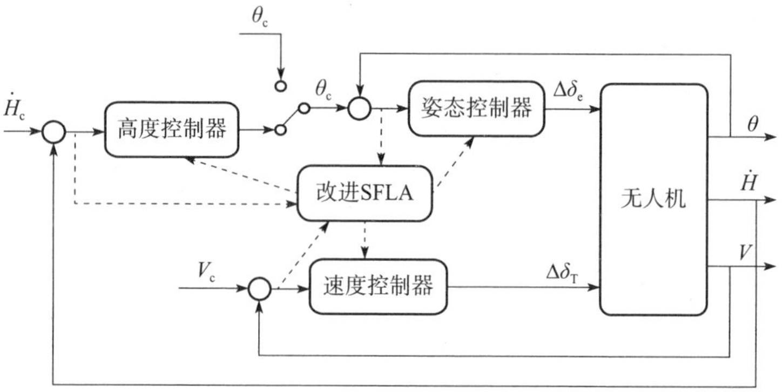

图 2-11　基于混合蛙跳算法的无人机控制结构

2.3　无人机编队相对运动学模型

以长机—僚机法作为编队控制策略，长机和僚机在惯性坐标系下的相对位

置如图 2-12 所示。V_L，V_F 分别为长机和僚机的速度；φ_L，φ_F 分别为长机和僚机的航向角；(X_L, Y_L)，(X_F, Y_F) 分别为长机和僚机在惯性坐标系下的坐标；d 为长机和僚机的距离；(X, Y) 为长机相对于僚机的坐标。

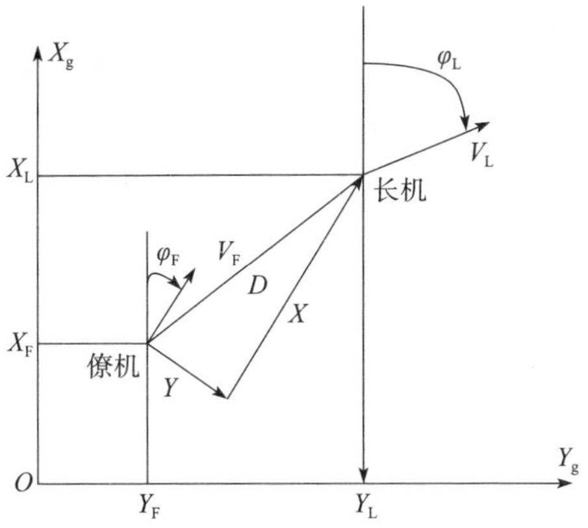

图 2-12　长机—僚机相对位置示意图

长机和僚机的位置和速度关系分别表示为

$$\begin{cases}\dot{X}_L = V_L\cos\varphi_L \\ \dot{Y}_L = V_L\sin\varphi_L\end{cases} \tag{2-97}$$

$$\begin{cases}\dot{X}_F = V_F\cos\varphi_F \\ \dot{Y}_F = V_F\sin\varphi_F\end{cases} \tag{2-98}$$

进一步得到相对位置关系，即

$$\begin{cases}X_L = X_F + X\cos\varphi_F - Y\sin\varphi_F \\ Y_L = Y_F + X\sin\varphi_F + Y\cos\varphi_F\end{cases} \tag{2-99}$$

两边对时间 t 求导，可得

$$\begin{cases}\dot{X}_L = \dot{X}_F + \dot{X}\cos\varphi_F - X\dot{\varphi}_F\sin\varphi_F - \dot{Y}\sin\varphi_F - Y\dot{\varphi}_F\cos\varphi_F \\ \quad = \dot{X}_F + (\dot{X} - Y\dot{\varphi}_F)\cos\varphi_F - (X\dot{\varphi}_F + \dot{Y})\sin\varphi_F \\ \dot{Y}_L = \dot{Y}_F + \dot{X}\sin\varphi_F + X\dot{\varphi}_F\cos\varphi_F + \dot{Y}\cos\varphi_F - Y\dot{\varphi}_F\sin\varphi_F \\ \quad = \dot{Y}_F + (\dot{X} - Y\dot{\varphi}_F)\sin\varphi_F + (X\dot{\varphi}_F + \dot{Y})\cos\varphi_F\end{cases} \tag{2-100}$$

将式（2-97）代入式（2-100），得到

$$\begin{cases}V_L\cos\varphi_L = V_F\cos\varphi_F + (\dot{X} - Y\dot{\varphi}_F)\cos\varphi_F - (X\dot{\varphi}_F + \dot{Y})\sin\varphi_F \\ V_L\sin\varphi_L = V_F\sin\varphi_F + (\dot{X} - Y\dot{\varphi}_F)\sin\varphi_F + (X\dot{\varphi}_F + \dot{Y})\cos\varphi_F\end{cases} \tag{2-101}$$

对其进行转换，可得

$$V_L\cos(\varphi_L - \varphi_F) = V_F + \dot{X} - Y\dot{\varphi}_F \tag{2-102}$$

$$V_L\sin(\varphi_L - \varphi_F) = X\dot{\varphi}_F + \dot{Y} \tag{2-103}$$

由此，无人机的二维相对运动方程表示为

$$\begin{cases}\dot{X} = V_L\cos(\varphi_L - \varphi_F) - V_F + \dot{\varphi}_F Y \\ \dot{Y} = V_L\sin(\varphi_L - \varphi_F) - \dot{\varphi}_F X\end{cases} \tag{2-104}$$

根据旋转运动学，僚机相对于长机的速度表示为

$$V_{\mathrm{f}}=V_{\mathrm{fF}}-V_{\mathrm{fL}}+\omega_{\mathrm{fL}}(R_{\mathrm{fF}}-R_{\mathrm{fL}}) \tag{2-105}$$

式中：V_{fL}，V_{fF} 分别为编队坐标系下长机和僚机的速度；ω_{fL} 为长机角速度沿坐标轴的 3 个分量；R_{fL} 为长机的位置，一般将长机的位置定义为原点，因此坐标为［0，0，0］；R_{fF} 为僚机的位置，坐标为［X，Y，H］。僚机相对于长机的三维运动方程表示为

$$\begin{cases}\dot{X}=V_{\mathrm{F}}\cos\varphi_{\mathrm{E}}\cos\mu_{\mathrm{E}}-\dot{\mu}_{\mathrm{L}}H-\dot{\varphi}_{\mathrm{L}}Y-V_{\mathrm{L}}\\ \dot{Y}=V_{\mathrm{F}}\sin\varphi_{\mathrm{E}}\cos\mu_{\mathrm{E}}+\dot{\varphi}_{\mathrm{L}}X\\ \dot{H}=-(V_{\mathrm{F}}\sin\mu_{\mathrm{E}}-\dot{\mu}_{\mathrm{L}}X)\\ \mu_{\mathrm{E}}=\mu_{\mathrm{fF}}-\mu_{\mathrm{fL}}\\ \varphi_{\mathrm{E}}=\varphi_{\mathrm{fF}}-\varphi_{\mathrm{fL}}\end{cases} \tag{2-106}$$

式中：μ_{fL}，μ_{fF} 分别为编队坐标系下长机和僚机的航迹倾斜角；μ_{E}，φ_{E} 分别为僚机相对于长机的航迹倾斜角误差和航向角误差。

2.4 无人机编队队形集结

无人机从不同基地出发，通过时间约束下的协同航迹规划使其到达集合地点附近，进行编队集结。由于各无人机飞行状态可能不相同，难以直接进行编队队形集结，需要设计控制策略，调整各无人机的航向、速度等飞行状态，使其构成满足任务要求的编队队形。

2.4.1 队形设计

无人机编队飞行控制中的首要问题是三维队形的设计。合理的队形设计可以很大程度上减小无人机飞行过程中的能量消耗，增加其航程，从而提高任务的完成效率。编队队形的设计要考虑无人机数量、无人机间的气动影响、采用视觉导航方法时无人机是否相互遮挡、任务动态需求对队形的要求、无人机间的有效通信距离、无人机的飞行性能及携带载荷、控制算法的复杂度等影响因素。

可以参考借鉴有人驾驶飞机的编队队形进行无人机编队队形的设计，从有人机的实战经验可以发现，进行空战时，编队成员可以分为突击队、掩护队及保障队 3 种。突击队携带大量的武器载荷承担大部分的攻击任务；掩护队的任务是通过驱逐、打击等方式，尽可能减小敌机对突击队产生的威胁；保障队执

行侦察、电子干扰、对敌防空压制等任务，支援和配合突击队的攻击任务。

常见的有人机队形及其应用场景主要有以下几种：用于攻击、截击的梯队；用于出航、巡逻、轰炸和返航的楔队；用于轰炸、侦察、空投、夜间和云中截击的纵队；用于大编队出航的蛇形队；用于宽大正面搜索、巡逻的横队；用于携带核武器的箭队；用于摧毁点、线状目标的菱形队。

根据上述有人机编队队形，经过改进得到 8 种无人机编队队形，其中，队形（1）、（8）用于侦察；队形（2）、（3）、（6）用于防守警戒；队形（4）、（5）、（7）用于攻击[75]。

（1）平行编队。一般为双机平行飞行，根据无人机的转弯直径设置侧向距离。当其中 1 架无人机遭到攻击时，另外 1 架迅速盘旋至后方对敌机进行反击。新加入的无人机依次水平排开，实现编队扩充。

（2）纵向编队。无人机以纵向分布。巡航时位于后方的无人机高于前方无人机，前方无人机发现目标后立即进行跟踪、缠斗，后方无人机迅速拉高进行占位伺机攻击。

（3）高低双组编队。2 组双机编队中，前方的编队高于后方，编队内部无人机维持固定间隔，2 组编队按照一定的夹角分布。作战时，前方的高组编队首先发起攻击，后方的低组编队对机动脱离或与高组缠斗的敌机实施攻击。新加入的无人机在高组编队的另一侧组成双机编队，实现编队扩充。

（4）三机编队。2 架无人机纵向排列，第 3 架位于侧面，无人机之间保持一定的高度差。防御时，侧面的无人机位于纵向排列的 2 架无人机中间；支援时，侧面的无人机位于纵向排列的 2 架无人机后面。三机编队无人机间的距离较大，可以实现队形的快速变化。新加入的无人机进行纵向排列并置于最后，或者变为双组编队，实现编队扩充。

（5）流动四机编队。2 组双机编队中，前方编队长机在前，僚机在长机左后方；后方编队高于前方双机编队，位于右后方，长机在前，僚机在长机右后方；编队内部无人机以 60°角分布，横向间距大于转弯半径，长机位置较高。2 组编队的位置能够前后动态调整。新加入的无人机在编队的右后方或左后方组成双机编队，实现编队扩充。

（6）双机跟进编队。2 架无人机在纵向、侧向、高度维持一定间隔，可用于对 1 架敌机或 2 架敌机的空中对抗。新加入的无人机灵活配置在僚机的右后方，或长机后面与长机处在同一中轴上，组成三机编队，实现编队扩充。

（7）三机紧密编队。2 架僚机分别位于长机的两侧后方。气动效率最优的紧密编队，僚机相对长机的距离一般为

$$\boldsymbol{d}=[X \quad Y \quad H]^{\mathrm{T}}=[2b \quad (b\pi)/4 \quad 0]^{\mathrm{T}} \tag{2-107}$$

式中：b 为长机翼展。新加入的无人机根据气流耦合效应调整位置，实现编队扩充。

（8）菱形护航编队。4 架无人机组成菱形队形，无人机处在同一高度时，需要根据气流耦合效应调整纵向间隔，可用于飞行表演和飞行仿真中。

各种编队队形下，无人机之间的距离根据任务需求、安全半径、敌方火力及探测范围等因素设定。同时，需要考虑反映无人机机动性能的约束条件，如无人机间的水平距离应大于其最小转弯半径。

2.4.2 集中式队形集结

队形集结要求根据无人机初始位置、速度和航向角进行航迹规划，使无人机安全地同时到达集结区域并形成编队队形，调整各无人机的航向角、速度，使其保持一致。

无人机编队集结航迹规划有多种求解算法，如梯度法、样条插值法、图论法、A^*算法、蚁群优化算法、动态规划算法等。然而，多数算法得到的航迹规划结果只能满足距离最短和时间最优等条件，无法精确控制无人机到达目标点时的状态变量。Dubins 航迹能够解决包含航迹末端状态约束的优化问题，能够使起始点处速度 V_0 经过一定的平滑转弯后，与终点处速度 V_1 的向量方向一致。Dubins 航迹的求解方法包括微积分法、求解二次方程法、向量旋转法等，其中欧几里得几何法计算简单，易于实现。

Dubins 航迹示意图如图 2-13 所示，初始时刻无人机位于 $P_0(X_0, Y_0)$ 点，以 V_0 的速度向目标点 P_5 靠近。进行从初始位置到目标点的航迹规划，使无人机在时间约束下与其他无人机同时到达 P_5，且 P_5 处的速度向量与其他无人机保持一致，最后的直线航路段 P_5P_3 需要满足无人机状态稳定的条件。

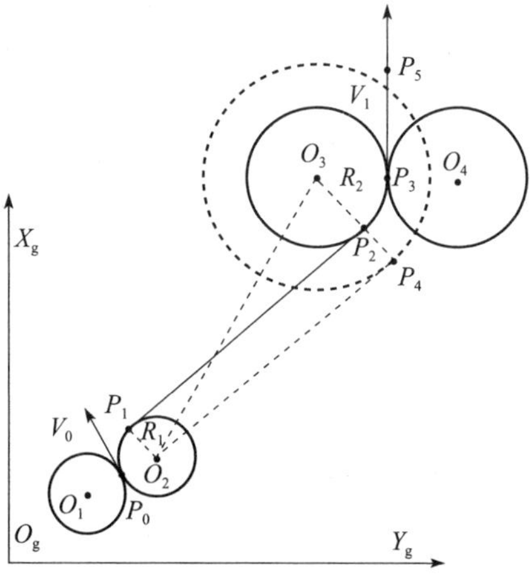

图 2-13 Dubins 航迹示意图

欧几里得几何法求解 Dubins 航迹的具体步骤如下：

（1）生成起始圆及结束圆。两个起始圆圆心 O_1，O_2 的坐标可以根据起始点位置计算得到，表示为

$$\begin{cases} X_1 = X_0 - R_1\sin\left(\varphi_0+\dfrac{\pi}{2}\right) \\ Y_1 = Y_0 + R_1\cos\left(\varphi_0+\dfrac{\pi}{2}\right) \\ X_2 = X_0 + R_1\sin\left(\varphi_0+\dfrac{\pi}{2}\right) \\ Y_2 = Y_0 - R_1\cos\left(\varphi_0+\dfrac{\pi}{2}\right) \end{cases} \tag{2-108}$$

2 个终点圆圆心 O_3，O_4 的坐标也可以根据上述方法由终点 P_3 和终点圆半径 R_2 计算得到。分别计算 4 组起始圆与终点圆圆心的连线长度，其中圆心距离最短的 2 个圆定义为起始圆和终点圆。若 O_2 和 O_3 为起始圆和终点圆，则二者圆心之间的距离表示为

$$D_{\min} = \sqrt{(X_2-X_3)^2+(Y_2-Y_3)^2} \tag{2-109}$$

（2）生成切线。以 O_3 为圆心作半径为（R_1+R_2）的圆。过点 O_2 作该圆的切线，相切于点 P_4，连接点 O_3 和点 P_4，交圆 O_3 于点 P_2。由于△$O_2P_4O_3$ 为直角三角形，所以 $\angle O_3O_2P_4 = \arctan((R_1+R_2)/D_{\min})$，由 $\angle O_2O_3P_4$ 与 O_2O_3 的关系可以求出切点 P_2 的坐标，同理也可求出圆 O_1 上的切点 P_1 的坐标，从而得到 2 个圆的内切线。

（3）计算曲线的长度。上述过程确定了 Dubins 曲线由圆弧 $\overparen{P_0P_1}$、$\overparen{P_2P_3}$，直线段 P_1P_2、P_3P_5 组成，分别计算各段曲线的长度，相加即可得到 Dubins 曲线的长度。

（4）集结时间计算。每架无人机的航迹总长度 L_i 表示为

$$L_i = \overparen{P_0P_1} + P_1P_2 + \overparen{P_2P_3} + P_3P_5 \tag{2-110}$$

设无人机 F_i 以固定速度 V 经过 4 段航迹完成编队集结过程，则其需要的时间为

$$T_i = \frac{L_i}{V} \tag{2-111}$$

设无人机编队集结给定时间为 T_{d}，若 $T_{\mathrm{d}}>T_i$，则无人机需要在直线段减速飞行，消耗冗余时间；若 $T_{\mathrm{d}}<T_i$，则无人机需要在直线段加速飞行，补偿落后时间。

4 架分散的无人机向指定位置进行集中式编队队形集结，参数设置及详细结果见文献［75］。无人机编队队形集结的飞行状态响应如图 2-14 所示，各无人机根据预计到达时间调整速度，同时到达预定集结区域。然后经过大弧度

航迹的状态调整后，速度、航向角保持一致，最后经过一段直线航迹后形成编队队形。

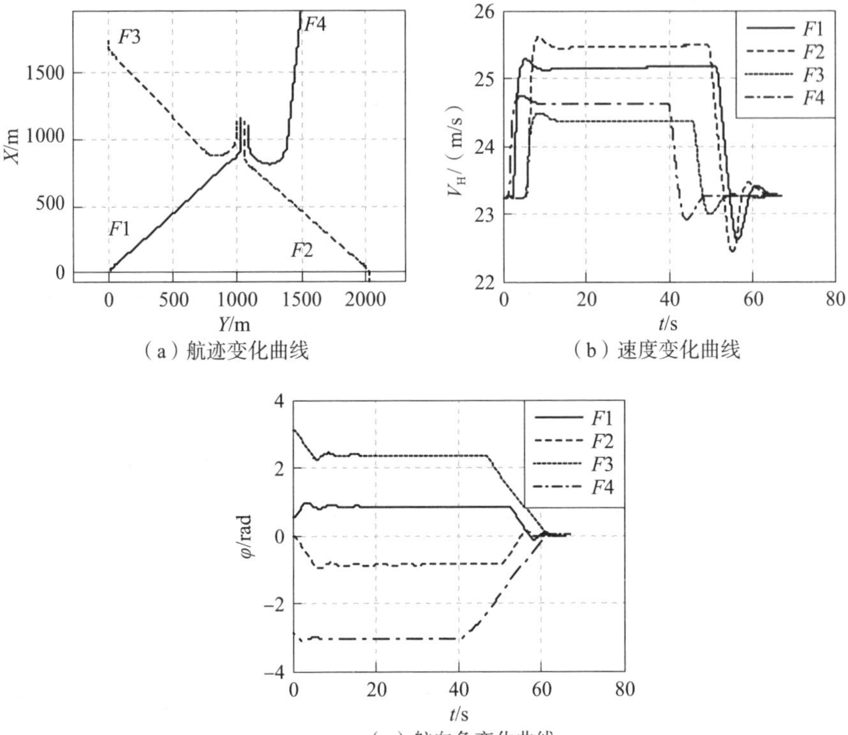

（a）航迹变化曲线　（b）速度变化曲线

（c）航向角变化曲线

图 2-14　集中式编队集结飞行状态响应

2.4.3　分布式松散队形集结

多无人机直接进行紧密编队集结容易发生碰撞，因此，按照集结点与无人机距离远近程度，为各无人机分配集结点，无人机飞向各自集结点，形成机间距离较大的松散编队。在此基础上再进行队形的压缩，完成紧密编队集结。

1. 基本集结模式

采用 Dubins 算法进行航迹规划，并考虑时间一致性，使各无人机同时到达集结位置。分布在不同位置的无人机按照各自规划的航迹飞行，无人机将预计到达时间通过实时通信发送给其他无人机，各无人机根据接收到的其他无人机预计到达时间与自身状态信息解算出速度控制指令，改变飞行速度，实现时间协同。

设$\boldsymbol{P}_{i0}(X_{i0}, Y_{i0}, V_{i0}, \varphi_{i0})$ 为各无人机的初始状态信息，$\boldsymbol{P}_{if}(X_{if}, Y_{if}, V_{if}, \varphi_{if})$

为各无人机的集结目标状态信息。松散编队集结目标表示为

$$\begin{cases}\lim\limits_{t\to\infty}(t_i-t_j)=0\\ \lim\limits_{t\to\infty}(\varphi_i-\varphi_j)=0\end{cases}\tag{2-112}$$

式中：t_i，t_j 分别为第 i 架和第 j 架无人机的预计到达时间。通过 Dubins 航迹末端约束实现航向角一致，通过时间一致性算法实现预计到达时间一致。

图 2-15 为基于一致性理论的分布式松散编队集结控制结构示意图，以期望到达时间为协同变量，松散编队控制过程描述为：

（1）Dubins 航迹规划模块根据各无人机的初始状态信息与结束点状态信息为各无人机规划航迹，并计算得到其剩余航程。

（2）时间一致性控制模块根据无人机剩余航程信息、速度信息和其他无人机的时间协同信息，对无人机的速度控制指令进行解算。

（3）自动驾驶仪根据航迹规划结果和速度控制指令，控制各无人机实现对速度和航向角指令的跟踪。

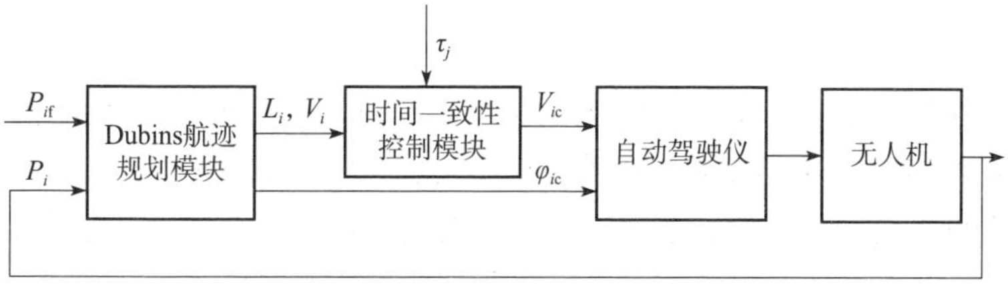

图 2-15　分布式松散编队集结控制结构

下面给出具体的设计过程及仿真验证结果[76]。

若各无人机的航迹和通信拓扑关系不变，无人机距离集结位置的剩余航程 L_i 通过机载传感器实时反馈的信息计算得到，对 L_i 求导可得

$$\dot{L}_i=-V_i\tag{2-113}$$

无人机到达集结位置的剩余时间表示为

$$\tau_i=L_i/V_i\tag{2-114}$$

无人机的期望到达时刻表示为

$$T_i=t+\tau_i=t+\frac{L_i}{V_i}\tag{2-115}$$

式中：t 为当前时刻。编队内无人机的期望到达时刻应该趋于一致，即 $T_i\to T_j$，$\forall i,\ j\in V$。

无人机速度和航向角通道的一阶近似数学模型可以表示为

$$\begin{cases}\dot{V}_i = k_{Vi}(V_{ic} - V_i) \\ \dot{\varphi}_i = k_{\varphi i}(\varphi_{ic} - \varphi_i)\end{cases} \tag{2-116}$$

式中：k_{Vi}，$k_{\varphi i}$ 为控制增益。

式（2-115）两边对 t 求导，并将式（2-113）和式（2-116）代入其中，可得

$$\dot{T}_i = 1 + \left(\frac{L_i}{V_i}\right)' = 1 + \frac{V_i \dot{L}_i - L_i \dot{V}_i}{V_i^2} = \frac{-\tau_i \dot{V}_i}{V_i} = \frac{-\tau_i k_{Vi}(V_{ic} - V_i)}{V_i} \tag{2-117}$$

根据一阶一致性算法，将 T_i 看作状态变量，等式右边看作控制输入 u_i，则

$$V_{ic} = V_i - \frac{V_i u_i}{k_{Vi} \tau_i} \tag{2-118}$$

由此，时间一致性控制策略表示为

$$\begin{cases} u_i = -\sum\limits_{j \in N_i} a_{ij}(\tau_i - \tau_j) \\ V_{ic} = V_i - \dfrac{V_i u_i}{k_{Vi} \tau_i} \end{cases} \tag{2-119}$$

式中：N_i 为第 i 架无人机邻近的无人机集合；a_{ij} 为通信网络邻接矩阵的对应元素，$a_{ij}>0$ 时，无人机 i 能够接受来自无人机 j 的交互信息。

无人机将自身状态信息通过通信网络发送给其他无人机，邻近的无人机将接收到的信息与自身状态信息做差，将所有邻近状态信息的差值求和，通过速度控制器的控制实现各无人机时间上的协同。

通过 Dubins 航迹规划模块得到航迹长度，代入时间一致性算法中，验证该集结控制策略的有效性。4 架无人机从初始位置按照分布式松散编队方式进行队形集结，无人机间采用环形拓扑形式的通信拓扑，各边加权值为 1。图 2-16 为无人机松散编队集结时各参数的变化曲线，10s 时，各无人机的期望到达时间一致，速度保持稳定状态。3 号无人机和 4 号无人机的速度已经接近极限，若无人机的航迹增加或减少，此时对应的无人机需要进入绕圈等待模式，才能使得编队成员同时到达集结点。经过 218s，无人机完成松散编队集结。

2. 含虚拟长机的集结模式

一致性控制策略能够使各无人机的状态保持一致，但不能保证该状态为期望的状态值。使用虚拟结构法，在一致性控制策略中引入一个具有期望状态值的虚拟长机，使各无人机的状态趋于虚拟长机，从而克服长机故障带来的编队“瘫痪”问题。

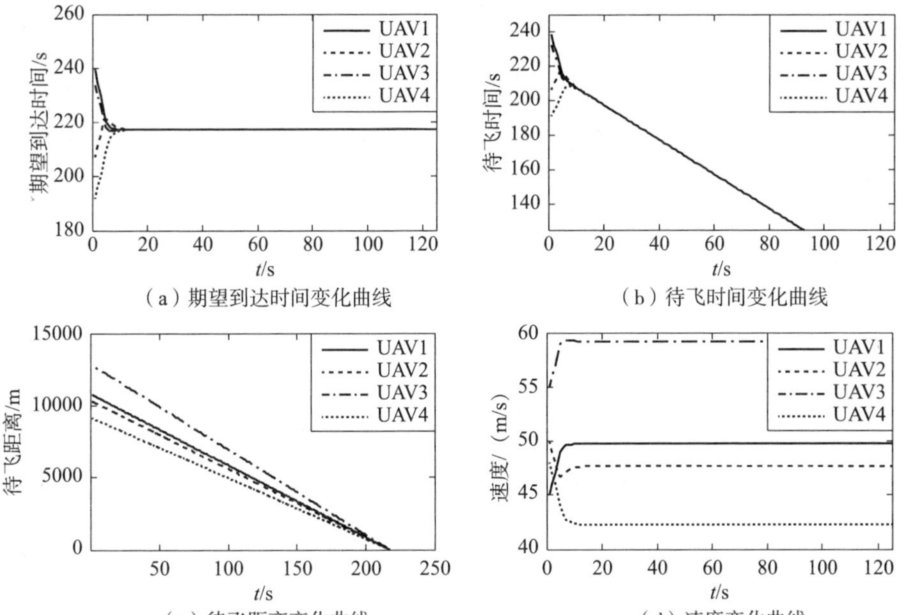

（a）期望到达时间变化曲线　（b）待飞时间变化曲线

（c）待飞距离变化曲线　（d）速度变化曲线

图 2-16　基本模式下的松散编队集结状态响应

虚拟长机的编号为 0，它的运动学模型与其他无人机相同，期望到达时间为 $\tau_0=L_0/V_0$，邻居集合为空集，且只有部分无人机才能接收其信息。预先设定虚拟长机的速度和航迹，此时的一致性控制策略表示为

$$\begin{cases} u_i = -b_i(\tau_i - \tau_0) - \sum\limits_{j \in N_i} a_{ij}(\tau_i - \tau_j) \\ V_{ic} = V_i - \dfrac{V_i u_i}{k_{Vi}\tau_i} \end{cases} \tag{2-120}$$

式中：b_i 表示无人机与虚拟长机之间的信息传递能力，$b_i>0$ 时，可以收到虚拟长机的信息；$b_i=0$ 时，不具备与虚拟长机的通信能力。如果在包含虚拟长机的通信拓扑结构中含有有向生成树，且以虚拟长机为根，则各无人机的预计到达时间将和虚拟长机趋于一致。

图 2-17 为采用虚拟长机法的无人机松散编队集结仿真结果。8s 时，各无人机的期望到达时间达到一致，与虚拟长机预先设定的到达时间相同，速度保持稳定状态。经过 215s，无人机完成松散编队集结。调整虚拟长机的航迹长度或飞行速度，可以调整期望到达时间，此时各无人机的期望到达时间依然与虚拟长机趋于一致。

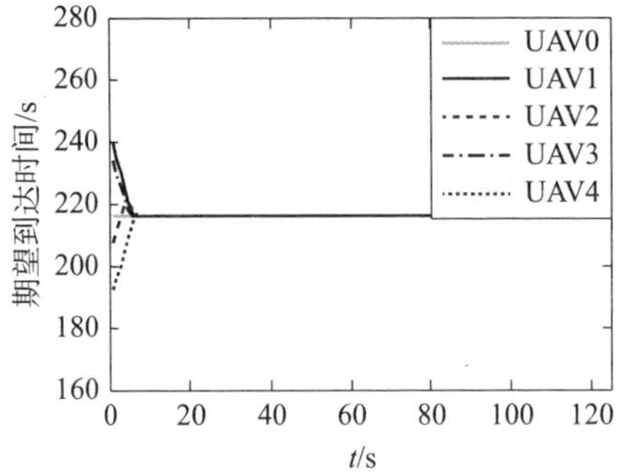

(a) 期望到达时间变化曲线

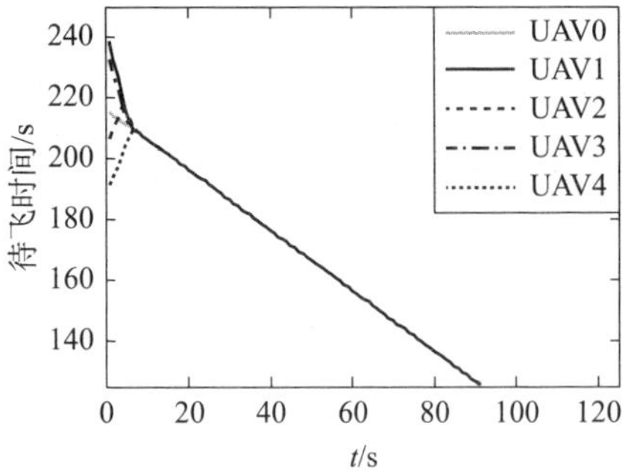

(b) 待飞时间变化曲线

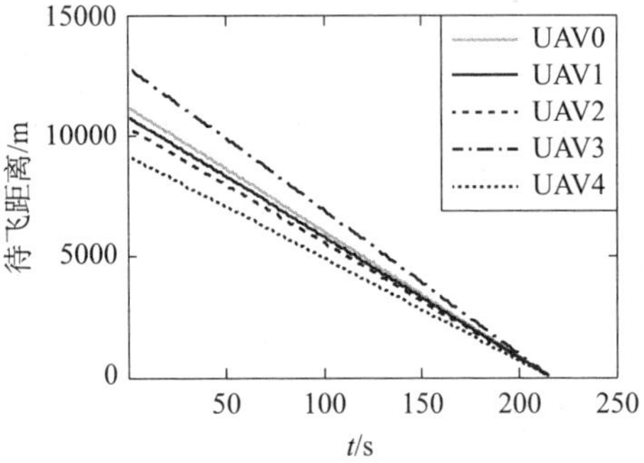

(c) 待飞距离变化曲线

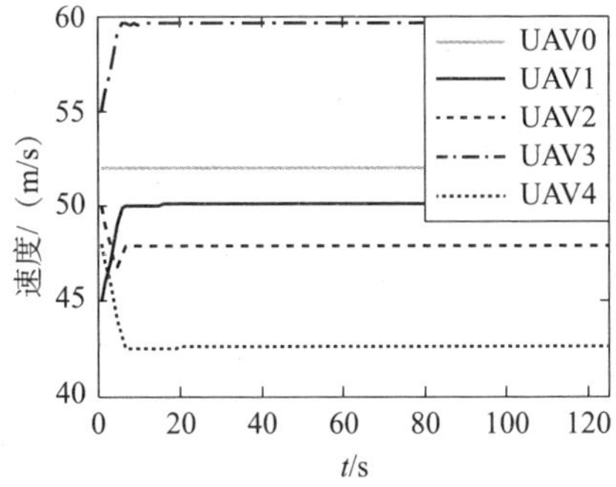

(d) 速度变化曲线

图 2-17　虚拟长机模式下的松散编队集结状态响应

3. 躲避威胁的集结模式

当无人机在集结过程中探测到突发威胁出现在航迹经过的区域时，需要设计威胁躲避模式，进行航迹重规划以避开威胁区域，按照预定计划完成编队集结。

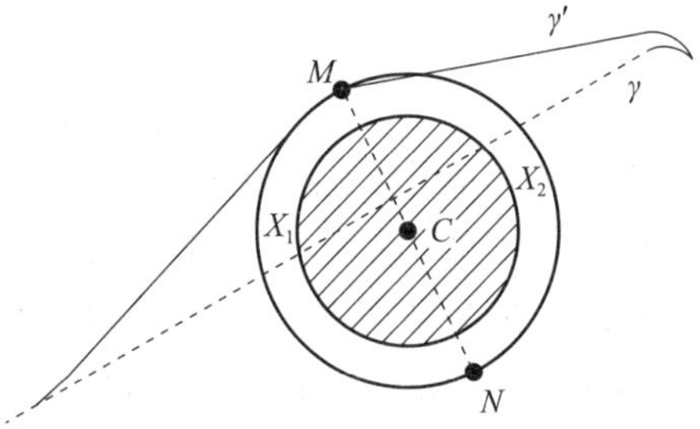

图 2-18　躲避威胁的 Dubins 航迹示意图

无人机威胁躲避模式的航迹重规划如图 2-18 所示，阴影部分为威胁区域，阴影部分以外半径略大于威胁半径的区域为安全圆，虚线 γ 为初始航迹，实线 γ' 为重新规划后的威胁躲避航迹。过圆心作初始航迹的垂线，与安全圆相交于 M 点和 N 点，将其作为待选的中间航迹点。若威胁区域圆心 C 位于初始航迹的下方，则取初始航迹上方的 M 点作为中间航迹点；否则取 N 点作为中间航迹点。通过 Dubins 曲线连接起始点、中间航迹点及终点，得到威胁躲避航迹。

2 号无人机在 $t=50$s 时遭遇突发威胁，图 2-19 为加入威胁后的 Dubins 重规划航迹。可以看出，无人机成功避开威胁区域，到达指定集结位置。进行威胁躲避后，该无人机剩余航程增加了 225m。

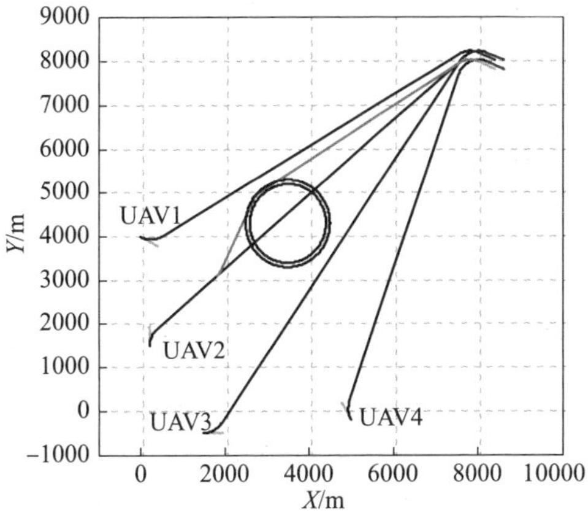

图 2-19　Dubins 躲避威胁航迹变化曲线

将剩余航程的变化反馈到时间一致性控制模块，通过实时进行的一致性算法进行无人机飞行控制，得到如图 2-20 所示的松散编队集结仿真结果。可以看出，在无人机安全绕开威胁区域后，由于 2 号无人机剩余航程增加，其稳定的飞行速度也随之增加，其余 3 架无人机的速度减小，各无人机在 4s 内完成到达时间的协同，速度保持稳定。经过 219s，无人机完成松散编队集结，预计到达时间比基本集结模式增加了 1s。

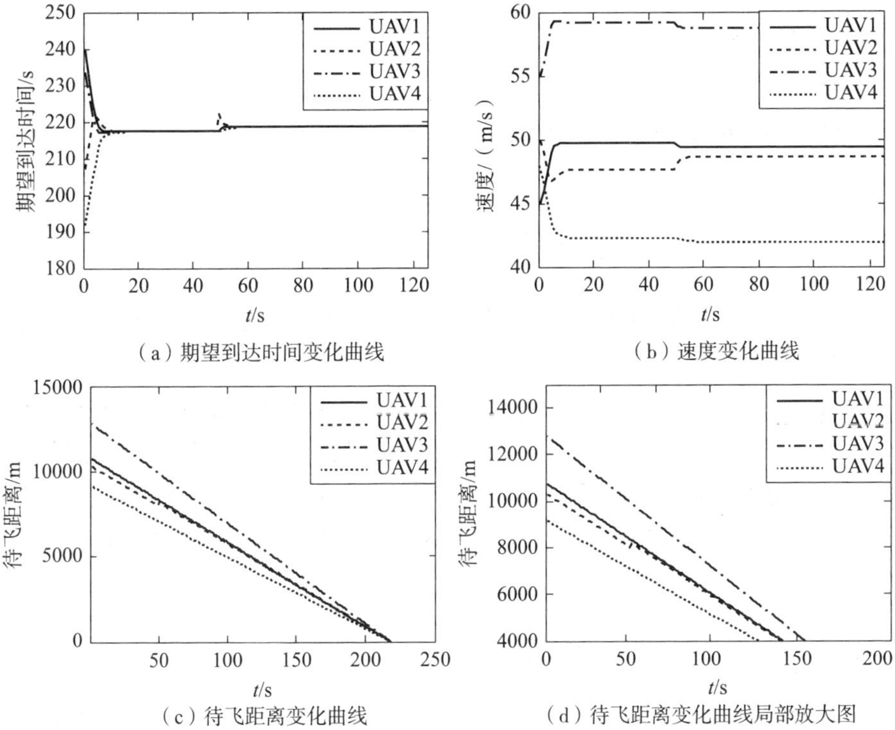

（a）期望到达时间变化曲线　（b）速度变化曲线

（c）待飞距离变化曲线　（d）待飞距离变化曲线局部放大图

图 2-20　威胁躲避模式下的松散编队集结状态响应

4. 绕圈等待的集结模式

设 Dubins 航迹规划模块得到的第 i 架无人机航迹长度为 L_i，$V_i \in [V_{\min}, V_{\max}]$ 为无人机飞行速度的范围，$T_i \in [L_i/V_{\max}, L_i/V_{\min}]$ 为无人机沿预定航迹到达目标位置需要的时间范围。考虑到各无人机的时间协同，到达时间的范围应满足

$$T_a = T_1 \cap T_2 \cap \cdots \cap T_N \tag{2-121}$$

实时判断 T_a 是否为空集，T_a 不为空集时直接利用一致性算法进行时间协同处理；各无人机的剩余航程差别很大或速度的变化范围极小时，T_a 为空集，仅使用一致性算法无法进行时间协同处理。对此，航迹较短的无人机经过绕圈等待增加航迹和到达时间，使 T_a 不再为空集，完成时间协同处理。

无人机绕圈等待即为进行圆周运动，其最小转弯半径为 $R_{\min}$，经过 n_i 次圆周运动后，飞行时间的增加量表示为

$$\Delta t_i = n_i \frac{2\pi R_{\min}}{V_i} \tag{2-122}$$

令 $t_{\min i}$、$t_{\max i}$ 分别为 T_i 的最小值和最大值，则所有无人机同时到达目标位置需要的最短时间为

$$t_{\min} = \max\{t_{\min 1}, t_{\min 2}, \cdots, t_{\min N}\} \tag{2-123}$$

此时，每架无人机的绕圈数表示为

$$n_i = \begin{cases} 0 & (t_{\max i} \geqslant t_{\min}) \\ \operatorname{ceil}\left\{\dfrac{t_{\min} - t_{\max i}}{\Delta t_i}\right\} & (t_{\max i} < t_{\min}) \end{cases} \tag{2-124}$$

各无人机进行 n_i 次绕圈等待后，计算其剩余航程，通过一致性算法实现无人机的时间协同。

如图 2-21 所示，3 号无人机在 50s 时航迹突然增加 1500m，航迹最短的 4 号无人机与 3 号无人机无法实现时间协同。此时，令 4 号无人机以最小转弯半径进行一圈的绕圈等待，剩余航程增加了 3141.6m。使用一致性算法进行调整，10s 后各无人机完成到达时间的协同，速度保持稳定，且期望到达时间增加。

2.4.4 分布式紧密队形集结

紧密编队集结需要进一步进行队形压缩，实现飞行速度的一致，其控制目标表示为

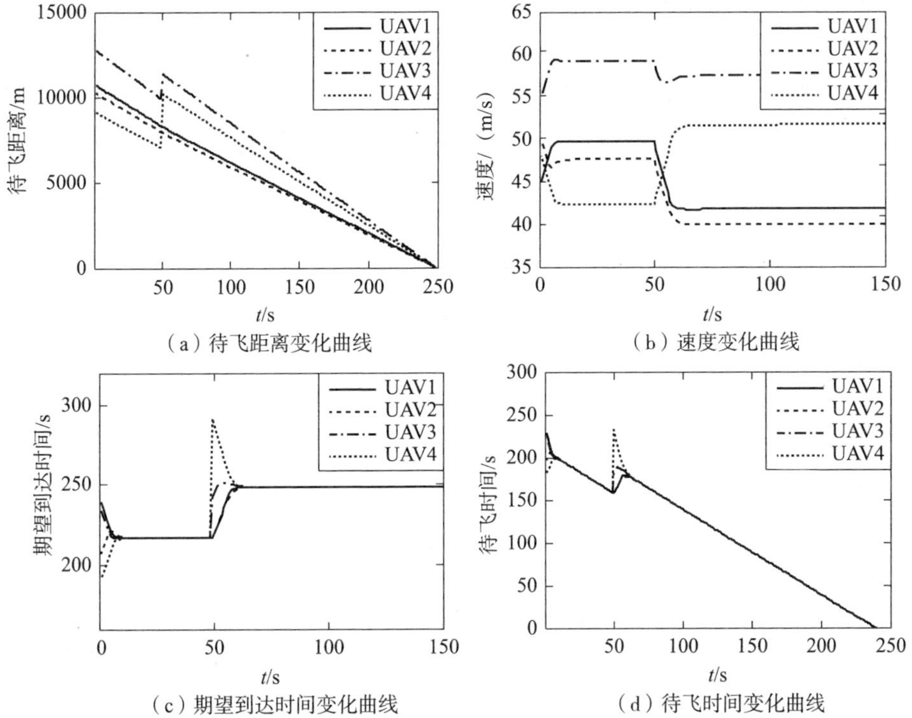

（a）待飞距离变化曲线　（b）速度变化曲线

（c）期望到达时间变化曲线　（d）待飞时间变化曲线

图 2-21　绕圈等待模式下的松散编队集结状态响应

$$\begin{cases}\lim\limits_{t\to\infty}(\varphi_i-\varphi_j)=0\\ \lim\limits_{t\to\infty}(V_i-V_j)=0\\ \lim\limits_{t\to\infty}(X_i-X_j)\in C\\ \lim\limits_{t\to\infty}(Y_i-Y_j)\in C\end{cases} \tag{2-125}$$

式中：C 为常数，表示无人机 i 与 j 之间的机间距离约束。速度和航向角直接作为协同变量。

下面给出 2 种典型集结模式的具体设计过程及仿真验证结果[76]。

1. 基本集结模式

如图 2-22 所示，无人机紧密编队集结过程需要无人机在编队坐标系下，进行前向位置 X、侧向位置 Y 的调整，

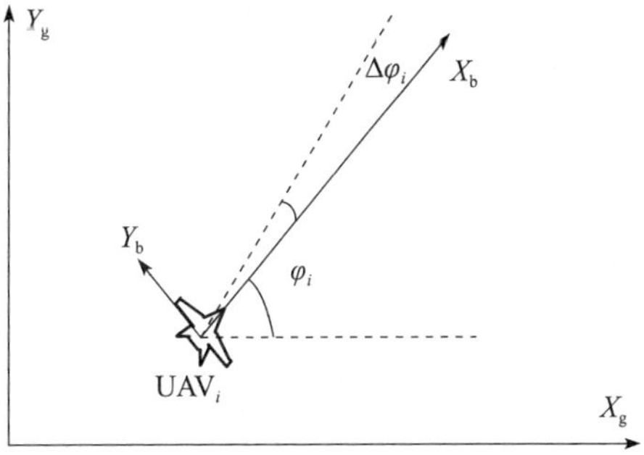

图 2-22　编队坐标系下的无人机运动示意图

使其满足队形几何要求。同时，通过一致性算法实现速度和航向角的一致性。调整速度大小可以直接改变前向位置 X。调整航向角，使一致的航向角产生一个小的航向角偏差 $\Delta\varphi_i$，由此得到 Y_b 方向的速度分量，进行侧向位置 Y 的调整。

无人机航向角偏差 $\Delta\varphi_i$ 在 X_b 轴和 Y_b 轴上生成的速度分量表示为

$$\begin{cases} V_{Xi}=V_i\cos(\Delta\varphi_i) \\ V_{Yi}=V_i\sin(\Delta\varphi_i) \end{cases} \tag{2-126}$$

由于 $\Delta\varphi_i$ 较小，可以进一步简化为

$$\begin{cases} V_{Xi}\approx V_i \\ V_{Yi}\approx V_i\Delta\varphi_i \end{cases} \tag{2-127}$$

根据二阶一致性算法，无人机速度控制和航向角控制的控制策略表示为

$$\begin{cases} \dot{V}_i=-\sum\limits_{j\in N_i}a_{ij}[(V_i-V_j)+\gamma_V(X_i-X_j-S_X)] \\ \dot{\varphi}_i=-\sum\limits_{j\in N_i}a_{ij}[(\varphi_i-\varphi_j)+\gamma_\varphi(Y_i-Y_j-S_Y)] \end{cases} \tag{2-128}$$

式中：等式右边第一项为速度和航向角的一致性控制；第二项为位置的一致性控制；γ_V 和 γ_φ 分别为速度分量和航向角分量的权重系数；S_X，S_Y 为编队位置关系。将速度与航向角通道的一阶近似模型代入其中，速度和航向角的控制指令表示为

$$\begin{cases} V_{ic}=V_i-\dfrac{1}{k_{Vi}}\sum\limits_{j\in N_i}a_{ij}[(V_i-V_j)+\gamma_V(X_i-X_j-S_X)] \\ \varphi_{ic}=\varphi_i-\dfrac{1}{k_{\varphi i}}\sum\limits_{j\in N_i}a_{ij}[(\varphi_i-\varphi_j)+\gamma_\varphi(Y_i-Y_j-S_Y)] \end{cases} \tag{2-129}$$

该控制指令是以无人机初始位置相差不大为前提，人为赋予航向角一个小偏差并做线性化处理后得到的，适用于初始状态偏差小或经过松散编队集结后的无人机编队。

在松散集结构成的编队基础上，将编队队形由 200m 减小到 20m，图 2-23 为无人机紧密编队集结的仿真结果。可以看出，控制指令使各无人机的航向角在初始一致的基础上增加了一个小角度偏差，19s 时各无人机的航向角再次实现一致，完成侧向位置的调整。28s 时各无人机的速度基本实现一致，完成前向位置的调整。经过 38s 后，各无人机间的相对位置保持稳定，同时速度、航向角实现一致，完成紧密编队集结，满足队形的几何约束。

2. 含虚拟长机的集结模式

同样地，一致性控制策略能够使各无人机的状态保持一致，但不能保证该状态为期望状态值。下面使用虚拟结构法，在一致性控制策略中引入一个具有期望状态值的虚拟长机，使各无人机的状态趋于长机。

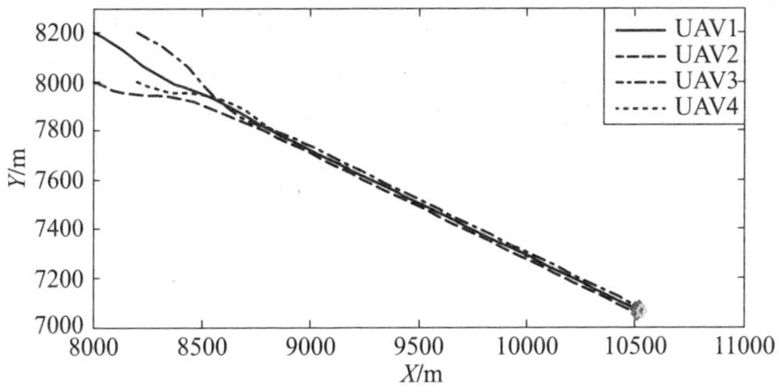

（a）航迹变化曲线

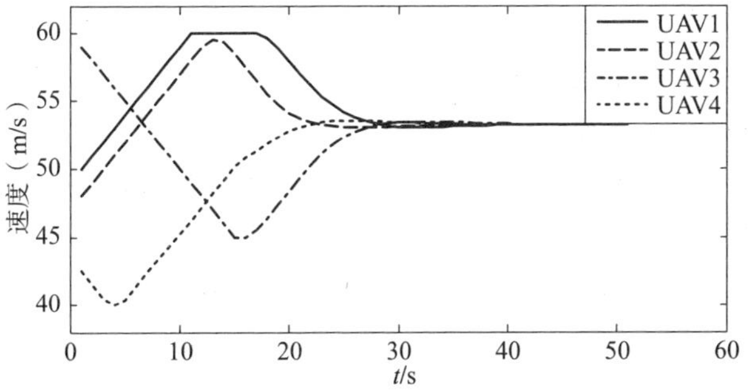

（b）飞行速度曲线

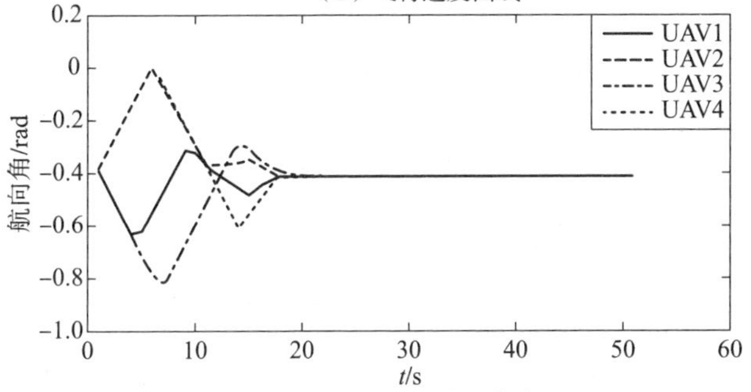

（c）航向角变化曲线

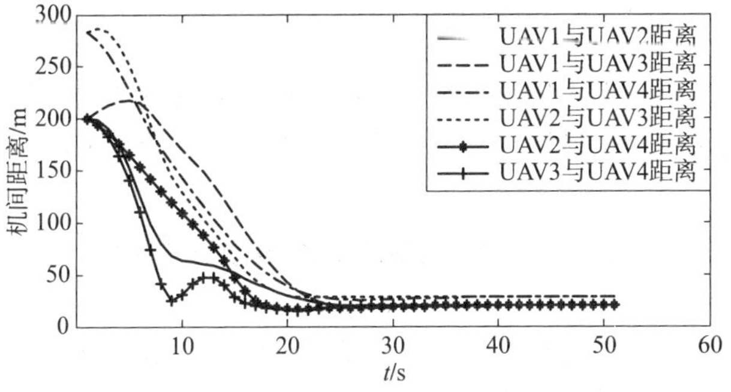

（d）机间距离变化曲线

图 2-23　基本模式下的紧密编队集结状态响应

虚拟长机的编号为 0，它的运动学模型与其他无人机相同，期望到达时间为 $\tau_0 = L_0/V_0$，邻居集合为空集，且只有部分无人机才能接收其信息。预先设定虚拟长机的速度和航迹，此时的一致性控制策略表示为

$$\begin{cases}\dot{V}_i = -b_i[(V_i - V_0) + \gamma_V(X_i - X_0 - S_X)] - \sum\limits_{j \in N_i} a_{ij}[(V_i - V_j) + \gamma_V(X_i - X_j - S_X)] \\ \dot{\varphi}_i = -b_i[(\varphi_i - \varphi_0) + \gamma_\varphi(Y_i - Y_0 - S_Y)] - \sum\limits_{j \in N_i} a_{ij}[(\varphi_i - \varphi_j) + \gamma_\varphi(Y_i - Y_j - S_Y)]\end{cases} \tag{2-130}$$

式中：等式右边第一项为无人机与虚拟长机速度、位置以及航向角的一致性控制，第二项为无人机与邻居无人机速度、位置以及航向角的一致性控制；b_i 为无人机接收虚拟长机信息的权值。V_0，X_0，Y_0，φ_0 分别为虚拟长机的速度、前向位置、侧向位置与航向角。

基于虚拟长机的无人机紧密编队集结仿真结果如图 2-24 所示。可以看出，55s 时各无人机的速度实现一致，且与虚拟长机一致。60s 后，各无人机实现速度、航向角与虚拟长机保持一致，完成紧密编队集结，满足队形的几何约束。

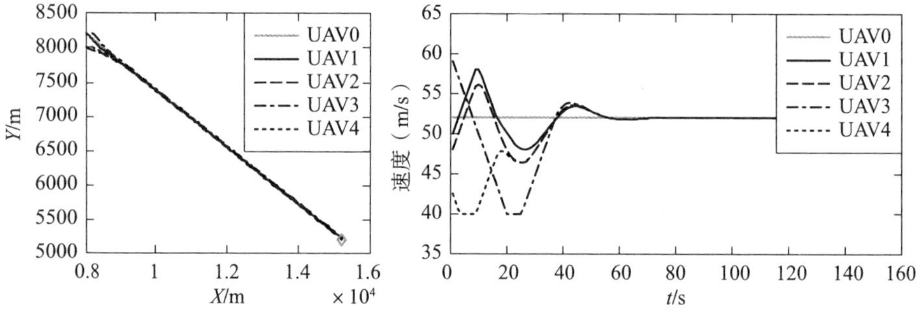

（a）航迹变化曲线　　（b）速度变化曲线

图 2-24　虚拟长机模式下的紧密编队集结状态响应

基于虚拟长机的无人机紧密编队集结，可以通过改变虚拟长机的速度和航向角，实现无人机编队最终状态值的改变，有利于后续的编队飞行。

2.5　无人机编队队形保持

无人机编队保持是指在完成队形集结后，保持编队坐标系下僚机与长机的相对位置。编队保持是无人机编队飞行中的重要环节，无人机编队无法实现精确的队形保持，会影响编队的气动效果，甚至引发碰撞危险。

2.5.1　基于 PID 控制的队形保持

编队队形保持要求僚机接收长机的状态信息，与自身状态信息做差，得到相对位置误差，通过队形保持控制器给出控制指令，使僚机修正自身速度、高度、航向角。编队保持的控制结构如图 2-25 所示[77]。

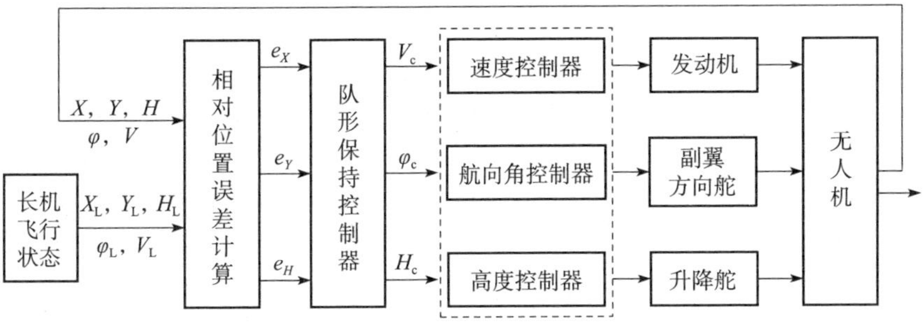

图 2-25　编队队形保持控制系统结构

编队坐标系中无人机与长机的相对位置误差表示为

$$\begin{cases} e_X = d_X - d_{Xc} \\ e_Y = d_Y - d_{Yc} \\ e_H = d_H - d_{Hc} \end{cases} \tag{2-131}$$

式中：d_X，d_Y，d_H 分别为 t 时刻无人机与长机在纵向、侧向、高度方向的距离；d_{Xc}，d_{Yc}，d_{Hc} 分别为某队形下纵向、侧向、高度方向的期望相对距离。根据坐标变换关系，得到

$$\begin{bmatrix} d_X \\ d_Y \\ d_H \end{bmatrix} = \begin{bmatrix} \cos\varphi_L & \sin\varphi_L & 0 \\ -\sin\varphi_L & \cos\varphi_L & 0 \\ 0 & 0 & 1 \end{bmatrix} \begin{bmatrix} X-X_L \\ Y-Y_L \\ H-H_L \end{bmatrix} \tag{2-132}$$

式（2-131）两边同时对 t 求导，并将式（2-132）代入其中，可得

$$\begin{bmatrix} \dot{e}_X \\ \dot{e}_Y \\ \dot{e}_H \end{bmatrix} = \begin{bmatrix} \cos\varphi_L & \sin\varphi_L & 0 \\ -\sin\varphi_L & \cos\varphi_L & 0 \\ 0 & 0 & 1 \end{bmatrix} \begin{bmatrix} V_X-V_{LX} \\ V_Y-V_{LY} \\ V_H-V_{LH} \end{bmatrix} \tag{2-133}$$

式中：V_X，V_Y，V_H 为无人机在编队坐标系下的速度分量；V_{LX}，V_{LY}，V_{LH} 为长机在编队坐标系下的速度分量。

此时，编队队形保持控制器的输出指令可设计为

$$
\begin{cases}
V_c = V + k_p e_X + k_i \int_0^t e_X \mathrm{d}t + k_d \dot{e}_X \\
\varphi_c = \varphi + k_p e_Y + k_i \int_0^t e_Y \mathrm{d}t + k_d \dot{e}_Y \\
H_c = H + k_p e_H + k_i \int_0^t e_H \mathrm{d}t + k_d \dot{e}_H
\end{cases}
\tag{2-134}
$$

选择有人机作为长机 L，进行匀速转弯爬升，4 架无人机跟随长机进行匀速爬升，仿真参数设置及详细结果见文献［77］。编队队形保持仿真结果如图 2-26 所示，初始时刻各无人机的飞行速度都为 260m/s，随着长机进行匀速转弯爬升运动，各无人机实时检测与长机的位置关系，进行航迹跟踪。为了达到时间协同，圆弧内侧的无人机速度减小，最内侧的无人机速度最小，圆弧外侧的无人机速度提高，最外侧的无人机速度最大。经过一段时间的调整，各无人机速度保持稳定，僚机与长机在纵向和横侧向的位置误差都收敛到 0，高度方向保持-0.45m 的稳态位置误差。

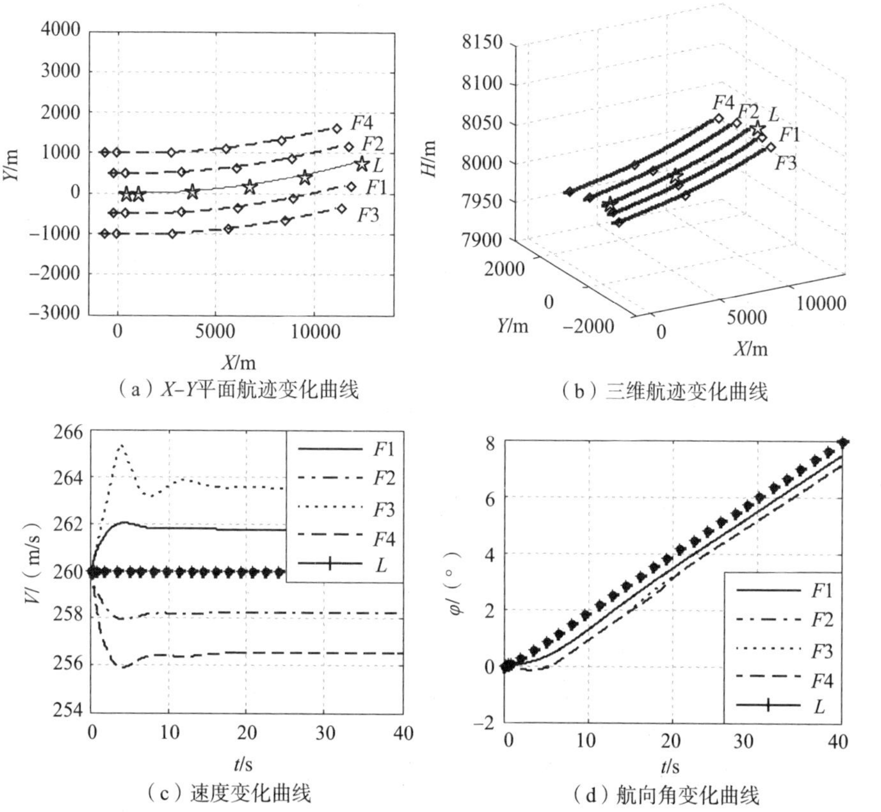

图 2-26 基于 PID 控制的队形保持状态响应

2.5.2 基于一致性理论的队形保持

三维空间下，编队队形保持的控制目标表示为

$$\begin{cases}\lim\limits_{t\to\infty}(\varphi_i-\varphi_j)=0\\ \lim\limits_{t\to\infty}(V_i-V_j)=0\\ \lim\limits_{t\to\infty}(X_i-X_j)\in C\\ \lim\limits_{t\to\infty}(Y_i-Y_j)\in C\\ \lim\limits_{t\to\infty}(H_i-H_j)=C\end{cases}\tag{2-135}$$

队形保持过程需要无人机在编队坐标系下，进行前向位置 X、侧向位置 Y 以及高度 H 的调整，使其满足队形几何要求。同时，通过一致性算法实现速度和航向角的一致性。调整水平速度大小可以直接改变前向位置 X。调整航向角，使一致的航向角产生一个小的航向角偏差 $\Delta\varphi_i$，由此得到侧向速度分量，进行侧向位置 Y 的调整。调整垂直速度大小可以直接改变高度 H。

无人机对速度、航向与高度指令的跟踪通过飞行控制律实现，水平速度、航向角与高度通道的近似数学模型表示为

$$\begin{cases}\dot{V}_{\mathrm{H}i}=k_{V_{\mathrm{H}i}}(V_{\mathrm{H}ic}-V_{\mathrm{H}i})\\ \dot{\varphi}_i=k_{\varphi i}(\varphi_{ic}-\varphi_i)\\ \ddot{H}_i=-k_{\dot{H}}V_{\mathrm{V}i}+k_{\ddot{H}i}(H_{ic}-H_i)\end{cases}\tag{2-136}$$

式中：V_{H} 为水平速度分量；V_{V} 为垂直速度分量；$k_{\dot{H}}$，$k_{\ddot{H}i}$ 为高度通道的控制增益。

使用虚拟结构法，在一致性控制策略中引入一个具有期望状态值的虚拟长机 UAV0，它的运动学模型与其他无人机相同，邻居集合为空集，且只有部分无人机才能接收其信息。预先设定虚拟长机的速度和航迹，根据二阶一致性算法，基于虚拟长机的队形保持控制策略表示为

$$\begin{cases}\dot{V}_{\mathrm{H}i}=-b_i[(V_{\mathrm{H}i}-V_{\mathrm{H}0})+\gamma_{V_{\mathrm{H}}}(X_i-X_0-S_X)]-\sum\limits_{j\in N_i}a_{ij}[(V_{\mathrm{H}i}-V_{\mathrm{H}j})+\gamma_{V_{\mathrm{H}}}(X_i-X_j-S_X)]\\ \dot{\varphi}_i=-b_i[(\varphi_i-\varphi_0)+\gamma_{\varphi}(Y_i-Y_0-S_Y)]-\sum\limits_{j\in N_i}a_{ij}[(\varphi_i-\varphi_j)+\gamma_{\varphi}(Y_i-Y_j-S_Y)]\\ \ddot{H}_i=-b_i[(V_{\mathrm{V}i}-V_{\mathrm{V}0})+\gamma_H(H_i-H_0-S_H)]-\sum\limits_{j\in N_i}a_{ij}[(V_{\mathrm{V}i}-V_{\mathrm{V}j})+\gamma_H(H_i-H_j-S_H)]\end{cases}\tag{2-137}$$

式中：等式右边第一项分别为水平速度通道、航向角通道、高度通道下无人机

与虚拟长机的一致性控制，第二项分别为水平速度通道、航向角通道、高度通道下无人机与邻居无人机的一致性控制；V_{H_0}，V_{V_0}，H_0 分别为虚拟长机的水平速度、垂直速度与高度；$\gamma_{V_{\mathrm{H}}}$ 为水平速度的权重系数；γ_H 为高度通道的权重系数；S_X，S_Y，S_H 为编队位置关系。将式（2-136）所示的近似模型代入其中，即可求解得到控制指令 V_{Hic}，φ_{ic}，H_{ic}。式（2-137）所示的一致性算法不仅使得编队控制系统稳定，且最终实现无人机飞行状态趋于一致。

3 架等高三角队形的无人机跟随虚拟长机进行匀速爬升转弯飞行，编队队形保持仿真结果如图 2-27 所示。初始时刻各无人机飞行速度分别为 20m/s、29m/s、15m/s、21m/s，随着虚拟长机进行匀速转弯爬升运动，各无人机实时检测与虚拟长机的位置关系，进行航迹跟踪。经过一段时间的调整，各无人机速度、航向角保持稳定，编队队形始终保持不变。

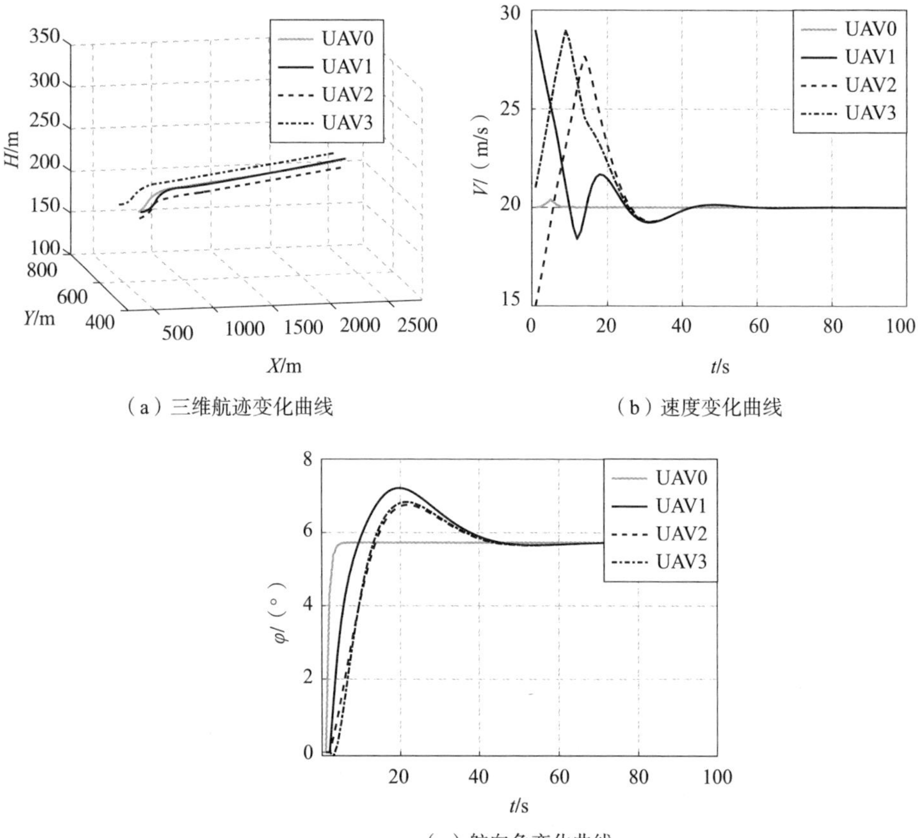

（a）三维航迹变化曲线　（b）速度变化曲线

（c）航向角变化曲线

图 2-27　基于一致性理论的队形保持状态响应

2.6　无人机编队队形重构

无人机编队执行任务的过程中，需要根据任务情况将任务分解成不同阶段，如巡航、攻击、突防等，无人机需要根据任务阶段划分进行编队队形的变换，以提高整体的作战效能。编队中有无人机发生故障损伤，机动能力可能下降甚至需要退出编队，同时编队中可能新增无人机进行编队扩充，此时也需要对编队队形做出适当的调整。另外，无人机编队在任务区域飞行时，随时可能遭遇未知的突发威胁，威胁可能发生在任务区域的任何位置，因此也需要无人机根据威胁情况尽快改变编队队形，待安全绕过威胁区后再次恢复队形。

无人机编队重构是指在作战环境任务内容发生变化时，为每架无人机规划出满足安全要求、机动性能限制、能量限制、时间限制等约束条件的航迹，使无人机编队根据要求完成编队队形、组织结构、通信拓扑等的变换。

2.6.1　基于智能优化的队形重构

基于智能优化的编队队形重构过程可以描述为：①决策系统考虑初始队形和任务需要，为各无人机重新分配位置；②各无人机按照位置分配结果，进行航迹重规划；③各无人机根据任务要求和约束条件，进行航迹控制指令的解算；④无人机飞行控制系统收到航迹控制指令，由自动驾驶仪控制各执行机构完成航迹跟踪，最终实现编队队形重构。具体设计过程及仿真结果如下[75]。

1. 位置分配

无人机编队重构首先需要为每架无人机 F_i 分配队形重构后的新位置 P_j。定义赋权矩阵 $\boldsymbol{D}\in\boldsymbol{D}_{N\times N}$，$N$ 为编队中的无人机数量，D_{ij} 为无人机 F_i 飞向重构后位置 P_j 需要的代价。在不同行不同列中找到 N 个 D_{ij}，使得其和最小，所得 D_{ij} 即为各无人机的位置分配情况。

D_{ij} 可以根据不同的任务需求进行定义，从而得到不同优化条件下的位置分配结果。以无人机重构时间为优化条件，使各无人机以直线航迹转移到新的位置，实现无人机编队队形的快速重构。无人机需要同时协调控制速度和航向以达到对侧向距离的控制，为了减少重构过程中的侧向相对移动距离，令

$$D_{ij}=\overline{D}_{ij}\frac{X_{ij}}{Y_{ij}} \tag{2-138}$$

式中：$\overline{D}_{ij}$ 为无人机 F_i 与新位置 P_j 之间的直线距离；X_{ij}，Y_{ij} 分别为编队坐标系下两个位置的纵向距离和侧向距离。

赋权矩阵 $\boldsymbol{D}$ 中的元素 D_{ij} 作为单独的节点 n_{ij}，将各节点两两连接，形成无向完全图。无人机初始位置的编号定义为该节点的横坐标，新位置的编号定义为该节点的纵坐标。由此，无人机编队重构的位置分配可以作为一个一一指派的最优问题。当编队中的无人机数量增加或考虑防碰处理时，该问题的规模和计算量显著增加，可以使用蚁群优化算法求解，实现步骤如下：

（1）初始化。每个节点都赋予相同的信息素 τ_0，令禁忌节点集为空集。

（2）状态转移。蚂蚁在剩余节点集合中选择待转移点 n_{ij}，其坐标表示为

$$(i,j)=\begin{cases}\underset{n\in n_i^*}{\arg\max}\left(\tau(n)\left(\dfrac{1}{c(n)}\right)^b\right) & (q\leqslant q_0)\\(l,m) & (q>q_0)\end{cases}\tag{2-139}$$

式中：n_i^* 为去掉禁忌节点后的剩余节点集合，将蚂蚁选中的节点及与其处于相同行或相同列的其他节点列入禁忌节点表，使得每个无人机只占据一个位置；$\tau(n)$ 为 n 点的信息素浓度；$c(n)$ 为 n 点代表的成本；b 为给定参数；$\underset{n\in n_i^*}{\arg\max}\left(\tau(n)\left(\dfrac{1}{c(n)}\right)^b\right)$ 为剩余节点中数值最大的节点下标；q_0 为给定参数，满足 $0<q_0<1$；q 为均匀分布在［0，1］区间内的随机变量；$n_{\mathrm{R}}=(l,m)$ 为剩余节点内的随机点，选择该点的概率表示为

$$p(n_{\mathrm{R}})=\frac{[\tau(n_{\mathrm{R}})]^a[\boldsymbol{\eta}(n_{\mathrm{R}})]^b}{\sum\limits_{n_{ij}\in n_i}[\tau_{ij}]^a[\boldsymbol{\eta}_{ij}]^b}\tag{2-140}$$

式中：$\tau(n_{\mathrm{R}})$ 为该节点的信息素浓度；$\boldsymbol{\eta}(n_{\mathrm{R}})=1/c(n_{\mathrm{R}})$ 为启发式信息，与成本相关；a，b 分别为信息素与启发式信息的权重，反映该信息的重要程度；n_i 为第 i 只蚂蚁的所有节点集合。若当前时刻选中节点对应航迹与之前节点对应航迹之间的直线距离大于安全距离，则执行步骤（3）；否则重新选择节点。

（3）更新局部信息素。蚂蚁选中节点 n_{ij} 后，需要对该节点的信息素浓度进行更新，以增加其他蚂蚁选择剩余节点的概率，信息素浓度更新方程为

$$\tau_{ij}=(1-\zeta)\tau_{ij}+\zeta\tau_0\tag{2-141}$$

式中：ζ 为给定常数，$0<\zeta<1$。

（4）局部搜索。所有的 m 个蚂蚁搜索完成后得到 m 个节点组合，每个组合为一个解，包含 n 个节点，使用局部搜索算法求出局部最优解。

（5）全局信息素更新。为减少信息素更新的计算量，只更新局部搜索最优路径 T^* 上的信息素，信息素浓度更新方程为

$$\tau_{ij}=(1-\rho)\tau_{ij}+\rho\Delta\tau_{ij}^*\tag{2-142}$$

式中：$(i,j)\in T^*$；ρ 为信息素的挥发系数，满足 $0<\rho\leqslant1$；$\Delta\tau_{ij}^*=1/C^*$ 为信息

素增量，C^* 为当前全局最优解的成本总和。

（6）获得全局最优解。完成一次迭代后，找到局部最优解中的最优解，作为当前的全局最优解，当迭代次数达到设定迭代次数时，结束算法迭代，获得最优解或近似最优解，否则回到步骤（1）。

2. 指令计算

通过蚁群优化算法，可以求解得到无人机编队队形重构的位置分配结果。进行重构时，无人机的飞行轨迹会发生变化，如图 2-28 所示。A_1A_2 为初始状态无人机的飞行轨迹，编队队形重构以后，无人机实际飞行轨迹变为 A_1A_3，无人机的飞行轨迹发生了 A_1A_4 所示的相对变化，将 A_1A_4 定义为相对航迹。

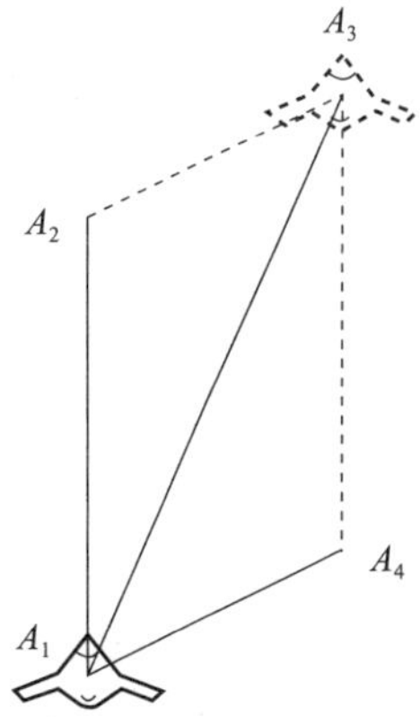

图 2-28　编队队形重构中的相对轨迹

无人机编队队形重构后的飞行轨迹可以看作是预定轨迹与相对航迹的叠加。因此，无人机的速度控制指令可以设计为预定速度及与相对轨迹长度成正比的速度的叠加。通过调整相对轨迹上的速度大小，使得各无人机同时到达目标位置。

设编队中的无人机数量为 n，则存在 n 条相对轨迹，T_1 时刻无人机开始队形重构，T_2 时刻所有无人机同时完成队形重构。无人机 F_i 最大重构速度 V_{Rmax} 与其当前速度 V 的和不能超过无人机的最大速度，相对轨迹长度表示为

$$L_i = \int_{T_1}^{T_2} V_{\mathrm{R}i}(t) \tag{2-143}$$

式中：$V_{\mathrm{R}i}$ 为重构速度，由水平重构速度分量和垂直重构速度分量组成。

（1）水平重构速度。水平重构速度 $V_{\mathrm{RH}i}(t)$ 的变化轨迹如图 2-29 所示，无人机在水平面内匀加速至 V_{b} 后匀速飞行，再经过匀减速飞行完成重构。重构最小时间 T_2-T_1 与重构航迹在水平面的投影 $L_{\mathrm{H}i}$ 的关系表示为

$$(2T_2-2T_1-10)V_{\mathrm{b}}/2=L_{\mathrm{H}i} \tag{2-144}$$

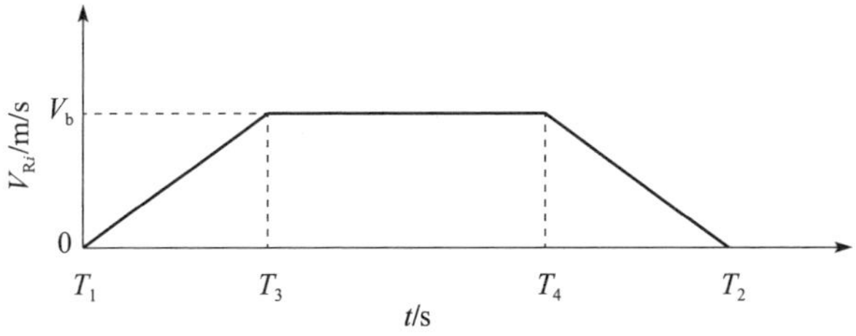

图 2-29　水平重构速度的变化曲线

（2）垂直重构速度。无人机垂直重构速度可表示为

$$V_{\mathrm{RV}i}(t)=L_{\mathrm{V}i}/(T_2-T_1) \tag{2-145}$$

式中：$L_{\mathrm{V}i}$ 为重构航迹在垂直平面的投影长度。

3. 仿真分析

4 架无人机以高低双组的编队队形做直线飞行，速度为 23.25m/s，进行编队队形重构，使无人机变换为流动四机编队队形，其余参数设置及详细结果见文献［75］。设置不同的赋值矩阵，比较如下两组仿真方案。

（1）方案 1：考虑重构过程中的侧向相对移动距离为优化条件，将赋值矩阵定义为

$$\left\{\boldsymbol{D}\mid D_{ij}=\overline{D}_{ij}\frac{D_x}{D_y}\right\} \tag{2-146}$$

（2）方案 2：定义赋值矩阵 $\{\boldsymbol{D}\mid D_{ij}=\overline{D}_{ij}\}$，同时要求 n 个 D_{ij} 具有最小的方差。

图 2-30 分别为方案 1 和方案 2 重构过程中的无人机编队飞行轨迹，“＊”为队形重构结束时刻的无人机位置。可以看出，不同定义下的赋值矩阵会影响重构决策的结果，方案 1 的队形重构中没有发生轨迹交叉，方案 2 的队形重构中出现轨迹交叉的点，且无人机 $F2$ 与 $F3$ 机间距离过近，安全起见，应该选择编队重构方案 1。

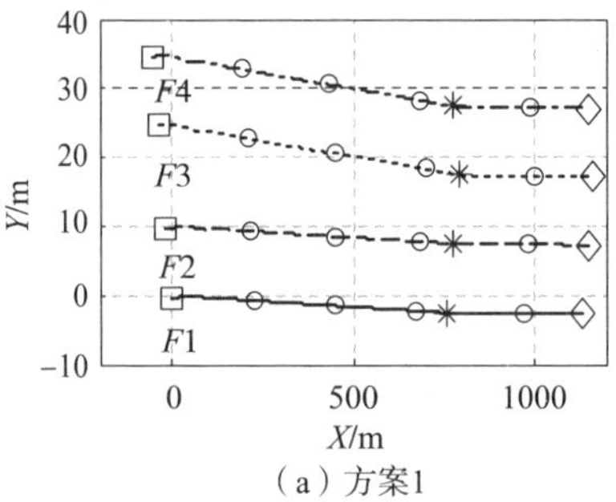

（a）方案1

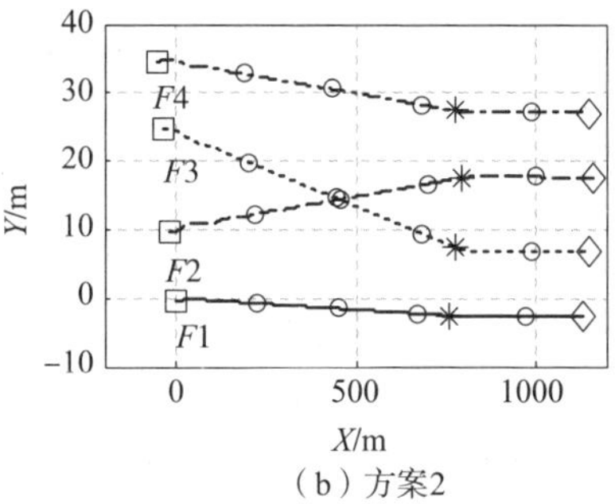

（b）方案2

图 2-30　基于智能优化的队形重构状态响应

2.6.2　基于一致性理论的队形重构

无人机编队队形重构控制系统能够根据一致性控制理论产生控制指令，改变速度和航向角，使无人机编队队形发生改变，待队形重构完成后，所有无人机的速度和航向角最终趋于一致，恢复到队形重构前的状态。

无人机进行编队重构时，原有队形发生变化。使用虚拟结构法，在一致性

控制策略中引入一个具有期望状态值的虚拟长机 UAV0，它的运动学模型与其他无人机相同，邻居集合为空集，且只有部分无人机才能接收其信息。预先设定虚拟长机的速度和航迹，根据二阶一致性算法，基于虚拟长机的队形重构控制策略表示为

$$
\begin{cases}
\dot{V}_{\mathrm{H}i} = -b_i[(V_{\mathrm{H}i}-V_{\mathrm{H}0})+\gamma_{V_{\mathrm{H}}}(X_i-X_0-S_{\mathrm{R}X})]- \\
\qquad \sum_{j\in N_i} a_{ij}[(V_{\mathrm{H}i}-V_{\mathrm{H}j})+\gamma_{V_{\mathrm{H}}}(X_i-X_j-S_{\mathrm{R}X})] \\
\dot{\varphi}_i = -b_i[(\varphi_i-\varphi_0)+\gamma_{\varphi}(Y_i-Y_0-S_{\mathrm{R}Y})]- \\
\qquad \sum_{j\in N_i} a_{ij}[(\varphi_i-\varphi_j)+\gamma_{\varphi}(Y_i-Y_j-S_{\mathrm{R}Y})] \\
\ddot{H}_i = -b_i[(V_{\mathrm{V}i}-V_{\mathrm{V}0})+\gamma_H(H_i-H_0-S_{\mathrm{R}X})]- \\
\qquad \sum_{j\in N_i} a_{ij}[(V_{\mathrm{V}i}-V_{\mathrm{V}j})+\gamma_H(H_i-H_j-S_{\mathrm{R}H})]
\end{cases}
\tag{2-147}
$$

式中：等式右边第一项分别为水平速度通道、航向角通道、高度通道下无人机与虚拟长机的一致性控制，第二项分别为水平速度通道、航向角通道、高度通道下无人机与邻居无人机的一致性控制；$S_{\mathrm{R}X}$，$S_{\mathrm{R}Y}$，$S_{\mathrm{R}H}$ 为队形变换后的编队位置关系。将式（2-136）所示的近似模型代入其中，即可求解得到控制指令 $V_{\mathrm{H}ic}$，φ_{ic}，H_{ic}。式（2-147）所示的一致性算法不仅使得编队控制系统稳定，且最终实现无人机飞行状态趋于一致。

3 架无人机以等高三角队形跟随虚拟长机飞行，编队队形重构仿真结果如图 2-31 所示。20s 时，无人机编队开始进行队形变换，各无人机实时检测与虚拟长机的位置关系，进行航迹跟踪。经过一段时间的调整，各无人机速度、航向角保持稳定，重新构成等高纵向队列。

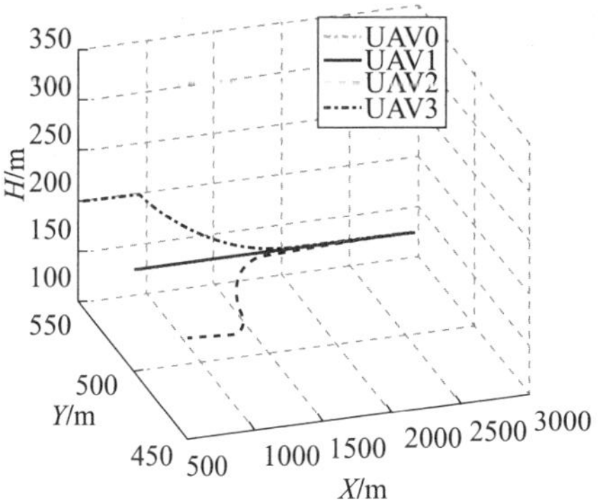

（a）三维航迹变化曲线

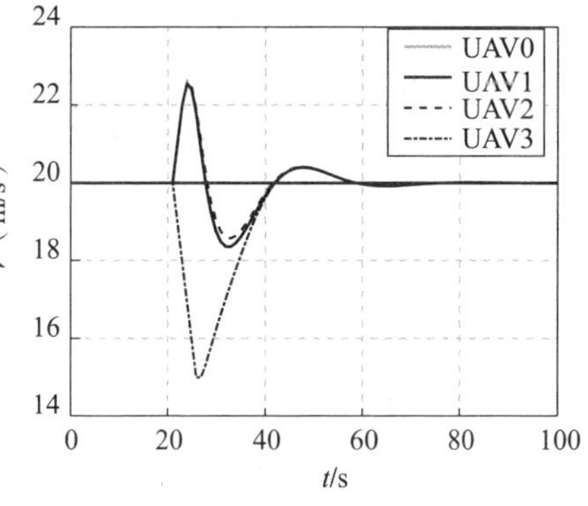

（b）速度变化曲线

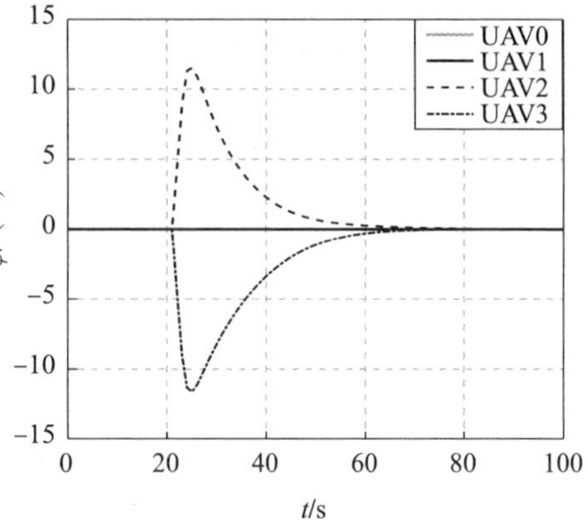

（c）航向角变化曲线

图 2-31　基于一致性理论的队形重构状态响应

2.7　无人机编队自适应控制

无人机编队控制的目标是根据任务要求和航迹要求，为各无人机生成期望的控制指令，使其顺利实现编队队形集结、队形保持和队形重构。同时，各无人机的飞行控制系统需要具有良好的动态性能和稳态性能，使无人机稳定且快速地跟踪轨迹指令，在无人机模型参数存在不确定的情况下，按照预定的航迹和时间约束，完成编队飞行的各项任务。

自适应控制能够根据无人机模型参数和环境的动态变化，自适应地在线调节相关控制器参数，使无人机始终保持最佳的跟踪性能，具有较强的鲁棒性。自适应控制一般包括自校正控制、模型参考自适应控制、可变增益的自适应控制、直接优化目标函数的自适应控制等几种控制结构。其中，模型参考自适应控制根据期望的性能要求设计参考模型，得到参考模型输出与被控对象输出之间的误差，使用自适应控制律调节控制器参数，使得控制系统的实际输出渐近跟踪参考模型输出。模型参考自适应控制系统适合解决非逆稳定系统的控制问题，在飞行控制领域得到了广泛应用。

本节设计了一种自适应编队控制方法，使僚机飞行状态能够渐近稳定地跟踪长机的变化而变化[78-79]。

2.7.1　自适应编队控制系统

自适应编队控制的过程可以描述为：利用无人机的飞行控制系统实现指令

跟踪；将长机作为参考模型，设计自适应编队控制器，使僚机能够快速准确地跟踪长机的飞行状态，并维持与长机的相对位置。

设多机编队由 N 架僚机与 1 架长机组成，根据代数图论中的各无人机邻居集合，长机将自身状态信息发送给其邻居集合内的无人机，接收到长机状态信息的僚机直接以长机作为参考模型；位于长机邻居集合以外的无人机无法接收到长机的信息，利用邻居无人机与长机建立间接的通信关系。长机的飞行控制系统采用 PID 控制进行设计，僚机以长机为参考模型，利用自适应编队控制器完成对长机状态的跟踪，基于状态反馈状态跟踪的自适应编队控制结构如图 2-32 所示。

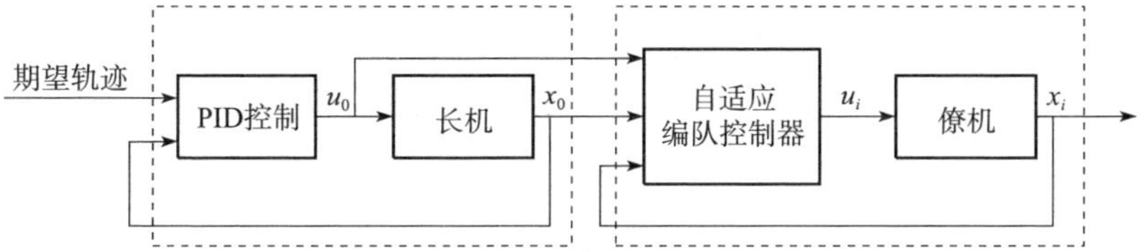

图 2-32　基于状态反馈状态跟踪的自适应编队控制结构

1. 通信拓扑关系

建立有向图 $G=(W, E)$ 描述长机与僚机之间的关系，其中 W 为一组顶点，代表所有无人机，$E\subseteq W\times W$ 为一组有向的边，(w_j, w_i) 表示僚机 i 可以与 j 进行信息交互，此时，w_j 称为 w_i 的邻居。定义 $N_i=\{w_j\in W\mid(w_j, w_i)\in E\}$ 为第 i 架无人机的邻居集合，编队中的长机编号为 0。有向图中的有向路径是指以 (w_{i1}, w_{i2})，(w_{i2}, w_{i3})，…，$(w_{i(N-1)}, w_{iN})$ 为形式的一系列有顺序的边。针对无人机编队问题，做出以下假设。

假设 2.1：每架无人机都至少存在一条从长机指向僚机的有向路径，有向路径可以表示为 (w_0, w_1)，(w_1, w_2)，…，(w_{N-1}, w_N)，且路径 G 的起点和终点不同，即没有环形。

以 1 架长机和 2 架僚机组成的无人机编队为例，4 种通信结构如图 2-33 所示。

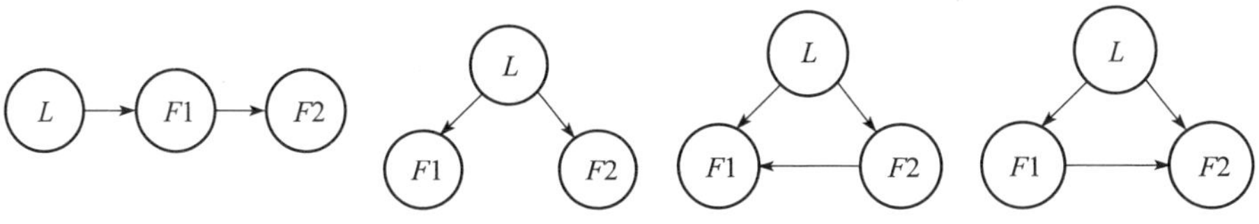

（a）结构Ⅰ　（b）结构Ⅱ　（c）结构Ⅲ　（d）结构Ⅳ

图 2-33　3 架无人机通信结构

2. 控制问题描述

长机和僚机的模型分别为

$$\dot{\boldsymbol{x}}_0(t)=\boldsymbol{A}_0\boldsymbol{x}_0(t)+\boldsymbol{B}_0\boldsymbol{u}_0(t) \tag{2-148}$$

$$\dot{\boldsymbol{x}}_i(t)=\boldsymbol{A}_i\boldsymbol{x}_i(t)+\boldsymbol{B}_i\boldsymbol{u}_i(t) \tag{2-149}$$

式中：$\boldsymbol{A}_0$，$\boldsymbol{A}_i\in\boldsymbol{R}^{n\times n}$,$\boldsymbol{B}_0$，$\boldsymbol{B}_i\in\boldsymbol{R}^{n\times M}$ 为未知参数矩阵。

纵向运动的控制目标为：设计有界的状态反馈控制律 $\boldsymbol{u}_{i,\mathrm{lon}}(t)$ 使得所有僚机的状态 $\boldsymbol{x}_{i,\mathrm{lon}}(t)$ 渐近跟踪长机的状态 $\boldsymbol{x}_{0,\mathrm{lon}}(t)$，即

$$\lim_{t\to\infty}(\boldsymbol{x}_{i,\mathrm{lon}}(t)-\boldsymbol{x}_{0,\mathrm{lon}}(t))=0 \tag{2-150}$$

横侧向运动的控制目标为：设计有界的状态反馈控制律 $\boldsymbol{u}_{i,\mathrm{lat}}(t)$ 使得所有僚机的状态 $\boldsymbol{x}_{i,\mathrm{lat}}(t)$ 渐近跟踪长机的状态 $\boldsymbol{x}_{0,\mathrm{lat}}(t)$，即

$$\lim_{t\to\infty}(\boldsymbol{x}_{i,\mathrm{lat}}(t)-\boldsymbol{x}_{0,\mathrm{lat}}(t))=0 \tag{2-151}$$

基于分布式控制结构的编队一致性控制目标可以表述为：设计纵向与横侧向控制律，使得僚机与长机保持相同的飞行状态变化，且无人机编队队形最终趋于稳定，即

$$\lim_{t\to\infty}\dot{X}=\lim_{t\to\infty}\dot{Y}=0 \tag{2-152}$$

$$\lim_{t\to\infty}\dot{H}=0 \tag{2-153}$$

定义 2.1：将僚机 i 的状态值与其邻居集合内僚机的平均状态值做差，差值定义为该僚机的局部追踪误差，即

$$\boldsymbol{e}_i(t)=\boldsymbol{x}_i(t)-\frac{1}{n_i}\sum_{v_j\in N_i}\boldsymbol{x}_j(t) \tag{2-154}$$

定义 2.2：将僚机 i 的状态与长机的状态做差，差值定义为该僚机的全局追踪误差，即

$$\bar{\boldsymbol{e}}_i(t)=\boldsymbol{x}_i(t)-\boldsymbol{x}_0(t) \tag{2-155}$$

引理 2.1：若 $\lim_{t\to\infty}\boldsymbol{e}_i(t)=0$ 成立，则 $\lim_{t\to\infty}\bar{\boldsymbol{e}}_i(t)=0$ 也成立。

图 2-33（a）所示的结构Ⅰ中，若局部误差 $\lim_{t\to\infty}\boldsymbol{e}_1(t)=\lim_{t\to\infty}(\boldsymbol{x}_1(t)-\boldsymbol{x}_0(t))=0$，$\lim_{t\to\infty}\boldsymbol{e}_2(t)=\lim_{t\to\infty}(\boldsymbol{x}_2(t)-\boldsymbol{x}_1(t))=0$，则全局误差满足 $\lim_{t\to\infty}\bar{\boldsymbol{e}}_1(t)=0$，$\lim_{t\to\infty}\bar{\boldsymbol{e}}_2(t)=0$。

图 2-33（b）所示的结构Ⅱ中，若局部误差 $\lim_{t\to\infty}\boldsymbol{e}_1(t)=\lim_{t\to\infty}(\boldsymbol{x}(t)-\boldsymbol{x}_0(t))=0$，$\lim_{t\to\infty}\boldsymbol{e}_2(t)=\lim_{t\to\infty}(\boldsymbol{x}_2(t)-\boldsymbol{x}_0(t))=0$，则全局误差满足 $\lim_{t\to\infty}\bar{\boldsymbol{e}}_1(t)=0$，$\lim_{t\to\infty}\bar{\boldsymbol{e}}_2(t)=0$。

图 2-33（c）所示的结构Ⅲ中，若局部误差 $\lim_{t\to\infty}\boldsymbol{e}_2(t)=\lim_{t\to\infty}(\boldsymbol{x}_2(t)-\boldsymbol{x}_0(t))=0$，$\lim_{t\to\infty}\boldsymbol{e}_1(t)=\lim_{t\to\infty}(\boldsymbol{x}_1(t)-0.5\boldsymbol{x}_0(t)-0.5\boldsymbol{x}_2(t))=0$，则全局误差满足 $\lim_{t\to\infty}\bar{\boldsymbol{e}}_1(t)=0$，$\lim_{t\to\infty}\bar{\boldsymbol{e}}_2(t)=0$。

图2-33（d）所示的结构Ⅳ中，若局部误差$\lim_{t\to\infty}\boldsymbol{e}_1(t)=\lim_{t\to\infty}(\boldsymbol{x}_1(t)-\boldsymbol{x}_0(t))=0$，$\lim_{t\to\infty}\boldsymbol{e}_2(t)=\lim_{t\to\infty}(\boldsymbol{x}_2(t)-0.5\boldsymbol{x}_0(t)-0.5\boldsymbol{x}_1(t))=0$，则全局误差满足$\lim_{t\to\infty}\bar{\boldsymbol{e}}_1(t)=0$，$\lim_{t\to\infty}\bar{\boldsymbol{e}}_2(t)=0$。

2.7.2 自适应编队飞行控制律

状态反馈是现代控制理论中的一种控制方式，它通过比例环节将系统的状态变量反馈到系统的输入中，能够全面反映系统的内部特性并改善系统的性能，控制结构较为简单。此外，自适应控制能够很好地补偿无人机模型的参数不确定，使无人机精确跟踪期望指令，实现有效的编队控制。

基于状态反馈状态跟踪的自适应标称控制器表示为

$$\boldsymbol{u}_i^*(t)=\frac{1}{n_i}\sum_{w_j\in N_i}(\boldsymbol{K}_{1i}^{*\mathrm{T}}(\boldsymbol{x}_i(t)-\boldsymbol{x}_j(t))+\boldsymbol{K}_{2_{ij}}^*\boldsymbol{u}_j(t)+\boldsymbol{K}_{3ij}^{*\mathrm{T}}\boldsymbol{x}_j(t)) \tag{2-156}$$

式中：n_i 为集合 N_i 中的元素个数；$\boldsymbol{K}_{1i}^*\in\boldsymbol{R}^{n\times p_i}$，$\boldsymbol{K}_{2ij}^*\in\boldsymbol{R}^{p_i\times m}$，$\boldsymbol{K}_{3ij}^*\in\boldsymbol{R}^{m\times p_i}$ 为自适应控制参数。

假设 2.2：对于每架僚机，都存在一个参数矩阵 $\boldsymbol{K}_{1i}^*\in\boldsymbol{R}^{n\times p_i}$ 和一个非奇异参数矩阵 $\boldsymbol{K}_{4i}^*\in\boldsymbol{R}^{p_i\times p_i}$，使得下式成立

$$\begin{cases}\boldsymbol{A}_\mathrm{e}=\boldsymbol{A}_i+\boldsymbol{B}_i\boldsymbol{K}_{1i}^{*\mathrm{T}}\\ \boldsymbol{B}_\mathrm{e}=\boldsymbol{B}_i\boldsymbol{K}_{4i}^*\end{cases} \tag{2-157}$$

式中：$\boldsymbol{A}_\mathrm{e}\in\boldsymbol{R}^{n\times n}$ 为稳定已知的矩阵；$\boldsymbol{B}_\mathrm{e}\in\boldsymbol{R}^{n\times p}$ 为已知矩阵。

假设 2.3：若僚机 i 的邻居集合中包含长机，即 $(w_0, w_i)\in E$，那么存在参数矩阵 $\boldsymbol{K}_{2i0}^*\in\boldsymbol{R}^{p_i\times m}$ 和 $\boldsymbol{K}_{3i0}^*\in\boldsymbol{R}^{n\times p_i}$，使得下式成立

$$\begin{cases}\boldsymbol{A}_0=\boldsymbol{A}_i+\boldsymbol{B}_i\boldsymbol{K}_{3i0}^{*\mathrm{T}}\\ \boldsymbol{B}_0=\boldsymbol{B}_i\boldsymbol{K}_{2i0}^*\end{cases} \tag{2-158}$$

若僚机 i 的邻居集合中不包含长机，即 $(w_0, w_i)\notin E$，那么对于 $(w_j, w_i)\in E$，存在参数矩阵 $\boldsymbol{K}_{2ij}^*\in\boldsymbol{R}^{p_i\times m}$ 和 $\boldsymbol{K}_{3ij}^*\in\boldsymbol{R}^{n\times p_i}$，使得下式成立

$$\begin{cases}\boldsymbol{A}_j=\boldsymbol{A}_i+\boldsymbol{B}_i\boldsymbol{K}_{3ij}^{*\mathrm{T}}\\ \boldsymbol{B}_j=\boldsymbol{B}_i\boldsymbol{K}_{2ij}^*\end{cases} \tag{2-159}$$

假设 2.4：对于每架僚机，存在已知矩阵 $\boldsymbol{S}_i\in\boldsymbol{R}^{p_i\times p_i}$ 使得 $\boldsymbol{K}_{4i}^*\boldsymbol{S}_i$ 正定对称。

假设 2.3 将 N 架僚机分成 2 组，一组为可直接与长机通信的僚机，另一组为通过其他僚机间接与长机通信的僚机。因此对于所有僚机及所有有向边 (w_j, w_i)，都存在对应的矩阵 $\boldsymbol{K}_{2ij}^*$ 和 $\boldsymbol{K}_{3ij}^*(0\leqslant j\leqslant N)$。假设 2.4 给出了设计自适

应控制律的先决条件。

在无人机分布式编队队形控制系统中，无人机的模型参数存在不确定性，无法直接得到标称控制器中的控制参数矩阵 $\boldsymbol{K}_{1i}^*$，$\boldsymbol{K}_{2ij}^*$ 和 $\boldsymbol{K}_{3ij}^*$。因此，控制器可设计为

$$\boldsymbol{u}_i(t)=\frac{1}{n_i}\sum_{w_j\in N_i}\left(\boldsymbol{K}_{1ij}^{\mathrm{T}}(t)(\boldsymbol{x}_i(t)-\boldsymbol{x}_j(t))+\boldsymbol{K}_{2ij}(t)\boldsymbol{u}_j(t)+\boldsymbol{K}_{3ij}^{\mathrm{T}}(t)\boldsymbol{x}_j(t)\right) \tag{2-160}$$

式中：$\boldsymbol{K}_{1ij}(t)$，$\boldsymbol{K}_{2ij}(t)$，$\boldsymbol{K}_{3ij}(t)$ 分别为对 $\boldsymbol{K}_{1i}^*$，$\boldsymbol{K}_{2ij}^*$，$\boldsymbol{K}_{3ij}^*$ 的估计，对于每一个 $w_j\in N_i$，$\boldsymbol{K}_{1i}^*$ 的估计值不同。

为了保证所有僚机与长机的一致性，设计自适应律

$$\dot{\boldsymbol{K}}_{1ij}^{\mathrm{T}}(t)=-\frac{1}{n_i}\boldsymbol{S}_i^{\mathrm{T}}\boldsymbol{B}_{\mathrm{e}}^{\mathrm{T}}\boldsymbol{P}\boldsymbol{e}_i(t)(\boldsymbol{x}_i(t)-\boldsymbol{x}_j(t))^{\mathrm{T}} \tag{2-161}$$

$$\dot{\boldsymbol{K}}_{2ij}(t)=-\frac{1}{n_i}\boldsymbol{S}_i^{\mathrm{T}}\boldsymbol{B}_{\mathrm{e}}^{\mathrm{T}}\boldsymbol{P}\boldsymbol{e}_i(t)\boldsymbol{u}_j^{\mathrm{T}}(t) \tag{2-162}$$

$$\dot{\boldsymbol{K}}_{3ij}^{\mathrm{T}}(t)=-\frac{1}{n_i}\boldsymbol{S}_i^{\mathrm{T}}\boldsymbol{B}_{\mathrm{e}}^{\mathrm{T}}\boldsymbol{P}\boldsymbol{e}_i(t)\boldsymbol{x}_j^{\mathrm{T}}(t) \tag{2-163}$$

式中：$\boldsymbol{P}=\boldsymbol{P}^{\mathrm{T}}>0$ 满足 $\boldsymbol{A}_{\mathrm{e}}^{\mathrm{T}}\boldsymbol{P}+\boldsymbol{P}\boldsymbol{A}_{\mathrm{e}}=-\boldsymbol{Q}<0$，$\boldsymbol{Q}=\boldsymbol{Q}^{\mathrm{T}}>0$。

根据文献［78］，满足假设 2.1～假设 2.4 时，在自适应控制器式（2-160）和自适应律式（2-161）～式（2-163）的作用下，闭环系统有界且稳定，全局追踪误差随时间变化逐渐趋向于 0。通过设计恰当的控制参数，自适应编队控制器能够在模型参数不确定的情况下，确保僚机跟踪长机的飞行状态，并维持一定的相对距离。

2.7.3　仿真分析

无人机编队中的 1 架长机与 3 架僚机满足如图 2-34 所示的通信拓扑关系，4 架无人机采用菱形编队，将长机速度指令变为 25m/s，航向角指令变为 1°，其余参数设置及详细结果见文献［79］。

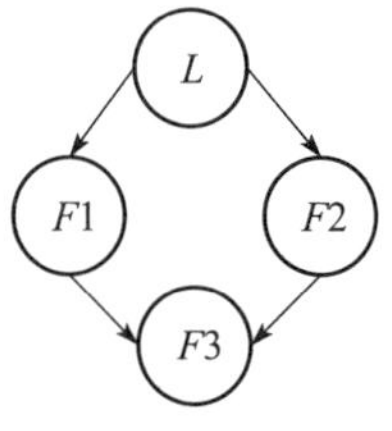

图 2-34　4 架无人机通信拓扑结构

基于自适应控制器式（2-160）和自适应控制律式（2-161）～式（2-163），无人机编队自适应纵向控制律与横侧向控制律设计为

$$\boldsymbol{u}_{i,\mathrm{lon}}(t)=\boldsymbol{K}_{1ij,\mathrm{lon}}^{\mathrm{T}}(t)(\boldsymbol{x}_{i,\mathrm{lon}}(t)-\boldsymbol{x}_{0,\mathrm{lon}}(t))+\boldsymbol{K}_{2ij,\mathrm{lon}}(t)\boldsymbol{u}_{i,\mathrm{lon}}(t)+\boldsymbol{K}_{3ij,\mathrm{lon}}^{\mathrm{T}}(t)\boldsymbol{x}_{0,\mathrm{lon}}(t) \tag{2-164}$$

$$\boldsymbol{u}_{i,\mathrm{lat}}(t)=\boldsymbol{K}_{1ij,\mathrm{lat}}^{\mathrm{T}}(t)(\boldsymbol{x}_{i,\mathrm{lat}}(t)-\boldsymbol{x}_{0,\mathrm{lat}}(t))+\boldsymbol{K}_{2ij,\mathrm{lat}}(t)\boldsymbol{u}_{i,\mathrm{lat}}(t)+\boldsymbol{K}_{3ij,\mathrm{lat}}^{\mathrm{T}}(t)\boldsymbol{x}_{0,\mathrm{lat}}(t) \tag{2-165}$$

式中：$\boldsymbol{x}_{\mathrm{lon}}(t)=[\Delta V,\ \Delta\alpha,\ \Delta q,\ \Delta\theta,\ \Delta H]^{\mathrm{T}}$；$\boldsymbol{u}_{\mathrm{lon}}(t)=[\Delta\delta_{\mathrm{e}},\ \Delta\delta_{\mathrm{T}}]^{\mathrm{T}}$；$\boldsymbol{x}_{\mathrm{lat}}(t)=[\Delta\beta,\ \Delta p,\ \Delta r,\ \Delta\phi,\ \Delta\psi]^{\mathrm{T}}$；$\boldsymbol{u}_{\mathrm{lat}}(t)=[\Delta\delta_{\mathrm{a}},\ \Delta\delta_{\mathrm{r}}]^{\mathrm{T}}$。

无人机编队队形保持仿真结果如图 2-35 所示。可以看出，长机的速度和航向角指令发生变化时，编队自适应控制器能够使所有僚机跟踪长机的飞行状态并趋于稳定，始终保持编队队形不变。

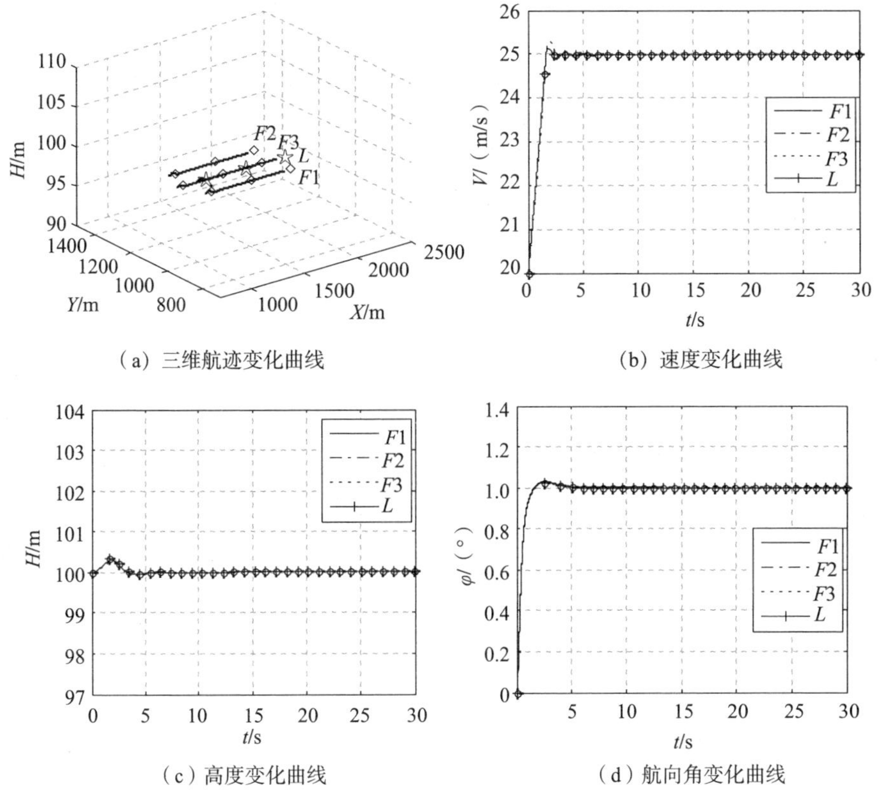

（a）三维航迹变化曲线　（b）速度变化曲线

（c）高度变化曲线　（d）航向角变化曲线

图 2-35　编队自适应控制状态响应

2.8　小结

本章从以下方面研究了无人机编队飞行控制技术：

（1）无人机数学模型。建立了无人机的非线性动力学模型，并得到其小扰动线性化方程。总结了 PID 控制、最优控制、预见控制、自适应控制、智能控制等方法的控制原理及其在无人机飞行控制上的应用。根据无人机编队相对运动学，在编队坐标系下建立了僚机相对于长机的相对运动模型。

（2）无人机编队队形集结问题。分析了多种无人机编队队形，设计了无人机集中式编队集结算法，在此基础上，采用航迹规划为辅、轨迹控制为主、必要时绕圈等待的思路，设计了基于一致性的编队控制策略和算法，解决了分布式松散编队集结和分布式紧密编队集结问题，并引入虚拟长机，实现了速度、航向角同时趋于期望指标。

（3）无人机编队队形保持问题。分别设计了基于 PID 控制的队形保持算法和基于一致性理论的队形保持算法，并进行了仿真验证。

（4）无人机编队队形重构问题。分别设计了基于智能优化的队形重构算法和基于一致性理论的队形重构算法，并进行了仿真验证。

（5）无人机编队自适应控制技术。分析了编队控制系统的结构和控制目标，研究了代数图论有关思想，基于分布式控制策略，采用基于状态反馈状态跟踪的自适应控制算法，设计了无人机的编队控制系统，并进行了仿真验证。

第3章 多无人机协同航迹规划

随着防空技术的不断发展，无人机要安全地在任务区域飞行面临着极大的挑战。任务环境与目标往往不断发生变化，这就要求无人机能够及时感知并实时规划航迹，以应对各种变化。无人机航迹规划是指根据作战需求，在任务区域地形、威胁分布、无人机机动性能、续航时间、航程、油耗指标等条件的约束下，规划出最优的飞行轨迹，使无人机避开危险地形、敌方雷达探测等威胁区域，安全地完成侦察、突防、攻击等任务。通过有效的航迹规划，能够使无人机在成功完成任务的同时，增强无人机生存能力和作战效能，它是无人机任务规划系统的关键内容。多无人机协同航迹规划从本质上讲，是一种多目标优化问题。它是在单机航迹规划的基础上，考虑机间的避碰与协同，实现多无人机在空间维度、时间维度和任务关系等方面的协调，使整体性能达到最优。

本章研究多无人机协同航迹规划问题，分别解决二维空间下的单机航迹规划、多机编队离线航迹规划、多机编队在线航迹规划和三维空间下的多机编队航迹规划。

3.1 二维空间下的单机航迹规划

无人机的航迹规划技术研究起源于20世纪60年代，经过几十年的发展，单机航迹规划技术已经较为成熟。用于单机航迹规划问题的求解算法主要有数学计算方法、智能启发方法等。其中，以Voronoi图法为代表的数学计算方法将航迹规划问题建模成最优化问题，采用优化算法对其求解；以蚁群优化算法为代表的智能启发方法通过模拟物种进化、生物种群行为等自然现象，求解复杂的连续优化、组合优化等问题。本节将详细阐述基于蚁群优化算法、Voronoi 图的单机航迹规划方法原理及仿真验证结果[80]。

3.1.1 航迹规划问题

1. 战场环境威胁建模

无人机的任务区域往往位于复杂多变的战场环境中，需要首先对威胁信息及战场环境进行分析和建模。

假设无人机在任务区域中只存在敌方雷达威胁，雷达的探测机理决定了雷达的有效探测范围，雷达威胁模型可以用图 3-1 所示的球形来近似表示，其中，O 点为雷达威胁的中心位置，在无人机的飞行高度处建立雷达威胁区域的水平截面，O'点为水平截面的圆心。

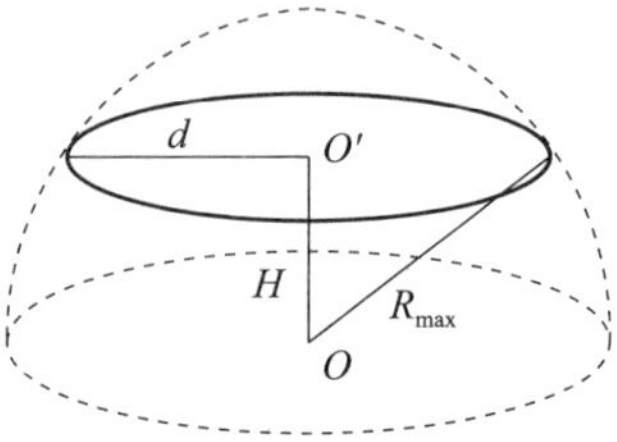

图 3-1 雷达威胁模型

不考虑地形遮挡对雷达探测带来的影响，雷达探测区域的相对高度与水平距离的平方成正比，表示为

$$H_{\mathrm{B}}=K_{\mathrm{R}}d^2 \tag{3-1}$$

式中：d 为水平距离；K_{R} 为雷达性能参数。雷达的探测概率为

$$P=\mathrm{e}^{-\frac{H_{\mathrm{B}}}{H}-\frac{R^4}{R_{\max}^4}} \tag{3-2}$$

式中：H 为无人机飞行高度；R 为无人机与雷达的径向距离；$R_{\max}$ 为雷达的最大探测半径。在航迹规划问题中，可将雷达威胁模型简化为

$$P=\begin{cases}K_{\mathrm{R}}/d^4 & (d\leqslant R_{\max})\\ 0 & (d>R_{\max})\end{cases} \tag{3-3}$$

2. 最优航迹规划问题

无人机的航迹规划可以描述为：为无人机规划出一条具有最优性能指标的航迹，使得无人机从基地出发，在到达时间、安全距离、机动性能等条件的约束下，避开威胁区域，按照任务要求依次经过目标点，最后到达终点。其本质上是一个包含约束的优化问题。无人机的航迹规划过程首先对目标区域进行离散化，得到一个由离散节点构成的网络图，然后对该网络图节点组合进行优化求解，得到的节点组合能够使无人机以最小代价飞行至终点。

设待搜索网络图中的节点集合为 $\boldsymbol{S}=\{s_1, s_2, \cdots, s_n\}$，第 i 架无人机从各起始点到目标点的所有可能航迹集合为 $\boldsymbol{E}_i=\{e_1, e_2, \cdots, e_m\}$。$s_{\mathrm{a}}$ 和 s_{b} 为第 i 架无人机第 k 条航迹 $e_{i,k}\in\boldsymbol{E}_i$ 上的任意两个相邻节点，$V(s_{\mathrm{a}}, s_{\mathrm{b}})$ 为连接两节点的边，d_{ij} 为第 j 个威胁点的航迹代价，$t_{i,k}$ 为所需的飞行时间，则无人机航

迹规划问题的数学模型描述为

$$\min f(e_{i,k},\ t)=\sum_{i=1}^{N}\sum_{(s_a,\ s_b)\in e_{i,k}} d_{ij}$$

$$\text{s.t.} \tag{3-4}$$

$$e_{i,k}\in \boldsymbol{E}_i,\ s_a\in \boldsymbol{S},\ s_b\in \boldsymbol{S},\ t=\bigcap_{i=1}^{N} t_{i,k}$$

式中：N 为无人机数量，当 $N=1$ 时，即为单机航迹规划问题，此时无须考虑各无人机之间的最小距离。

3.1.2　基于蚁群优化的航迹规划

蚁群优化算法源于对蚂蚁捕食过程的行为分析，是一种概率型算法，适合用于求解以旅行商问题为代表的复杂优化组合问题。

第 k 只蚂蚁从节点 i 转移到可行节点 j 的状态转移概率公式表示为

$$P_{ij}^{k}=\begin{cases}\dfrac{[\tau_{ij}(t)]^{a}[\eta_{ij}(t)]^{b}}{\sum\limits_{j\in \text{allow}_i}[\tau_{ij}(t)]^{a}[\eta_{ij}(t)]^{b}} & (j\in \boldsymbol{\Omega})\\ 0 & (j\notin \boldsymbol{\Omega})\end{cases} \tag{3-5}$$

式中：$\boldsymbol{\Omega}$ 为蚂蚁下一时刻的待选栅格集合；$\tau_{ij}(t)$ 为信息素浓度；$\eta_{ij}(t)$ 为启发函数；a 为信息素重要程度因子，反映信息素的浓度在转移中起的作用；b 为启发函数重要程度因子，反映启发函数在转移中的作用，其值越大，蚂蚁转移到邻近节点的概率越大。每一个迭代周期，都要更新节点间连接路径上的信息素浓度，即

$$\begin{cases}\tau_{ij}(t+1)=(1-\rho)\tau_{ij}(t)+\Delta\tau_{ij}\\ \Delta\tau_{ij}=\sum\limits_{k=1}^{N_a}\Delta\tau_{ij}^{k}\end{cases} \tag{3-6}$$

$$\Delta\tau_{ij}^{k}=\begin{cases}Q/L^{k} & (\text{第 } k \text{ 只蚂蚁从节点 } i \text{ 转移到节点 } j)\\ 0 & (\text{其他})\end{cases} \tag{3-7}$$

式中：ρ 为信息素的挥发程度，满足 $0<\rho<1$；N_a 为蚂蚁数量；Q 为常数，表示蚂蚁迭代一次释放的信息素总量；L^k 为第 k 只蚂蚁经过的路径长度。

蚁群优化算法的航迹规划流程如图 3-2 所示[80]。蚂蚁即代表无人机，其经过的路径长度即代表无人机的航迹长度，将该航迹长度作为航迹代价。

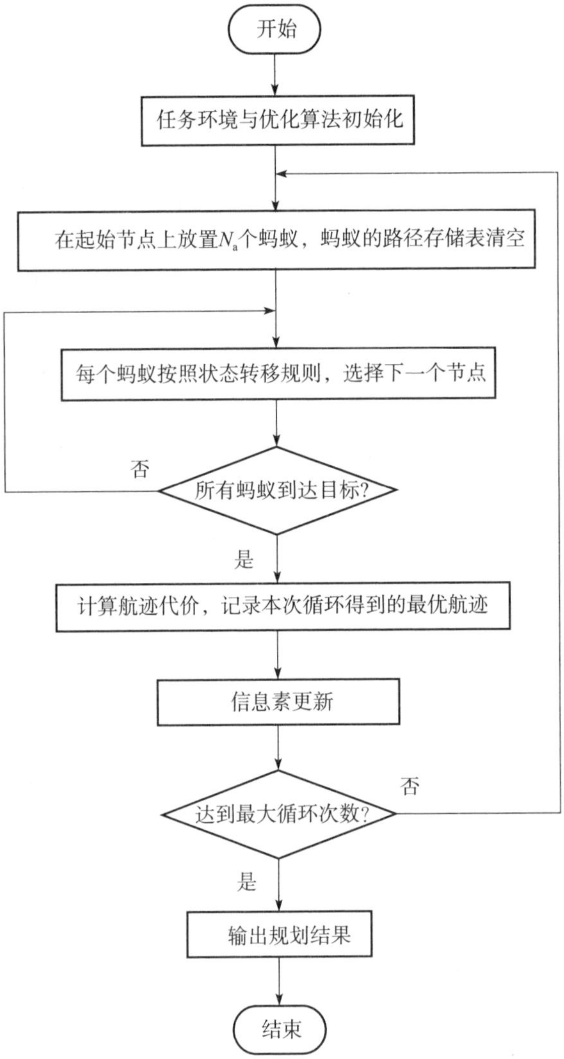

图 3-2　基于蚁群优化算法的航迹规划流程图

对任务区域进行离散化，并将威胁信息反映在任务区域中。使用蚁群优化算法进行单机航迹规划，起始点坐标为（4，40）km，目标点坐标为（32，23）km。图 3-3 为单机航迹规划曲线，图 3-4 为无人机航迹代价优化曲线。图中，栅格为离散化的任务环境，圆圈为危险地形或雷达探测威胁区域，待转移的节点中不允许含有威胁区域内的节点，且不能穿过威胁区域进行转移。可以看出，无人机能够避开威胁区域，以最短航迹到达目标点，算法很快收敛。

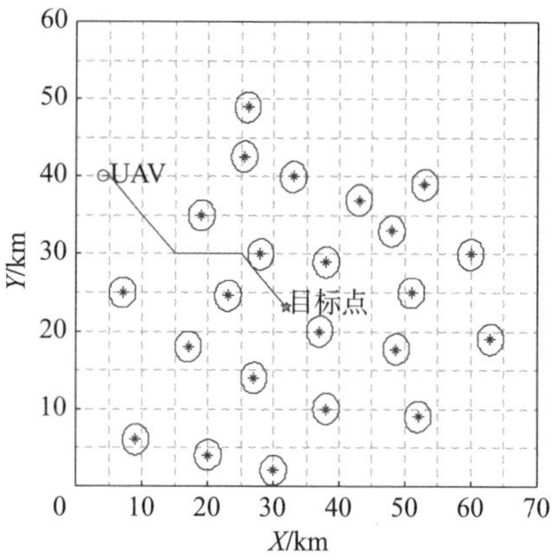

图 3-3　无人机航迹规划结果

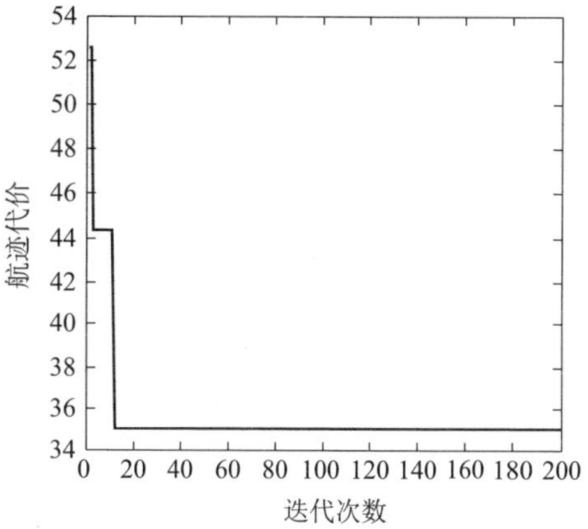

图 3-4　无人机航迹代价优化曲线

3.1.3　基于 Voronoi 图与蚁群优化的航迹规划

Voronoi 图，也称泰森多边形或狄利克雷特镶嵌，其特点是由点集创建并划分区域，其区域（多边形）只受核心点的影响。Voronoi 图方法已经广泛应用在地理学、气象学、结晶学、航空航天、核物理学、机器人等众多领域。

Voronoi 图需要首先在平面中随机生成 N 个不共线的点，以其中一点为参考点，与其他 $N-1$ 个点连接成 $N-1$ 条线段。然后分别做每一条线段的中垂线，$N-1$ 条中垂线相交形成几个多边形，其中离参考点最近的多边形称为该参考点的 Voronoi 多边形。最后，依次选取其他点作为参考点，做出其 Voronoi 多边形，即可得到平面内的 Voronoi 图。

在单机航迹规划中，为减小无人机从起始位置到可飞行区域以及从可飞行区域到目标点过渡阶段的威胁代价，把起始点和目标点作为虚拟的威胁点，按照已知威胁点的分布构造 Voronoi 图，如图 3-5 所示，图中各多边形的边为无人机的可飞行区域。

无人机在可飞行区域的航迹代价由威胁代价和燃油代价组成。取各边 $\frac{L_i}{6}$、$\frac{L_i}{2}$、$\frac{5L_i}{6}$ 3 个点处的威胁代价求和，可以代替整条边的威胁代价，如图 3-6 所示。由于无人机在某处反射的能量与其到威胁点（雷达）距离的 4 次方成反比，因此，威胁代价表示为

$$J_{\text{threat},i}=L_i\sum_{j=1}^{N}\left(\frac{1}{d_{i/6,j}^4}+\frac{1}{d_{i/2,j}^4}+\frac{1}{d_{5i/6,j}^4}\right) \tag{3-8}$$

式中：L_i 为第 i 条边的长度；N 为威胁点总数；$d_{i,j}$ 为无人机与威胁点的距离。

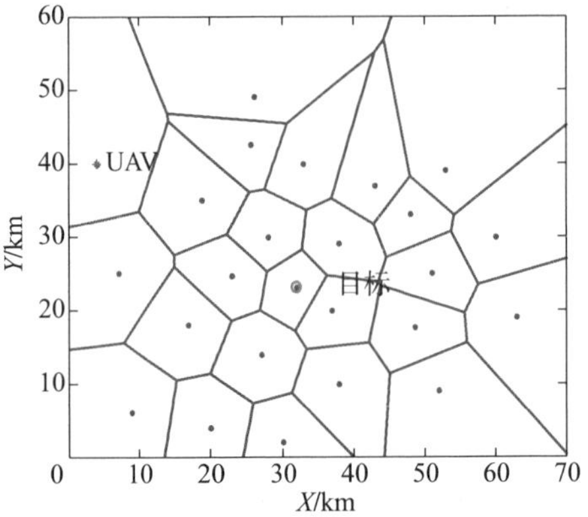

图 3-5　加入虚拟威胁后的 Voronoi 图

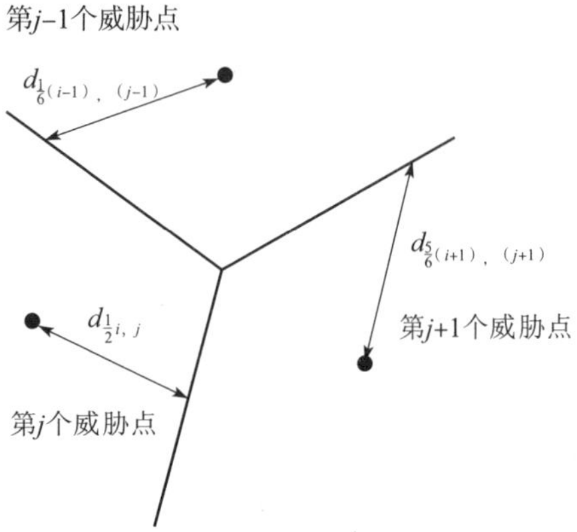

图 3-6　威胁代价简化图

无人机的燃油消耗与航迹长度成正比，因此燃油代价表示为

$$J_{\text{fuel},i}=L_i \tag{3-9}$$

航迹代价表示为

$$J_i=k_1J_{\text{threat},i}+(1-k_1)J_{\text{fuel},i} \tag{3-10}$$

式中：k_1 为权重系数，反映对威胁代价的重视程度。将 Voronoi 图中航迹代价高于最大航迹代价 J_r 的边与经过不可穿越区域的边作为禁止飞行的航迹。

使用 Voronoi 图方法将任务环境离散化，得到一组边及节点，然后通过蚁群优化算法进行航迹规划。规划过程中需要注意：

(1) 蚂蚁的初始位置。旅行商问题中的任意节点都可作为起始位置，而航迹规划问题中，蚂蚁初始位置集合设为所有与无人机起始点相邻的 Voronoi 图顶点集合。

(2) 终止条件。旅行商问题的终止条件为蚂蚁遍历所有城市，且回到起始点；而航迹规划问题的终止条件为到达目标节点的集合。

将任务区域以 Voronoi 图形式离散化后，进行航迹规划，图 3-7 为规划得到的无人机航迹，图 3-8 为无人机航迹代价优化曲线[80]。大量仿真结果统计得出，经过 Voronoi 图的离散化后，可以获得平均航迹代价更小的规划结果，同时航迹规划时间也明显缩短。

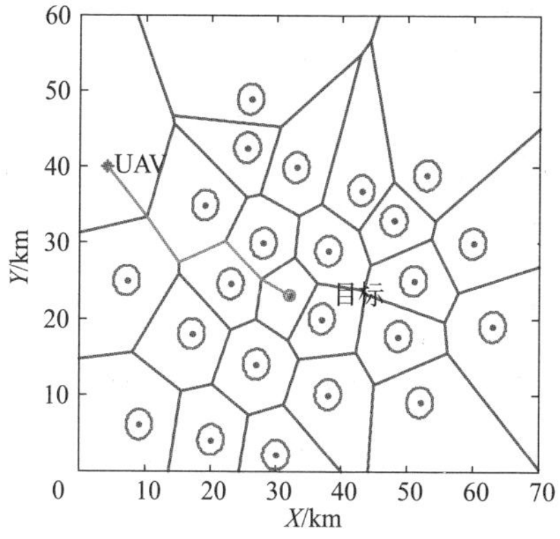

图 3-7　无人机航迹规划结果

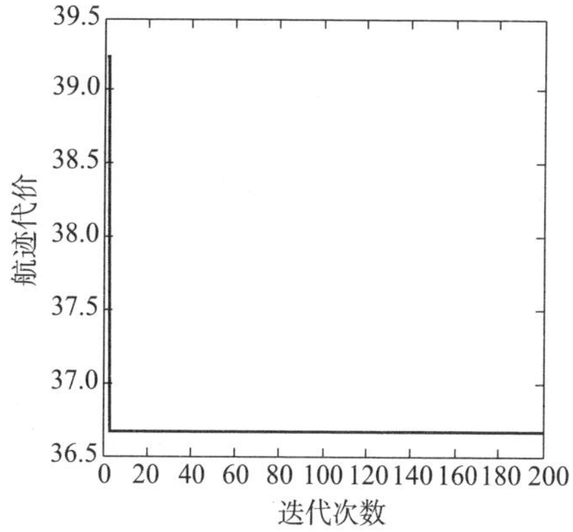

图 3-8　无人机航迹代价优化曲线

3.2　二维空间下的多机编队离线航迹规划

无人机编队航迹规划问题是在单机航迹规划问题基础上，引入编队避障、机间队形保持、防碰和时间协同等约束条件，为每架无人机进行航迹规划，得到使整体性能指标达到最优的结果。编队避障需要确保无人机与障碍物间的距离大于预设的安全距离。队形保持主要包括避障情况下的队形保持和巡航飞行时的队形保持。同时，需要设计防碰机动路径使无人机之间始终保持安全距离。本节将详细给出静态已知环境下无人机编队的协同航迹规划方法原理及仿真验证结果[80]。

3.2.1　集中式队形保持航迹规划

无人机编队规模较小的情况下，可以将编队航迹规划问题转化为以编队整体作为安全边界的单机航迹规划问题，基于蚁群优化算法即可进行集中式编队保持航迹规划。

4 架无人机进行菱形编队，其安全边界为以编队对称中心为圆心、长轴距离为直径的圆，使用蚁群优化算法进行航迹规划。图 3-9 为编队队形保持下的 4 机菱形编队无人机航迹，图 3-10 为无人机航迹代价优化曲线[80]。可以看出，集中式编队队形保持航迹规划以编队的安全边界为中心，能够使无人机以保持编队队形的方式避开威胁区域，到达目标地点。实际飞行过程中，每架无人机的可飞航迹需要根据其位置关系对整体航迹规划结果进行转换获得。

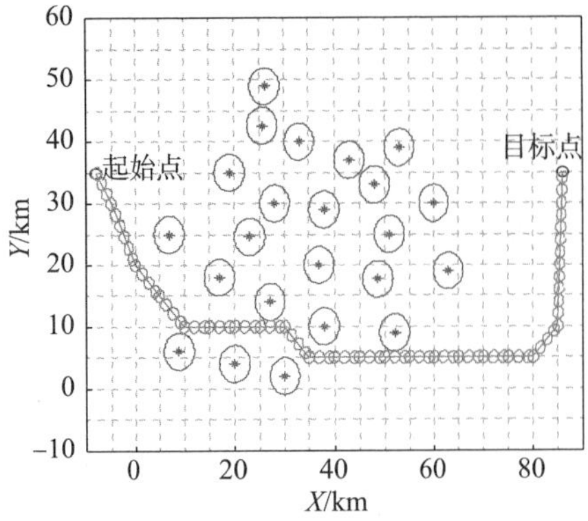

图 3-9　编队航迹规划结果

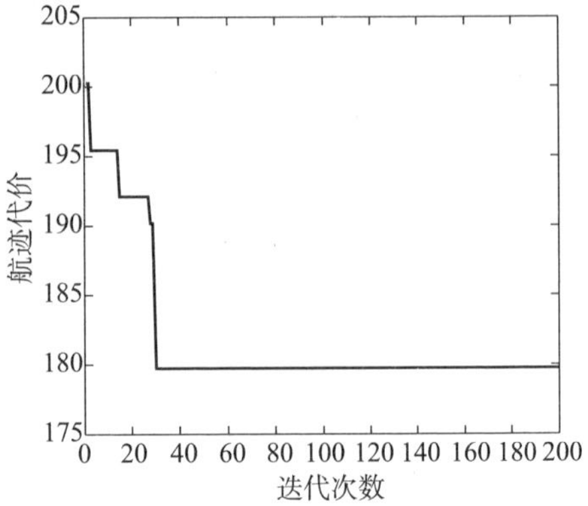

图 3-10　编队航迹代价优化曲线

3.2.2　集中式队形不保持航迹规划

当编队中无人机数量较多时，以队形保持方法进行威胁躲避增加了危险概率。因此，提出一种集中式编队队形不保持航迹规划算法，对各无人机进行航迹规划，引入时间约束来保持编队中无人机的时间协同。

采用分层规划的方法用于解决含有时间约束的集中式编队队形不保持航迹规划问题，如图 3-11 所示。具体步骤：首先根据队形为每架无人机指定目标点，进行单机航迹规划；然后引入时间约束，寻优得到能够使全部无人机在同一时刻到达各自指定位置的航迹；最后对规划得到的结果进行航迹平滑处理。

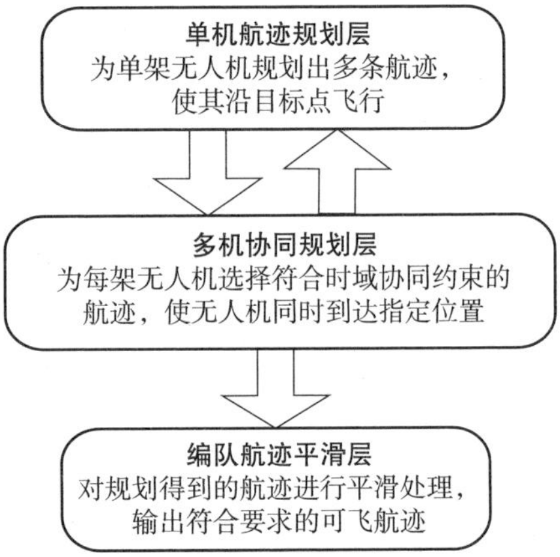

图 3-11　层次分解结构

单机航迹规划层采用 Voronoi 图—蚁群优化算法，为各无人机规划出多条备选航迹。多机协同规划层只研究时间约束的优化问题，利用协同变量（即协同时间）和协同函数进行单机航迹规划层和多机协同规划层之间的信息交流。编队航迹平滑层采用最优控制方法，使平滑前后航迹的长度维持不变，保证上一层的时间协同。

1. 单机航迹规划层

将各无人机都作为虚拟威胁点，在威胁区域边界附近选择几个虚拟威胁点，由此可以得到加入虚拟威胁后的 Voronoi 图，如图 3-12 所示。编队的起点和终点都标注在图中，两条虚线代表威胁区域边界，虚线之间的区域分布了威胁源，虚线以外的区域为安全区域。

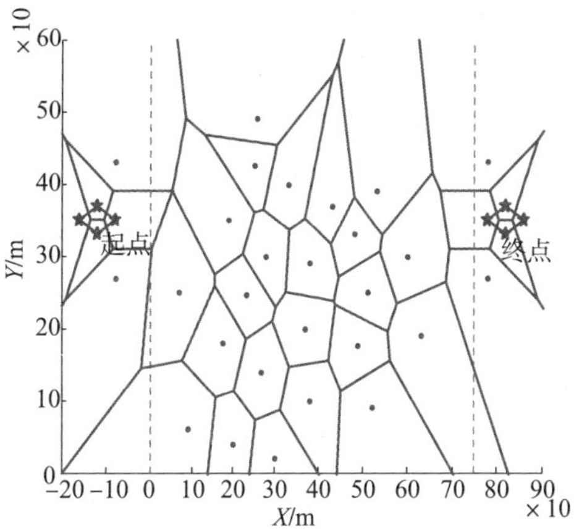

图 3-12 加入虚拟威胁后的 Voronoi 图

根据加入虚拟威胁后的 Voronoi 图，利用蚁群优化算法求解单机航迹规划问题，算法具体流程如图 3-13 所示[80]。图中，N_c 为蚁群优化算法的迭代次数，N_a 为各无人机执行蚁群优化算法的次数，N 为编队无人机数量。

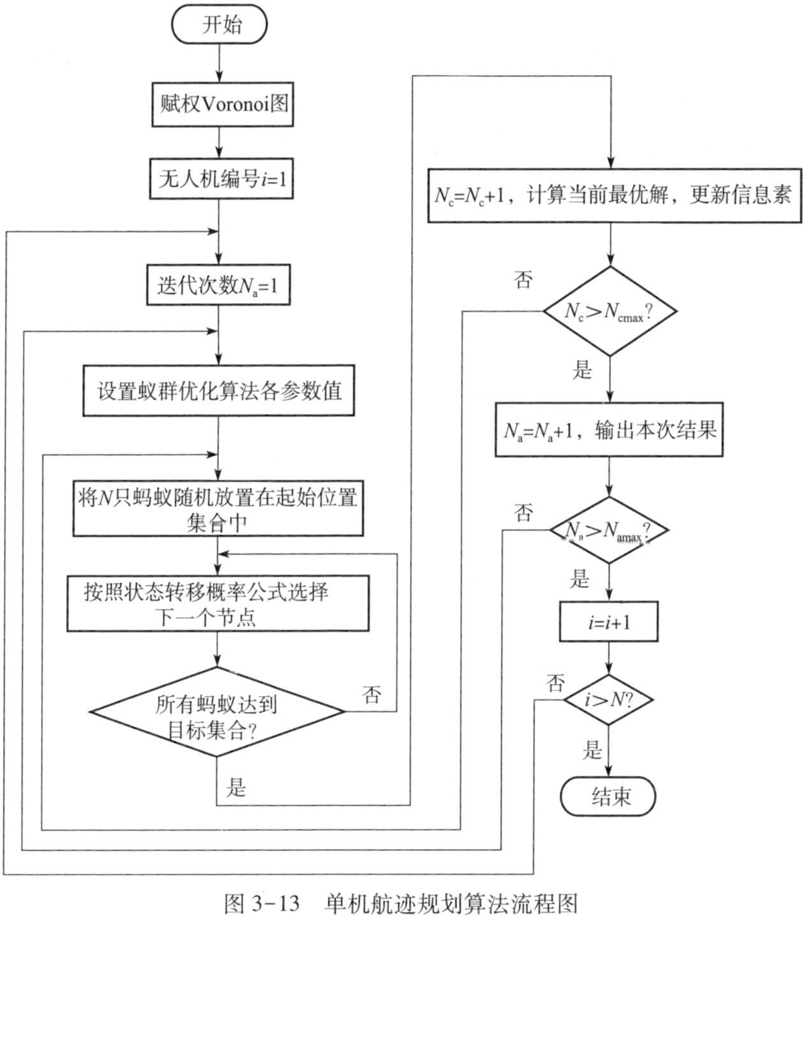

图 3-13 单机航迹规划算法流程图

2. 多机协同规划层

设 $L_{i,j}$ 为第 i 架无人机的第 j 条航迹长度，$[V_{\min}, V_{\max}]$ 为各无人机的飞行速度范围，$T_{i,j}\in[L_{i,j}/V_{\max}, L_{i,j}/V_{\min}]$ 为各无人机沿该航迹到达目标点的时间范围，对应所有 k 条航迹，该无人机到达目标点的时间范围为 $T_i=T_{i,1}\cup T_{i,2}\cup\cdots\cup T_{i,k}$。将各无人机到达目标的时间作为协同变量，则第 i 架无人机第 j 条航迹的协同函数表示为

$$J_{c,i,j}=kJ_{i,j}+(1-k)T_{i,j} \tag{3-11}$$

式中：$J_{i,j}$ 为第 i 架无人机第 j 条航迹的航迹代价；k 为权重系数。航迹确定后，$J_{i,j}$ 为定值，$J_{c,i,j}$ 仅与 $T_{i,j}$ 有关。时间协同要求到达时间应满足

$$T_a=T_1\cap T_2\cap\cdots\cap T_{N_U} \tag{3-12}$$

式中：N_U 为无人机的个数。则多无人机系统整体的协同函数表示为

$$J_c=\sum_{i=1}^{N_U}J_{c,i}T_a \tag{3-13}$$

图 3-14 描述了 3 架无人机各 3 条备选航迹下，协同时间与协同函数的关系。航迹规划要求在协同时间的约束下，多无人机系统整体的协同函数值最小，所以设定最优协同时间 t_c 为 T_a 集合的最小值。由此，可以求出每架无人机的飞行速度，进而实现各无人机的航迹规划和飞行速度设定。

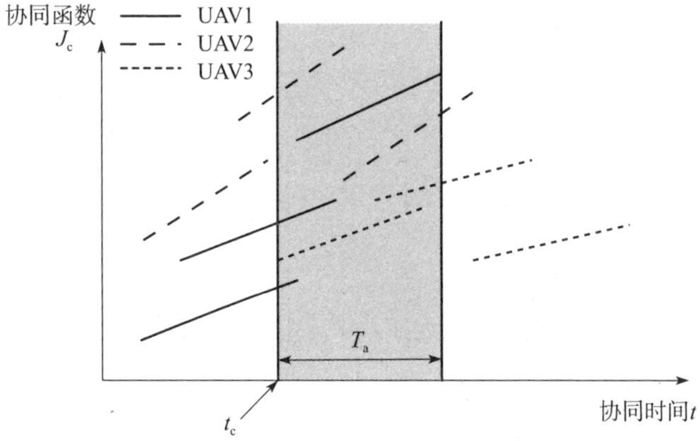

图 3-14　协同时间与协同函数关系图

3. 编队航迹平滑层

多机协同层得到的航迹规划仅为时间约束下的性能指标最优，忽略了无人机的机动性能约束。由于无人机在实际飞行过程中，转弯的过载不允许超过最大法向过载，因此，以最小转弯半径实现航迹平滑，在保证平滑前后航迹长度不变的同时，得到可实飞的航迹。

无人机的最小转弯半径求解公式为

$$R_{\min}=\frac{V_{\min}^{2}}{g\sqrt{n_{y\max}^{2}-1}} \tag{3-14}$$

式中：$V_{\min}$ 为最小飞行速度；$n_{y\max}$ 为最大法向过载。

航迹平滑示意图如图 3-15 所示，无人机飞行方向为 $W_{i-1}\rightarrow W_{i}\rightarrow W_{i+1}$，$\boldsymbol{q}_{i}$、$\boldsymbol{q}_{i+1}$ 为飞行方向的单位向量。

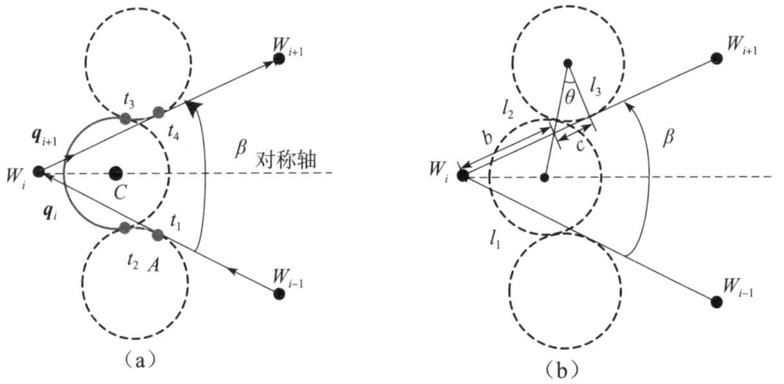

图 3-15　航迹平滑示意图

圆心 C 的位置表示为

$$C=W_{i}+\left[R+kR\left(\frac{1}{\sin(\beta/2)}-1\right)\right]\frac{\boldsymbol{q}_{i+1}-\boldsymbol{q}_{i}}{|\boldsymbol{q}_{i+1}-\boldsymbol{q}_{i}|}\quad (k\in[0,1]) \tag{3-15}$$

可以证明得知，存在唯一的 k 值使得平滑前后航迹长度不变。令

$$|W_{i}C|=R+kR\left(\frac{1}{\sin(\beta/2)}-1\right)=d \tag{3-16}$$

图 3-15（b）中涉及的相关变量表示为

$$\begin{cases} b=d\dfrac{\cos(\theta\ \ \beta/2)}{\cos\ \theta} \\ c=\sqrt{\dfrac{4R^{4}}{[R+d\sin(\beta/2)]^{2}}-R^{2}} \\ \widehat{l_{1}l_{2}l_{3}}=R\left(\dfrac{\pi-\beta}{2}+2\theta\right) \end{cases} \tag{3-17}$$

式中：$\theta=\arctan(c/R)$。由 $\widehat{l_{1}l_{2}l_{3}}=b+c$ 可以求出 k 的唯一解。

设 u 为无人机航向角变化率，满足 $u\leqslant u_{\max}=c$。使用最优控制中的开关控制方法进行如图 3-15 所示的航迹平滑处理，航向角变化率表示为

$$u=\begin{cases}0 & (t<t_1)\\ -c & (t_1\leqslant t<t_2)\\ c & (t_2\leqslant t<t_3)\\ -c & (t_3\leqslant t<t_4)\\ 0 & (t\geqslant t_4)\end{cases} \tag{3-18}$$

式中：$t_2-t_1=t_4-t_3=\{\arccos[R+|W_iC|\sin(\beta/2)/2R]\}/V$，　$t_3-t_2=R(\pi-\beta)/V+2(t_2-t_1)$。

4. 仿真分析

4 架无人机以菱形编队飞行，使用蚁群优化算法为无人机进行编队队形不保持下的航迹规划。无人机的速度范围为 $V_{\min}=41.67\text{m/s}$，$V_{\max}=55.56\text{m/s}$。在图 3-16 所示的任务区域中，航迹规划得到的各无人机航迹分别为[80]：

（1）UAV1 起点→11→22→24→58→57→56→55→47→48→45→UAV1 终点。

（2）UAV2 起点→14→15→7→11→22→24→58→57→56→55→47→48→45→UAV2 终点。

（3）UAV3 起点→7→11→10→51→49→50→33→34→39→35→37→31→UAV3 终点。

（4）UAV4 起点→7→11→22→24→58→57→56→55→47→48→45→UAV4 终点。

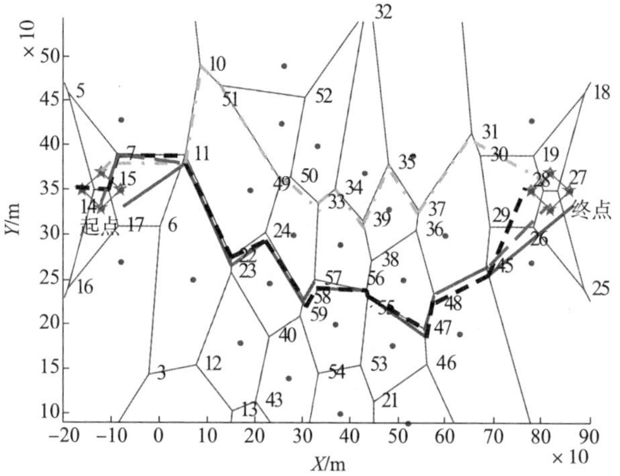

图 3-16　多无人机航迹规划结果

由仿真结果可以看出，各无人机的航程、速度存在差异，无人机之间没有发生碰撞，实现了多无人机空间位置和时间的协同，预计到达时间为 21.1s。若规划的航迹中存在无人机发生碰撞的情况，则需要制定防碰策略。集中式编队队形不保持航迹规划需要对每架无人机使用多次蚁群优化算法，因此求解所需时间较长。

3.2.3 分散式协同航迹规划

多无人机执行攻击任务时，通过令各无人机从不同方向同时对目标进行饱和攻击，可以提高无人机集群的作战效能。分散式编队协同航迹规划是一个含有时间约束的优化问题，可以使用分层规划的方法，航迹规划流程如图 3-17 所示[81]。

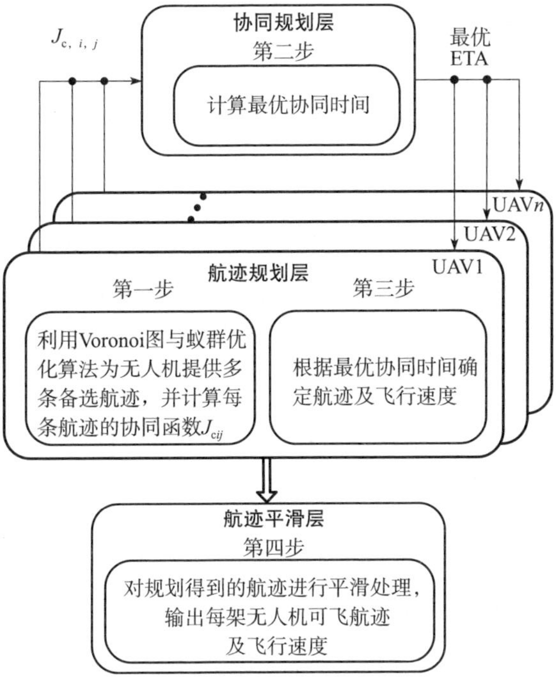

图 3-17 时间协同约束下的航迹规划流程图

分散式编队协同航迹规划具有以下特点：

（1）采用分层规划的结构，将多无人机协同航迹规划问题分解成一个低维的简单优化问题，提高了航迹规划系统的效率。

（2）协同规划层只考虑时间约束，计算过程简单。

（3）航迹规划层采用 Voronoi 图与蚁群优化算法相结合的思路，蚁群优化算法具有良好的动态性、自适应性和鲁棒性，Voronoi 图中可以引入环境高度信息，从而得到三维航迹规划问题的求解模型与算法。

（4）协同时间与协同函数用于航迹规划层与协同规划层间的交流，无须复杂的通信过程，增强了系统的稳定性。

假设有 3 架无人机位于不同的基地，要求同时到达目的地，无人机的飞行速度范围为 $V_{\min}=41.67\text{m/s}$，$V_{\max}=55.56\text{m/s}$，其余参数设置见文献［81］。两个不同的威胁环境下的航迹规划结果如图 3-18 和图 3-19 所示，“ * ”标记了各无人机的起始位置，“◉”标记了各威胁源的位置。图 3-19 中，3 架无人机根据规划得到的航迹分别以 55.5m/s、53.2m/s、44.7m/s 的速度飞行，航程分别为 35.899km、36.666km、29.560km，最优协同时间为 11min，该组航迹下的整体代价为 32.3535。通过 Voronoi 图结合蚁群优化算法规划得到的航迹，具有更短的协同时间与更小的整体代价，能够使多无人机同时满足时间协同和整体性能的最优。

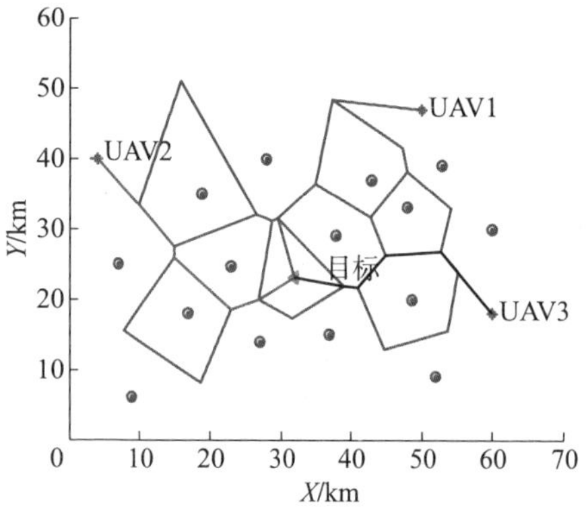

图 3-18　环境 1 下的多无人机航迹规划结果

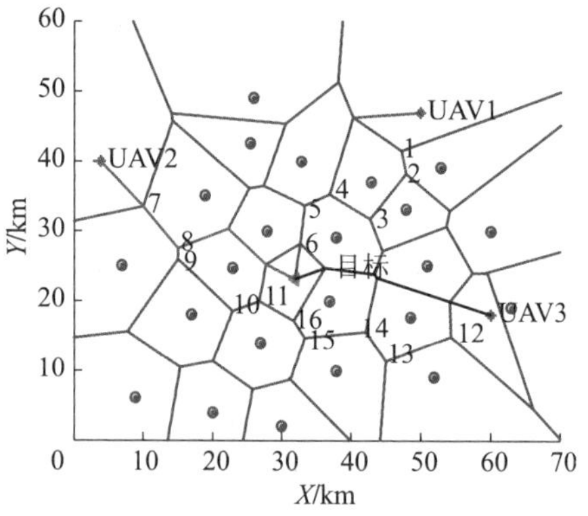

图 3-19　环境 2 下的多无人机航迹规划结果

3.2.4　分散式多目标航迹规划

多无人机执行协同搜索、打击、突防等任务时，往往具有多个任务目标，任务规划系统首先为每架无人机分配目标，使得多无人机系统整体获得最优的作战效能和最小的作战代价。进行目标分配后，每架无人机可能有多个目标，因此需要进行多目标的航迹规划。

多目标的航迹规划可以在单目标航迹规划的基础上，进一步增加虚拟目标，依据虚拟目标的间隔作用，给每架无人机分配任务目标序列，采用蚁群优化算法求解该旅行商问题。

无人机进行状态转移时，综合考虑各无人机的剩余任务执行能力、剩余航程长度和当前生存概率，选择总体性能指标较好的一架无人机进行目标序列的扩展。第 m 个组群中的第 i 架无人机作为目标序列扩展的概率表示为

$$p_{\text{tran}}(m,i)=\frac{E_i}{\sum\limits_{i=1}^{N_{\text{U}}}E_i} \tag{3-19}$$

$$\begin{cases}E_i=L_i^{\text{res}}Q_i^{\text{res}}/C_i^{\text{now}}\\L_i^{\text{res}}=L_i^{\max}-L_i^{\text{now}}\\Q_i^{\text{res}}=Q_i^{\max}-Q_i^{\text{now}}\end{cases} \tag{3-20}$$

式中：N_{U} 为编队中的无人机数；E_i 为无人机 i 的总体性能指标；L_i^{res} 为剩余航程；$L_i^{\max}$ 为最大航程；L_i^{now} 为经过已分配目标共计需要的航程；Q_i^{res} 为剩余的任务执行能力；$Q_i^{\max}$ 为最大任务执行能力；Q_i^{now} 为消耗的任务执行能力；C_i^{now} 为已分配任务的威胁代价。

将蚂蚁从当前任务节点到候选节点的综合代价作为启发函数，因此蚂蚁 i 的启发函数表示为

$$\eta=\frac{v_j^{\text{T}}}{d_{ij}p_j^{\text{T}}} \tag{3-21}$$

式中：v_j^{T} 为候选节点的收益；p_j^{T} 为候选节点的威胁代价；d_{ij} 为当前节点与候选节点之间的距离。

假设 3 架无人机从初始点出发，遍历 13 个随机分布在任务区域的目标点后，回到集合点，将所有无人机的航迹之和作为优化指标，采用蚁群优化算法为其进行任务分配，仿真参数见文献［80］。图 3-20 为多无人机航迹规划结果，图 3-21 为目标函数优化曲线。可以看出，3 架无人机分配到的目标点序列都能够满足航迹最优，同时所有无人机的航程和最小，算法能够很快收敛。每一组群的蚂蚁遍历一次后，需要对每一只蚂蚁遍历的目标点进行内部排序，以加快算法的收敛速度。

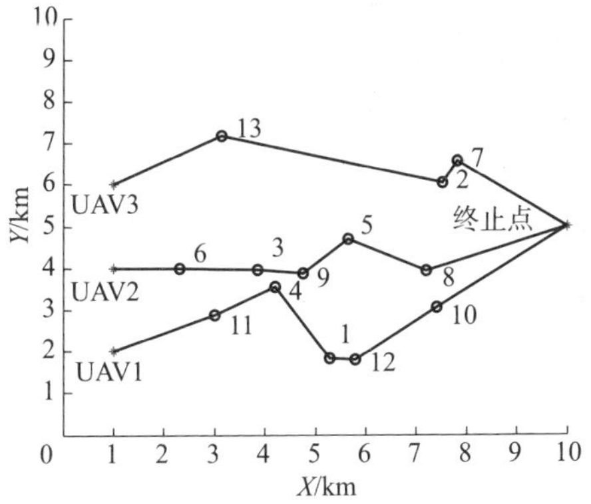

图 3-20　多无人机航迹规划结果

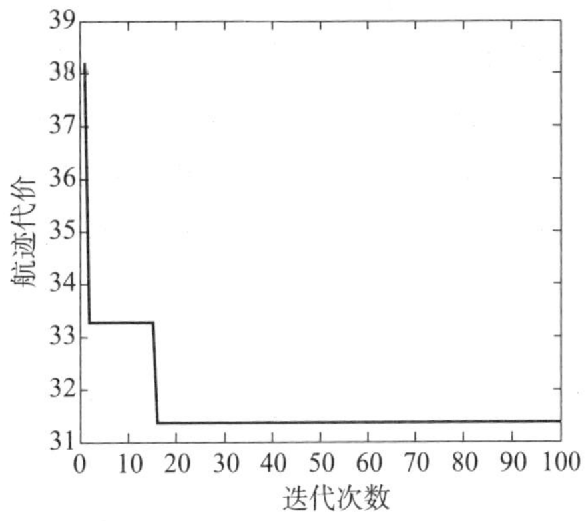

图 3-21　目标函数优化曲线

实际上，从任务分配角度来看，还应考虑各任务点的收益与代价以及分配的均衡性等要素，具体可以体现在目标函数和约束条件中。任务分配的结果是给出每架无人机的航路点，再利用 Dubins 曲线等方法即可得到可飞航迹[82]。

3.3 二维空间下的多机编队在线航迹规划

无人机的离线航迹规划需要建立在对战场环境及目标信息充分掌握的基础上。然而，战场环境及目标都具有动态不确定性，任务环境中随时可能会出现突发威胁，各目标的位置信息也在不断发生变化。此时，基于离线规划得到的航迹无法满足无人机自身安全及作战任务需求，要求进行航迹的重规划。无人机在线航迹规划，也称动态航迹规划。它能够及时探测到随机风场、危险地形、雷达探测、导弹火力覆盖等威胁源的动态变化，实时避开威胁区域，根据预定任务进行航迹的重规划。基于快速扩展随机树（Rapidly-Exploring Random Tree，RRT）算法的航迹重规划，能够使无人机快速绕过突发威胁区域，通过协同性重建维持预定航迹的时间协同性。本节将着重讨论无人机编队的协同航迹在线重规划方法[80,83]。

3.3.1 快速扩展随机树算法

快速扩展随机树是一种具有树形数据存储结构的算法，以增量的方式进行扩展，快速缩短搜索结构中节点与随机采样点间的期望距离。该算法能够快速有效地搜索非凸的高维空间，提高对空白区域的搜索效率，适合用于解决包含障碍物和微分约束等条件下的路径规划问题，具有结构简单、搜索速度快等优点。

1. 标准快速扩展随机树算法原理

利用快速扩展随机树算法进行航迹规划包括随机树生长、可行路径的反向搜索两部分。每次规划过程中，以状态空间中的一个初始点作为根节点，进行随机采样增加叶节点，从而构造出随机扩展树。当该随机扩展树中的叶节点存在于目标区域内时，即可得到以随机扩展树的树节点为初始点、叶节点为目标点的路径。二维空间内的节点扩展过程如图 3-22 所示。

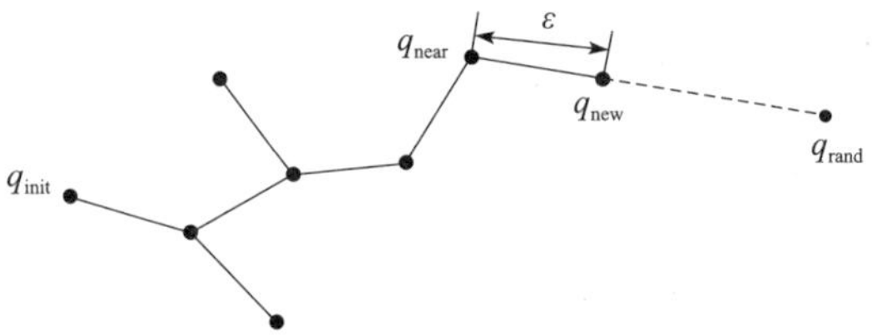

图 3-22　RRT 算法节点扩展示意图

初始时刻，随机扩展树只包含无人机的初始状态 q_{init}。在空间中随机生成一个状态 q_{rand}，其中选中目标节点 q_{goal} 的概率为 p_g，选择扩展树中距离随机节点 q_{rand} 最近的节点 q_{near}。此时，随机扩展树从节点 q_{near} 向随机节点 q_{rand} 扩展 ε 长度，并产生新的节点 q_{new}。当最近的邻居节点向 q_{rand} 延伸时，需要判断是否发生碰撞。如果发生碰撞，则从随机扩展树中去掉节点 q_{new}。最终，得到一条从目标节点反推到初始节点的可行路径。算法的具体实现步骤如下：

（1）进行算法的初始化。

（2）判断随机树是否构造完成，即叶节点是否位于目标区域内，如未到达目标区域则进行下一步，否则进入（7）。

（3）随机生成一个采样点 $p\in[0,1]$，判断 $p<p_g$ 是否成立，若成立则进行下一步，否则进入（5）。

（4）以目标点作为 q_{rand}，确定 q_{near}，前进 ε 步长，得到 q_{new}，进入（6）。

（5）随机生成一个节点 q_{rand}，确定新的候选节点 q_{new}，进入（6）。

（6）判断 q_{new} 与 q_{near} 之间是否发生威胁，如不存在威胁则将 q_{new} 作为新增叶节点进行随机树的一步扩展，回到（2）中，准备下一步扩展，否则进入（3）。

（7）在已完成构造的随机扩展树中，找出起始点 q_{init} 到目标点 q_{goal} 的轨迹。

2. 基于混沌序列的快速扩展随机树算法

混沌（chaos）又称浑沌，是指确定性动力学系统由于对初值敏感所表现出的随机运动，具有随机性、有界性和遍历性。因此，混沌状态序列可以用于初始值生成。

使用比较广泛的混沌映射包括 Logistic 映射、Henon 映射、Lorenz 映射、逐段线性混沌映射等，其中 Logistic 映射的表达形式简单，更加便于生成混沌序列，表示为

$$x_{k+1}=\mu x_k(1-x_k)\quad(0<x_k<1) \tag{3-22}$$

式中：x_k 为混沌变量；$k=1,2,\cdots,N$ 为迭代次数；μ 为控制变量。μ 不断接近 4，x_k 的取值范围不断接近在［0，1］区域内的平均分布，因此应该选择接近或等于 4 的 μ 值。

在快速扩展随机树算法进行路径规划的过程中，以 $1-p_g$ 的概率从任务区域中选择 q_{rand}，由 2 个 Logistic 映射序列生成 q_{rand} 的位置。

3.3.2　协同航迹在线重规划

时间协同约束下的航迹重规划流程如图 3-23 所示。

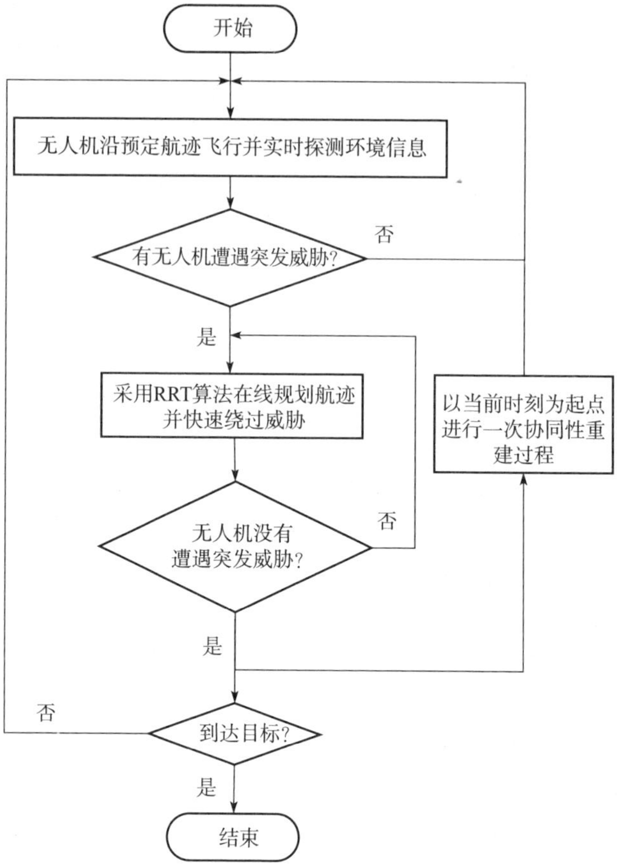

图 3-23　航迹重规划流程图

基于快速扩展随机树算法的航迹重规划，需要判断生成的 q_{new} 是否满足无人机安全要求。如图 3-24 所示的威胁区域，由节点 q_{near}，q_{new} 组成，若不存在威胁点，则 q_{new} 满足无人机安全性能要求；否则，重新选择 q_{rand}，并生成 q_{new}。判断算法的流程如图 3-25 所示。

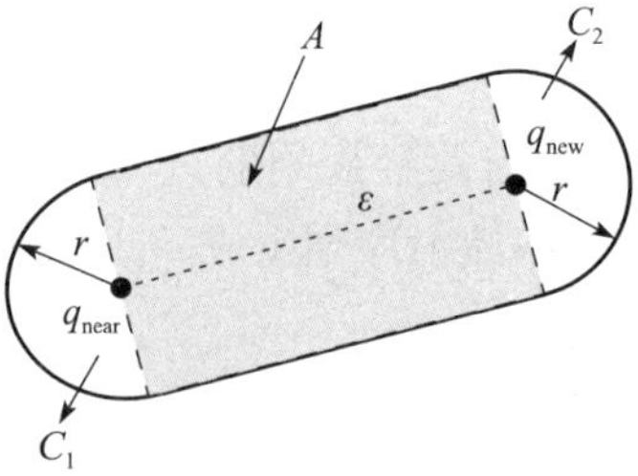

图 3-24　判断 q_{new} 安全性示意图

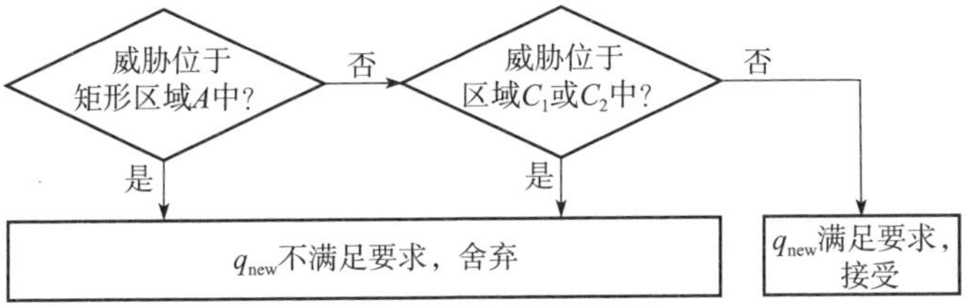

图 3-25　判断算法流程图

为了生成满足要求的最短路径，需要剔除冗余节点以进行优化。如图 3-26 所示，q_1，q_2，…，q_n 为重规划航迹上的节点，连接节点 q_1 和 q_3，若 $\overline{q_1q_3}$ 安全，则剔除节点 q_2。然后连接节点 q_1 和 q_4，若 $\overline{q_1q_4}$ 安全，则剔除节点 q_3，否则保留 $\overline{q_1q_3}$，并连接节点 q_3 和 q_5，直到剔除所有冗余节点。

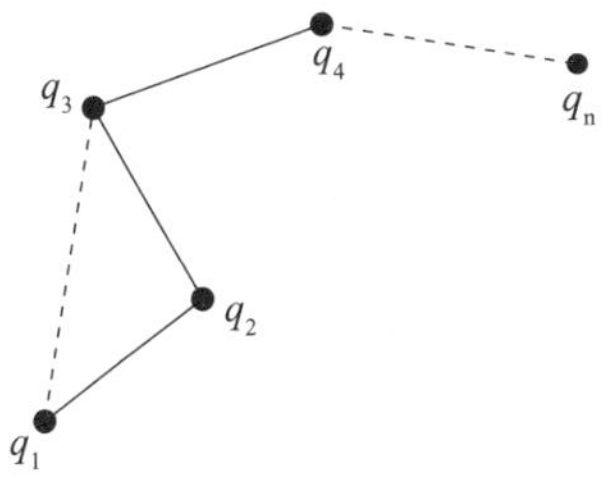

图 3-26　剔除冗余节点示意图

由于无人机机动性能限制，需要以一定转弯角转弯，为此需要进行航迹平滑处理。为了保证安全裕度，给威胁点的威胁半径乘以安全系数，即

$$R = aR_{\text{th}} \tag{3-23}$$

式中：R_{th} 为威胁点的威胁半径；R 为包含安全系数的威胁半径，用来确定威胁区域；a 为大于 1 的常数。

出现突发威胁后，无人机需要采取紧急避障措施绕过威胁区域，此时，各无人机的时间协同性可能被破坏。对于存在时间协同需求的任务场景，无人机的航迹重规划需要进行协同性的重新建立。无人机在进行协同性重建时到达目标所需的剩余时间可以表示为

$$\begin{cases} t_{ri} = [\,t_{ri,\min}, t_{ri,\max}\,] \\ t_{ri,\min} = L_{rt}/V_{\max} \\ t_{ri,\max} = L_{ri}/V_{\min} \end{cases} \tag{3-24}$$

式中：t_{ri} 为第 i 架无人机在协同性重建时刻到达目标的剩余时间范围；$t_{ri,\min}$ 为无人机以最大速度飞行到目标点所需的最短时间；$t_{ri,\max}$ 为无人机以最小速度飞行到目标点所需的最长时间；L_{ri} 为第 i 架无人机在协同性重建时刻距离目标点的剩余航迹长度；$V_{\max}$，$V_{\min}$ 分别为无人机的最大速度和最小速度。

协同性重建方案流程如图 3-27 所示，令第 i 架无人机以最小转弯半径在远离威胁区域的航迹点处做 n_{ri} 次圆周运动，在不改变预定航迹的基础上，增加无人机到达目标的时间。

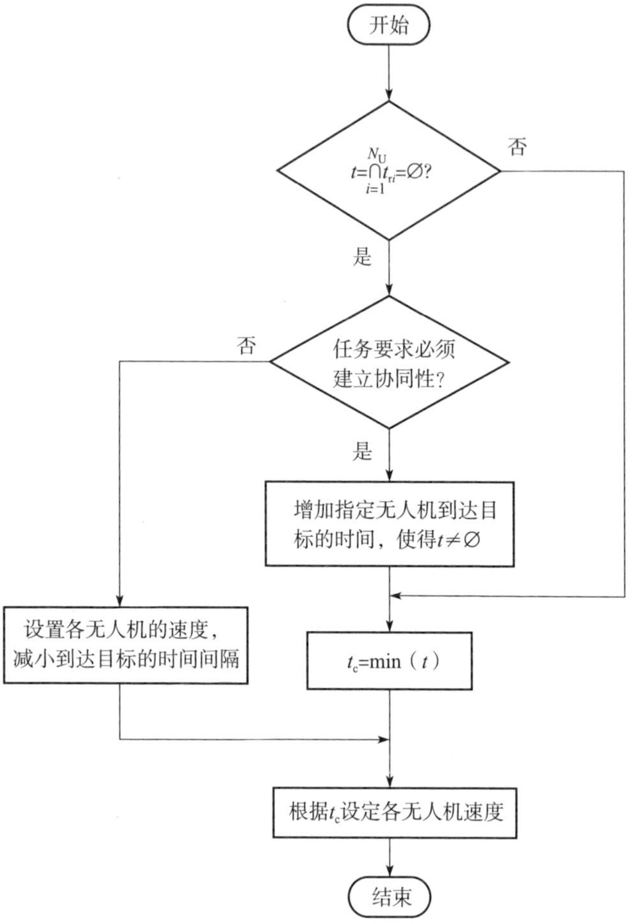

图 3-27　协同性重建流程图

每一次圆周运动增加的时间表示为

$$\Delta t=\frac{2\pi}{r} \tag{3-25}$$

式中：理想偏航角速率 $r=gn_{y\max}/V_{\max}$ 不随时间改变，因此 Δt 是一个常值，每经过 Δt 即可完成一次圆周运动。若

$$\begin{aligned}\Delta t &\leqslant\left(\frac{L_{r1}}{V_{\min}}-\frac{L_{r1}}{V_{\max}}\right)+\left(\frac{L_{r2}}{V_{\min}}-\frac{L_{r2}}{V_{\max}}\right)\\&=(L_{r1}+L_{r1})\left(\frac{1}{V_{\min}}-\frac{1}{V_{\max}}\right)\end{aligned} \tag{3-26}$$

则圆周运动次数 n_{r1} 和 n_{r2} 有且只有一个解；否则还需增加圆周运动的次数。n_{r1} 和 n_{r2} 的计算方法为

$$\begin{cases}\dfrac{L_{r1}}{V_{r1}}+n_{r1}\Delta t=\dfrac{L_{r2}}{V_{r2}}+n_{r2}\Delta t\\ \dfrac{L_{r2}}{V_{\max}}>\dfrac{L_{r1}}{V_{\min}}\\ n_{r1},n_{r2}\in[1,2,3,\cdots]\\ V_{\min}<V_{r1},V_{r2}<V_{\max}\end{cases}\tag{3-27}$$

式中：V_{r1}，V_{r2} 为无人机的重构速度。由此得到

$$\frac{L_{r2}}{V_{\max}}-\frac{L_{r1}}{V_{\min}}<(n_{r1}-n_{r2})\Delta t<\frac{L_{r2}}{V_{\min}}-\frac{L_{r1}}{V_{\max}}\tag{3-28}$$

无人机到达目标所需的总协同时间为

$$t_{total}=t_{replan}+t_{c}\tag{3-29}$$

式中：t_{replan} 为协同性重建的开始时刻。

考虑到无人机在实际飞行过程中，转弯的过载不允许超过最大法向过载，需要根据最小转弯半径对已经得到的规划结果进行航迹平滑，并保证平滑前后航迹长度不变，规划出能够飞行实现的航迹。

3 架无人机进行协同性重建，到达目标所需的剩余时间表示为

$$\begin{cases}t_{r1}\in[t_{r1\min},t_{r1\max}]\\ t_{r2}\in[t_{r2\min},t_{r2\max}]\\ t_{r3}\in[t_{r3\min},t_{r3\max}]\end{cases}\tag{3-30}$$

若剩余时间满足

$$t_{r1\min}<t_{r2\min}<t_{r3\min}\tag{3-31}$$

令 $t=\bigcap_{i=1}^{N}t_{ri}$，$t'=t_{r1}\cap t_{r2}$，$t''=t_{r2}\cap t_{r3}$。此时，协同性重建过程可以用图 3-28 表示，$n_{ri}$ 为第 i 架无人机所需的圆周运动次数[80]。图中，ceil 函数表示向正无穷大处取整。t_1，t_2，t_3 分别为 3 架无人机设定的剩余飞行时间，无人机的飞行速度由剩余航程决定。

3 架无人机按照预定航迹飞行，遭遇突发威胁，其余参数设置及详细结果见文献［83］。各无人机遭遇突发威胁的时间、速度与其越过威胁的时间如表 3-1 所示。可以看出 UAV1 最先遭遇突发威胁，UAV2 最后一个越过威胁。为此进行航迹重规划与协同性重建，取 $t_{replan}=7.55\text{min}$ 作为协同性重建的开始时刻，3 架无人机从 t_{replan} 时刻到目标点的剩余航程分别为 19.8509km、

21.1794km、27.2686km，剩余时间为

$$\begin{cases} t_{r1}=[5.96,7.94] \\ t_{r2}=[6.36,8.47] \\ t_{r3}=[8.19,10.91] \end{cases} \tag{3-32}$$

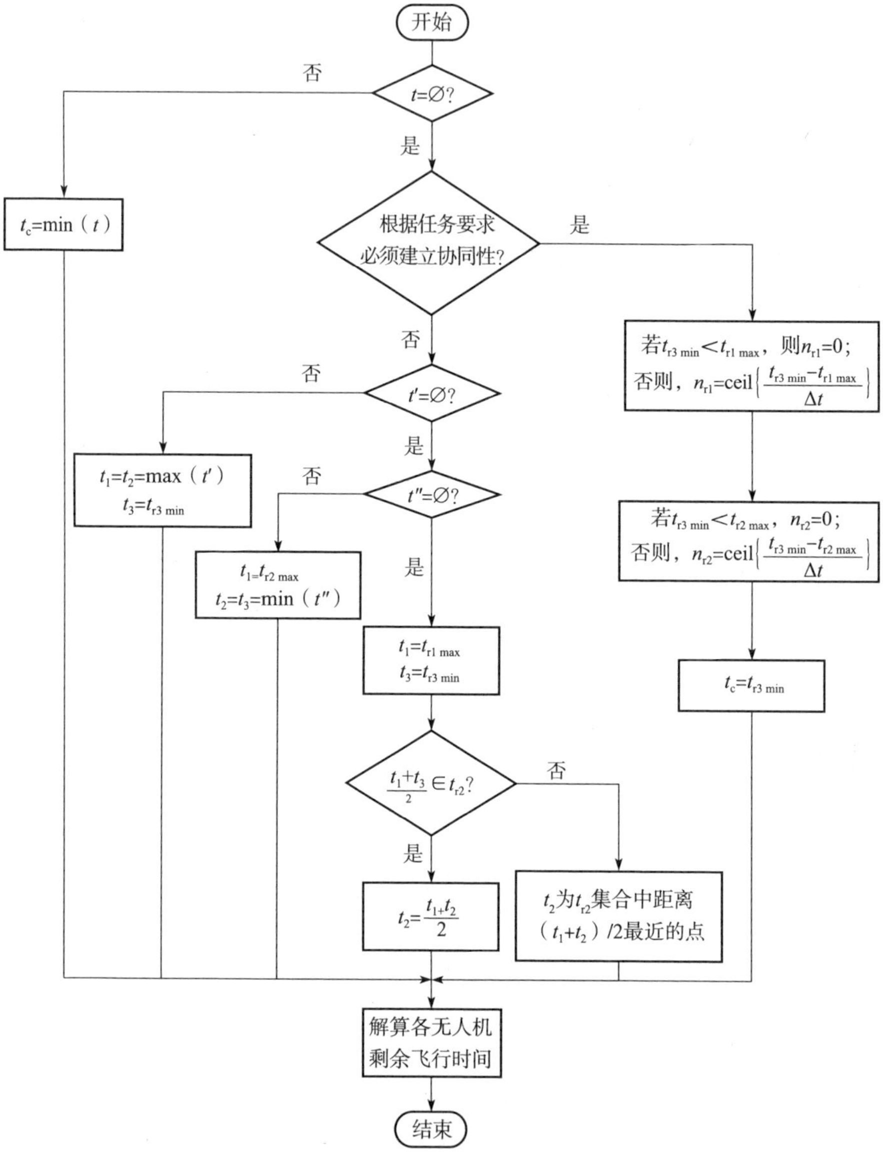

图 3-28　3 架无人机的协同性重建流程图

表 3-1 各无人机遭遇并越过突发威胁的时间

	UAV1	UAV2	UAV3
遭遇突发威胁的时间/min	3.95	5.88	4.71
越过突发威胁的时间/min	6.62	7.55	6.74

此时，UAV1 需要进行绕圈等待，圆周运动次数为

$$\begin{cases}\Delta t=\dfrac{2\pi V_{\max}}{g n_{y\max}}=0.30(\min)\\ n_{r1}=\dfrac{t_{r3\min}-t_{r1\max}}{\Delta t}\approx 1\end{cases} \tag{3-33}$$

剩余航程的协同时间和最终到达时间为

$$\begin{cases}t_c=t_{r3\min}=8.19(\min)\\ t_{total}=7.55+8.19=15.74(\min)\end{cases} \tag{3-34}$$

协同重建后的无人机速度为

$$\begin{cases}V_{r3}=V_{\max}=200(\mathrm{km/h})\\ V_{r2}=\dfrac{L_{r2}}{t_c}=155.184(\mathrm{km/h})\\ V_{r1}=\dfrac{L_{r1}}{t_c-n_{r1}\Delta t}=150.957(\mathrm{km/h})\end{cases} \tag{3-35}$$

无人机分散式编队在线航迹重规划结果如图 3-29 所示，3 架无人机在遇到突发威胁时，快速避开突发威胁区域，重新规划航迹，并按照预定计划接近目标。

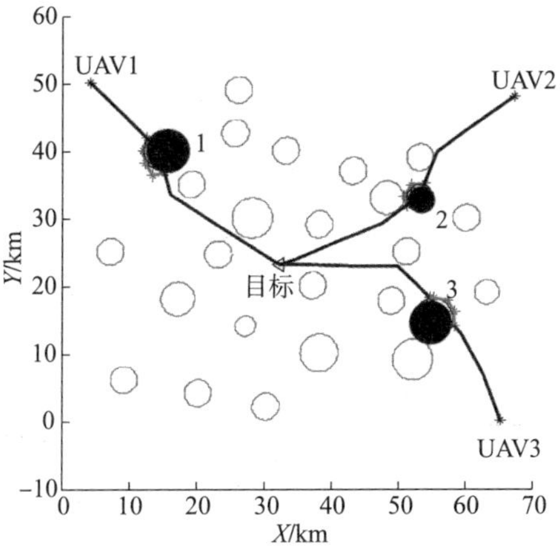

图 3-29 多无人机航迹重规划结果

3.4 三维空间下的多机编队航迹规划

无人机利用低空飞行，可以减小被雷达探测的概率，提高任务执行的安全性。然而，低空飞行需要考虑各种危险地形，并做出规避。三维空间下的多机编队航迹规划需要考虑任务区域的三维地形数据，在无人机自身机动性能及安全性的约束下，使得编队避开危险地形和威胁区域，到达目标位置。本节将研究基于蚁群优化算法的无人机编队三维航迹规划方法[80,84]。

3.4.1 飞行环境模拟

1. 数字地图数据模拟

地形是地表的各种形态，具体是指地表以上分布的固定物体所呈现出来的多种高低起伏状态。在高度方向上，地形由地形基准平面高度和地形起伏两部分构成。其中，地形基准平面高度用于产生地形的平均高度，地形起伏叠加在基准平面高度上。因此，地形表示为

$$H(x,y)=H_0+Z(x,y) \tag{3-36}$$

式中：$H(x, y)$ 为点 (x, y) 处的实际高度；H_0 为该区域的平均高度；$Z(x, y)$ 为平均高度上叠加的地形起伏高度。

（1）随机地形。

根据地形的统计特性，可以用高斯分布的随机序列来描述地形的起伏。地形采样点之间的相关性以指数形式衰减，其相关函数表示为

$$R(\tau_x,\tau_y)=E(z(x,y)z(x+\tau_x,y+\tau_y))=A\exp\left(-\frac{\tau_x}{\tau_{xc}}-\frac{\tau_y}{\tau_{yc}}\right) \tag{3-37}$$

式中：τ_x 和 τ_y 分别为采样点在 x，y 方向的距离；τ_{xc} 和 τ_{yc} 分别为 x，y 方向上的相关距离。

基于二维一阶离散自回归的随机地形高度表示为

$$z(x,y)=a_1z(x-1,y)+a_2z(x,y-1)+a_3z(x-1,y-1)+W(x,y) \tag{3-38}$$

式中：$z(x, y)$ 为点 (x, y) 处的地形起伏高度；$W(x, y)$ 为高斯白噪声序列，其均值为 0，方差为 σ_W^2；a_1，a_2，a_3 为回归参数。通过 $(x-1, y-1)$，$(x-1, y)$ 和 $(x, y-1)$ 3 个节点的地形高度经过递推即可得到节点 (x, y) 的高度。取

$$\begin{cases}a_1=\exp\left(-\dfrac{1}{\tau_{xc}}\right)\\ a_2=\exp\left(-\dfrac{1}{\tau_{yc}}\right)\\ a_3=-a_1a_2\\ \sigma_W^2=\sigma_s^2(1-a_1^2)(1-a_2^2)\end{cases} \tag{3-39}$$

式中：σ_s 为高斯分布的均方差。

二维离散自回归过程由初始状态经过 2 个一维随机过程生成，一维随机过程的统计特性与该二维随机过程相同。通过递归序列生成 x 轴方向边界地形的过程表示为

$$z(x)=a_x z(x-1)+W(x) \tag{3-40}$$

式中：$W(x)$ 为高斯白噪声序列，其均值为 0，方差为 σ_x^2。且

$$\begin{cases} a_x=\exp\left(-\dfrac{1}{\tau_{xc}}\right) \\ \sigma_x^2=\sigma_s^2(1-a_x^2) \end{cases} \tag{3-41}$$

通过递归序列生成 y 轴方向边界地形的过程表示为

$$z(y)=a_y z(y-1)+W(y) \tag{3-42}$$

式中：$W(y)$ 为高斯白噪声序列，其均值为 0，方差为 σ_y^2。且

$$\begin{cases} a_y=\exp\left(-\dfrac{1}{\tau_{yc}}\right) \\ \sigma_y^2=\sigma_s^2(1-a_y^2) \end{cases} \tag{3-43}$$

地形的起点 $z(0,0)$ 可以设为一个均值为 0、均方差为 σ_s 的高斯随机变量，通过 2 个一维递归函数分别生成 x 轴方向和 y 轴方向的边界地形数据，使用二维递归函数生成区域的随机地形，最后与该区域的期望平均高度叠加，即可得到随机地形。

（2）特征地形。

在随机地形的基础上，需要进一步考虑山峰、盆地等特征地形的影响。山峰地形可以简单描述为

$$z(x,y)=z_0+\sum_{i=1}^{M} z_i \exp\left[-\left(\frac{x-x_{0i}}{x_{si}}\right)^2-\left(\frac{y-y_{0i}}{y_{si}}\right)^2\right] \tag{3-44}$$

式中：z_i 为基准地形高度 z_0 上的第 i 个山峰高度；x_{0i}，y_{0i} 分别为第 i 个山峰的横纵坐标；x_{si}，y_{si} 分别为与该山峰沿 x 轴和 y 轴方向坡度有关的量，其值越大，对应的山峰越平坦。通过多个规模不同的山峰组合，即可模拟出山地、山脉等复杂地形，盆地的地形描述与山峰类似，只需将山峰高度取反。

2. 地形数据插值

通过随机地形模型与特征地形模型的组合，即可初步实现对真实自然地形的模拟。然而该模型以栅格形式存在，只在栅格点处有值，是离散的，与实际情况不符。因此，需要利用地形插值的算法，计算非栅格点处的地形高度。双线性插值法是使用最为广泛的地形插值算法之一，该算法结构简单、运算量小、插值精度较高，能够满足航迹规划对于地形的需求。双线性插值算法的思想：将给定点（x，y）和与其相邻的 3 个网格点作为二维线性插值的高度值来源。

设 l 为相邻 2 个网格的间距，（Δx，Δy）为节点（x_i，y_i）与待求解节点

的相对坐标距离，设 $\Delta\tilde{x}=\Delta x/l$，$\Delta\tilde{y}=\Delta y/l$。双线性方程表示为

$$g(\Delta\tilde{x},\Delta\tilde{y})=a_1\Delta\tilde{x}\Delta\tilde{y}+a_2\Delta\tilde{x}+a_3\Delta\tilde{y}+a_4 \tag{3-45}$$

双线性插值方程中的 4 个参数表示为

$$\begin{cases} a_1=h_{i,j}-h_{i+1,j}-h_{i,j+1}+h_{i+1,j+1} \\ a_2=h_{i+1,j}-h_{i,j} \\ a_2=h_{i,j+1}-h_{i,j} \\ a_4=h_{i,j} \end{cases} \tag{3-46}$$

式中：$h_{i,j}$ 为节点（x_i，y_i）处的地形高程。此时，双线性插值方程可以变为

$$\begin{aligned} g(\Delta\tilde{x},\Delta\tilde{y})=&h_{i,j}(\Delta\tilde{x}\Delta\tilde{y}-\Delta\tilde{x}-\Delta\tilde{y}+1)+h_{i+1,j}(-\Delta\tilde{x}\Delta\tilde{y}+\Delta\tilde{x})+ \\ &h_{i,j+1}(-\Delta\tilde{x}\Delta\tilde{y}+\Delta\tilde{y})+h_{i+1,j+1}(\Delta\tilde{x}\Delta\tilde{y}) \end{aligned} \tag{3-47}$$

通过双线性插值算法处理地形图，得到高度值连续的三维地形图。

3. 地形平滑

实际飞行过程时，无人机存在很多约束条件，例如，无人机的机动性能限制，即最大爬升角、俯冲角约束条件，无人机垂直离地间隙约束条件等。因此，需要进行地形的平滑，即将插值后地形图中的部分栅格点进行抬高处理。

（1）无人机垂直离地间隙。

无人机如果飞得过低会增加与地面相撞的风险，因此需要保证一定的垂直离地间隙。无人机最小飞行高度 h 一定的情况下，最小垂直离地间隙 d 与地形的最大坡度 θ_{smax} 有关。山坡的最大坡度表示为

$$\theta_{\text{smax}}=\arccos\left(\frac{d}{h}\right) \tag{3-48}$$

设 s_k 和 s_{k-1} 为栅格地形图上的 2 个相邻节点，高度分别为 z_k 和 z_{k-1}，两点之间的水平间距为 l_k（在 XOY 平面上的投影长度），则两点间的连线与水平面的夹角表示为

$$\theta_{k-1,k}=\arctan\left(\frac{z_k-z_{k-1}}{l_k}\right) \tag{3-49}$$

若 $\theta_{k-1,k}=\theta_{\text{smax}}$，则不做任何处理。

若 $\theta_{k-1,k}>\theta_{\text{smax}}$，则抬高 s_{k-1} 点的高度，使得

$$z_{k-1}=z_k-l_k\tan\theta_{\text{smax}} \tag{3-50}$$

若 $\theta_{k-1,k}<-\theta_{\text{smax}}$，则抬高 s_k 点的高度，使得

$$z_k=z_{k-1}-l_k\tan\theta_{\text{smax}} \tag{3-51}$$

（2）无人机最大爬升、俯冲角。

无人机自身在垂直平面上的机动性能决定了无人机只能在一定的上升或下

滑角度范围内进行爬升或俯冲机动。

设无人机的最大爬升、俯冲角为 θ_{Umax}，若 $\theta_{k-1,k}=\theta_{\mathrm{Umax}}$，则不做任何处理。

若 $\theta_{k-1,k}>\theta_{\mathrm{Umax}}$，抬高 s_{k-1} 点的高度，使得

$$z_{k-1}=z_k-l_k\tan\theta_{\mathrm{Umax}} \tag{3-52}$$

若 $\theta_{k-1,k}<-\theta_{\mathrm{Umax}}$，抬高 s_k 点的高度，使得

$$z_k=z_{k-1}-l_k\tan\theta_{\mathrm{Umax}} \tag{3-53}$$

由此，无人机地形平滑的策略可以表示为

$$\begin{cases}z_{k-1}=z_k-l_k\tan(\min\{\theta_{\mathrm{smax}},\theta_{\mathrm{Umax}}\}), & \theta_{k-1,k}>\min\{\theta_{\mathrm{smax}},\theta_{\mathrm{Umax}}\}\\ z_k=z_{k-1}-l_k\tan(\min\{\theta_{\mathrm{smax}},\theta_{\mathrm{Umax}}\}), & \theta_{k-1,k}<-\min\{\theta_{\mathrm{smax}},\theta_{\mathrm{Umax}}\}\end{cases} \tag{3-54}$$

对地形图中的全部节点进行逐点平滑处理，每次循环都要对 4 个方向进行平滑，直到没有需要抬高的点。

3.4.2　基于蚁群优化的三维航迹规划

基于蚁群优化算法的节点转移主要包括图 3-30 所示的 3 种情况。

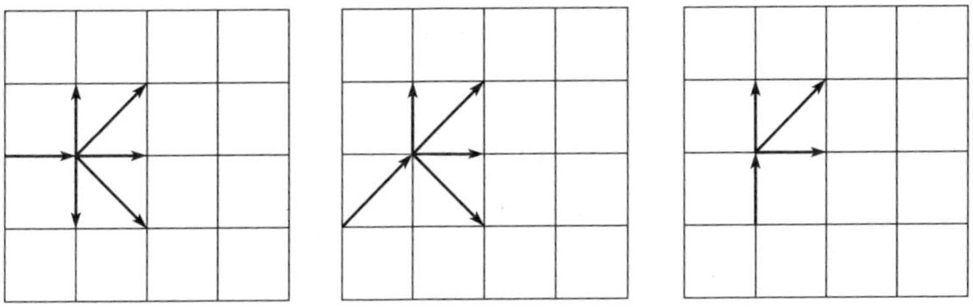

（a）　　（b）　　（c）

图 3-30　节点转移选择图

考虑航程代价、威胁代价和高度代价，设计综合航迹代价，表示为

$$J=\sum_{k=1}^{K}(\omega_1 l_k+\omega_2 J_{\mathrm{T},k}+\omega_3 h_k) \tag{3-55}$$

式中：K 为航迹段的个数；l_k 为第 k 条航迹段的长度，表示无人机的航程代价，l_k 越小，无人机所需的飞行距离越小，飞行时间也越短；$J_{\mathrm{T},k}$ 为第 k 条航迹段的威胁代价，$J_{\mathrm{T},k}$ 越小，无人机受到的威胁越小；h_k 为第 k 条航迹段的平均高度，h_k 越小，无人机被雷达探测的概率越小，但需要满足最小离地高度约束；ω_1，ω_2，ω_3 分别为航程代价、威胁代价和高度代价的权重。

结合地形和雷达威胁情况，建立任务区域三维地形图。假设 4 架无人机组成菱形编队，使用虚拟结构法，将菱形的编队对称中心位置处定义为虚拟长机，使用蚁群优化算法进行三维航迹规划，无人机以编队队形保持的方式，跟

随虚拟长机。其余参数设置及详细结果见文献［84］，多机编队的三维航迹规划结果如图 3-31 所示。可以看出，通过三维航迹规划，编队中的无人机跟随虚拟长机，避开危险地形和威胁区域，安全地抵达目标点。

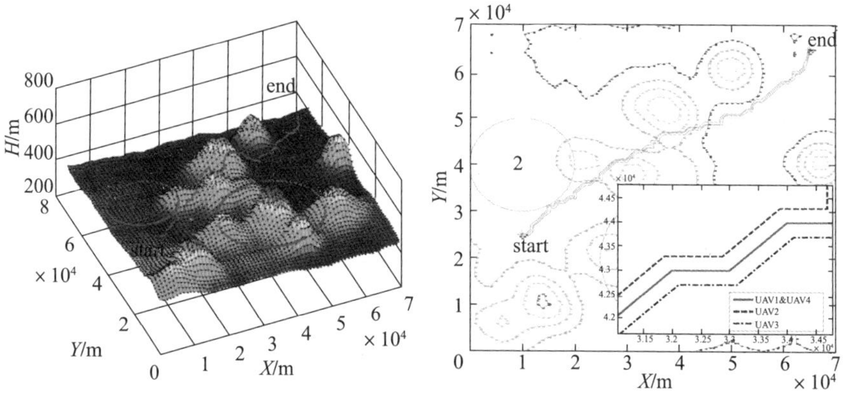

（a）三维地形图中的长机航迹规划结果　　（b）等高线地形图中的编队航迹规划结果

图 3-31　编队三维航迹规划结果

3.5　小结

本章从以下几方面研究了多无人机协同航迹规划技术：

（1）二维空间下的单机航迹规划。对战场环境威胁和航迹规划问题进行建模，设计了蚁群优化算法求解单机航迹规划问题。在此基础上，使用 Voronoi 图方法对任务区域进行离散化，减小了搜索集合的规模，提高了航迹规划问题的求解速度。

（2）二维空间下的多机编队离线航迹规划。在集中式编队航迹规划中，针对不同的编队规模，分别设计了队形保持和队形不保持 2 种航迹规划算法。分散式协同航迹规划用于解决饱和攻击下的协同作战问题，使用分层规划的思想求解含有时间约束的规划问题。对于多目标情况，采用并行搜索的方式，通过蚁群优化算法解决。

（3）二维空间下的多机编队在线航迹规划。无人机在遇到突发威胁时，需要根据威胁情况，进行实时的航迹重规划。使用混沌序列生成初始值，设计了快速扩展随机树算法用于解决航迹重规划问题。考虑到威胁躲避以后时间协同性被破坏，设计了协同性重建方案，使多无人机满足时间约束要求，完成编队在线航迹规划。

（4）三维空间下的多机编队航迹规划。通过数字地图的数据模拟、插值及平滑处理方法，建立了三维任务场景。将编队三维优化问题简化为单个无人机的三维优化问题，在航迹代价中引入高度代价，使无人机利用地形躲避威胁。基于蚁群优化算法为虚拟长机规划出一条三维航迹，通过虚拟长机与无人机之间的位置关系解算得到了各无人机的航迹，实现了三维空间下的多机编队航迹规划。

第4章 多无人机协同搜索

无人机执行察打作战任务时，首先要进行目标搜索，在发现目标的同时获取环境信息。在任务区域的搜索过程中，环境信息通常是未知的，无人机通过合理的规划与决策不断搜索任务区域，从而更新对环境和目标的认知，直到满足任务需求。

本章研究多无人机协同搜索，利用滚动时域优化方法解决动态目标的协同搜索决策问题，利用粒子群优化算法解决静止目标的协同搜索决策问题。

4.1 多无人机动态目标协同搜索

本节研究动态目标的协同搜索问题，建立搜索图模型描述无人机对环境的感知，根据目标的运动状态计算目标存在概率，通过吸引、排斥、调度 3 种数字信息素进行协同控制，并利用分布式模型预测控制方法求解协同搜索决策问题[85]。

4.1.1 动态目标协同搜索任务

假设任务区域内存在动态目标，地面基地对其进行探测得到部分运动状态信息，为各无人机规划航迹使其前往任务区域，完成对目标的搜索。

1. 无人机自主决策过程

OODA 模型由观测、判断、决策和执行 4 部分组成。多无人机的协同搜索过程类似于 OODA 决策过程，如图 4-1 所示。无人机对任务区域进行搜索，对所探测的信息进行判断，由此做出自主决策，在线制定搜索航迹。无人机不断进行搜索，更新目标和环境信息，在观测、判断、决策与执行中不断动态循环。

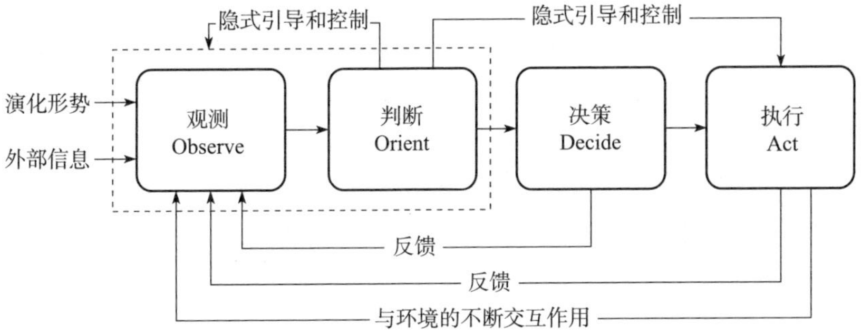

图 4-1　OODA 决策示意图

多无人机的协同搜索过程如图 4-2 所示，主要包括以下步骤：

（1）根据机载传感器探测信息与机间通信信息对环境信息认知搜索图进行更新。

（2）根据环境信息认知搜索图，计算未来 N 个周期可能的航迹及其搜索收益。

（3）将搜索收益最大的航迹作为无人机预定航迹，求解其最优决策序列。

（4）以最优决策的第一项作为控制策略，在线规划搜索航迹。

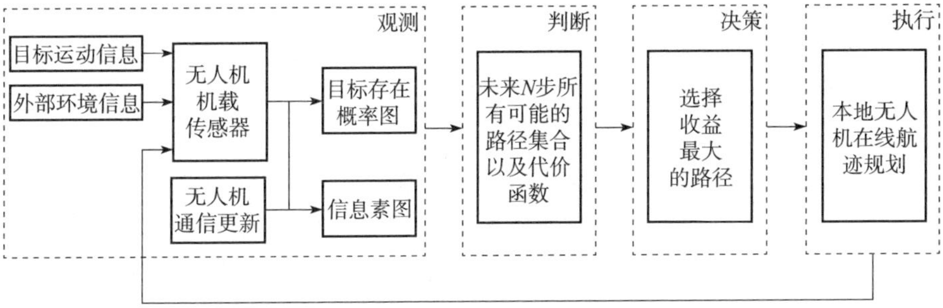

图 4-2　无人机协同搜索过程原理图

2. 搜索决策空间

如图 4-3 所示，将任务区域栅格化。以一个决策周期内的飞行距离作为栅格长度，L_x、L_y 分别为栅格的长度和宽度，单元栅格表示为 (i, j)，$i \in \{1, 2, \cdots, N_x\}$，$j \in \{1, 2, \cdots, N_y\}$，无人机的寻优空间为邻近的 8 个栅格。

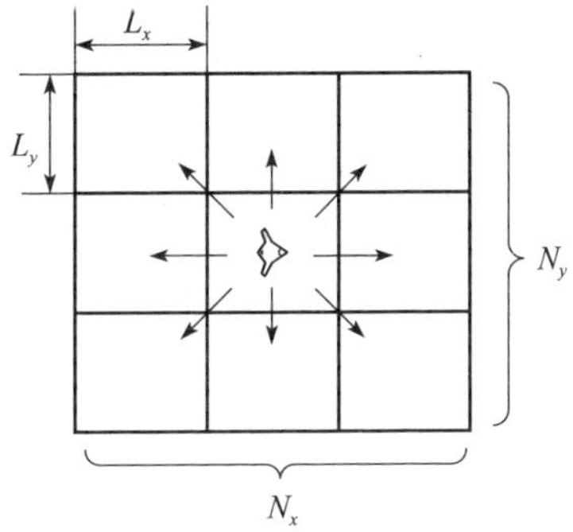

图 4-3　任务区域栅格化示意图

3. 机间通信拓扑

多无人机的机间协同离不开无人机之间

的通信。战场环境中，无人机可能发生损毁，且各机间相对位置不断变化，因此需要考虑无人机的通信限制。影响机间通信的主要因素有两点：信息发送距离 R_c，即无人机接收信息的最大距离；无人机集群拓扑结构 G，即无人机集群内部通信的通信链路拓扑关系。

假设无人机以广播的形式传递信息，将第 i 架无人机记为 A_i，$i\in\{1, 2, \cdots, N_V\}$，其信息发送的最远距离为 R_{ci}，A_i，A_j 之间的距离为 r_{ij}，其邻接矩阵为 $\boldsymbol{A}=(a_{ij})_{N_V\times N_V}$，其中

$$a_{ij}=\begin{cases}1 & (r_{ij}\leqslant R_{ci})\\0 & (r_{ij}>R_{ci})\end{cases}\tag{4-1}$$

设连通矩阵为 $\boldsymbol{C}=(c_{ij})_{N_V\times N_V}$，$c_{ij}=1$ 表示 A_j 可以接收到 A_i 的信息，连通矩阵表示为

$$\boldsymbol{C}=\boldsymbol{A}\oplus\boldsymbol{A}^2\oplus\cdots\oplus\boldsymbol{A}^n\tag{4-2}$$

式中：$\oplus$为布尔和运算。

定义 4.1：若存在 A_i 到 A_j 的路径，则称 A_j 是 A_i 的连通节点，此时 A_i 可以向 A_j 发送信息，A_i 的发送信息连通节点集合定义为

$$N_i^s=\{A_j\mid c_{ij}=1\}\tag{4-3}$$

定义 4.2：若存在 A_j 到 A_i 的路径，则 A_i 能够接收到 A_j 发送的信息，A_i 的接收信息节点集合定义为

$$N_i^r=\{A_j\mid c_{ji}=1\}\tag{4-4}$$

在每个决策周期，无人机传递的信息包括上一周期搜索栅格（i，j）、搜索结果 $r\in\{0, 1\}$，以及 N 步滚动决策序列 $\boldsymbol{U}(k)$。

4. 无人机搜索图模型

无人机根据获取的探测信息自主决策，信息的准确性直接影响搜索效率，为此，需要确保环境信息建模的合理性与准确性。

搜索图模型能够描述无人机对目标分布和探测信息的认知程度，针对任务区域中的环境不确定性，引入两种搜索图：目标存在概率图（Target Probability Map，TPM）和数字信息素图（Digital Pheromone Map，DPM）。目标存在概率图能够表征目标的位置分布情况，从而增加发现目标概率；数字信息素图能够反映无人机的搜索状态，以此增强协同能力。

4.1.2 基于目标存在概率图的目标分布

由于目标存在不确定性，因此通过概率来估计目标在任务区域某个位置的可能性，将任务区域 D 分为大小 $L_x\times L_y$ 的 $N_x\times N_y$ 个二维离散网格，用 $p_{ij}\in[0, 1]$

表示网格（i，j）中目标存在的概率，用目标存在概率图来表示任务区域 D 中目标存在的概率，设 k 时刻 A_n 的概率分布矩阵为

$$\mathrm{TPM}_n(k)=\{p_{ij}(k)\mid i=1,2,\cdots,N_x,j=1,2,\cdots,N_y\} \tag{4-5}$$

从无人机决策策略的角度来看，目标存在概率图综合描述了任务区域内的目标分布。无人机根据目标存在概率图来选择搜索策略，同时随着搜索的不断深入进行，对目标存在概率图进行动态更新。如图 4-4 所示，目标存在概率图的生成步骤如下[85]：

（1）根据地面站提前获取的先验信息，初始化目标存在概率图。

（2）根据无人机自身传感器探测及通信接收到的环境信息，动态更新目标存在概率图。

（3）根据目标特性，对目标的运动情况进行预测。

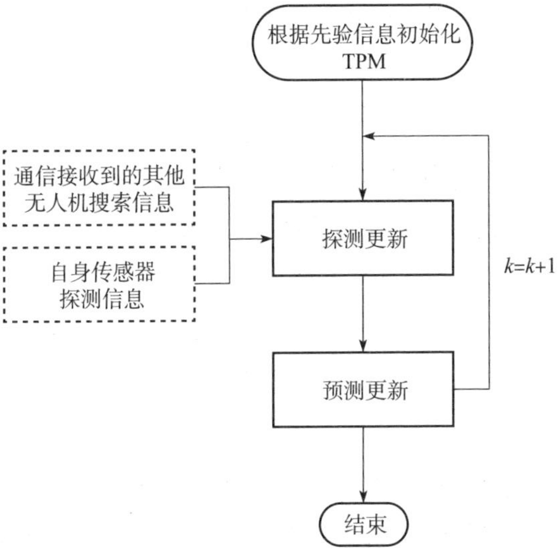

图 4-4　目标存在概率图的运算机理

1. 目标存在概率图的初始化

目标存在概率图对目标的描述越精确，越有利于无人机搜索任务的完成。由于先验信息存在不准确性，目标存在概率图的初始化需要考虑先验信息的误差。此外，考虑目标的动态特性，在无人机获取先验信息并到达任务区域的过程中，目标的位置可能产生变化，目标存在概率图的初始化需要考虑此类信息延时因素。

假设已知的先验信息包含目标的初始位置、速度和运动方向，目标在任务区域中某点处的概率密度计算可分为如下几种类型：

（1）初始位置未知。

目标随机分布在任务区域中，任何位置的存在概率都相同，其分布函数可以表示为

$$f(X,Y)=\begin{cases}\dfrac{1}{N_xN_yL_xL_y} & ((X,Y)\in D)\\ 0 & ((X,Y)\notin D)\end{cases} \tag{4-6}$$

式中：$f(X,Y)$ 为无人机进入目标区域时在点 (X,Y) 处目标的概率密度。

（2）初始位置已知，速度未知。

将目标初始位置记为 (X_0,Y_0)，考虑先验信息的误差，目标的实际位置 (X_*,Y_*) 是一个 X_* 与 Y_* 相互独立的二维随机变量，且横、纵坐标分别服从二维正态分布 $N=(X_0,\delta_0^2)$ 与 $N=(Y_0,\delta_0^2)$，正态分布方差 δ_0 反映先验信息的准确性。此时，实际位置概率密度函数为

$$f_*(X_*,Y_*)=\frac{1}{2\pi\delta_0^2}e^{-\left(\frac{(X_*-X_0)^2}{2\delta_0^2}+\frac{(Y_*-Y_0)^2}{2\delta_0^2}\right)} \tag{4-7}$$

无人机经过 t_0 时间后到达任务区域，目标的运动是一个独立增量过程，一般采用维纳随机过程描述目标运动的随机性，可以表示为 $X(t)\sim N(0,\delta_e^2t_0)$，$Y(t)\sim N(0,\delta_e^2t_0)$。此时，概率密度函数表示为

$$f(X,Y)=\frac{1}{2\pi(\delta_0^2+\delta_e^2t_0)}e^{-\left(\frac{(X-X_0)^2}{2(\delta_0^2+\delta_e^2t_0)}+\frac{(Y-Y_0)^2}{2(\delta_0^2+\delta_e^2t_0)}\right)} \tag{4-8}$$

式中：δ_e 为常数，表示维纳随机过程方差。

（3）目标初始位置和速度大小已知，速度方向未知。

如图4-5所示，设目标初始运动速度大小为 V，目标位置 (X_*,Y_*) 为随机变量，t_0 时刻无人机进入任务区域。由于目标的速度大小不变，点 (X,Y) 处的概率密度 $f(X,Y)$ 从以 (X,Y) 为圆心、Vt_0 为半径的圆弧上转移而来，转移概率为 $\dfrac{1}{2\pi Vt_0}$，则概率密度函数为

$$f(X,Y)=\frac{1}{2\pi Vt_0}\int_L f_*(X_*,Y_*)\,ds \tag{4-9}$$

式中：L 是以 (X,Y) 为圆心、Vt_0 为半径的圆，转换成极坐标形式为

$$\begin{cases}X_*=X+Vt_0\cos\theta\\ Y_*=Y+Vt_0\sin\theta\end{cases} \tag{4-10}$$

由积分变换可得

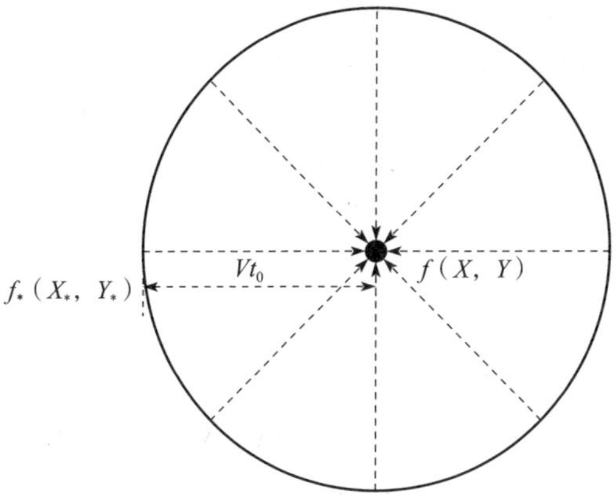

图 4-5　目标概率密度转移

$$\int_L f_*(X_*, Y_*)\,\mathrm{d}s = \int_0^{2\pi} f_*(X + Vt_0\cos\theta, Y + Vt_0\sin\theta)\,Vt_0\,\mathrm{d}\theta \tag{4-11}$$

则无人机进入任务区域时目标的概率密度为

$$f(X,Y) = \frac{1}{2\pi}\int_0^{2\pi} f_*(X + Vt_0\cos\theta, Y + Vt_0\sin\theta)\,\mathrm{d}\theta \tag{4-12}$$

将式（4-7）代入式（4-12）中，得

$$f(X,Y) = \frac{1}{(2\pi\delta_0)^2}\int_0^{2\pi} \mathrm{e}^{-\left(\frac{(X + Vt_0\cos\theta - X_0)^2}{2\delta_0^2} + \frac{(Y + Vt_0\sin\theta - Y_0)^2}{2\delta_0^2}\right)}\,\mathrm{d}\theta \tag{4-13}$$

（4）目标初始位置、运动速度大小和方向均已知。

设目标运动方向为 θ，$\theta \in [0, 2\pi]$，相对实际位置（X_*，Y_*）偏移（$Vt_0\cos\theta$，$Vt_0\sin\theta$），则概率密度函数为

$$f(X,Y) = \frac{1}{2\pi\delta_0^2}\mathrm{e}^{-\left(\frac{(X - Vt_0\cos\theta - X_0)^2}{2\delta_0^2} + \frac{(Y - Vt_0\sin\theta - Y_0)^2}{2\delta_0^2}\right)} \tag{4-14}$$

基于上述 4 种目标的概率密度函数，积分得到单个栅格（i，j）的目标存在概率为

$$p_{ij} = \int_{(j-1)L_y}^{jL_y}\int_{(i-1)L_x}^{iL_x} f(X,Y)\,\mathrm{d}X\mathrm{d}Y \tag{4-15}$$

进行归一化处理即可得到初始目标概率分布矩阵为

$$\mathrm{TPM}(i,j) = \frac{p_{ij}}{\sum_{j=0}^{N_y}\sum_{i=0}^{N_x} p_{ij}} \tag{4-16}$$

2. 目标存在概率图的联合探测更新

搜索过程中，无人机需要实时更新目标存在概率图。如图4-6所示，每个更新周期内无人机在当前目标存在概率图的基础上，结合机载传感器探测信息和通信收到的探测信息，对目标存在概率图进行联合探测更新[85]。

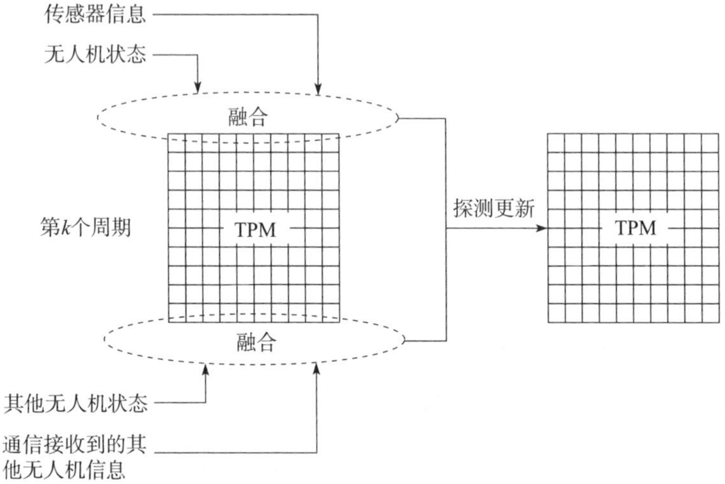

图4-6 概率分布矩阵探测更新示意图

设E_m表示目标位于栅格m处，D_m^i表示A_i在栅格m处搜索到目标，P_D表示无人机的探测概率，P_F表示无人机的虚警概率，且P_D和P_F为常数，由机载传感器的性能决定，分别表示为

$$P_D=P(D_m^i \mid E_m) \tag{4-17}$$

$$P(\overline{D}_m^i \mid E_m)=1-P_D \tag{4-18}$$

$$P_F=P(D_m^i \mid \overline{E}_m) \tag{4-19}$$

$$P(\overline{D}_m^i \mid \overline{E}_m)=1-P_F \tag{4-20}$$

每个搜索周期结束后，A_i可以接收到信息的无人机集合为N_i^r，$A_i \in N_i^r$，设$|N_i^r|=r_i$，$N_i^r=\{\mathrm{DE}_{n_1}^{i_1}, \mathrm{DE}_{n_2}^{i_2}, \cdots, \mathrm{DE}_{n_{r_i}}^{i_{r_i}}\}$，$\mathrm{DE}_{n_k}^{i_k} \in \{D_{n_k}^{i_k}, \overline{D}_{n_k}^{i_k}\}$，$k \in \{1, 2, \cdots, r_i\}$表示集合$N_i^r$中第$k$架无人机对栅格$n_k$的探测结果，由贝叶斯公式可知，栅格$m$的目标存在后验概率为

$$P(E_m \mid (\mathrm{DE}_{n_1}^{i_1},\mathrm{DE}_{n_2}^{i_2},\cdots,\mathrm{DE}_{n_{r_i}}^{i_{r_i}}))=\frac{P((\mathrm{DE}_{n_1}^{i_1},\mathrm{DE}_{n_2}^{i_2},\cdots,\mathrm{DE}_{n_{r_i}}^{i_{r_i}}) \mid E_m)P(E_m)}{P(\mathrm{DE}_{n_1}^{i_1},\mathrm{DE}_{n_2}^{i_2},\cdots,\mathrm{DE}_{n_{r_i}}^{i_{r_i}})} \tag{4-21}$$

由于任意 2 架无人机的探测活动都是相互独立的，可得

$$P((\mathrm{DE}_{n_1}^{i_1},\mathrm{DE}_{n_2}^{i_2},\cdots,\mathrm{DE}_{n_{r_i}}^{i_{r_i}})\mid E_m)=\prod_{k=1}^{r_i}P(\mathrm{DE}_{n_k}^{i_k}\mid E_m) \tag{4-22}$$

用全概率公式展开，可得

$$P(\mathrm{DE}_{n_1}^{i_1},\mathrm{DE}_{n_2}^{i_2},\cdots,\mathrm{DE}_{n_{r_i}}^{i_{r_i}})=\sum_{m=1}^{L_x\times L_y}\left(\prod_{k=1}^{r_i}P(\mathrm{DE}_{n_k}^{i_k}\mid E_m)P(E_m)\right) \tag{4-23}$$

结合式（4-21）和式（4-22）可知，后验概率为

$$P(E_m\mid(\mathrm{DE}_{n_1}^{i_1},\mathrm{DE}_{n_2}^{i_2},\cdots,\mathrm{DE}_{n_{r_i}}^{i_{r_i}}))=\frac{\prod_{k=1}^{r_i}P(\mathrm{DE}_{n_k}^{i_k}\mid E_m)P(E_m)}{\sum_{m=1}^{L_x\times L_y}\left(\prod_{k=1}^{r_i}P(\mathrm{DE}_{n_k}^{i_k}\mid E_m)P(E_m)\right)} \tag{4-24}$$

当第 i 架无人机在栅格 n_k 发现目标，即 $\mathrm{DE}_{n_k}^{i_k}=D_{n_k}^{i_k}$ 时，有

$$P(D_{n_k}^{i_k}\mid E_m)=\begin{cases}P_{\mathrm{D}} & (m=n_k)\\ P_{\mathrm{F}} & (m\neq n_k)\end{cases} \tag{4-25}$$

当第 i 架无人机在栅格 n_k 没有发现目标，即 $\mathrm{DE}_{n_k}^{i_k}=\overline{D}_{n_k}^{i_k}$ 时，有

$$P(\overline{D}_{n_k}^{i_k}\mid E_m)=\begin{cases}1-P_{\mathrm{D}} & (m=n_k)\\ 1-P_{\mathrm{F}} & (m\neq n_k)\end{cases} \tag{4-26}$$

3. 目标存在概率图的预测更新

设 Δt 为无人机的决策时间间隔，为保证概率图的准确性，提高无人机的搜索效率，对无人机在 Δt 时间内的运动位置进行预测，即预测更新。

设第 k 个决策周期目标的位置为随机变量（X^k，Y^k），服从 $f_k(X^k,\ Y^k)$ 的概率密度函数。根据目标运动信息的不同，将条件概率的计算分为下列 3 种情况：

（1）目标的速度大小、方向未知。

根据全概率公式，概率密度函数表示为

$$f_k(X^k,Y^k)=\iint f_k((X^k,Y^k)\mid(X^{k-1},Y^{k-1}))f_{k-1}(X^{k-1},Y^{k-1})\,\mathrm{d}X^{k-1}\mathrm{d}Y^{k-1} \tag{4-27}$$

目标的运动是一个独立增量过程，通过维纳随机过程可得

$$f_k((X^k,Y^k)\mid(X^{k-1},Y^{k-1}))=\frac{1}{2\pi\delta_{\mathrm{e}}^2\Delta t}\mathrm{e}^{-\left(\frac{(X^k-X^{k-1})^2}{2\delta_{\mathrm{e}}^2\Delta t}+\frac{(Y^k-Y^{k-1})^2}{2\delta_{\mathrm{e}}^2\Delta t}\right)} \tag{4-28}$$

（2）目标速度大小已知、方向未知。

通过对（X^k，Y^k）的圆弧积分可得概率密度函数表示为

$$f_k(X^k,Y^k)=\frac{1}{2\pi}\int_{\theta=0}^{2\pi}f_{k-1}(X^k+V\Delta t\cos\theta,Y^k+V\Delta t\sin\theta)\mathrm{d}\theta \tag{4-29}$$

（3）目标速度大小已知、方向已知。

目标位置的分布发生（$V\Delta t\cos\theta$，$V\Delta t\sin\theta$）的偏移，由此可得

$$f_k((X^k,Y^k)\mid(X^{k-1},Y^{k-1}))=\begin{cases}1 & (X^k=X^{k-1}+V\cos\theta,Y^k=Y^{k-1}+V\sin\theta)\\0 & （其他）\end{cases} \tag{4-30}$$

对概率密度函数$f_k(X^k,\ Y^k)$进行积分，得到栅格的概率，归一化得到预测更新后的目标存在概率图。

4.1.3 基于数字信息素图的协同机理

多无人机对动态目标进行协同搜索，需要通过通信获取其他无人机的搜索状态。因此，引入数字信息素图，将信息素值赋予全局栅格，建立人工势场，各无人机根据信息素的状态自主规划与决策，其决策进而影响信息素的分布，改变多机协作效率。

信息素主要发挥3种作用：避免重复搜索栅格；避免漏掉搜索栅格；避免多架无人机搜索同一栅格。传统的信息素图只包括吸引信息素和排斥信息素，在该信息素的作用下，能够使无人机搜索未搜索过的栅格，但难以解决多无人机搜索同一栅格的情况，为此，引入调度信息素。

1. 吸引信息素的更新

吸引信息素通过引力，驱动无人机向未被搜索过的栅格飞行，其作用过程可以描述为：①释放。每个周期在未被搜索过的栅格释放信息素。②挥发。每个周期按照一定比例减少信息素。③传播。每个周期向相邻栅格传递信息素。

设栅格（i，j）在t时刻的吸引信息素含量为$s_{\mathrm{a}}(i,\ j,\ t)$，则$t$时刻所有栅格的吸引信息素矩阵表示为

$$\boldsymbol{S}_{\mathrm{a}}(t)=\begin{bmatrix}s_{\mathrm{a}}(1,1,t) & s_{\mathrm{a}}(1,2,t) & \cdots\\ \vdots & \ddots & \vdots\\ s_{\mathrm{a}}(N_x,1,t) & \cdots & s_{\mathrm{a}}(N_x,N_y,t)\end{bmatrix} \tag{4-31}$$

设$\boldsymbol{W}$为受访状态矩阵，则第t个周期的受访状态矩阵表示为

$$\boldsymbol{W}(t)=\begin{bmatrix}w_{1,1}(t) & w_{1,2}(t) & \cdots\\ \vdots & \ddots & \vdots\\ w_{N_x,1}(t) & \cdots & w_{N_x,N_y}(t)\end{bmatrix} \tag{4-32}$$

式中：$w_{i,j}(t)\in\{0,\ 1\}$，$\exists\ \tilde{n}\in N_n^{\mathrm{r}}$，当且仅当$A_{\tilde{n}}$上一周期搜索栅格（$i$，$j$）

时，$w_{i,j}(t)=1$。

为简化运算，规定数字信息素先传播后挥发，吸引信息素矩阵的更新规则为

$$\boldsymbol{S}_{\mathrm{a}}(t)=(1-\eta_{\mathrm{a}})((1-\mu_{\mathrm{a}})(\boldsymbol{S}_{\mathrm{a}}(t-1)+\boldsymbol{D}_{\mathrm{a}}(t)\boldsymbol{W}(t-1))+\boldsymbol{B}_{\mathrm{a}}(t)) \tag{4-33}$$

式中：η_{a}，μ_{a} 分别为吸引信息素的挥发系数和传播系数；$\boldsymbol{D}_{\mathrm{a}}(t)$ 为吸引信息素释放矩阵；$\boldsymbol{B}_{\mathrm{a}}$ 为信息素传播矩阵，且

$$b_{\mathrm{a}}(i,j,t)=\frac{1}{L_{N(p)}}\sum_{(x,y)\in U}\mu_{\mathrm{a}}[s_{\mathrm{a}}(x,y,t-1)+d_{\mathrm{a}}(x,y,t)] \tag{4-34}$$

式中：$(x, y)\in U$ 为栅格 (i, j) 的邻近栅格；$L_{N(p)}$ 为附近栅格的数量。

2. 排斥信息素的更新

排斥信息素通过斥力，驱动无人机绕开已搜索过的栅格，信息素的作用包括释放、挥发、传播。设栅格 (i, j) 在 t 时刻的排斥信息素含量为 $s_{\mathrm{r}}(i, j, t)$，则 t 时刻所有栅格的排斥信息素矩阵表示为

$$\boldsymbol{S}_{\mathrm{r}}(t)=\begin{bmatrix} s_{\mathrm{r}}(1,1,t) & s_{\mathrm{r}}(1,2,t) & \cdots \\ \vdots & \ddots & \vdots \\ s_{\mathrm{r}}(N_x,1,t) & \cdots & s_{\mathrm{r}}(N_x,N_y,t) \end{bmatrix} \tag{4-35}$$

排斥信息素矩阵的更新规则为

$$\boldsymbol{S}_{\mathrm{r}}(t)=(1-\eta_{\mathrm{r}})((1-\mu_{\mathrm{r}})(\boldsymbol{S}_{\mathrm{r}}(t-1)+\boldsymbol{D}_{\mathrm{r}}(t)\boldsymbol{W}(t-1))+\boldsymbol{B}_{\mathrm{r}}(t)) \tag{4-36}$$

式中：η_{r}，μ_{r} 分别为排斥信息素的挥发系数和传播系数；$\boldsymbol{D}_{\mathrm{r}}(t)$ 为排斥信息素释放矩阵；$\boldsymbol{B}_{\mathrm{r}}(t)$ 为信息素传播矩阵，且

$$b_{\mathrm{r}}(i,j,t)=\frac{1}{L_{N(p)}}\sum_{(x,y)\in U}\mu_{\mathrm{r}}s_{\mathrm{r}}[(x,y,t-1)+d_{\mathrm{r}}(x,y,t)] \tag{4-37}$$

3. 调度信息素的更新

调度信息素通过斥力，驱动无人机绕过其他无人机未来可能搜索的栅格，信息素的作用包括释放、挥发。设栅格 (i, j) 在 t 时刻的调度信息素含量为 $s_{\mathrm{d}}(i, j, t)$，则 t 时刻所有栅格的调度信息素矩阵表示为

$$\boldsymbol{S}_{\mathrm{d}}(t)=\begin{bmatrix} s_{\mathrm{d}}(1,1,t) & s_{\mathrm{d}}(1,2,t) & \cdots \\ \vdots & \ddots & \vdots \\ s_{\mathrm{d}}(N_x,1,t) & \cdots & s_{\mathrm{d}}(N_x,N_y,t) \end{bmatrix} \tag{4-38}$$

在时域滚动决策中，设 A_n 在第 k 个决策周期的 N 步最优决策序列为 $\boldsymbol{U}_n(k)=((x_1, y_1), (x_2, y_2), \cdots, (x_n, y_n))$，表示当前搜索图中无人机未来 N 步最大可能经过的栅格，A_n 在通信时会将 $\boldsymbol{U}_n(k)$ 发送给邻近无人机。

设与 A_n 进行信息交互的无人机集合为 N_n^{r}，A_n 获取到的其他无人机的决策

序列为 $\boldsymbol{U}_m(k)$，$m\in N_n^{\mathrm{r}}$。A_n 的 k 步占用矩阵

$$\boldsymbol{D}_n^k=(d_{ij})_{N_x\times N_y}\quad(k\leqslant N)\tag{4-39}$$

为 A_n 所接收最优决策序列中栅格（i，j）出现在第 k 步中的次数。

t 时刻 A_n 调度信息素矩阵为

$$\boldsymbol{S}_{\mathrm{d}}(t)=\sum_{k=1}^{N}\sum_{l=1}^{k}\mathrm{e}^{\frac{1-(k-l)}{N}}d_{\mathrm{d}}\boldsymbol{U}_n^l\circ\boldsymbol{D}_n^k\tag{4-40}$$

式中：$\circ$ 为矩阵的点乘；$\mathrm{e}^{\frac{1-(k-l)}{N}}$ 为动态系数；d_{d} 为调度信息素释放常量；$(\boldsymbol{U}_n^l)_{N_x\times N_y}$ 为0-1矩阵；$\boldsymbol{U}_n^l(i,j)=1$ 当且仅当 A_n 在时域滚动决策中第 l 步经过栅格（i，j）。

4.1.4 基于滚动时域优化的协同搜索决策

1. 任务性能指标

多无人机协同搜索利用多架无人机之间的协同配合，获取更多的环境、目标信息。综合考虑无人机发现目标和多机协调合作的能力，评价发现目标收益和多机协同收益，构建任务性能指标。

（1）发现目标收益。

$$J_{\mathrm{t}}(k)=\sum_{q=1}^{N}\mathrm{e}^{\frac{1-q}{N}}\log\frac{1}{1-p(k+q)}\tag{4-41}$$

式中：$p(k+q)$ 为第 q 个周期无人机所在栅格的目标存在概率；$\mathrm{e}^{\frac{1-q}{N}}\in[0,1]$ 为预测时域的动态系数。目标收益可以驱动无人机向目标存在概率较大的区域飞行。

（2）多机协同收益。

$$J_{\mathrm{c}}(k)=-\alpha s_{\mathrm{d}}(k)+\sum_{q=1}^{N}\left[\mathrm{e}^{\frac{1-q}{N}}(\beta s_{\mathrm{a}}(k+q)-\gamma s_{\mathrm{r}}(k+q))\right]\tag{4-42}$$

式中：$s_{\mathrm{a}}(k+q)$、$s_{\mathrm{r}}(k+q)$ 分别为第 q 个周期无人机所处位置的吸引信息素强度、排斥信息素强度；$\mathrm{e}^{\frac{1-q}{N}}$ 为动态系数；α，β，γ 为常系数。多机协同收益能够驱动无人机搜索未搜索过的栅格，且相互协调避免搜索同一栅格。

在时域滚动决策中，由本地状态 $\boldsymbol{Z}(k)$ 和本地决策输入 $\boldsymbol{U}(k)$ 所产生的本地搜索效能为

$$J(\boldsymbol{Z}(k),\boldsymbol{U}(k))=\lambda_1J_{\mathrm{t}}+\lambda_2J_{\mathrm{c}}\tag{4-43}$$

式中：λ_1，λ_2 分别为发现目标收益和多机协同收益的系数。

2. 模型预测控制的决策算法

分布式协同架构没有控制中心，各无人机根据自身获取的信息进行自主决

策。设无人机运动的离散状态方程为

$$z(k+1)=f(z(k),\boldsymbol{u}(k)) \tag{4-44}$$

式中：k 为离散时刻；$z(k)$ 为无人机状态；$\boldsymbol{u}(k)$ 为控制输入；f 为输入到输出的映射关系。

设预测时域长度为 N，$z(k+q|k)$ 为在 k 时刻系统状态下对 $k+q$ 时刻系统状态的预测。需通过决策序列 $\boldsymbol{u}(k)$，$\boldsymbol{u}(k+1|k)$，…，$\boldsymbol{u}(k+N-1|k)$，即可计算出预测状态序列 $z(k+1|k)$，$z(k+2|k)$，…，$z(k+N|k)$。预测时域内系统状态和决策序列分别为

$$\begin{cases}\boldsymbol{Z}(k)=[z(k|k),z(k+1|k),\cdots,z(k+N-1|k)]\\ \boldsymbol{U}(k)=[\boldsymbol{u}(k+1|k),\boldsymbol{u}(k+2|k),\cdots,\boldsymbol{u}(k+N|k)]\end{cases} \tag{4-45}$$

在预测时域内，协同搜索的总体性能指标记为 $J(\boldsymbol{Z}(k),\ \boldsymbol{U}(k))$，则 k 时刻无人机协同搜索的优化模型为

$$\begin{aligned}&\boldsymbol{U}^*(k)=\arg\max_{\boldsymbol{U}(k)}J(\boldsymbol{Z}(k),\boldsymbol{U}(k))\\&\text{s. t.}\\&\begin{cases}z(k+q+1)=f(z(k+q|k),\boldsymbol{u}(k+q|k))\\ z(k|k)=z(k)\\ G(z(k),\boldsymbol{u}(k))\leqslant 0\end{cases}\end{aligned} \tag{4-46}$$

式中：$q=0,\ 1,\ \cdots,\ N$；$\boldsymbol{U}^*(k)=\{\boldsymbol{u}^*(k+1|k),\ \boldsymbol{u}^*(k+2|k),\ \cdots,\ \boldsymbol{u}^*(k+N|k)\}$ 为求解到的最优任务序列；$G(\boldsymbol{Z}(k),\ \boldsymbol{U}(k))\leqslant 0$ 为无人机约束条件。

从决策序列 $\boldsymbol{U}^*(k)=\{\boldsymbol{u}^*(k+1|k),\ \boldsymbol{u}^*(k+2|k),\ \cdots,\ \boldsymbol{u}^*(k+N|k)\}$ 中提取第一项 $\boldsymbol{u}^*(k+1|k)$，用于系统下一时刻的输入决策，基于当前的搜索图求解得到未来一段时间内的最优输入序列。考虑到模型存在误差且环境信息存在不确定性，未来搜索图可能发生变化，不宜将其完全作用于系统输入。

基于模型预测控制的思想，建立多无人机协同搜索决策流程，如图 4-7 所示。

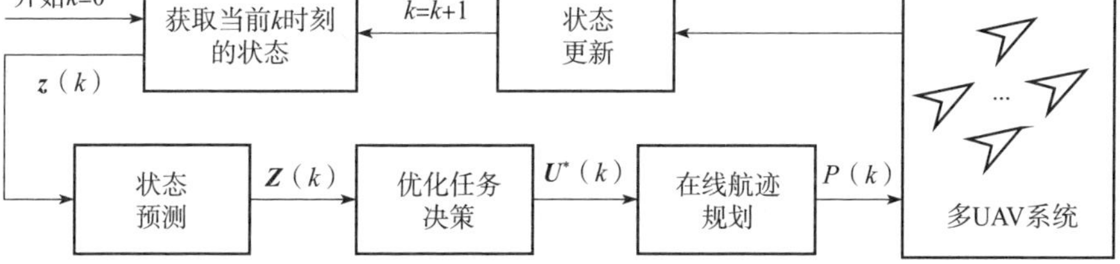

图 4-7　多无人机协同搜索决策流程图

在每个采样周期中，无人机决策包括以下步骤：

（1）状态预测。根据当前搜索图对未来 N 个周期的输入进行预测，结合运动模型计算未来 N 个周期的无人机状态。

（2）优化任务决策。通过求解综合优化指标函数，得到最优的决策输入序列，将决策序列的第一项输入作为无人机下一个周期的输入决策。

（3）在线航迹规划。根据输入决策在线规划出满足无人机机动限制等约束条件下实际可行的飞行航迹。在下一时刻，根据无人机的实际飞行航迹更新系统状态。

4.1.5 仿真分析

多无人机协同搜索任务由 10 架无人机执行，选取大小为 30km×30km 的任务区域，任务区域中存在 12 个时敏目标，其余仿真参数及详细结果见文献[85]。图 4-8 为多无人机协同搜索过程的发现目标数，随着迭代次数的增加，无人机发现的目标数随之增加，迭代 270 次时已搜索到全部目标的位置。对比有无调度信息素对多无人机协同搜索效率产生的影响，仿真结果如图 4-9 所示。调度信息素的作用，可以使无人机获得更高的平均发现目标比率，提高了多无人机协同搜索的效率。

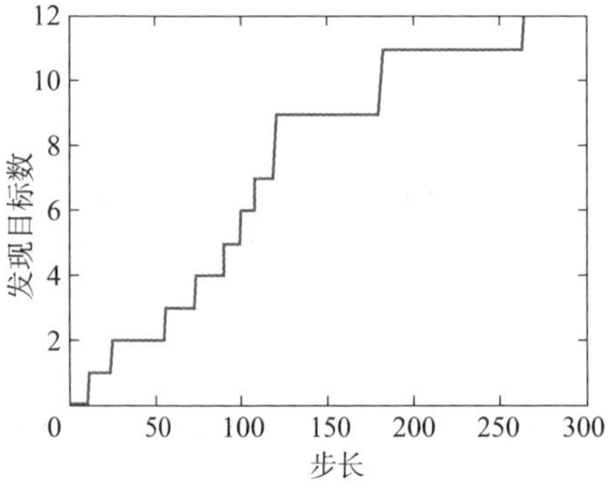

图 4-8　发现目标数变化曲线

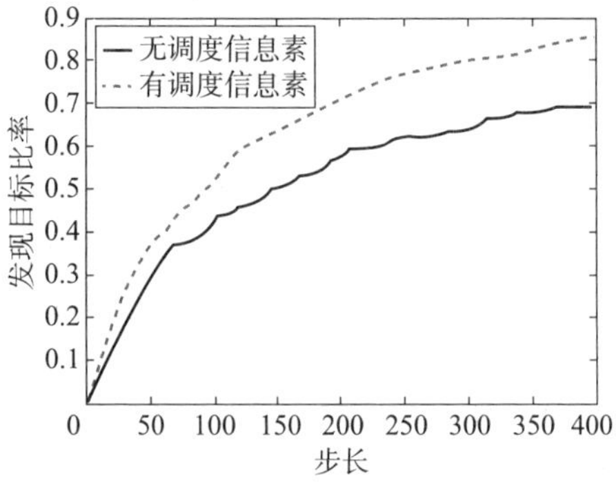

图 4-9　发现目标比率变化曲线

4.2 多无人机静止目标协同搜索

本节针对同构侦察型多无人机，结合分布式模型预测控制（Distributed Model Predictive Control，DMPC）、粒子群优化算法和贝塞尔（Bezier）曲线进行未知环境中的在线目标协同搜索[86]。

4.2.1　静止目标协同搜索任务

1. 传感器探测模型

探测传感器模型通常用概率分布模型 $p(b\mid d)$ 表示，$b\in\{0,1\}$ 表示观测结果，$b=0$ 表示不存在目标，$b=1$ 表示存在目标，d 表示无人机与目标之间的距离，其概率分布表示为

$$p(b=1\mid d)=\begin{cases}P_{\mathrm{D}} & (d\leqslant d_{\mathrm{in}})\\ P_{\mathrm{D}}-\dfrac{(P_{\mathrm{D}}-P_{\mathrm{F}})(d-d_{\mathrm{in}})}{(d_{\mathrm{out}}-d_{\mathrm{in}})} & (d_{\mathrm{in}}<d\leqslant d_{\mathrm{out}})\\ P_{\mathrm{F}} & (d>d_{\mathrm{out}})\end{cases}\tag{4-47}$$

式中：P_{D} 是传感器的探测概率，即目标存在且传感器能够探测到的概率；P_{F} 是虚警概率，表示目标不存在但传感器探测到的概率。传感器探测概率分布如图 4-10 所示。

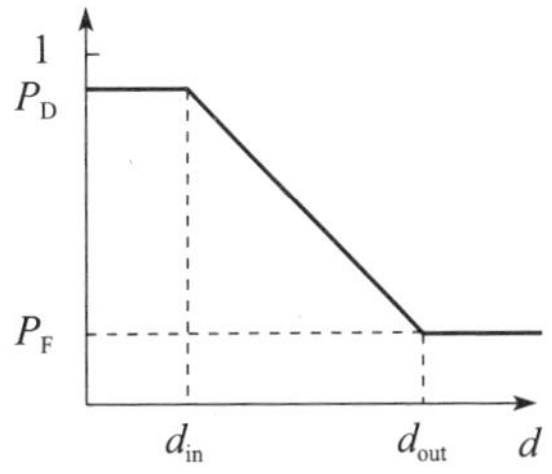

图 4-10　传感器探测概率分布模型

2. 任务空间离散化

将任务区域 R 离散化为 $L\times W$ 个栅格，k 时刻栅格（m，n）的目标存在概率为 $p_{mn}(k)$，信息确定度为$\chi_{mn}(k)$，其中 $m\in\{1,2,\cdots,L\}$，$n\in\{1,2,\cdots,W\}$。任务区域环境的先验信息作为任务搜索图的初始值，随着无人机对环境的不断探测，任务区域搜索图的更新公式表示为

$$p_{mn}(k+1)=\begin{cases}\tau p_{mn}(k) & (\text{未探测})\\ \dfrac{P_{\mathrm{D}}p_{mn}(k)}{P_{\mathrm{F}}+(P_{\mathrm{D}}-P_{\mathrm{F}})p_{mn}(k)} & (\text{已探测且 } b(k)=1)\\ \dfrac{(1-P_{\mathrm{D}})p_{mn}(k)}{1-P_{\mathrm{F}}+(P_{\mathrm{F}}-P_{\mathrm{D}})p_{mn}(k)} & (\text{已探测且 } b(k)=0)\end{cases}\tag{4-48}$$

$$\chi_{mn}(k+1)=\begin{cases}\tau\chi_{mn}(k) & (\text{未探测})\\ \chi_{mn}(k)+0.5(1-\chi_{mn}(k)) & (\text{已探测})\end{cases}\tag{4-49}$$

式中：τ 为衰减因子，表征动态环境；χ_{mn} 表征信息的确定度，$\chi_{mn}\in[0,1]$，其值越大，该栅格的信息确定程度越大。

3. 无人机运动模型

假设无人机在二维空间进行搜索任务，建立无人机系统的状态模型。第 i

架无人机在 k 时刻的状态记为 $z_i(k)=[P_i(k), \varphi_i(k)]$，其中 $P_i(k)$ 是其在离散栅格中的坐标，$\varphi_i(k)$ 是其在离散栅格中的航向角。第 i 架无人机在 k 时刻的决策输入为 $\boldsymbol{u}_i(k)=[V_i(k), \Delta\varphi_i(k)]$，其中 $V_i(k)$ 为其飞行速度。

无人机系统的动态模型描述为

$$\begin{bmatrix} P_i(k+1) \\ \varphi_i(k+1) \end{bmatrix} = \begin{bmatrix} P_i(k)+f(\varphi_i(k),V_i(k),\Delta\varphi_i(k)) \\ \varphi_i(k)+\Delta\varphi_i(k) \end{bmatrix} \tag{4-50}$$

4. 任务性能指标

多无人机协同搜索需要用较短的时间探测更多目标，任务性能指标包括目标发现收益与环境搜索收益。

（1）目标发现收益。指无人机发现目标的可能性，用探测范围 S_i 内的目标存在概率的总和表示，即

$$J_{\mathrm{t}}(k)=\sum_{i=1}^{N_{\mathrm{V}}}\sum_{(m,n)\in S_i} p_{mn}^{i}(k) \tag{4-51}$$

式中：N_{V} 为无人机数量；$p_{mn}^{i}(k)$ 为第 i 架无人机在任务搜索图中的目标存在概率值。

（2）环境搜索收益。指无人机对环境信息的掌握程度，用整个任务区域 $\boldsymbol{R}$ 内信息确定度的增量表示，即

$$J_{\mathrm{e}}(k)=\sum_{i=1}^{N_{\mathrm{V}}}\sum_{(m,n)\in \boldsymbol{R}} (\chi_{mn}^{i}(k+1)-\chi_{mn}^{i}(k)) \tag{4-52}$$

设 $\boldsymbol{Z}(k)$ 是多无人机系统的状态，$\boldsymbol{U}(k)$ 是多无人机系统的决策输入。多无人机协同搜索的任务性能指标为

$$J(\boldsymbol{Z}(k),\boldsymbol{U}(k))=\omega_1 J_{\mathrm{t}}+\omega_2 J_{\mathrm{e}} \tag{4-53}$$

式中：ω_1，ω_2 为权重系数。

5. 任务规划模型

k 时刻，协同搜索任务规划模型为

$$\begin{aligned} &\boldsymbol{u}^{*}(k)=\arg\max_{\boldsymbol{u}(k)} J(\boldsymbol{z}(k),\boldsymbol{u}(k)) \\ &\text{s. t.} \\ &\begin{cases} \boldsymbol{z}_i(k+1)=f(\boldsymbol{z}_i(k),\boldsymbol{u}_i(k)) \\ i=1,2,\cdots,N_{\mathrm{V}} \\ G(\boldsymbol{z}(k),\boldsymbol{u}(k))\leqslant 0 \end{cases} \end{aligned} \tag{4-54}$$

式中：$G(\boldsymbol{z}(k), \boldsymbol{u}(k))\leqslant 0$ 为约束条件，包括无人机间的安全距离及无人机最大转弯角等。

多无人机协同搜索决策体系主要包括集中式结构和分布式结构，下面基于

这两种方式阐述协同搜索任务规划模型。

（1）集中式优化模型。它存在一个中心计算节点，根据获取到的多无人机系统状态，为每架无人机求解得到最优输入序列，然后通过通信发送每架无人机下一刻的输入。建立 N 步预测的滚动优化模型，设 $\boldsymbol{z}(k+q \mid k)$ 和 $\boldsymbol{u}(k+q \mid k)$ 是在 k 时刻对 $k+q$ 时刻状态和输入的预测。性能指标函数为

$$J(\boldsymbol{Z}(k),\boldsymbol{U}(k)) \triangleq \sum_{q=0}^{N-1} J(\boldsymbol{z}(k+q \mid k),\boldsymbol{u}(k+q \mid k)) \tag{4-55}$$

可以得到在 k 时刻求解多无人机协同搜索任务规划的滚动优化模型为

$$\begin{gathered}\boldsymbol{U}^*(k)=\arg\max_{\boldsymbol{U}(k)} J(\boldsymbol{Z}(k),\boldsymbol{U}(k)) \\ \text{s. t.} \\ \begin{cases}\boldsymbol{z}(k+q+1 \mid k)=f(\boldsymbol{z}(k+q \mid k),\boldsymbol{u}(k+q \mid k)) \\ \boldsymbol{z}(k \mid k)=\boldsymbol{z}(k) \\ G(\boldsymbol{Z}(k),\boldsymbol{U}(k)) \leqslant 0\end{cases}\end{gathered} \tag{4-56}$$

集中式求解方法可以统筹全局，具有很好的全局最优性，但是计算量很大，限制了无人机系统的规模。

（2）分布式优化模型。它将优化问题分解为多个局部的单机优化问题，每个问题只与该无人机的飞行状态和决策输入有关，降低了问题的复杂度。设 k 时刻第 i 架无人机掌握的其他无人机的状态信息和决策输入信息分别为 $\widetilde{\boldsymbol{Z}}_i(k)$，$\widetilde{\boldsymbol{U}}_i(k)$，分布式模型预测控制的优化模型为

$$\begin{cases}\boldsymbol{Z}_i(k)=[\boldsymbol{z}_i(k+1 \mid k),\cdots,\boldsymbol{z}_i(k+N-1 \mid k)] \\ \boldsymbol{U}_i(k)=[\boldsymbol{u}_i(k+1 \mid k),\cdots,\boldsymbol{u}_i(k+N-1 \mid k)] \\ \widetilde{\boldsymbol{Z}}_i(k)=\{\boldsymbol{Z}_j(k) \mid j \neq i\} \\ \widetilde{\boldsymbol{U}}_i(k)=\{\boldsymbol{U}_j(k) \mid j \neq i\}\end{cases} \tag{4-57}$$

式（4-56）描述的集中式滚动优化模型可以分解为每个无人机的分布式优化问题，表示为

$$\begin{gathered}\boldsymbol{U}_i^*(k)=\arg\max_{\boldsymbol{U}_i(k)} J_i(\boldsymbol{Z}_i(k),\boldsymbol{U}_i(k),\widetilde{\boldsymbol{Z}}_i(k),\widetilde{\boldsymbol{U}}_i(k)) \\ \text{s. t.} \\ \begin{cases}\boldsymbol{z}_i(k+q+1 \mid k)=f(\boldsymbol{z}_i(k+q \mid k),\boldsymbol{u}_i(k+q \mid k)) \\ \boldsymbol{z}_i(k \mid k)=\boldsymbol{z}_i(k) \\ G(\boldsymbol{Z}_i(k),\boldsymbol{U}_i(k),\widetilde{\boldsymbol{Z}}_i(k),\widetilde{\boldsymbol{U}}_i(k)) \leqslant 0\end{cases}\end{gathered} \tag{4-58}$$

4.2.2 基于粒子群优化的任务规划

1. 分布式任务规划模型求解

将分布式任务规划模型求解分为不含延时以及包含延时2种情况。

（1）不含延时全局通信下的求解流程。无人机之间可以进行多次通信，求解过程如下：

①在 k 时刻，根据当前自身状态预测未来 N 步的输入序列，发送给其他无人机，令迭代次数 $t=1$，$\boldsymbol{U}_i^t(k)=[\boldsymbol{u}_i^t(k\mid k),\cdots,\boldsymbol{u}_i^t(k+N-1\mid k)]$。

②获知其他无人机的预测输入后，通过式（4-58）得到最优解序列 $\boldsymbol{U}_i^{t*}(k)$。

③对比本次最优解与上次最优解，若所有子系统满足 $\|\boldsymbol{U}_i^{t*}(k)-\boldsymbol{U}_i^t(k)\|_\infty\leqslant\varepsilon$ 或 $t>t_{\max}$ 条件，终止本次迭代，此时，$\boldsymbol{U}_i^*(k)=\boldsymbol{U}_i^{t*}(k)$，并转到第④步；否则，令 $t=t+1$，将本次迭代结果 $\boldsymbol{U}_i^t(k)=\boldsymbol{U}_i^{t*}(k)$ 发给其他无人机，并转到第②步。

④取本地最优解 $\boldsymbol{U}_i^{t*}(k)$ 的第一项作为 k 时刻的最优决策输入，更新无人机的状态。

⑤令 $k=k+1$，进行下一时刻的决策，返回到第①步。

（2）含延时全局通信下的求解流程。系统通信存在一步时延，进行局部优化时无人机只进行一次通信，通过上一时刻的最优解进行迭代求解，求解过程如下：

①在 k 时刻，根据当前自身状态预测未来 N 步的输入序列，发送给其他无人机，由于存在一步时延，其他无人机在 k 时刻得到的是 $k-1$ 时刻的输入序列，需要进行以下处理：

$$\boldsymbol{U}_i(k)=\boldsymbol{U}_i(k-1)\boldsymbol{E} \tag{4-59}$$

式中：$\boldsymbol{U}_i(k-1)=[\boldsymbol{u}_i(k-1\mid k-1),\cdots,\boldsymbol{u}_i(k+N-2\mid k-1)]$；$\boldsymbol{E}=\begin{bmatrix}0_{1\times(N-1)} & 0_{(N-1)\times 1}\\ I_{(N-1)\times(N-1)} & 1\end{bmatrix}_{N\times N}$。

②获知其他无人机的预测输入后，通过式（4-58）得到最优解序列 $\boldsymbol{U}_i^{t*}(k)$。

③取本地最优解第一项作为当前决策输入 $\boldsymbol{u}_i(k)=\boldsymbol{u}_i^*(k\mid k)$，用于无人机状态的更新。

④令 $k=k+1$，进行下一时刻的决策，返回到第①步。

同样的方式可以解决多步延时的情况。

2. 基于粒子群优化的任务规划

粒子群优化算法是一种启发于鸟类群体飞行的进化算法，适合解决非线性和非凸问题。采用粒子群优化算法进行分布式模型预测控制优化模型的求解，设待优化函数的解空间维数为 D，群体中第 i 个粒子的位置为 $\boldsymbol{x}_i=[x_{i1}, x_{i2}, \cdots, x_{iD}]^{\mathrm{T}}$，速度为 $\boldsymbol{V}_i=[V_{i1}, V_{i2}, \cdots, V_{iD}]^{\mathrm{T}}$，飞行过程中所经历的最好位置（个体极值）为 $\boldsymbol{l}_i=[l_{i1}, l_{i2}, \cdots, l_{iD}]^{\mathrm{T}}$，整个群体所经历的最好位置（全局极值）为 $\boldsymbol{l}_{\mathrm{g}}=[l_{\mathrm{g}1}, l_{\mathrm{g}2}, \cdots, l_{\mathrm{g}D}]^{\mathrm{T}}$，g 为群体所经历最好位置的索引号。粒子的学习过程就是待选解的进化过程，表现形式为粒子飞行速度的更新。对于每一代群体，第 i 个粒子位置的进化方程可表示为

$$V_{id}(k+1)=\boldsymbol{\kappa}V_{id}(k)+c_1r_1[l_{id}-x_{id}(k)]+c_2r_2[l_{\mathrm{g}d}(k)-x_{id}(k)] \tag{4-60}$$

$$x_{id}(k+1)=x_{id}(k)+V_{id}(k+1) \tag{4-61}$$

式中：$\boldsymbol{\kappa}$ 为惯性因子，初始进化阶段取值应较大，以提高收敛速度和跳出局部极值的能力，后期逐渐减小，以提高局部搜索精度；非负常数 c_1 和 c_2 为认知参数和社会参数，分别表示粒子向个体最优解和全局最优解趋近的能力，一般取 $c_1=c_2=2$，多数情况下 $0<c_1=c_2\leqslant 4$；r_1 和 r_2 为（0，1）之间的随机数；k 为进化代数。

在分布式模型预测问题的求解中，构建粒子结构为 $2\times N$ 维的矩阵，N 为预测步数，第一维记为 r_V，第二维记为 r_φ，转化为速度和航向偏角，即

$$\begin{cases}\Delta\varphi=r_\varphi\varphi_{\max} & (r_\varphi\in[-1,1]) \\ V=r_V(V_{\max}-V_{\min})+V_{\min} & (r_V\in[0,1])\end{cases} \tag{4-62}$$

选取分布式协同搜索的性能指标 $J_i(\boldsymbol{Z}_i(k), \boldsymbol{U}_i(k), \widetilde{\boldsymbol{Z}}_i(k), \widetilde{\boldsymbol{U}}_i(k))$ 作为粒子群优化算法的适应度函数，算法流程如图 4-11 所示。

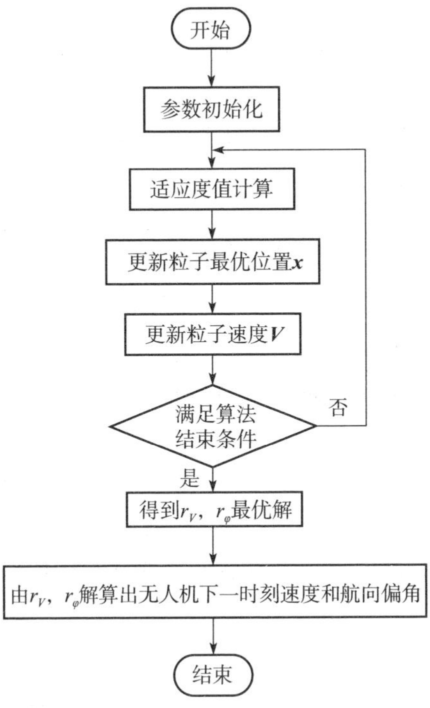

图 4-11 粒子群优化算法流程图

4.2.3 基于贝塞尔曲线的在线搜索航迹生成

利用粒子群优化算法得到下一时刻的航路点，在线航迹规划模块根据决策输入的下一时刻目标位置，在线规划出可飞航迹。考虑时间约束问题，采用贝塞尔曲线进行在线搜索航迹的生成。

贝塞尔曲线由起始点 $\boldsymbol{P}_{\mathrm{I}}$、终止点 $\boldsymbol{P}_{\mathrm{F}}$ 以及两个相互分离的中间点 $\boldsymbol{P}_1$，$\boldsymbol{P}_2$ 组成，如图 4-12 所示，滑动两个中间点，曲线的形状会发生变化。

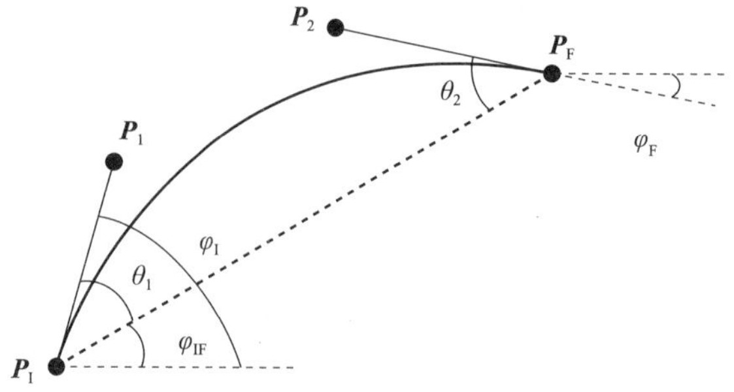

图 4-12　贝塞尔曲线示意图

贝塞尔曲线的生成可以表示为

$$\boldsymbol{P}_{\mathrm{Beier}}(t)=(1-t)^3\boldsymbol{P}_{\mathrm{I}}+3t(1-t)^2\boldsymbol{P}_1+3t^2(1-t)\boldsymbol{P}_2+t^3\boldsymbol{P}_{\mathrm{F}} \tag{4-63}$$

式中：t 从 0 到 1 变化时，生成一条贝塞尔曲线。将 $t=t/T$ 代入上式，可以得到

$$\boldsymbol{P}_{\mathrm{Bezier}}(t)=\boldsymbol{P}_{\mathrm{I}}+\frac{3t(\boldsymbol{P}_1-\boldsymbol{P}_{\mathrm{I}})}{T}+\frac{3t^2(\boldsymbol{P}_2-2\boldsymbol{P}_1+\boldsymbol{P}_{\mathrm{I}})}{T^2}+\frac{t^3(3\boldsymbol{P}_1-3\boldsymbol{P}_2+\boldsymbol{P}_{\mathrm{F}}-\boldsymbol{P}_{\mathrm{I}})}{T^3} \tag{4-64}$$

式中：t 从 0 到 T 变化时，生成一条从起始点 $\boldsymbol{P}_{\mathrm{I}}$ 到终止点 $\boldsymbol{P}_{\mathrm{F}}$ 满足时间 T 约束的贝塞尔曲线；且满足

$$\boldsymbol{P}_1=\boldsymbol{P}_{\mathrm{I}}+D_1\boldsymbol{e}_{\mathrm{I1}} \tag{4-65}$$

$$\boldsymbol{P}_2=\boldsymbol{P}_{\mathrm{F}}-D_1\boldsymbol{e}_{\mathrm{F2}} \tag{4-66}$$

式中：$\boldsymbol{e}_{\mathrm{I1}}$ 是沿着 $\boldsymbol{P}_{\mathrm{I}}\boldsymbol{P}_1$ 方向的单位向量；$\boldsymbol{e}_{\mathrm{F2}}$ 是沿着 $\boldsymbol{P}_{\mathrm{F}}\boldsymbol{P}_2$ 方向的单位向量。设向量逆时针旋转为正，则 $\boldsymbol{e}_{\mathrm{F2}}$ 可由 $\boldsymbol{e}_{\mathrm{I1}}$ 旋转得到，即

$$\boldsymbol{e}_{\mathrm{IF}}=\begin{bmatrix}\cos\theta_1 & -\sin\theta_1\\ \sin\theta_1 & \cos\theta_1\end{bmatrix}\boldsymbol{e}_{\mathrm{I1}} \tag{4-67}$$

$$\boldsymbol{e}_{\mathrm{F2}}=\begin{bmatrix}\cos\theta_2 & -\sin\theta_2\\ \sin\theta_2 & \cos\theta_2\end{bmatrix}\boldsymbol{e}_{\mathrm{IF}} \tag{4-68}$$

式中：$\boldsymbol{e}_{\mathrm{IF}}$ 是沿着 $\boldsymbol{P}_{\mathrm{I}}\boldsymbol{P}_{\mathrm{F}}$ 方向的单位向量。将式（4-65）和式（4-66）代入式（4-64）中，将其两边同时对 t 求导，得到速度曲线，在 $\boldsymbol{P}_{\mathrm{I}}$ 和 $\boldsymbol{P}_{\mathrm{F}}$ 处的速度大小相同，均为

$$V\big|_{t=0}=V\big|_{t=T}=\frac{3D_1}{T} \tag{4-69}$$

将当前时刻无人机的位置记为 $\boldsymbol{P}_{\mathrm{I}}$，决策的下一时刻的目标位置记为 $\boldsymbol{P}_{\mathrm{F}}$，$\boldsymbol{e}_{\mathrm{I1}}$ 表示当前时刻速度向量方向，$\boldsymbol{e}_{\mathrm{IF}}$ 表示下一时刻的目标方向，$\theta_1=\varphi_{\mathrm{I}}-\varphi_{\mathrm{IF}}$，且 $\theta_1=\theta_2$，给定 D_1 的值，即可求出贝塞尔曲线的解。

4.2.4　仿真分析

假设 2 架无人机 UAV1、UAV2 分别从（0，0）km，（40，0）km 的初始位置对静止目标进行协同搜索，任务区域中随机分布有 9 个目标，其余参数设置及详细结果见文献［86］。双机协同搜索的仿真结果如图 4-13 所示，经过 50 次决策后，无人机搜索到 7 个目标。图 4-14 是 $k=1$ 时刻，集中式决策结构和分布式决策结构的性能指标对比结果。分布式求解过程中性能指标随着通信次数的增加而收敛，最终收敛值小于集中式的最优解，说明分布式模型预测控制方法是一种求整体次优解的方法。集中式控制方法运行一次平均消耗时间为 23.33s，分布式为 10.09s。实际应用中可能会牺牲整体最优性来换取时间最优性。

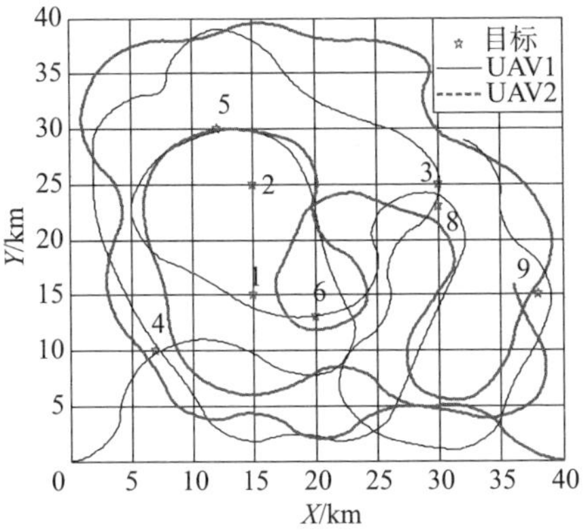

图 4-13　多无人机协同搜索航迹

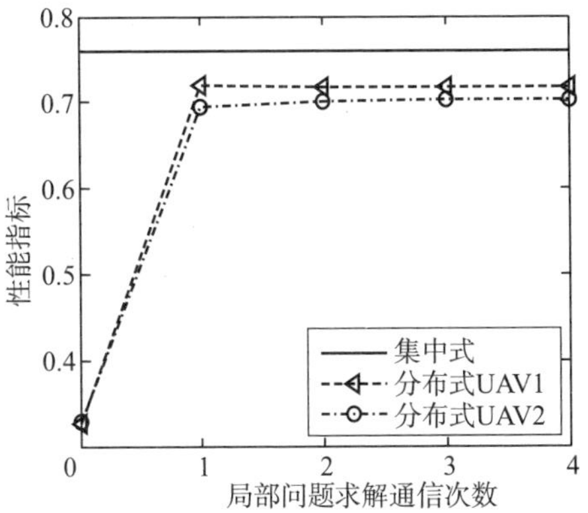

图 4-14　性能指标变化曲线

4.3　小结

本章从以下方面研究了多无人机协同搜索技术：

（1）多无人机动态目标协同搜索。针对通信受限下的动态目标协同搜索问题，建立了基于连通矩阵的无人机通信动态拓扑结构；通过目标存在概率图模型，确定了目标在任务区域中的分布情况；利用吸引信息素、排斥信息素和调度信息素的概念，设计了多无人机的协同机理；基于滚动时域控制方法，设计了多无人机协同搜索决策算法；最后进行了仿真分析。

（2）多无人机静止目标协同搜索。建立了传感器探测模型、任务区域目标存在概率模型、信息确定度模型以及协同搜索任务优化模型；针对建立的优化模型，设计了基于分布式模型预测控制方法的求解框架，基于粒子群优化算法实现了在线的优化任务决策；将贝塞尔曲线用于在线搜索任务规划中的航迹生成；最后进行了仿真分析。

第5章
同构多无人机协同察打

“察打一体化”无人机既可以执行侦察、监视、捕获任务，同时也可以利用机载武器进行攻击，实现对地面的持续火力压制，完成对高价值、动态目标精确打击的战术任务，极大缩短目标从被发现到被摧毁的时间。“察打一体化”无人机需要事先进行任务规划，为无人机分配目标和指令，并进行航迹规划。在没有地面操纵人员的参与下，多无人机按照预定的航迹飞行，到达任务区域后执行对目标的搜索、跟踪、识别和打击任务。同构多无人机协同察打以性能参数相同的“察打一体化”无人机为载体，各无人机可替代性强，任务规划问题较为简单。

本章研究同构多无人机协同察打，分别提出考虑威胁躲避的协同察打、考虑航程约束的协同察打和考虑动态目标的协同察打。

5.1　考虑威胁躲避的同构多无人机协同察打

同构多无人机协同察打包括侦察和打击2类任务，无人机执行侦察搜索任务要求发现并确认更多的目标，无人机执行压制打击任务要求在最短时间内摧毁侦察到的目标，通过多无人机的协同实现察打任务作战效能最大化。整个过程中，侦察任务和打击任务交替进行。本节主要研究多无人机的未知静态目标协同察打及威胁躲避问题[86-87]。

5.1.1　考虑威胁躲避的协同察打任务

1. 任务空间离散化

假设无人机在二维平面内运动，将任务区域离散化为 $L \times W$ 个栅格，无人机在离散栅格点中的运动可以反映其机动性能。假设无人机可以发现所有位于其探测范围内的目标，将无人机的探测区域投影在任务平面上，其探测范围为一个圆形区域，无人机转角为 φ，速度为 V，单位时间内的位移为 d。无人机探测的示意图如图 5-1 所示，半径为 R 的圆表示无人机可以探测到的区域，灰色栅格为机动约束条件下无人机下一时刻的可能位置集合。

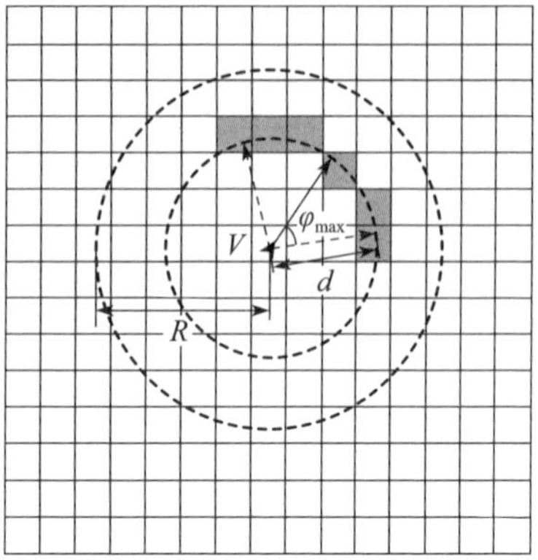

图 5-1　无人机探测示意图

2. 任务性能指标

定义 5.1（任务区域监视覆盖率）：指无人机已搜索过的栅格数与栅格总数的比值，即

$$P = \sum_{x=1}^{L}\sum_{y=1}^{W} f_{\text{state}}(x,y)/LW \qquad (5-1)$$

式中：$f_{\text{state}}(x, y) \in \{0, 1\}$，$f_{\text{state}}(x, y) = 0$ 时，栅格 (x, y) 未被搜索过；$f_{\text{state}}(x, y) = 1$ 时，栅格 (x, y) 已被搜索过。

定义 5.2（目标存在时间）：指目标从被发现到被摧毁经过的时间，反映了多无人机系统对该目标应对速度的快慢和打击摧毁能力的强弱。目标 m 的存在时间 T_m 约束为

$$\begin{cases} C_m - \sum\limits_{k=k_1}^{k_1+T_m-1}\left(D\sum\limits_{j=1}^{N_V} A_{m,j}(k)\right) > 0 \\ C_m - \sum\limits_{k=k_1}^{k_1+T_m}\left(D\sum\limits_{j=1}^{N_V} A_{m,j}(k)\right) \leqslant 0 \end{cases} \qquad (5-2)$$

式中：k_1 为目标被发现的时刻；N_V 为无人机数；D 为无人机每次攻击对目标造成的损毁程度；C_m 为目标 m 的价值；$A_{m,j}(k) \in \{0, 1\}$ 为攻击决策变量，$A_{m,j}(k) = 1$ 时无人机 j 在 k 时刻对目标 m 发起攻击，$A_{m,j}(k) = 0$ 时不对目标发动攻击。

将任务区域覆盖率作为搜索性能指标，即

$$J_s = P \qquad (5-3)$$

打击性能指标定义为

$$J_a = 1\bigg/\sum_{m=1}^{N_T} T_m \qquad (5-4)$$

式中：N_T 为发现的目标总数。

3. 集中式任务规划模型

多无人机协同察打任务规划问题可以描述为：N_V 架无人机在 $L\times W$ 任务区

域内进行搜索打击任务，并且满足

$$\begin{aligned}&\boldsymbol{U}^* = \arg\max_{\boldsymbol{U}}(\omega J_{\mathrm{s}} + (1-\omega)J_{\mathrm{a}})\\&\text{s. t.}\\&G \leqslant 0\end{aligned} \tag{5-5}$$

式中：$\omega \in \{0, 1\}$，$\omega=1$ 时无人机执行搜索任务，$\omega=0$ 时无人机执行打击任务；无人机下一时刻的位置为决策输入 $\boldsymbol{U}$；$G \leqslant 0$ 为约束条件，包括无人机机动约束（最大转弯角）G_{m}、无人机之间的防碰约束 G_{c} 以及躲避威胁约束 G_{t} 等，即

$$\begin{cases}G_{\mathrm{m}}:\varphi_i(k) - \varphi_{\max} \leqslant 0\\G_{\mathrm{c}}:d_{\min} - d_{ij}(k) \leqslant 0\\G_{\mathrm{t}}:R_l - d_{\mathrm{it}_l}(k) \leqslant 0\end{cases} \tag{5-6}$$

式中：$d_{ij}(k)$ 为 k 时刻第 i 架无人机与第 j 架无人机之间的距离；$d_{\min}$ 为机间安全距离；$d_{\mathrm{it}_l}(k)$ 为第 i 架无人机与第 l 个威胁中心之间的距离；R_l 为第 l 个威胁的威胁半径。

4. 分布式任务规划模型

分布式优化模型将搜索性能指标和打击性能指标分别分解为

$$\begin{cases}J_{\mathrm{s}} = \sum\limits_{i=1}^{N_{\mathrm{V}}} \mu_i J_{\mathrm{s}i}\\J_{\mathrm{a}} = \sum\limits_{i=1}^{N_{\mathrm{V}}} \mu_i J_{\mathrm{a}i}\end{cases} \tag{5-7}$$

式中：μ_i 为第 i 架无人机在多无人机系统中所占的权重系数。则集中式优化模型可以改写为分布式优化模型，表示为

$$\begin{aligned}&\boldsymbol{U}_i^* = \arg\max_{\boldsymbol{U}_i}(\omega_i J_{\mathrm{s}i}(\boldsymbol{X}_i, \widetilde{\boldsymbol{X}}_i) + (1-\omega_i)J_{\mathrm{a}i}(\boldsymbol{X}_i, \widetilde{\boldsymbol{X}}_i))\\&\text{s. t.}\\&C_i \leqslant 0 \quad i = 1, 2, \cdots, N_{\mathrm{V}}\end{aligned} \tag{5-8}$$

式中：$\omega_i \in \{0, 1\}$ 反映了第 i 架无人机的任务选择情况，$\omega_i=1$ 时无人机执行搜索任务，$\omega_i=0$ 时无人机执行打击任务；$\boldsymbol{X}_i$ 为第 i 架无人机的飞行状态；$\widetilde{\boldsymbol{X}}_i$ 为第 i 架无人机通信范围内的邻居无人机。

5. 协同察打算法流程

多无人机系统中的每个个体都可以独立执行任务，能够进行自主问题求解，驱动无人机做出决策，规划每一步的行为，与其他无人机互相通信，交流各自位置和对目标的探测信息，从而满足单机对系统整体状态的把握，作出整

体性能最优的决策。实际环境中，存在各种各样的障碍及突发威胁，因此需要将威胁躲避功能嵌入在单机任务规划中。

同构多无人机协同察打算法的流程如图 5-2 所示[86]。无人机没有探测到威胁时，选择正常飞行模式，无人机根据决策信息选择执行协同搜索任务或是打击任务，并实时探测周围环境；当其探测到威胁时，立即进入威胁躲避模式，无人机的威胁躲避航迹生成器会快速生成能够躲避威胁的航迹，当威胁被成功绕开后，无人机重新返回到正常飞行模式。满足一定条件时，2 种飞行模式之间可以相互切换，实现多无人机系统在整个任务过程中的安全协同飞行。

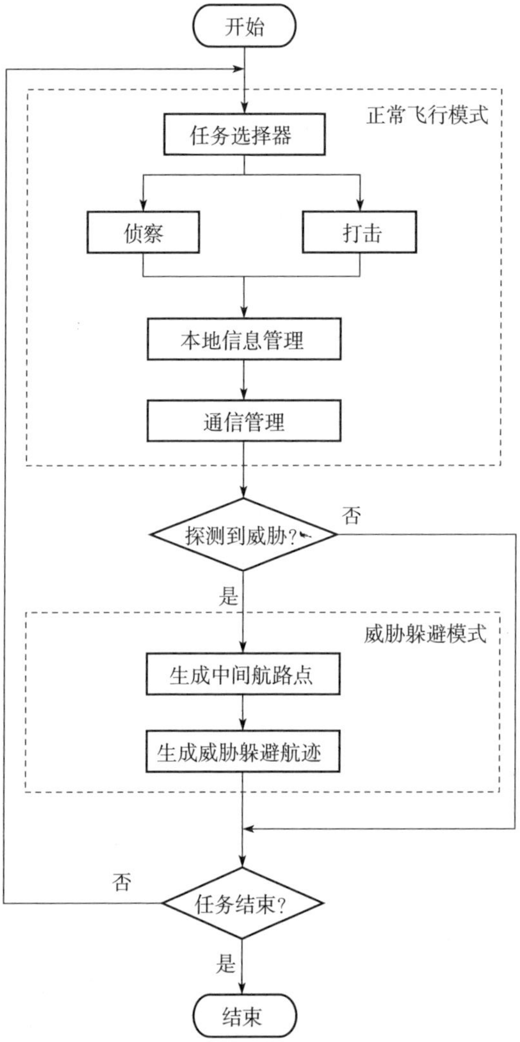

图 5-2　考虑威胁躲避的协同察打算法流程图

5.1.2 基于蚁群优化的航路点生成

正常飞行模式下，基于改进的分布式蚁群优化算法实现多无人机的航路点生成。蚁群搜捕行为与无人机察打行为非常相似，两者的映射关系如表5-1所示。

表5-1 协同察打任务与蚁群行为的映射关系

项目	多无人机协同察打	蚁群搜捕行为
行为主体	无人机	蚂蚁
行为空间	任务区域	觅食空间
具体行为	侦察搜索	寻找食物源
	压制打击	消耗食物源

分布式蚁群优化算法的策略结构如图5-3所示[86]。每个个体独立运作，可以进行问题解决方案的构建，按照决策执行搜索、消耗行为，维护自身的信息素结构，与邻居个体进行有限的信息交互。其中，信息素更新机制和状态转移规则是关键所在。

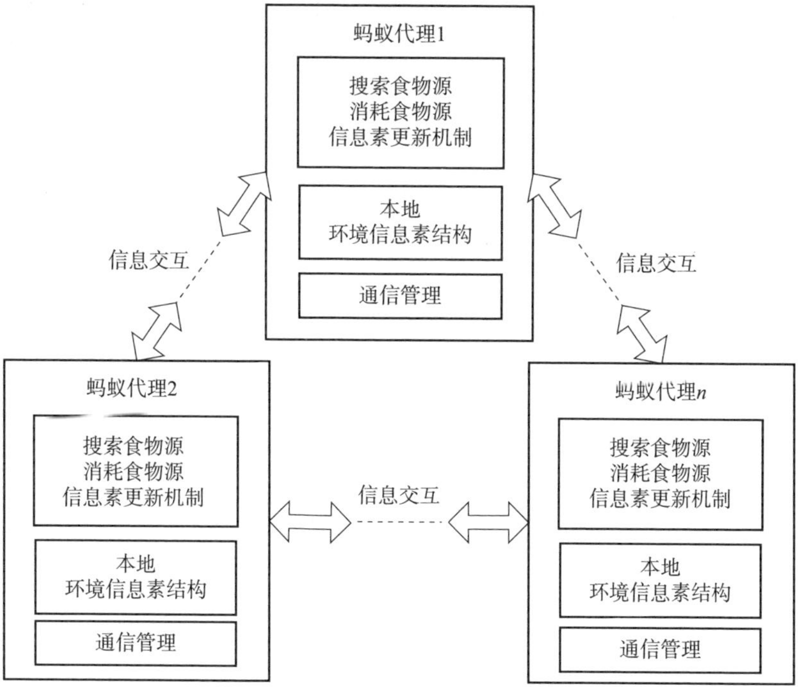

图5-3 分布式蚁群优化算法策略结构

1. 信息素更新机制

蚁群利用分泌在空间中的信息素作为介质进行互相通信，个体的运动方向由该处信息素浓度的大小决定。因此，多无人机协同察打任务规划中的环境信息素结构为

$$\tau^i(k)=\tau^i_{(x,y)}(k) \tag{5-9}$$

式中：$x=1, 2, \cdots, L$，$y=1, 2, \cdots, W$；$\tau^i_{(x,y)}(k)$ 为 k 时刻第 i 架无人机在栅格（x，y）处存储的信息素浓度值，反映了该栅格对无人机的吸引程度，用于无人机的行动决策。

信息素更新包括搜索信息素更新与召集信息素更新。

（1）搜索信息素更新。

搜索信息素更新包括局部信息素浓度值更新和全局信息素浓度值更新。

当无人机完成一次状态转移后，按照自身及邻居个体的位置进行信息素更新，从而减少已搜索过区域的信息素浓度，避免对某区域进行过多的重复搜索。设 k_{f} 时刻第 i 架无人机掌握到的无人机 j 的信息为

$$I_j(k_{\mathrm{f}})=\{(x_j(k_{\mathrm{f}}),y_j(k_{\mathrm{f}}),M_j(k_{\mathrm{f}})\} \tag{5-10}$$

式中：$k_{\mathrm{f}}\leqslant k$；$(x_j(k_{\mathrm{f}}), y_j(k_{\mathrm{f}}))$ 为无人机 j 在 k_{f} 时刻的位置；$M_j(k_{\mathrm{f}})$ 为其运动信息，主要指运动方向。因此，第 i 架无人机预测的无人机 j 在 k 时刻的信息为

$$I_j^*(k)=\{(x_j^*(k),y_j^*(k)),M_j^*(k)\} \tag{5-11}$$

无人机 i 的本地局部信息素更新表示为

$$\begin{cases}\tau^i_{(x,y)}(k+1)=\tau^i_{(x,y)}(k)-\Delta\tau^i_{\mathrm{s}(x,y)}(k)\\ \Delta\tau^i_{\mathrm{s}(x,y)}(k)=\sum\limits_{j\in \boldsymbol{U}_i}\Delta\tau^{(i,j)}_{\mathrm{s}(x,y)}(k)\end{cases} \tag{5-12}$$

$$\Delta\tau^{(i,j)}_{\mathrm{s}(x,y)}(k)=\begin{cases}\Delta\tau_0\dfrac{R^4-d^4((x,y),(x_j^*(k),y_j^*(k)))}{R^4} & (d^4((x,y),(x_j^*(k),y_j^*(k)))\leqslant R^4)\\ 0 & (d^4((x,y),(x_j^*(k),y_j^*(k)))>R^4)\end{cases} \tag{5-13}$$

式中：$\Delta\tau^{(i,j)}_{\mathrm{s}(x,y)}(k)$ 为第 j 架无人机引起的信息素衰减量；$\boldsymbol{U}_i$ 为与第 i 架无人机有通信拓扑关系的无人机集合；$\Delta\tau_0$ 为局部信息素衰减常量；$d((x, y), (x_j^*(k), y_j^*(k)))$ 为栅格（x，y）与 $(x_j^*(k), y_j^*(k))$ 之间的距离。可以看出，式（5-13）仅针对搜索区域内的信息素进行更新。

由于任务区域环境具有不确定性，目标的位置在该区域内动态变化，可能出现在被搜索过的区域，为此每隔一段时间对信息素进行全局增强，全局信息素浓度值的更新为

$$\tau^{i}_{(x,y)}(k+1)=\tau^{i}_{(x,y)}(k)+F\Delta\tau_{\mathrm{g}} \tag{5-14}$$

式中：$F\in(0,\ 1)$ 为环境不确定因子，其值越大，环境的不确定性越强；$\Delta\tau_{\mathrm{g}}$ 为全局信息素更新常量。

（2）召集信息素更新。

召集信息素更新是指对新增目标信息时的信息素浓度值进行更新。当无人机发现新目标时，将此目标信息发送给其他无人机，各无人机更新其本地的召集信息素结构，做出是否向该目标飞行的决策，从而缩短目标存在时间。召集信息素更新为

$$\begin{cases}\tau^{i}_{(x,y)}(k+1)=\tau^{i}_{(x,y)}(k)+\Delta\tau^{i}_{\mathrm{c}(x,y)}(k)\\ \Delta\tau^{i}_{\mathrm{c}(x,y)}(k)=\Delta\tau_{\mathrm{g}}Ce^{-\frac{d^2((x,y),(x_t,y_t))}{2\delta^2}}\end{cases} \tag{5-15}$$

式中：C 为目标的价值；$(x_{\mathrm{t}},\ y_{\mathrm{t}})$ 为目标的位置；δ 为目标产生的信息素增强的影响范围因子，通过调整 δ 的大小实现对目标召集无人机范围的调整，反映了多无人机之间的合作程度和范围。

召集信息素作用范围有限，因此只能对距离目标适中的部分无人机产生吸引作用，使之对目标进行协同打击。若经过打击以后目标消失，则将目标附近的信息素浓度减小到初始值。目标消失后的信息素更新为

$$\begin{cases}\tau^{i}_{(x,y)}(k+1)=\tau^{i}_{(x,y)}(k)-\Delta\tau^{i}_{\mathrm{c}(x,y)}(k)\\ \Delta\tau^{i}_{\mathrm{c}(x,y)}(k)=\Delta\tau_{\mathrm{g}}Ce^{-\frac{d^2((x,y),(x_t,y_t))}{2\delta^2}}\end{cases} \tag{5-16}$$

2. 状态转移规则

状态转移规则包括常规转移与防碰转移。当无人机附近的安全距离内没有邻居无人机时，选择常规转移规则；当其探测到附近存在其他无人机时，立即采取防碰转移模式，尽快扩大与其他无人机的相对距离。

常规转移规则为

$$f^{*}_{\mathrm{grid}}(k+1)=\arg\max_{F_{\mathrm{grid}}(k+1)}\tau(F_{\mathrm{grid}}(k+1)) \tag{5-17}$$

式中：$F_{\mathrm{grid}}(k+1)$ 为下一时刻所有的待选栅格点集合；$f^{*}_{\mathrm{grid}}(k+1)$ 为按照状态转移规则选出的下一时刻的栅格。

若待选栅格中两个栅格的信息素浓度相同，则无人机转移的驱动力将减小。因此，可将环境覆盖率作为启发函数，即

$$\eta=P=\sum_{x=1}^{L}\sum_{y=1}^{W}f_{\mathrm{state}}(x,y)/LW \tag{5-18}$$

则状态转移规则改写为

$$f_{\mathrm{grid}}^{*}(k+1)=\arg\max_{F_{\mathrm{grid}}(k+1)}\left(\tau^{a}\left(F_{\mathrm{grid}}(k+1)\right)\eta^{b}\left(F_{\mathrm{grid}}(k+1)\right)\right) \tag{5-19}$$

式中：a 为状态转移中信息素浓度的重要程度因子；b 为状态转移中启发函数的重要程度因子。若式（5-19）存在多个解，则偏转角最小的栅格为最终解。

若无人机周围都是已经搜索过的栅格，此时将陷入局部搜索，需要较长的时间才能跳出局部最优。因此，当迭代次数已经超过迭代阈值且覆盖率不变时，改变转移规则，使无人机向距离最近的未搜索过的栅格区域移动，从而使任务区域覆盖率达到 100%。

3. 分布式蚁群优化算法流程

基于分布式蚁群优化的搜索算法流程如图 5-4 所示[86]。

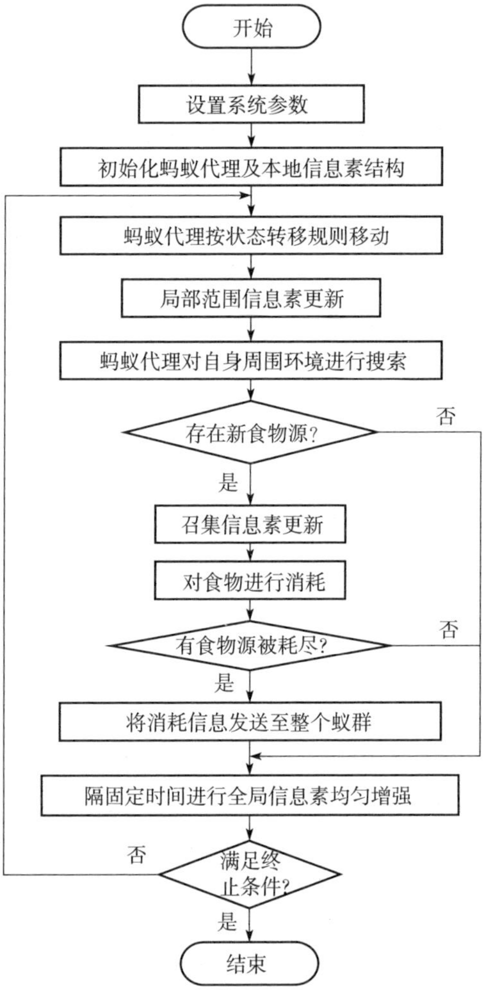

图 5-4　分布式蚁群优化算法流程图

5.1.3　基于 Dubins 曲线的航迹生成与威胁躲避

分布式蚁群优化算法仅能够生成航路点，而航迹的生成需要综合无人机实际飞行时的机动性能，对航路点进行平滑连接，考虑突发威胁，还需要进行航迹重规划，以绕开威胁安全抵达目标点。

1. 航迹生成

1957 年，L. E. Dubin 提出了 Dubins 曲线。它能够考虑连接曲线的曲率限制，连接各航路点，生成无人机可飞航迹，常用于解决航迹规划问题。

Dubins 路径由 2 个相切的圆弧或者 2 段圆弧和 1 段直线连接而成，对于起始点和目标点速度方向的一种确定组合，可以产生 4 种 Dubins 路径：外切的起始右圆到目标右圆、外切的起始左圆到目标左圆、内切的起始右圆到目标左圆以及内切的起始左圆到目标右圆。如图 5-5 所示，O_s 表示起始圆，O_f 表示终点圆，V_s 为起始点速度，V_f 为目标点速度。

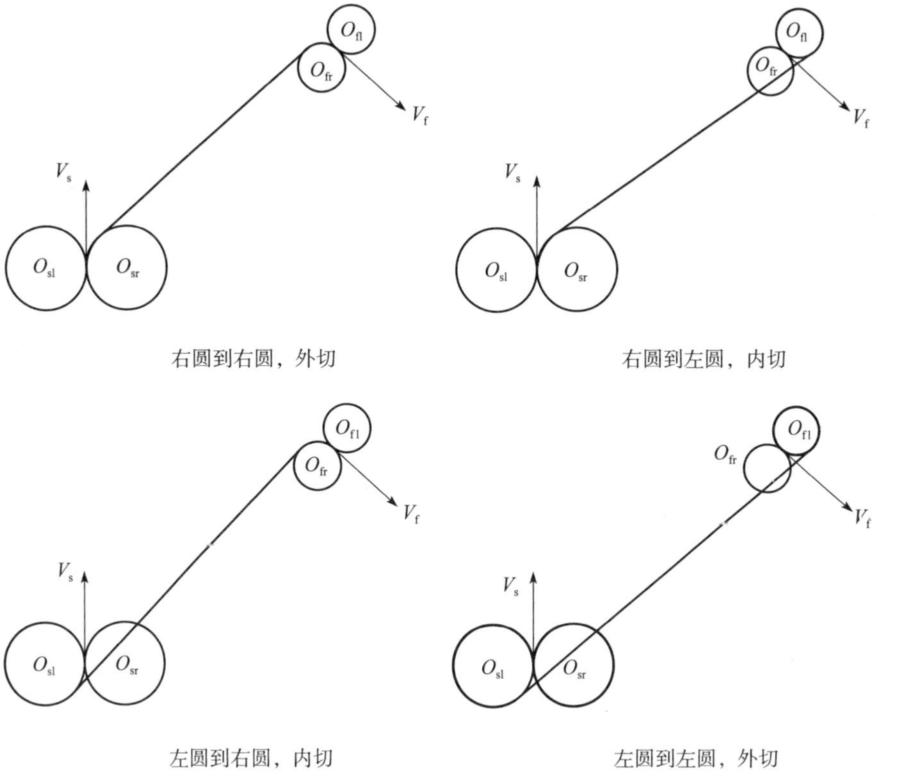

右圆到右圆，外切　　右圆到左圆，内切

左圆到右圆，内切　　左圆到左圆，外切

图 5-5　起始终止方向确定的 4 种 Dubins 路径

Dubins 路径的求解问题可以描述为：起始点的位置为 $P_S(X_s, Y_s)$，终点的位置为 $P_F(X_f, Y_f)$，速度 V_s 和 V_f 的方向角分别为 φ_s 和 φ_f，起始圆和终点圆的半径分别为 R_s 和 R_f，Dubins 路径的解 γ 为

$$P_S(X_s, Y_s, \varphi_s) \xrightarrow{\gamma} P_F(X_f, Y_f, \varphi_f) \tag{5-20}$$

Dubins 路径求解包括外切路径和内切路径两种求解算法。Dubins 外切路径的示意图如图 5-6 所示，求解步骤如下[86]：

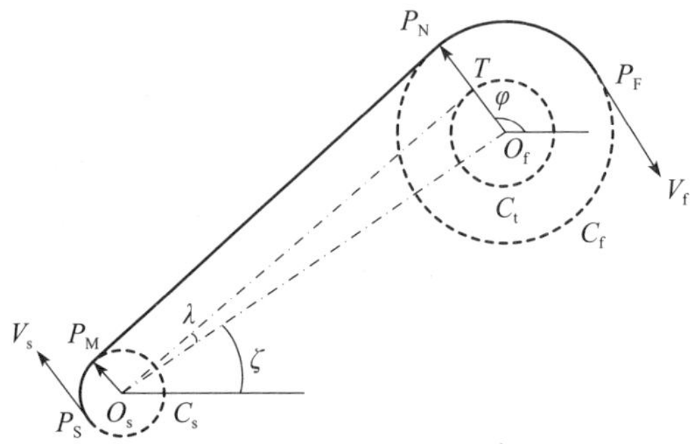

图 5-6　外切线的 Dubins 路径

（1）由起始点、终点的位置 $P_S(X_s, Y_s)$、$P_F(X_f, Y_f)$，V_s 和 V_f 的速度方向共同确定起始圆 C_s 和终点圆 C_f 的圆心坐标 $O_s(X_{cs}, Y_{cs})$、$O_f(X_{cf}, Y_{cf})$，即

$$\begin{cases} X_{cs} = X_s + R_s\cos\left(\varphi_s \pm \dfrac{\pi}{2}\right) \\ Y_{cs} = Y_s + R_s\sin\left(\varphi_s \pm \dfrac{\pi}{2}\right) \end{cases} \tag{5-21}$$

$$\begin{cases} X_{cf} = X_f + R_f\cos\left(\varphi_f \pm \dfrac{\pi}{2}\right) \\ Y_{cf} = Y_f + R_f\sin\left(\varphi_f \pm \dfrac{\pi}{2}\right) \end{cases} \tag{5-22}$$

（2）当 $R_f > R_s$ 时，以 O_f 为圆心作半径为（$R_f - R_s$）的圆 C_t，否则以 O_s 为圆心作半径为（$R_s - R_f$）的圆 C_t，不妨设 $R_f > R_s$。

（3）连接 O_s 和 O_f 作为中心线，其长度为 $|O_sO_f| = \sqrt{(X_{cs}-X_{cf})^2+(Y_{cs}-Y_{cf})^2}$。

（4）过 O_s 点作一条切线，与圆 C_t 相切于点 T，连接 O_f 和 T 点，延长 O_fT 交圆 C_f 于 P_N 点，即 Dubins 路径的切入点。

（5）过 O_s 点作一条平行于 O_fP_N 的直线，交圆 C_s 于 P_M 点，即 Dubins 路径的切出点。

（6）连接 P_M 和 P_N 点，P_MP_N 为 Dubins 路径的直线段。

(7) 在圆 C_s 中截取一段劣弧连接 P_S 和 P_M 点，得到 Dubins 路径的切出圆弧段，在圆 C_f 中截取一段劣弧连接 P_N 和 P_F 点，得到 Dubins 路径的切入圆弧段。

直线 O_sO_f 和 O_sT 的夹角为

$$\lambda=\arcsin\left(\frac{R_f-R_s}{|O_sO_f|}\right) \tag{5-23}$$

中心线 O_sO_f 的斜率为

$$\zeta=\arctan\left(\frac{Y_{cf}-Y_{cs}}{X_{cf}-X_{cs}}\right) \tag{5-24}$$

点 $P_M(X_M, Y_M)$ 和点 $P_N(X_N, Y_N)$ 的位置为

$$\begin{cases}X_M=X_{cs}+R_s\cos\varphi\\Y_M=Y_{cs}+R_s\sin\varphi\end{cases} \tag{5-25}$$

$$\begin{cases}X_N=X_{cf}+R_f\cos\varphi\\Y_N=Y_{cf}+R_f\sin\varphi\end{cases} \tag{5-26}$$

式中：φ 由表 5-2 得到，根据 C_s 和 C_f 的位置关系，选择对应的计算公式。图 5-6 对应顺时针终点圆的切出点，选择 $\varphi=\lambda+\zeta+\pi/2$。

表 5-2　外切线的切出切入点计算

终点圆方向	切出	切入
终点圆：顺时针圆	$\lambda+\zeta+\pi/2$	$\lambda+\zeta+\pi/2$
	$\zeta-\lambda+\pi/2$	$\zeta-\lambda+\pi/2$
终点圆：逆时针圆	$\zeta-\lambda+3\pi/2$	$\zeta-\lambda+3\pi/2$
	$\zeta-\lambda-\pi/2$	$\zeta-\lambda-\pi/2$

Dubins 内切路径的示意图如图 5-7 所示，求解步骤如下[86]：

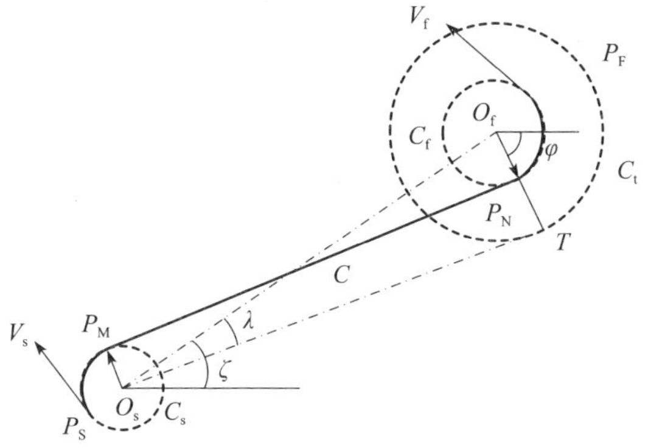

图 5-7　内切线的 Dubins 路径

（1）由起始点、终点的位置 $P_S(X_s, Y_s)$、$P_F(X_f, Y_f)$，V_s 和 V_f 的速度方向共同确定起始圆 C_s 和终点圆 C_f 的圆心坐标 $O_s(X_{cs}, Y_{cs})$ 和 $O_f(X_{cf}, Y_{cf})$，即

$$\begin{cases} X_{cs}=X_s+R_s\cos\left(\varphi_s\pm\dfrac{\pi}{2}\right) \\ Y_{cs}=Y_s+R_s\sin\left(\varphi_s\pm\dfrac{\pi}{2}\right) \end{cases} \tag{5-27}$$

$$\begin{cases} X_{cf}=X_f+R_f\cos\left(\varphi_f\pm\dfrac{\pi}{2}\right) \\ Y_{cf}=Y_f+R_f\sin\left(\varphi_f\pm\dfrac{\pi}{2}\right) \end{cases} \tag{5-28}$$

（2）以 O_f 为圆心，作半径为（R_f+R_s）的圆 C_t。

（3）连接 O_s 和 O_f 作为中心线，其长度为 $|O_sO_f|=\sqrt{(X_{cs}-X_{cf})^2+(Y_{cs}-Y_{cf})^2}$。

（4）过 O_s 点作一条切线与圆 C_t 相切于点 T，连接 O_f 和 T，交圆 C_f 于 P_N 点，即 Dubins 路径的切入点。

（5）过 O_s 点作一条平行于 O_fP_N 的直线，交圆 C_s 于 P_M 点，即 Dubins 路径的切出点。

（6）连接 P_M 和 P_N 点，P_MP_N 为 Dubins 路径的直线段。

（7）在圆 C_s 中截取一段劣弧连接 P_S 和 P_M 点，得到 Dubins 路径的切出圆弧段，在圆 C_f 中截取一段劣弧连接 P_N 和 P_F 点，得到 Dubins 路径的切入圆弧段。

中心线 O_sO_f 和 O_sT 的夹角为

$$\lambda=\arcsin\left(\frac{R_f+R_s}{|O_sO_f|}\right) \tag{5-29}$$

中心线 O_sO_f 的斜率为

$$\zeta=\arctan\left(\frac{Y_{cf}-Y_{cs}}{X_{cf}-X_{cs}}\right) \tag{5-30}$$

$P_M(X_M, Y_M)$ 和 $P_N(X_N, Y_N)$ 的位置关系为

$$\begin{cases} X_M=X_{cs}+R_s\cos\varphi \\ Y_M=Y_{cs}+R_s\sin\varphi \end{cases} \tag{5-31}$$

$$\begin{cases} X_N=X_{cf}+R_f\cos\varphi \\ Y_N=Y_{cf}+R_f\sin\varphi \end{cases} \tag{5-32}$$

式中：φ 由表 5-3 得到，根据 C_s 和 C_f 的位置关系，选择对应的计算公式。图 5-7 对应逆时针终点圆的切入点，选择 $\varphi=\zeta-\lambda-\pi/2$。

表 5-3　内切线的切出切入点计算

	切出	切入
终点圆：顺时针圆	$\lambda+\zeta+3\pi/2$	$\lambda+\zeta+\pi/2$
终点圆：逆时针圆	$\zeta-\lambda+\pi/2$	$\zeta-\lambda-\pi/2$

2. 威胁躲避策略

如图 5-8 所示，设威胁半径为 R_t，取安全区域半径为 $\kappa R_t(\kappa>1)$，无人机探测到威胁时距离威胁区域边缘的距离为 d_t，当无人机探测到威胁后，立即进入威胁躲避模式。若无人机的预定航迹穿过障碍物威胁区域，则航迹规划算法将生成一个新的中间航路点，重新规划此航迹，使其绕过障碍物，如图 5-9 所示。图中阴影部分是障碍物威胁区域，位于阴影部分外部的圆为无人机可以安全通行的安全圆，原始航迹经 A_1 点进入障碍物威胁区域，从 A_2 点离开。用直线连接 A_1 和 A_2 点，过圆心 C 作一条直线垂直于 A_1A_2，与障碍物安全圆交于点 M 和点 N，作为待选的中间航路点。中间航路点的选取根据障碍物圆心 C 与直线 A_1A_2 的相对位置关系得到，若点 C 位于 A_1A_2 的下方，那么选择在障碍物上方的点 M 作为中间航路点，反之选择点 N 作为中间航路点。图中虚线 γ 表示原始航迹，实线 γ' 是通过中间点 M 采用 Dubins 曲线生成的威胁躲避航迹。

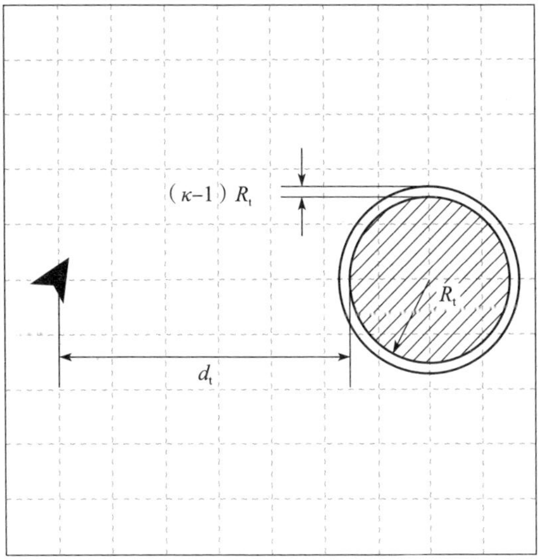

图 5-8　无人机探测到障碍物示意图

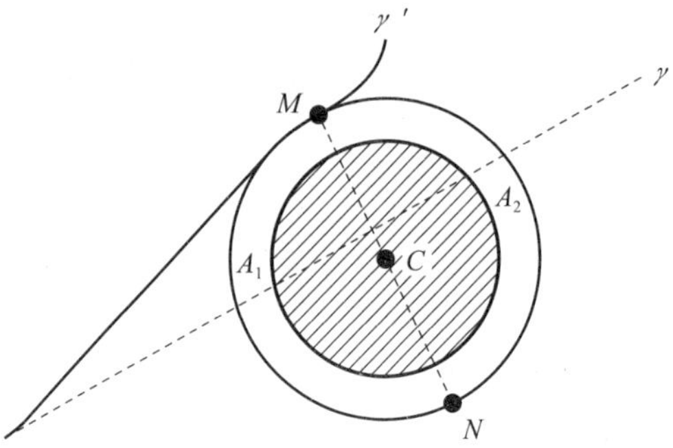

图 5-9　中间航路点生成示意图

威胁躲避流程如图 5-10 所示，具体步骤如下[86]：

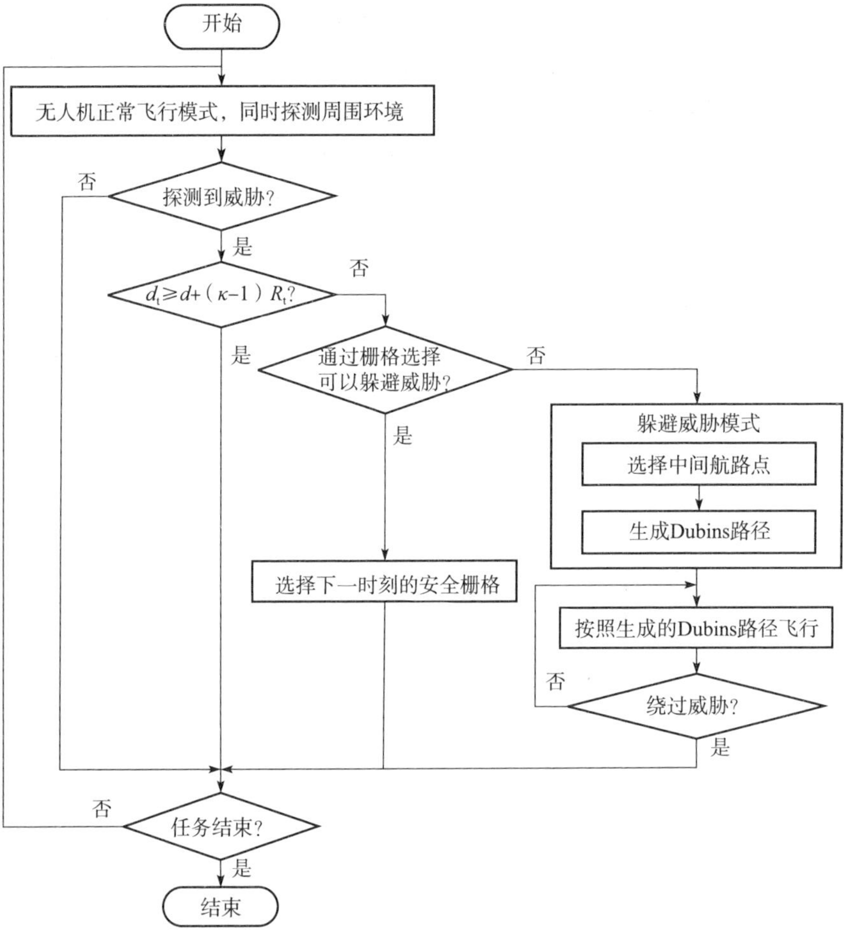

图 5-10　无人机飞行躲避威胁的流程图

（1）无人机按照正常飞行模式前进一个步长 d，同时对周围环境进行探测，若探测到威胁，则进入步骤（2），否则进入步骤（6）。

（2）判断无人机在下一步长期间有无可能进入到威胁区域，如果可能进入到威胁区域，即 $d_t<d+(\kappa-1)R_t$，则进入步骤（3），否则进入步骤（6）。

（3）判断无人机通过下一步待选栅格的筛选能否成功避开威胁区域，若不能避开，进入步骤（4），否则进入步骤（6）。

（4）无人机进入威胁躲避模式，从待选栅格中选择出距离威胁中心最远的点作为下一步的航路点，并依次计算出中间航路点，生成 Dubins 航迹。

（5）无人机按照威胁躲避模式生成的 Dubins 航迹飞行，直到无人机到达中间航路点，威胁躲避模式结束，进入步骤（6）。

（6）判断无人机飞行任务是否结束，若没有结束，返回进入步骤（1）。

5.1.4　仿真分析

下面从算法收敛性能、威胁躲避性能、自适应性能 3 方面验证并分析同构协同察打任务规划算法的有效性。2 架无人机的初始位置分别为（0，0）km 和（50，0）km，无人机每秒移动 5 个栅格，每隔 1s 进行一次决策，无人机按照状态转移规则转移一步，最大转角 $\varphi_{max}=45°$，搜索半径为 $R=1$km（20 个栅格），无人机每次攻击对目标造成的损坏程度为 1，其余仿真参数设置及详细结果见文献［86-87］。

1. 算法收敛性能分析

不考虑环境中存在威胁的情况下，进行如下仿真。

（1）方法 1：扫描式搜索方法。

（2）方法 2：基于式（5-17）所示的常规状态转移规则。

（3）方法 3：基于式（5-19）所示的改进状态转移规则。

（4）方法 4：在方法 3 的基础上，引入迭代次数阈值 $N=50$。

2 架无人机飞行 800 步、7000 步的仿真结果分别如图 5-11 和图 5-12 所示，任务规划算法迭代一次意味着无人机飞行一步。

当迭代次数较少时，方法 2 和方法 3 均可以在短时间内达到与扫描式搜索任务区域覆盖率相近的水平。长时间迭代后，由于无人机可能陷入局部搜索中难以跳出，方法 2 与方法 3 任务区域覆盖率存在多处长时间保持不变的情况，而方法 4 通过设置迭代次数阈值，可以促使无人机避免过度地局部寻优，快速跳出局部搜索，很快达到收敛。

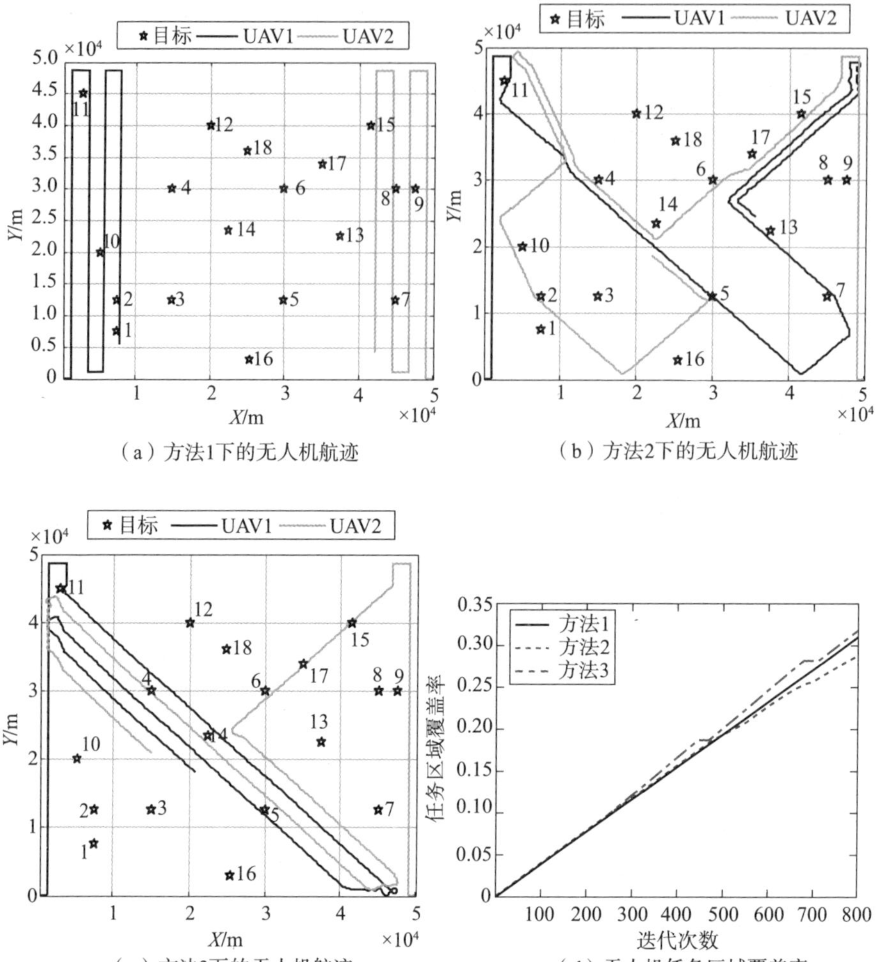

（a）方法1下的无人机航迹
（b）方法2下的无人机航迹
（c）方法3下的无人机航迹
（d）无人机任务区域覆盖率

图 5-11　迭代 800 次的协同察打任务仿真结果

2. 算法威胁躲避性能分析

实际环境中，将雷达威胁范围及其他的威胁或障碍物近似为圆形，因此在任务区域内增加若干圆形威胁区域，验证该算法的威胁躲避性能。

任务规划算法在 800 次迭代后，无人机的飞行航迹如图 5-13（a）所示，其中威胁区域用圆圈表示，无人机共发现并摧毁目标 10 个，目标 4、7、8、9、10、12、13、16 未被发现。当迭代次数进一步增加到6000 次时，无人机飞行航迹如图 5-13（b）所示，此时任务区域的覆盖率达到97.5%，所有目标均被发现和摧毁，并且无人机在飞行过程中成功避开威胁区。

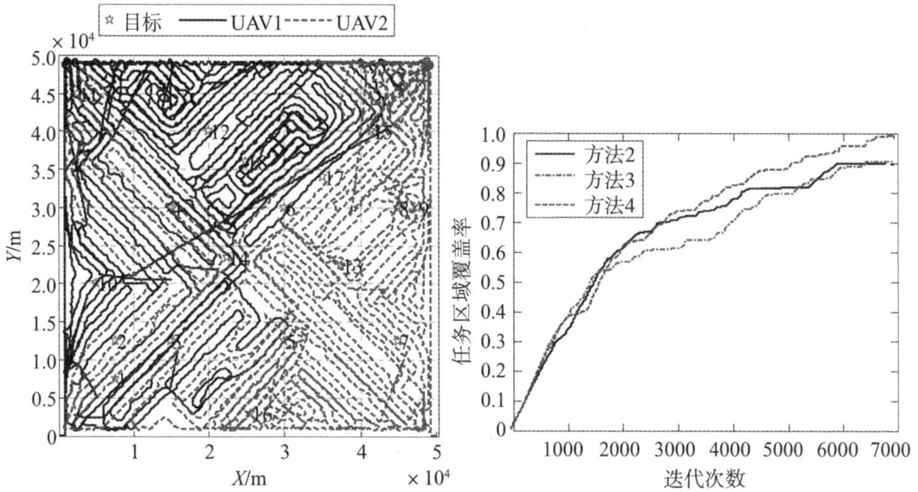

（a）方法4下的无人机航迹　　（b）无人机任务区域覆盖率

图 5-12　迭代 7000 次的协同察打任务仿真结果

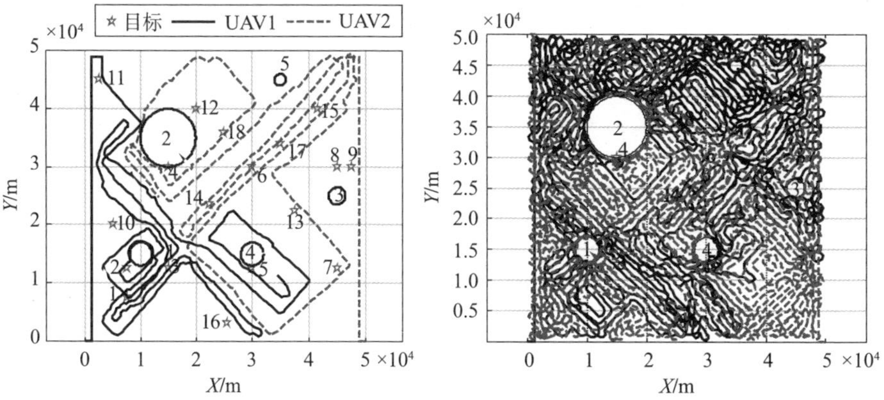

（a）迭代800次的无人机航迹　　（b）迭代6000次的无人机航迹

图 5-13　算法威胁躲避性能仿真结果

3. 算法自适应性能分析

当出现无人机加入或退出情况时，任务规划算法需要在不改变算法结构及流程的条件下，重建通信拓扑结构。因此，算法必须能够适应多无人机系统的规模变化，从而保证系统的协同性。设初始阶段只有 2 架无人机，在 250 次迭代时加入新无人机，经过 500 次迭代的仿真结果如图 5-14 所示。增加新的无人机后，该算法可以自主地调整各无人机的飞行轨迹，提高任务覆盖率的增长速率。

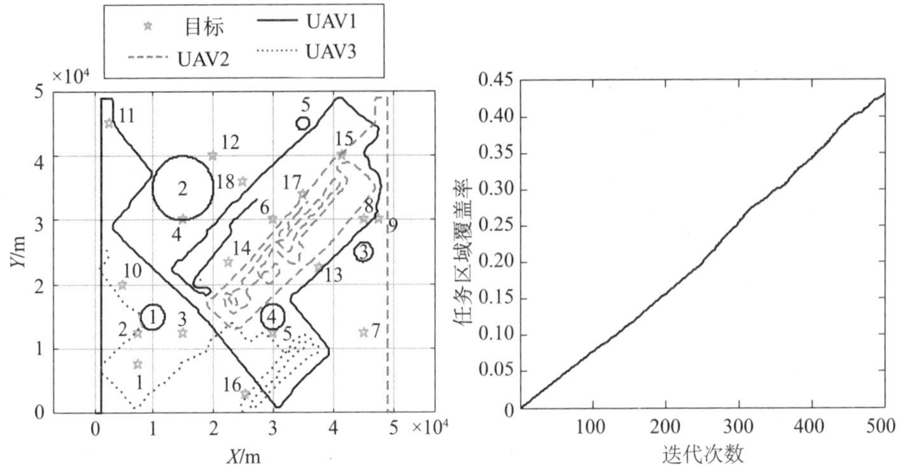

（a）加入新无人机后的无人机航迹　　（b）加入新无人机后的任务区域覆盖率

图 5-14　算法自适应性能仿真结果

5.2　考虑航程约束的同构多无人机协同察打

无人机的常规动力来源主要有 6 种，分别是有线电缆、太阳能、锂电池、氢燃料电池、激光供电以及内燃机等。其中，内燃机、电池供电以及油电混合方式受约束条件少，应用场景广泛，是目前无人机动力的主流来源。本节进一步研究了航程约束下的多无人机协同察打问题[88]。

5.2.1　考虑航程约束的协同察打任务

1. 任务性能指标

假设每架无人机都具有相同性能参数，可以同时执行搜索和攻击任务。

定义 5.4（攻击收益）：攻击收益即为被攻击的目标价值总和，表示为

$$Q(k) = \sum_{m=1}^{N_{\mathrm{T}}(k)} C_m \tag{5-33}$$

式中：$N_{\mathrm{T}}(k)$ 为被攻击的目标数；C_m 为第 m 个目标的价值。

任务规划的最优解与评价函数选取有关，多无人机系统的评价函数表示为

$$\begin{cases} J = \sum_{i=1}^{N_{\mathrm{v}}} \mu_i J_i \\ J_i = \omega_i J_{\mathrm{s}i} + (1 - \omega_i) J_{\mathrm{a}i} \end{cases} \tag{5-34}$$

式中：攻击任务评价函数 $J_{\mathrm{a}i}$ 与攻击收益 Q_i 有关。

2. 任务规划模型

多无人机任务规划问题的目标是在各种约束条件下，最大化监视覆盖率和攻击效益，即使评价函数式（5-34）最大。因此，任务规划问题的集中式优化模型可以表示为

$$
\begin{aligned}
&\boldsymbol{U}^* = \arg\max_{\boldsymbol{U}} J \\
&\text{s. t.} \\
&G \leqslant 0
\end{aligned}
\tag{5-35}
$$

式中：输入决策 $\boldsymbol{U}$ 表示无人机在下一时刻的瞬时位置。

假设各无人机独立地进行任务规划问题的求解，集中式优化模型式（5-35）可以分解为一个分布式优化模型，即

$$
\begin{aligned}
&\boldsymbol{U}_i^* = \arg\max_{\boldsymbol{U}_i} (J_i(\boldsymbol{X}_i, \widetilde{\boldsymbol{X}}_j)) \\
&\text{s. t.} \\
&G_i \leqslant 0
\end{aligned}
\tag{5-36}
$$

式中：约束条件主要包括机动性约束 G_{m}、防碰约束条件 G_{c}、威胁躲避约束条件 G_{t} 和航程约束条件 G_{r}，$G_i = \{G_{\mathrm{m}}, G_{\mathrm{c}}, G_{\mathrm{t}}, G_{\mathrm{r}}\}$。考虑到燃料限制，无人机的航程约束表示为

$$
G_{\mathrm{r}}: L_{\mathrm{past}}^i(k) - L_{\max}^i \leqslant 0 \tag{5-37}
$$

式中：$L_{\max}^i$ 为第 i 架无人机的最大航程；$L_{\mathrm{past}}^i(k)$ 为其经过的航迹距离。

3. 协同察打算法流程

协同察打智能自组织算法流程如图 5-15 所示，包括航路点生成模块和航迹生成模块两部分。在航路点生成模块中，采用改进分布式蚁群优化算法来选择航路点。在航迹生成模块中，使用 Dubins 曲线生成航迹，并在出现意外威胁时，进入威胁躲避模式，重新规划航迹。

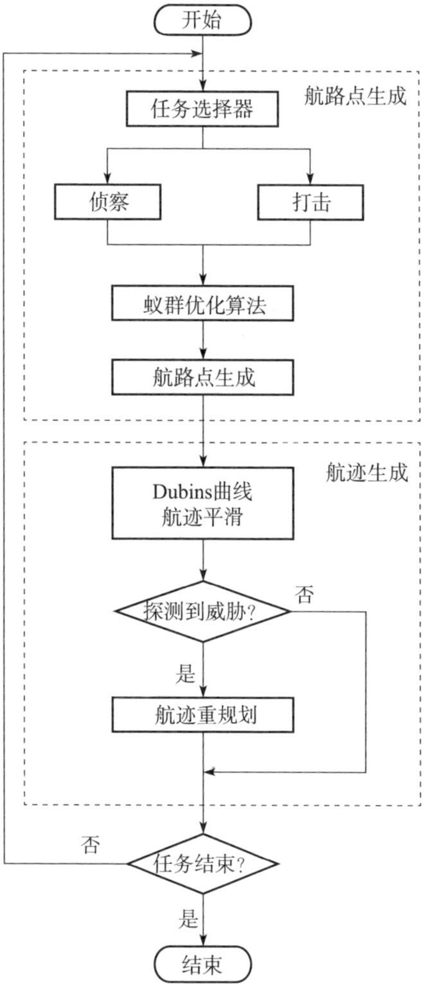

图 5-15　考虑航程约束的协同察打算法流程图

5.2.2 基于蚁群优化的航路点生成

蚁群优化算法的信息素更新机制包括局部信息素更新机制和全局信息素更新机制。每架无人机根据自身状态以及通信得到的其他无人机状态对其当前搜索区域进行局部信息素更新；由于存在环境不确定性，每隔一段时间进行一次全局信息素更新。

为了确保无人机能够返回到初始位置，航程约束下的状态转换规则为

$$f_{\text{grid}}^*(k+1)=\lambda_1 f_{\text{grid }1}^*(k+1)+\lambda_2 f_{\text{grid }2}^*(k+1) \tag{5-38}$$

$$f_{\text{grid }2}^*(k+1)=\arg\min_{F_{\text{grid}}(k+1)}(\,|L_{\text{left}}(k+1)-D_{\text{left}}(k+1)|\,) \tag{5-39}$$

式中：$f_{\text{grid}}^*(k+1)$ 由式（5-19）计算，λ_1，λ_2 为权重系数，满足 $\lambda_1+\lambda_2=1$，且

$$\begin{cases}\lambda_2=0 & \left(L_{\text{past}}\leqslant\dfrac{1}{2}L_{\max}\right)\\ \lambda_2=1 & \left(L_{\text{past}}>\dfrac{1}{2}L_{\max},p<p_{\text{g}}\right)\end{cases} \tag{5-40}$$

p 为随机数；阈值 p_{g} 为

$$p_{\text{g}}=\begin{cases}0.5 & (\,|L_{\text{left}}(k+1)-D_{\text{left}}(k+1)|>100)\\ 1 & (\,|L_{\text{left}}(k+1)-D_{\text{left}}(k+1)|\leqslant 100)\end{cases} \tag{5-41}$$

$D_{\text{left}}(k+1)$ 为待选栅格点到起点的距离；$L_{\text{left}}(k+1)$ 为无人机在 $k+1$ 时刻的剩余航程，且

$$L_{\text{left}}(k+1)=L_{\max}-L_{\text{past}}(k+1) \tag{5-42}$$

如果无人机周围栅格都已经被搜索过，它容易陷入对该局部区域的过度搜索。因此，引入迭代阈值 N_t，如果 N_{t} 次迭代后的覆盖率保持不变，那么无人机将飞向距其最近的未搜索栅格。这种改进的状态转换规则保证了任务区域覆盖率始终能达到 100%。

5.2.3 基于 Dubins 曲线的航迹生成与威胁躲避

考虑无人机实际飞行时的机动性能约束，基于简单 Dubins 曲线生成从当前航路点到下一时刻航路点的可飞航路。

无人机在飞行过程中，如果发现并判断存在威胁区域覆盖了原始航迹，则应重新规划航迹以避开威胁区。为了简化计算，将威胁区域看作一个圆，威胁躲避航迹如图 5-16 所示，航迹重规划过程包括 2 个步骤：中间点生成和 Dubins 曲线生成。首先，选择一个安全点作为中间点。虚线 γ 为原始路径，阴影部分表示以 D 为中心的威胁区域。过点 D 画一条与原始航迹垂直的线，垂线

与安全区的交点为 M 和 N。为了缩短航线，选择靠近中心 D 的点 M 作为中点，该点处的速度 V_M 与安全圆相切并指向原始航迹的前进方向。定义 $P_M(X_M, Y_M)$ 为点 M 的位置坐标，φ_M 为 V_M 的方向角，R_M 为安全圆的半径。航迹重规划的解包括 2 段曲线 $L_s(X_s, Y_s, \varphi_s, R_s) \to L_M(X_M, Y_M, \varphi_M, R_M)$ 和 $L_M(X_M, Y_M, \varphi_M, R_M) \to L_f(X_f, Y_f, \varphi_f, R_f)$，实线 γ_1 为基于 Dubins 曲线的重规划航迹。

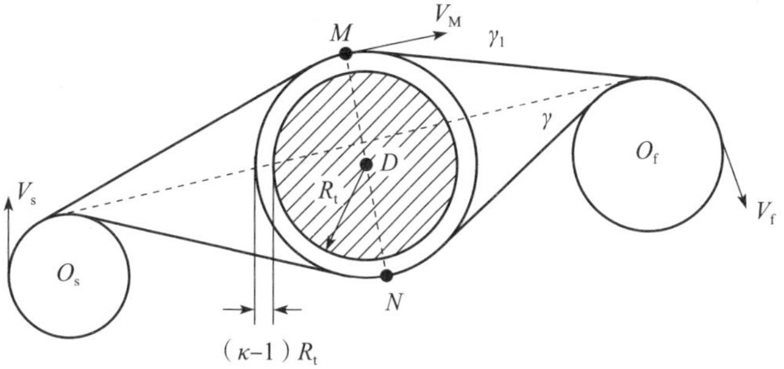

图 5-16　威胁躲避航迹示意图

5.2.4　仿真分析

下面从算法收敛性能、威胁躲避性能、自适应性能 3 方面验证分析协同察打任务规划算法的有效性。仿真参数和详细结果见文献［88］。

1. 算法收敛性能分析

不考虑环境中存在威胁的情况下，进行如下几组仿真。

（1）方法 1：不考虑航程约束，采用基于式（5-19）所示的改进状态转移规则。

（2）方法 2：考虑航程约束，采用基于式（5-17）与式（5-38）所示的常规状态转移规则。

（3）方法 3：考虑任务区域覆盖率和航程约束，采用基于式（5-19）与式（5-38）所示的改进状态转移规则。

取最大航程为 $L_{max}=500$km，3 种方法生成的无人机航迹如图 5-17（a）、图 5-17（b）、图 5-17（c）所示，任务区域覆盖率如图 5-17(d) 所示。可以看出，方法 1 与方法 3 具有较高的覆盖率。方法 3 能够在航程约束作用下，确保 2 架无人机在任务结束后回到各自的初始位置。在状态转移规则中引入覆盖率后，方法 3 的覆盖率明显高于方法 2，且生成的航迹更均匀。

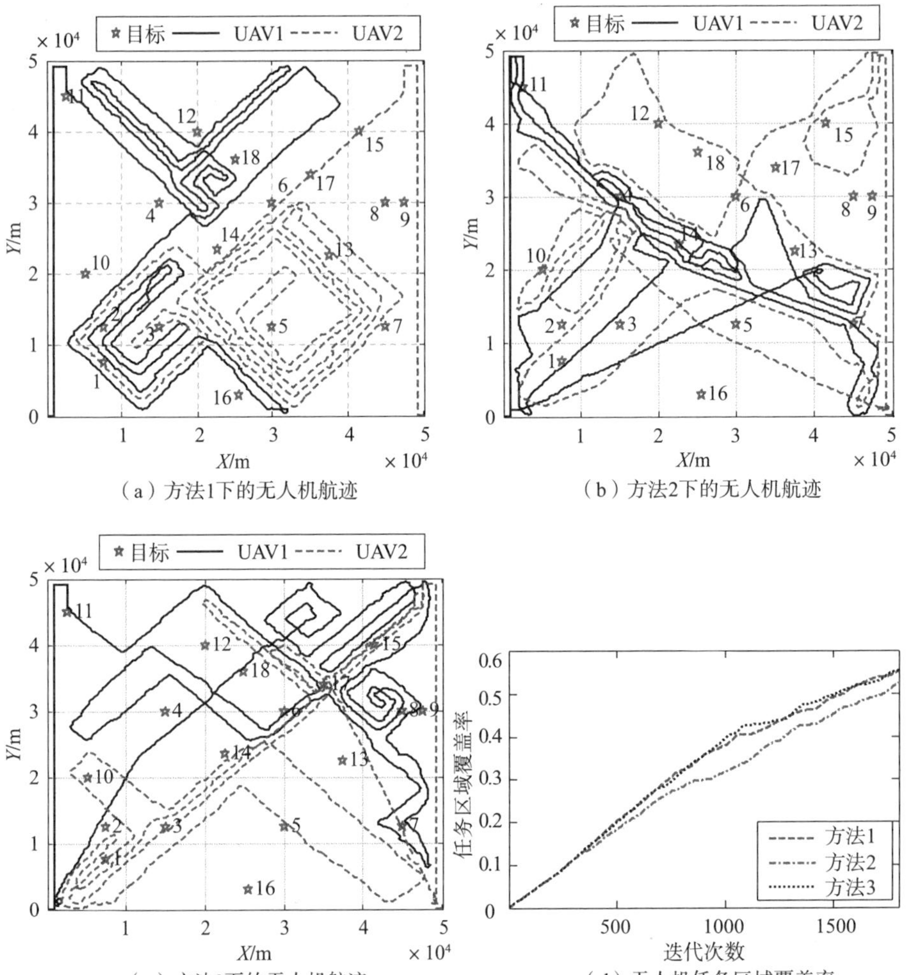

（a）方法1下的无人机航迹　（b）方法2下的无人机航迹

（c）方法3下的无人机航迹　（d）无人机任务区域覆盖率

图 5-17　考虑航程约束的协同察打任务仿真结果

2. 算法威胁躲避性能

在任务区域中增加若干圆形威胁区，验证算法威胁躲避的可行性。无人机的飞行航迹如图 5-18 所示，无人机很好地避开了威胁区域，2 架无人机共发现并摧毁了 8 个目标，在航程约束下它们都返回到初始位置。

3. 算法自适应性能

初始阶段有 2 架无人机协同，在第 300 次迭代时增加 1 架无人机。无人机航迹如图 5-19（a）所示，任务区域覆盖率如图 5-19（b）所示。可以看出，新增无人机后，多无人机系统可以自发地调整各无人机的飞行航迹实现协同察打，提高任务区域覆盖率。同样地，该算法对有无人机退出的情况也具有自适应性。

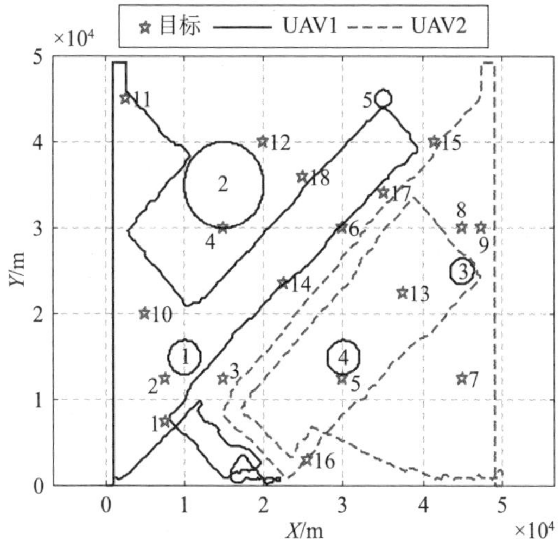

图 5-18　算法威胁躲避性能仿真结果

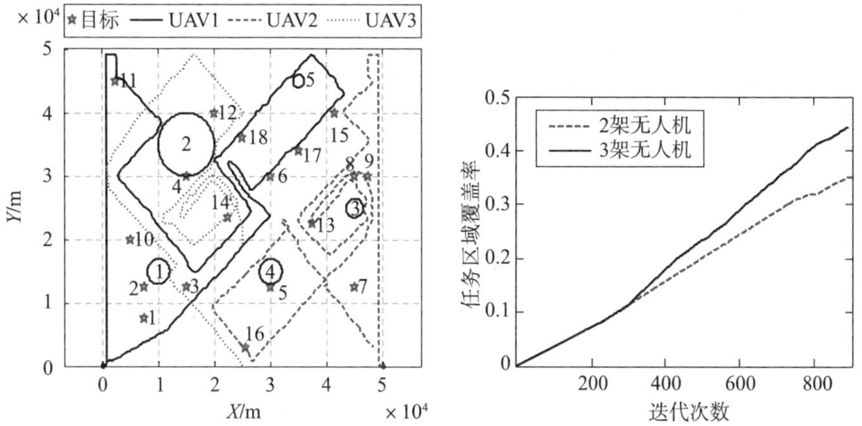

(a) 加入新无人机后的无人机航迹　　(b) 加入新无人机后的任务区域覆盖率

图 5-19　算法自适应性能仿真结果

5.3　考虑动态目标的同构多无人机协同察打

目标的随机移动给无人机协同察打任务带来很大的不确定性，为了使多无人机系统发挥更好的作战效能，本节研究考虑动态目标的协同察打任务[89-90]。

5.3.1 考虑动态目标的协同察打任务

1. 任务空间离散化

在二维平面上将任务区域进行离散化，得到 $L\times W$ 个栅格。无人机的运动受到机动性、防碰和威胁躲避等条件约束。如图 5-20 所示，d 为单位时间的位移，无人机下一时刻可能位置为图中深色栅格，任务区内有 N_{T} 个动态目标和 N_{t} 个威胁，分别由图中的三角形和圆圈表示。目标以 V_{T} 的速度沿直线或曲线移动。

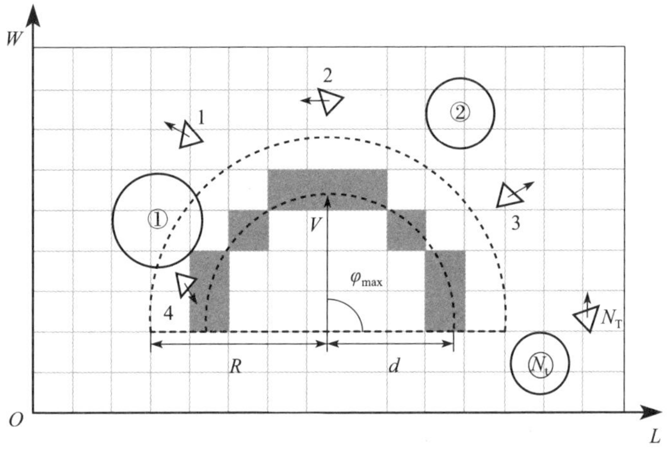

图 5-20 任务区域离散化示意图

2. 分布式任务规划模型

假设每架无人机能够求解局部任务规划问题，将集中式搜索攻击任务规划模型转化为分布式模型。分布式搜索和攻击性能指标分别分解为

$$\begin{cases} J_{\mathrm{s}} = \sum_{i=1}^{N_{\mathrm{V}}} \mu_i J_{\mathrm{s}i} \\ J_{\mathrm{a}} = \sum_{i=1}^{N_{\mathrm{V}}} \mu_i J_{\mathrm{a}i} \end{cases} \tag{5-43}$$

分布式优化模型为

$$\boldsymbol{U}_i^* = \arg\max_{\boldsymbol{U}_i} (\omega_i J_{\mathrm{s}i}(\boldsymbol{X}_i, \widetilde{\boldsymbol{X}}_j) + (1-\omega_i) J_{\mathrm{a}i}(\boldsymbol{X}_i, \widetilde{\boldsymbol{X}}_j)) \tag{5-44}$$

s. t.

$G_i \leqslant 0$

3. 协同察打算法流程

协同察打智能自组织算法流程如图5-21所示，包括搜索模块、攻击模块和威胁躲避模块。搜索模块采用蚁群优化算法生成航路点，攻击模块采用平行接近法跟踪目标，威胁躲避模块采用Dubins曲线进行航迹重规划，无人机之间通过通信完成对动态环境的信息交互。

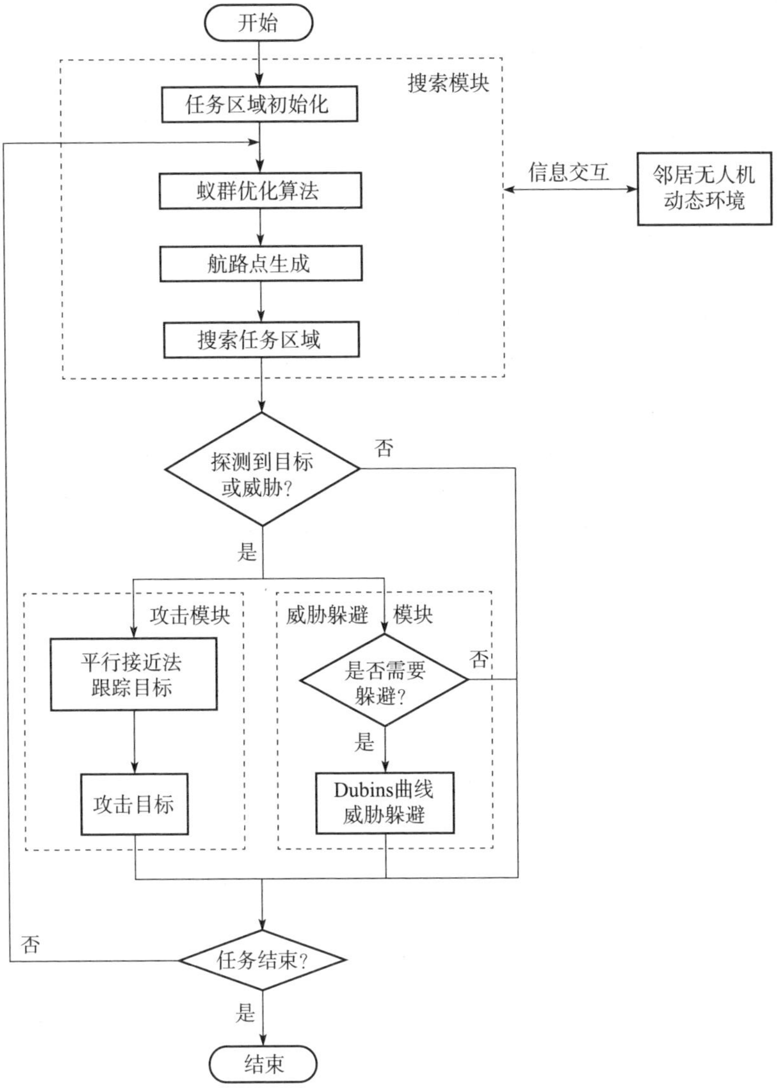

图5-21 考虑动态目标的协同察打算法流程图

5.3.2 基于蚁群优化的协同搜索

蚁群优化算法的信息素更新机制包括局部信息素更新机制和全局信息素更新机制。每架无人机根据自身状态以及通信得到的其他无人机状态对其当前搜索区域进行局部信息素更新；由于存在环境不确定性，每隔一段时间进行一次全局信息素更新。

蚁群优化算法的状态转移规则为

$$f_{\text{grid}}^{*}(k+1)=\arg\max_{F_{\text{grid}}(k+1)}\left(\tau^{a}(F_{\text{grid}}(k+1))\eta^{b}(F_{\text{grid}}(k+1))\right) \tag{5-45}$$

式中：a 为常规状态转移中信息素浓度重要程度因子；b 为常规状态转移中启发函数重要程度因子；$F_{\text{grid}}(k+1)$ 为下一时刻的待选网格集合。当该式有多个解时，以最小转弯角度为最优解。

5.3.3 基于平行接近法的目标攻击

基于平行接近法，将无人机的攻击任务分解为目标跟踪和目标打击。

（1）目标跟踪。如图 5-22 所示，目标线方位角 q 为目标线与基线的夹角，φ_V 为无人机速度向量与基线的夹角，φ_T 为目标速度向量与基线的夹角，σ_V 为目标线与无人机速度向量的夹角，σ_T 为目标线与目标速度向量的夹角。平行接近法要求在导引过程中目标线沿给定方向保持平行运动，从而控制目标线的方位速度为 0。几何关系满足

$$\begin{cases}V\sin\sigma_V=V_T\sin\sigma_T\\ \sigma_T=q-\varphi_T\end{cases} \tag{5-46}$$

因此，无人机导引律为[89]

$$\sigma_V=\arcsin\left(\frac{V_T\sin\sigma_T}{V}\right) \tag{5-47}$$

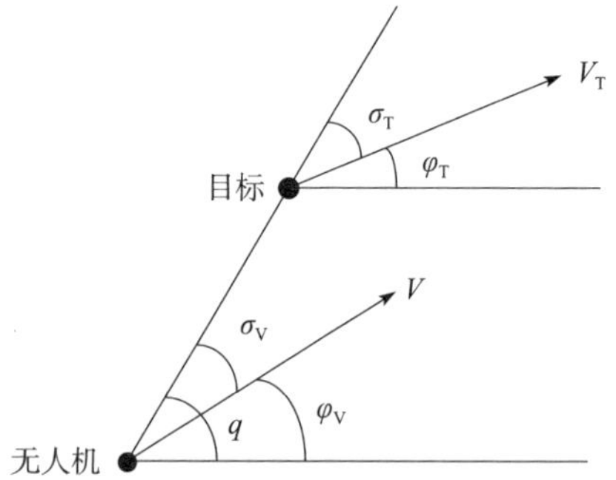

图 5-22 平行接近法导引示意图

（2）目标打击。根据平行接近引导律式（5-47），当目标直线运动时，无人机可以从任何方向攻击目标，V/V_T 不变时，可以获得直线跟踪轨迹。当目标处于复杂机动状态时，σ_V 需要随着目标的运动进行动态变化。

5.3.4　基于 Dubins 曲线的威胁躲避

当无人机检测到威胁时，无人机执行威胁躲避模块，包括威胁判断和威胁躲避。

（1）威胁判断。当无人机发现威胁时，将根据其与威胁之间的相对距离和方向判断是否需要进行威胁躲避。无人机向前移动，同时对环境进行搜索以继续执行任务，判断待选网格是否能成功避开威胁，如果下一步有可能进入威胁区域，即 $d \geqslant d_{t_1} - (\kappa - 1)R_t$，则根据 Dubins 曲线重新生成一条安全航迹，如图 5-23 所示。

（2）威胁躲避。Dubins 曲线包括 2 种外切曲线和 2 种内切曲线，如图 5-24 所示。起始点和终点分别为 $P_S(X_s, Y_s)$ 和 $P_F(X_f, Y_f)$，V_s、V_f 分别为二者的速度。求出起始圆 C_s 和终点圆 C_f 的圆心坐标 $O_s(X_{cs}, Y_{cs})$、$O_f(X_{cf}, Y_{cf})$，实线为外切航迹，虚线为内切航迹，选择其中的最短航迹作为威胁躲避航迹。

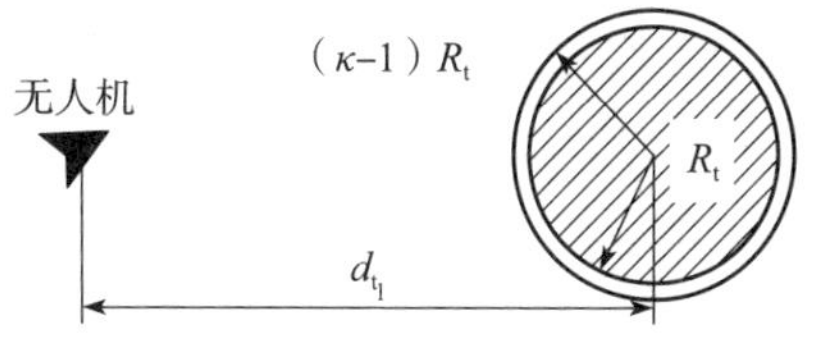

图 5-23　无人机威胁探测示意图

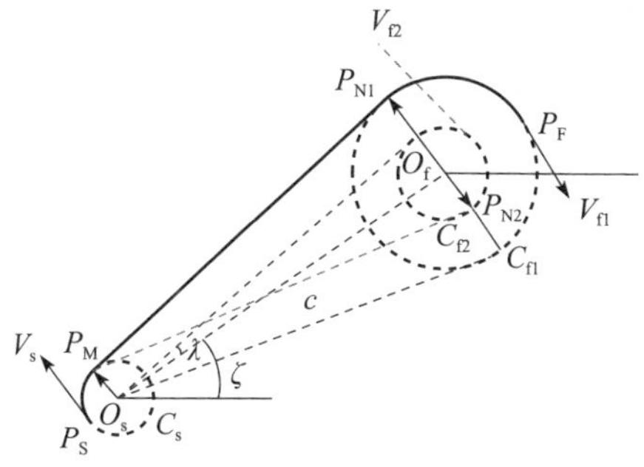

图 5-24　基于 Dubins 曲线的威胁躲避示意图

5.3.5　仿真分析

下面从算法收敛性能、威胁躲避性能、自适应性能 3 方面验证分析协同察打算法的有效性。仿真参数和详细结果见参考文献 [90]。

1. 算法收敛性能分析

不考虑环境中存在威胁的情况下，为了分析动态目标搜索攻击问题的算法效率，进行如下几组仿真。

（1）方法 1：分布式智能自组织算法。

（2）方法 2：扫描式搜索方法。

迭代 500 次后，2 种方法生成的无人机航迹如图 5-25（a）、图 5-25（b）所示，其中三角形表示目标，虚直线表示其运动轨迹，六角星表示被摧毁的目标。方法 1 的协同搜索攻击任务响应结果如图 5-25（a）所示，UAV1 发现并攻击移动目标 6 和目标 8，UAV2 发现并攻击移动目标 3、目标 5 和目标 7。方法 2 的协同搜索攻击任务响应结果如图 5-25（b）所示，UAV1 发现并攻击移动目标 4，UAV2 发现并攻击移动目标 4。2 种方法 20 次仿真的察打无人机数变化曲线如图 5-25（c）所示，采用方法 1 的无人机平均可以搜索和攻击 2.5 个目标，采用方法 2 的无人机平均可以搜索和攻击 2 个目标。因此，分布式智能自组织算法的察打效率高于扫描式搜索算法。当目标距离无人机较远时，扫描式算法的效率会降低，而分布式智能自组织算法将无人机直接引导到监视覆盖率和攻击效益较高的区域，察打效率不受目标位置的影响。

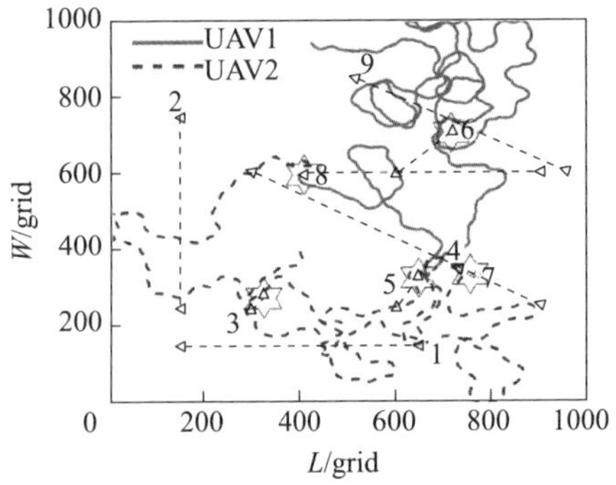

（a）方法1下的无人机航迹

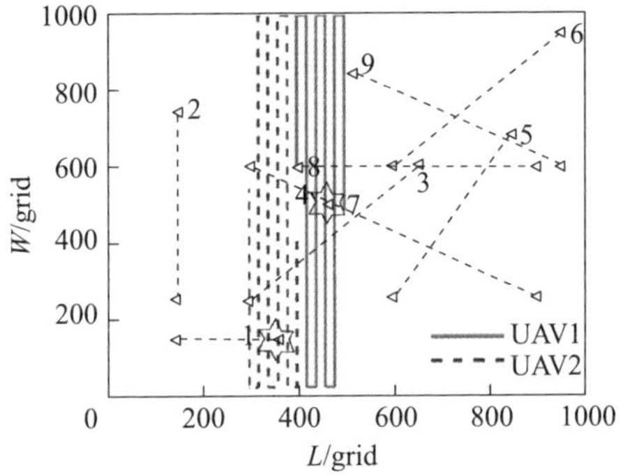

（b）方法2下的无人机航迹

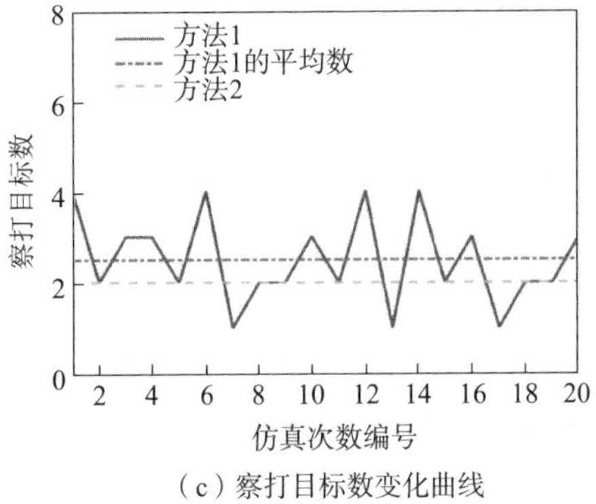

（c）察打目标数变化曲线

图 5-25　考虑动态目标的协同察打任务仿真结果

2. 算法躲避威胁性能

在任务区域中增加3个圆形威胁区，验证算法躲避威胁的可行性。无人机的飞行航迹如图5-26所示，2架无人机都很好地避开了威胁区域，继续执行任务，UAV1完成了对目标7和目标8的察打，UAV2完成了对目标1和目标3的察打。

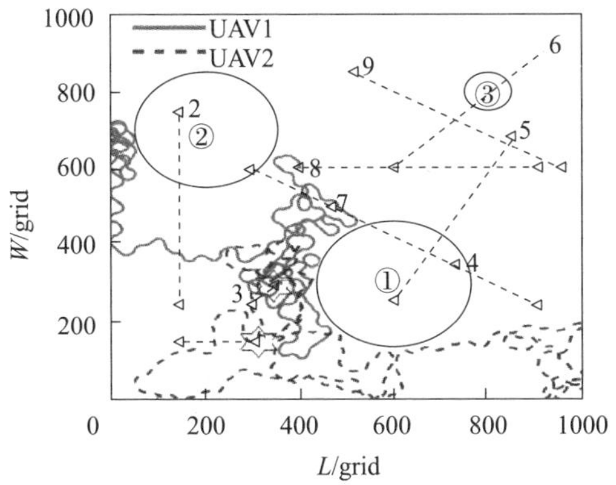

图5-26　算法躲避威胁性能仿真结果

3. 算法自适应性能

为了进一步验证算法对多无人机系统的适用性，考虑了3种情况进行如下仿真。

（1）情况1：初始时刻加入1架无人机。

（2）情况2：在第172次迭代时加入1架无人机。

（3）情况3：目标1、目标4、目标6和目标8随机移动，其他目标直线移动。

情况1的任务执行结果如图5-27（a）所示。UAV3和UAV2完成6个目标的察打，由于目标在移动且任务区域分布广泛，还有3个目标未被搜索到。进行20次仿真，察打目标数变化曲线如图5-27（b）所示，2架无人机执行任务时可以平均搜索攻击目标2.5个，3架无人机执行任务时可以平均搜索攻击目标3.3个。情况2的搜索攻击任务响应结果如图5-27（c）所示。253次迭代后，UAV3完成对第5个目标（目标8）的察打，2架无人机执行任务时在493次迭代后才能完成。情况3的搜索攻击任务响应结果如图5-27(d)所示。目标2在391次迭代时被UAV1攻击，目标1在458次迭代时被UAV2攻击。

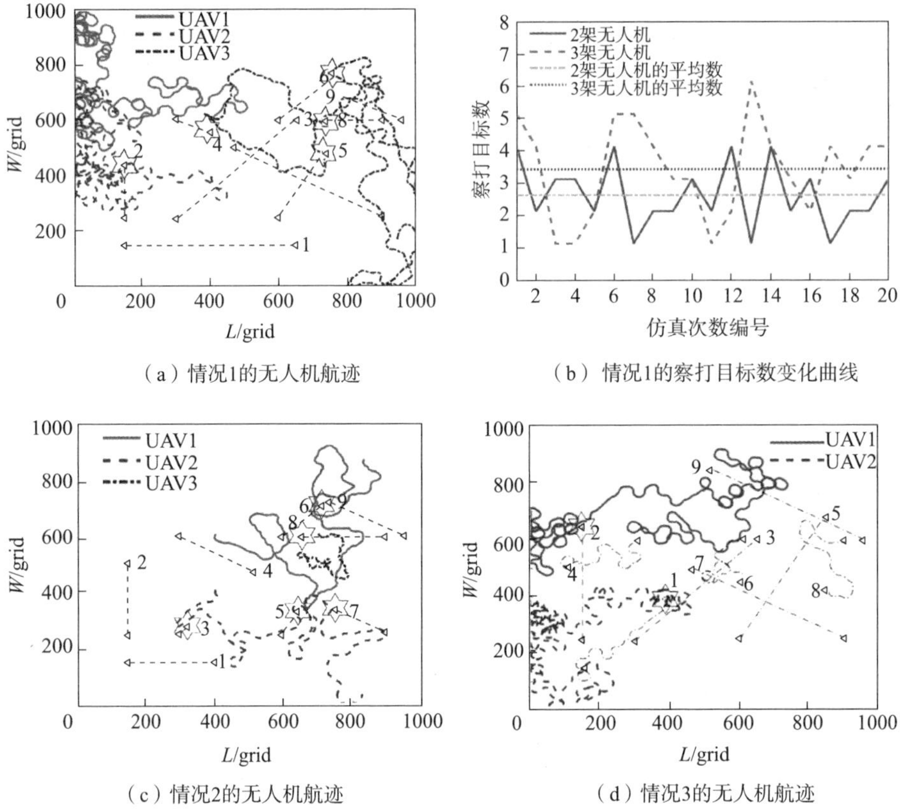

（a）情况1的无人机航迹　（b）情况1的察打目标数变化曲线

（c）情况2的无人机航迹　（d）情况3的无人机航迹

图 5-27　算法自适应性能仿真结果

智能自组织算法使得新加入的无人机能够快速适应多无人机系统，提高任务执行速度，具有灵活性和可扩展性。在随机性存在的情况下，该算法对多无人机协同察打任务具有良好的任务适应性。

5.4　小结

本章从以下几方面研究了同构多无人机协同察打技术：

（1）考虑威胁躲避的同构多无人机协同察打。针对同构的“察打一体化”多无人机系统，分析了协同察打任务性能指标，并分别建立了集中式协同察打任务规划模型和分布式协同察打任务规划模型。建立了协同察打算法的总体流程，设计了改进分布式蚁群优化算法用于航路点的生成，基于 Dubins 曲线完成了威胁躲避与在线察打的航迹生成。

（2）考虑航程约束的同构多无人机协同察打。分析了几种无人机约束条件，在此基础上，建立了包含航程约束的任务规划模型。在协同察打算法中，根据航程约束条件，设计了新的状态转移规则生成航路点，基于 Dubins 曲线完成了威胁躲避与航迹生成。

（3）考虑动态目标的同构多无人机协同察打。建立了协同察打算法总体流程，分别设计了基于蚁群优化、平行接近法、Dubins 曲线的搜索模块、攻击模块和威胁躲避模块，使用分布式智能自组织算法完成了多无人机协同察打任务。

第6章 异构多无人机协同察打

相比于同构多无人机，由搭载不同载荷、具备不同特性的飞行平台构成的异构多无人机在性能和资源搭配等方面具有更好的多样性，通过无人机之间的协同，有利于功能互补，更大程度地发挥多机系统的优势，更加有效地完成协同察打等复杂任务。

本章研究异构多无人机协同察打问题，以侦察型和察打型无人机组成的多无人机系统为研究对象，分别提出异构多无人机协同察打离线任务规划和异构多无人机协同察打在线任务规划方法。

6.1 异构多无人机协同察打离线任务规划

异构多无人机协同察打离线任务规划问题，需要以无人机对任务区域的详细侦察为先验信息，获得任务区域的全部环境信息和目标信息。在此基础上，任务规划系统根据各无人机的性能及其携带的载荷情况，分配攻击目标序列，并为其规划飞行航迹。各无人机在开始执行任务前，需要将生成的任务规划预案装载到程序中，根据规划好的航迹飞行，按照攻击目标序列依次对目标发动攻击，为目标分配作战资源，以任务消耗最小化完成任务收益最大化。从本质上讲，它属于资源的分配和调度问题。下面给出算法详细原理及仿真结果[85]。

6.1.1 协同察打离线任务规划问题

1. 场景设想与符号定义

异构多无人机协同察打离线任务规划问题可以描述为：多架性能不同的无人机携带不同功能的载荷在多个基地待命，任务区域包含多个目标，需要特定的武器资源才能对其实施打击并摧毁，多无人机系统的任务是以最小的代价消灭更多目标，完成作战任务。

设想一种异构多无人机协同察打任务规划场景如图 6-1 所示。$B_i(i=1,2,3,4)$ 为基地，无人机从基地起飞，完成任务之后返回基地；$Z_j(j=1,2,3)$ 为禁飞区域，禁止无人机飞行通过；$D_k(k=1,2,\cdots,5)$ 为威胁区域，指敌方火炮、导弹攻击范围或敌方雷达监控范围等能够影响无人机安全飞行的区域；$T_m(m=1,2,\cdots,6)$ 为侦察到的作战目标，需要无人机利用机载有效载荷对其实施打击。

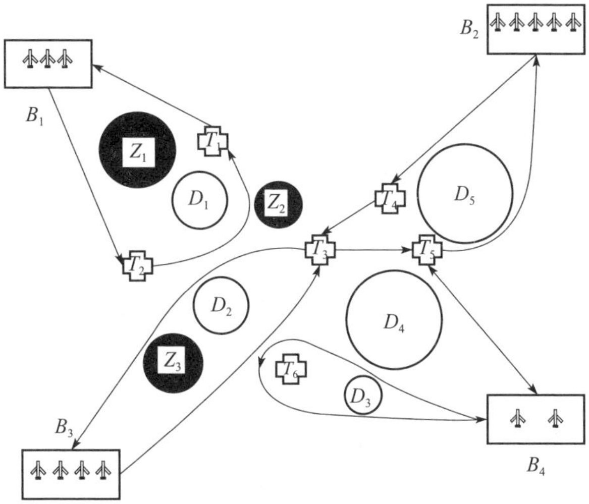

图 6-1　异构多无人机协同察打场景设想

协同察打任务规划的相关符号定义如下：

（1）基地集合 $B=\{B_1, B_2, \cdots, B_{N_B}\}$。指所有无人机起点和终点的位置集合。在整个任务执行过程中，基地的位置始终保持不变，表示为 (X_{B_i}, Y_{B_i})，$i\in\{1, 2, \cdots, N_B\}$。

（2）无人机集合。指所有无人机主体的集合。设基地 B_k 中的第 i 架无人机为 $A_i^{B_k}$，$i\in\{1, 2, \cdots, N_V^{B_k}\}$，所有基地的无人机总数为 $N_V=\sum_{k=1}^{N_B} N_V^{B_k}$。可以通过一个四元数组 $\{B_k, L_i^{B_k}, C_i^{B_k}, R_i^{B_k}\}$ 来表示无人机 $A_i^{B_k}$ 的基本属性及携带资源情况，其中 $L_i^{B_k}$ 为其最大巡航距离，$C_i^{B_k}$ 为该无人机的价值，$R_i^{B_k}=\{R_{i1}^{B_k}, R_{i2}^{B_k}, \cdots, R_{iN_R}^{B_k}\}$ 为其携带的资源向量，N_R 为资源种类数。

（3）任务目标集合 $T=\{T_1, T_2, \cdots, T_{N_T}\}$。指侦察到的所有目标集合。

可以通过一个四元数组 $\{C_{T_j}, R_j^{\mathrm{D}}, P_j, (X_{T_j}, Y_{T_j})\}$ 来表示目标 T_j 的基本位置属性及被毁所需资源情况，其中 C_{T_j} 为该目标的价值，$R_j^{\mathrm{D}}=\{R_{1j}^{\mathrm{D}}, R_{2j}^{\mathrm{D}}, \cdots, R_{N_R j}^{\mathrm{D}}\}$ 为击毁该目标所需的资源向量，P_j 为该目标对单架无人机造成的毁伤概率，(X_{T_j}, Y_{T_j}) 为该目标在任务区域中的位置。

(4) 威胁区域集合 $D=\{D_1, D_2, \cdots, D_{N_D}\}$。指有一定概率对无人机造成损毁的区域集合。$R_{D_i}$ 为该威胁区域的威胁半径，$T_{D_i}\in[0, 100]$ 为对应的威胁大小百分比，无人机距离威胁区域圆心越近，所受到的威胁越大。

(5) 禁飞区域集合 $Z=\{Z_1, Z_2, \cdots, Z_{N_Z}\}$。指无人机无法飞行通过的区域集合。禁飞区域半径为 R_{Z_i}。

2. 性能指标函数

单架无人机从基地出发按照分配到的攻击目标序列执行攻击任务，任务完成后返回到基地，可以建模成旅行商问题进行求解。获得不同节点之间的路径长度是解决旅行商问题的关键，因此，在无人机任务规划问题中，可以考虑用航行代价来表示路径长度。为了得到满足需求的任务规划结果，需要考虑多无人机系统的航行代价、攻击收益、毁伤代价等作为性能指标函数，通过优化算法求解得到最优解。

(1) 航行代价。

航行代价受到航行距离、航迹的安全性等影响，航行距离反映了燃油的消耗与完成任务的时间；航迹的安全性是指无人机飞行过程中遇到威胁并发生损毁的可能性。设任务区域中的任意两个任务点 $a(X_1, Y_1)$ 和 $b(X_2, Y_2)$，C_{ab} 为连接两点航迹 ab 的航行代价，其评估方法表述为：当航迹 ab 与禁飞区域发生交叉时，无人机发生撞毁，航行代价为 $C_{ab}=\infty$；当航迹 ab 与威胁区域发生交叉时，航行代价为

$$C_{ab}=d_{ab}(s_{ab}+1) \tag{6-1}$$

式中：d_{ab} 为 a 和 b 两点之间的欧式距离；s_{ab} 为无人机穿越危险地形的风险系数，分别为

$$d_{ab}=\sqrt{(X_1-X_2)^2+(Y_1-Y_2)^2} \tag{6-2}$$

$$s_{ab}=\begin{cases}0 & (d_{D_i}^{ab}\geqslant R_{D_i})\\ \displaystyle\sum_{i=0}^{N_{\mathrm{D}}}\frac{T_{D_i}(R_{D_i}-d_{D_i}^{ab})}{R_{D_i}} & (d_{D_i}^{ab}<R_{D_i})\end{cases} \tag{6-3}$$

式中：$d_{D_i}^{ab}$ 为从该威胁源的圆心到航迹 ab 的距离。将无人机 $A_i^{B_k}$ 的航行代价记

为 $F_i^{B_k}$，多无人机系统总的航行代价表示为

$$J_f = \sum_{k=1}^{N_B} \sum_{i=1}^{N_{B_k}} F_i^{B_k} \tag{6-4}$$

（2）攻击收益。

多无人机协同察打任务规划的攻击收益是指所有被击毁目标的价值之和。任务规划的目标是获得最大化的攻击收益，因此，需要根据目标序列分配及资源分配结果，评估该分配结果对目标造成的损毁情况，计算无人机的攻击收益，从而确保多无人机系统的武器资源得到充分的利用，实现攻击收益最大化。设 $R_{iT}^{\mathrm{U}B_k} = \{R_{iT_1}^{\mathrm{U}B_k}, R_{iT_2}^{\mathrm{U}B_k}, \cdots, R_{iT_{N_\mathrm{T}}}^{\mathrm{U}B_k}\}$ 为无人机的资源消耗向量，则用于攻击目标 T_j 的资源向量为

$$R_j^{\mathrm{U}} = \sum_{k=1}^{N_B} \sum_{i=1}^{N_{B_k}} R_{iT_j}^{\mathrm{U}B_k} \tag{6-5}$$

进而，总攻击收益表示为

$$J_a = \sum_{j=1}^{N_\mathrm{T}} Q_j C_{T_j} \tag{6-6}$$

式中：对任意 $p \in \{1, 2, \cdots, N_R\}$，当 p 类资源对应的资源数量满足 $R_{jp}^{\mathrm{U}} \geqslant R_{jp}^{D}$ 时，目标被完全击毁，任务成功，$Q_j = 1$；否则，$Q_j = 0$。

（3）无人机毁伤代价。

不同的目标能够对无人机造成不同程度的伤害。若无人机 $A_i^{B_k}$ 单独进攻目标 T_j，则其毁伤概率 $P_j^{iB_k} = P_j$。若无人机与其他（$h-1$）架无人机相互协同对目标 T_j 发起攻击，则该目标会将伤害平均分摊给参与攻击的所有无人机，此时无人机 $A_i^{B_k}$ 的毁伤概率 $P_j^{iB_k} = \dfrac{P_j}{h}$。因此，所有目标对该无人机的毁伤概率为

$$P_j^{iB_k} = x_j^{iB_k} \frac{P_j}{\sum\limits_{m}^{N_{B_k}} \sum\limits_{n}^{N_T} x_j^{iB_k}} \tag{6-7}$$

式中：设 $x^{iB_k} = \{x_1^{iB_k}, x_2^{iB_k}, \cdots, x_{N_T}^{iB_k}\}$ 为无人机的任务分配情况，当且仅当该无人机对目标 T_j 发起攻击时，$x_j^{iB_k} = 1$；否则，$x_j^{iB_k} = 0$，表示为

$$x_j^{iB_k} = \begin{cases} 0 & (R_{iT_j}^{\mathrm{U}B_k} = 0) \\ 1 & (R_{iT_j}^{\mathrm{U}B_k} > 0) \end{cases} \tag{6-8}$$

假设无人机攻击多个目标时受到的毁伤情况相互独立，那么无人机 $A_i^{B_k}$ 按照目

标序列完成所有任务之后的生存概率为

$$P_{\mathrm{S}}^{iB_k}=\prod_{j=1}^{N_T}\left(1-x_j^{iB_k}\frac{P_j}{\sum\limits_{m}^{N_{B_k}}\sum\limits_{n}^{N_T}x_j^{iB_k}}\right) \tag{6-9}$$

因此，所有无人机完成任务后总的毁伤代价为

$$J_{\mathrm{d}}=\sum_{k=1}^{N_B}\sum_{i=1}^{N_{B_k}}C_i^{B_k}(1-P_{\mathrm{S}}^{iB_k}) \tag{6-10}$$

异构多无人机协同察打任务规划的效能函数表示为

$$J=\lambda_1 J_{\mathrm{a}}-\lambda_2 J_{\mathrm{f}}-\lambda_3 J_{\mathrm{d}} \tag{6-11}$$

式中：λ_1，λ_2，λ_3 分别为攻击收益系数、航行代价系数和毁伤代价系数。

3. 约束条件

实际情况中，异构多无人机协同察打离线任务规划需要考虑无人机的航程、生存概率、资源分配等约束条件。

（1）航行距离约束。各无人机的飞行距离不能超过其最大航程，即

$$F_i^{B_k}\leqslant L_i^{B_k}\quad(\forall k\in\{1,2,\cdots,N_B\},i\in\{1,2,\cdots,N_{\mathrm{V}}^{B_k}\}) \tag{6-12}$$

（2）生存概率约束。各无人机的生存概率不能小于其最小生存概率，即

$$P_{\mathrm{S}}^{iB_k}\geqslant P_{\mathrm{S}_0}^{iB_k}\quad(\forall k\in\{1,2,\cdots,N_B\},i\in\{1,2,\cdots,N_{\mathrm{V}}^{B_k}\}) \tag{6-13}$$

（3）资源分配约束。不在该无人机攻击目标序列中的目标不需要分配武器资源，无人机所能分配的资源总和不能超过其自身携带的资源数量和种类，即

$$\sum_{j=1}^{N_T}x^{iB_k}R_{iT_j}^{\mathrm{U}B_k}\leqslant R_i^{B_k} \tag{6-14}$$

6.1.2 基于遗传粒子群优化的离线任务规划

异构多无人机协同察打离线任务规划系统由态势分析、航迹规划、任务分配、飞行评估、仿真推演等 5 个基本模块组成，任务规划的基本流程如图 6-2 所示，主要步骤如下[85]：

（1）在已知的战场环境信息和任务目标信息基础上，明确任务区域地形及威胁信息，制定任务开始和结束的时间、地点，确定目标的数目、威胁程度及击毁条件，完善任务约束条件。

（2）进行航迹规划，结合威胁源与危险地形等禁飞区域在任务区域中的分布情况，规划得到所有基地和目标节点之间的最优航迹。

（3）进行攻击目标任务分配，明确无人机在各基地中的分布情况，确定各无人机携带的资源种类与数量，根据各无人机携带的资源、目标击毁所需的

资源向量，以及基地、目标的位置情况，为无人机分配攻击目标。

（4）进行航迹优化，根据无人机分配到的任务目标，合理设计无人机的攻击目标序列，在各种约束条件下，求解协同察打的最优航迹。

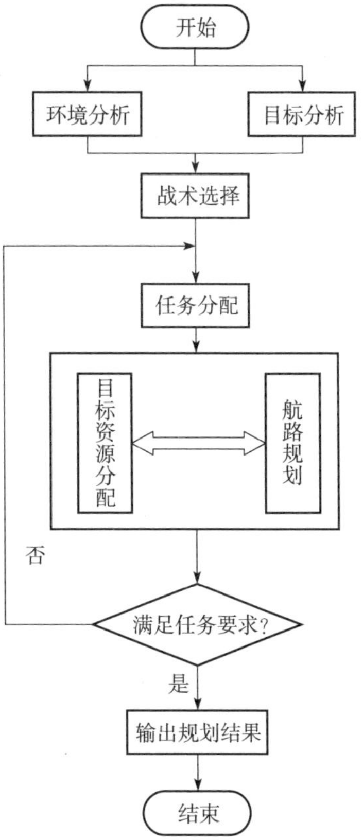

图 6-2　协同察打离线任务规划流程图

异构多无人机协同察打离线任务规划问题，可以建模成一个混合整数线性规划问题，随着无人机数量、约束条件、目标数量等的不断增加，任务规划问题的规模和复杂程度不断增大，任务规划算法的搜索空间也会发生跃变式增长，传统的优化算法如深度搜索法、广度搜索法、分支定界法等，忽略掉很多约束条件，将任务分配模型简化成经典的数学模型，很难在短时间内求解规模较大的任务规划问题。

启发式算法能够在有限的搜索空间与约束条件下，寻优得到近似最优解，很大程度上减少计算量，实现问题的快速求解。近年来比较活跃的几种启发式算法主要有遗传算法、粒子群优化算法、蚁群优化算法等。

粒子群优化算法能够共享最佳适应度和个体历史信息，从而实现自学习搜索，遗传算法中的选择、交叉和变异环节能够产生适应度值更高的解集。将遗传算法与粒子群优化算法结合，在遗传算法中增加一个局部优化算子，得到一种组合优化的遗传粒子群优化算法。遗传粒子群优化算法既融合了粒子群优化算法中关于个体极值和全局极值的概念，也保留了遗传算法中的选择交叉算子，用于通过进化产生新的后代，避免了粒子群优化算法迭代过程中所需要的基本参数设定，保证了搜索新解的能力。引入并行设计，加快算法的收敛速度，最终实现算法的自搜索、自学习和自适应。

遗传粒子群优化算法由 3 个重要算子构成，分别是局部提高算子、选择交叉算子和变异算子。设初始化种群个体数为 N，既可以表示遗传算法中的染色体，也可以表示粒子群优化算法中的粒子。每个迭代周期，根据个体的适应度值进行排序，使用粒子群优化算法提高前 $N/2$ 的个体的适应度值，作为下一代的新个体；再根据遗传算法对粒子群优化算法处理过的个体进行选择、交叉和变异，生成的个体作为下一代剩下的个体。迭代周期结束后，得到搜索适应度值最高的个体，该个体代表的解即为算法的最优解。

为了加快算法的收敛速度，采用粗粒度并行遗传算法。将初始种群平均分割成 N_P 个子种群，使用遗传粒子群优化算法单独对子种群进行迭代计算，一定迭代次数后，相邻子种群互相发送最优粒子，收到的粒子替换掉自身的最差粒子，从而提高种群基因的多样性。子种群的并行运算和粒子间的相互迁移，极大地提高了算法的收敛速度，算法流程如图 6-3 所示[85]。

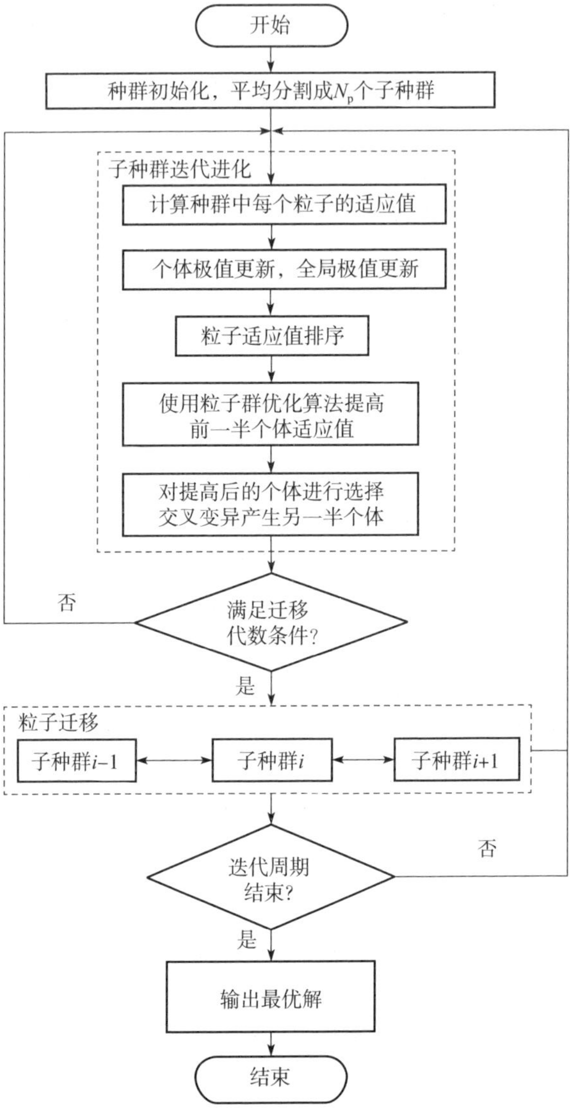

图 6-3　粗粒度并行遗传粒子群优化算法流程图

6.1.3 仿真分析

假设 4 架无人机携带一定资源分别分布在 2 个机场，任务区域范围为 200km×200km，存在 8 个目标，无人机最小生存概率为 50%。其余参数设置及详细结果见文献［85］。

将初始化的种群大小设置为 800，平均分为 8 个子种群，最大迭代次数取 200。考虑无人机协同察打任务规划问题，首先设计任务规划结果的编码，通过粗粒度并行遗传粒子群优化算法求解得到的最优个体编码，经过解码得到如表 6-1 所示的任务规划结果。无人机 $A_1^{B_1}$ 的任务可以分解为：消耗资源（1，0，1）攻击目标 T_1，消耗资源（1，1，0）协同攻击目标 T_4，消耗资源（0，1，1）协同攻击目标 T_8；无人机 $A_2^{B_1}$ 的任务可以分解为：消耗资源（1，0，1）攻击目标 T_3，消耗资源（1，2，1）攻击目标 T_5；无人机 $A_1^{B_2}$ 的任务可以分解为：消耗资源（0，1，3）攻击目标 T_2，消耗资源（2，1，0）攻击目标 T_6；无人机 $A_2^{B_2}$ 的任务可以分解为：消耗资源（2，1，1）攻击目标 T_7，消耗资源（0，1，2）攻击目标 T_8。无人机航迹如图 6-4 所示。4 架无人机成功地避开了所有的威胁区域和禁飞区域，安全地完成了攻击任务，最后返回到基地。

表 6-1 任务规划结果

无人机编号	目标和资源分配方案	航行代价/km	生存概率
$A_1^{B_1}$	$T_1(1,0,1)\to T_4(1,1,0)\to T_8(0,1,1)$	620.43	70%
$A_2^{B_1}$	$T_3(1,0,1)\to T_5(1,2,1)$	424.39	80%
$A_1^{B_2}$	$T_2(0,1,3)\to T_6(2,1,0)$	410.09	65%
$A_2^{B_2}$	$T_7(2,1,1)\to T_8(0,1,2)$	580.98	65%

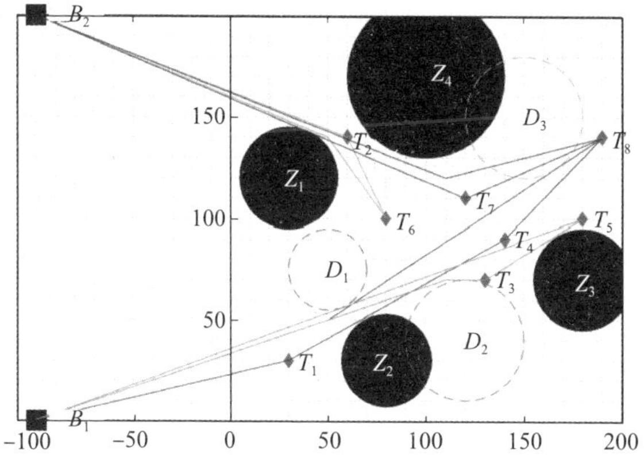

图 6-4 异构多无人机协同察打航迹

仿真结果表明，将粗粒度并行遗传粒子群优化算法应用于异构多无人机协同察打离线任务规划中，能够使无人机避开禁飞地形和威胁区域，在各种约束条件的限制下，合理利用自身携带的资源完成对目标的攻击任务。

6.2 异构多无人机协同察打在线任务规划

无人机离线任务规划需要具备全局环境、目标及威胁信息，然而通过侦察获得的信息往往具有时效性，随着战场环境的复杂变化，相关的信息也在动态改变，离线任务规划无法及时有效地对这种变化做出反应，会对其完成协同察打任务产生不利影响。通信技术的成熟发展，使得无人机与地面能够及时交流战场态势等情况，由此提出了针对环境变化的异构多无人机在线任务规划技术。与离线任务规划相比，在线规划系统能够实时应对战场环境的突发变化，动态地规划无人机的飞行航迹、任务方案等，具有很强的环境适应性。下面给出算法详细原理及仿真结果[86]。

6.2.1 协同察打在线任务规划问题

在线任务规划问题是一系列离散化事件及相关运算的建模过程。异构多无人机协同察打在线任务规划过程可以描述为：侦察型无人机可以对任务区域进行搜索与侦察，确定目标的个数与位置信息，并将目标信息发送给附近的察打型无人机；察打型无人机的主要功能是目标打击，同时具备较为简单的搜索功能，没有目标信息时执行搜索任务，收到侦察型无人机发送的目标信息后执行打击任务。

1. 无人机探测与攻击模型

(1) 侦察型无人机（Reconnaissance UAV，R-UAV）。装备相关的探测传感器，设传感器的探测概率为 $P_{\mathrm{D}}^{\mathrm{R}}$，虚警概率为 $P_{\mathrm{F}}^{\mathrm{R}}$，无人机根据探测得到的信息对任务搜索图进行周期性更新，以反映其对环境信息的掌握程度。搜索任务图的更新包括目标存在概率图的更新和信息确定度的更新，即

$$p_{mn}^{\mathrm{R}}(k+1)=\begin{cases}\tau p_{mn}^{\mathrm{R}}(k) & (\text{未探测})\\ \dfrac{P_{\mathrm{D}}^{\mathrm{R}}p_{mn}^{\mathrm{R}}(k)}{P_{\mathrm{F}}^{\mathrm{R}}+(P_{\mathrm{D}}^{\mathrm{R}}-P_{\mathrm{F}}^{\mathrm{R}})p_{mn}^{\mathrm{R}}(k)} & (\text{已探测且 } b(k)=1)\\ \dfrac{(1-P_{\mathrm{D}}^{\mathrm{R}})p_{mn}^{\mathrm{R}}(k)}{1-P_{\mathrm{F}}^{\mathrm{R}}+(P_{\mathrm{F}}^{\mathrm{R}}-P_{\mathrm{D}}^{\mathrm{R}})p_{mn}^{\mathrm{R}}(k)} & (\text{已探测且 } b(k)=0)\end{cases} \tag{6-15}$$

$$\chi_{mn}^{\mathrm{R}}(k+1)=\begin{cases}\tau\chi_{mn}^{\mathrm{R}}(k) & (\text{未探测})\\ \chi_{mn}^{\mathrm{R}}(k)+0.5(1-\chi_{mn}^{\mathrm{R}}(k)) & (\text{已探测})\end{cases} \tag{6-16}$$

（2）察打型无人机（Reconnaissance-Attack Integration UAV，RA-UAV）。装备攻击性武器资源及一定的探测传感器，其中，探测传感器模型可以参照侦察型无人机，设其探测传感器的探测概率是 $P_{\mathrm{D}}^{\mathrm{RA}}$，虚警概率是 $P_{\mathrm{F}}^{\mathrm{RA}}$，一般情况下满足

$$\begin{cases}P_{\mathrm{D}}^{\mathrm{RA}}<P_{\mathrm{D}}^{\mathrm{R}}\\ P_{\mathrm{F}}^{\mathrm{RA}}>P_{\mathrm{F}}^{\mathrm{R}}\end{cases} \tag{6-17}$$

假设察打型无人机执行攻击任务时，单个武器资源对目标的损毁程度为 1；执行搜索任务时，仅对目标存在概率图进行周期性的更新，即

$$p_{mn}^{\mathrm{RA}}(k+1)=\begin{cases}\tau p_{mn}^{\mathrm{RA}}(k) & (\text{未探测})\\ \dfrac{P_{\mathrm{D}}^{\mathrm{RA}}p_{mn}^{\mathrm{RA}}(k)}{P_{\mathrm{F}}^{\mathrm{RA}}+(P_{\mathrm{D}}^{\mathrm{RA}}-P_{\mathrm{F}}^{\mathrm{RA}})p_{mn}^{\mathrm{RA}}(k)} & (\text{已探测且 } b(k)=1)\\ \dfrac{(1-P_{\mathrm{D}}^{\mathrm{RA}}p)_{mn}^{\mathrm{RA}}(k)}{1-P_{\mathrm{F}}^{\mathrm{RA}}+(P_{\mathrm{F}}^{\mathrm{RA}}-P_{\mathrm{D}}^{\mathrm{RA}})p_{mn}^{\mathrm{RA}}(k)} & (\text{已探测且 } b(k)=0)\end{cases} \tag{6-18}$$

2. 协同察打决策模型

N_{T} 个未知的目标随机分布在任务区域中，异构多无人机协同包括 N_{R} 架侦察型无人机和 N_{RA} 架察打型无人机，无人机需要在规定的时间内探测更多的目标，察打型无人机进行目标及资源的分配以尽快消灭发现的目标。决策模型描述为

$$\begin{aligned}&\boldsymbol{U}^{*}=\arg\max_{\boldsymbol{U}}(J_{\mathrm{s}}^{\mathrm{R}}+\omega J_{\mathrm{s}}^{\mathrm{RA}}+(1-\omega)J_{\mathrm{a}}^{\mathrm{RA}})\\ &\text{s. t.}\\ &G\leqslant 0\end{aligned} \tag{6-19}$$

式中：$J_{\mathrm{s}}^{\mathrm{R}}$ 为侦察型无人机的侦察收益；$J_{\mathrm{s}}^{\mathrm{RA}}$ 为察打型无人机的侦察收益；$J_{\mathrm{a}}^{\mathrm{RA}}$ 为察打型无人机的打击收益；$\omega\in\{0,1\}$ 为无人机执行的任务类型，$\omega=1$ 时察打型无人机执行搜索任务，$\omega=0$ 时察打型无人机执行攻击任务；无人机下一时刻的位置由决策输入 $\boldsymbol{U}$ 提供；$G\leqslant 0$ 为约束条件，包括无人机机动约束（最大转弯角）、无人机防碰约束等。

为了减小任务规划问题的复杂程度，提高任务规划算法求解速度，分别设计基于同构的侦察型无人机任务规划算法和察打型无人机任务规划算法，在此基础上，引入侦察型无人机和察打型无人机的协作方式，实现异构多无人机之间的协同。

由此，异构多无人机协同察打决策模型包括以下几种：

（1）侦察型无人机任务规划模型。设 $\boldsymbol{x}^{\mathrm{R}}(k)=\{\boldsymbol{x}_1^{\mathrm{R}}(k), \boldsymbol{x}_2^{\mathrm{R}}(k), \cdots, \boldsymbol{x}_{N_{\mathrm{R}}}^{\mathrm{R}}(k)\}$ 为第 k 时刻多无人机系统的状态集合，$\boldsymbol{U}^{\mathrm{R}}(k)=\{\boldsymbol{u}_1^{\mathrm{R}}(k), \boldsymbol{u}_2^{\mathrm{R}}(k), \cdots, \boldsymbol{u}_{N_{\mathrm{R}}}^{\mathrm{R}}(k)\}$ 为控制决策输入集合，因此，第 k 时刻多无人机系统最优任务决策的优化模型表示为

$$\begin{gathered}\boldsymbol{U}^{\mathrm{R}*}(k)=\arg\max_{\boldsymbol{U}^{\mathrm{R}}(k)} \boldsymbol{J}_{\mathrm{s}}^{R}(\boldsymbol{x}^{\mathrm{R}}(k),\boldsymbol{U}^{\mathrm{R}}(k)) \\ \text{s. t.} \\ \begin{cases}\boldsymbol{x}^{\mathrm{R}}(k+1)=f(\boldsymbol{x}^{\mathrm{R}}(k),\boldsymbol{U}^{\mathrm{R}}(k)) \\ G^{\mathrm{R}}(\boldsymbol{x}^{\mathrm{R}}(k),\boldsymbol{U}^{\mathrm{R}}(k))\leqslant 0\end{cases}\end{gathered} \tag{6-20}$$

式中：$G^{\mathrm{R}}(\boldsymbol{x}^{\mathrm{R}}(k),\boldsymbol{U}^{\mathrm{R}}(k))\leqslant 0$ 为约束条件，包括侦察型无人机之间的安全距离及最大偏转角度等。侦察型无人机的整体性能指标为

$$\boldsymbol{J}_{\mathrm{s}}^{\mathrm{R}}(\boldsymbol{x}(k),\boldsymbol{U}(k))=\eta_1 \boldsymbol{J}_{\mathrm{t}}^{\mathrm{R}}+\eta_2 \boldsymbol{J}_{\mathrm{e}}^{\mathrm{R}} \tag{6-21}$$

式中：$J_{\mathrm{t}}^{\mathrm{R}}$ 为目标发现收益；$J_{\mathrm{e}}^{\mathrm{R}}$ 为环境搜索收益；η_1，η_2 为权重系数。采用分布式协同结构，任务规划模型进一步表示为

$$\begin{gathered}\boldsymbol{U}_i^{\mathrm{R}*}(k)=\arg\max_{\boldsymbol{U}_i^{\mathrm{R}}(k)} \boldsymbol{J}_i^{\mathrm{R}}(\boldsymbol{x}_i^{\mathrm{R}}(k),\boldsymbol{U}_i^{\mathrm{R}}(k),\widetilde{\boldsymbol{x}}_i^{\mathrm{R}}(k),\widetilde{\boldsymbol{U}}_i^{\mathrm{R}}(k))\,(i=1,2,\cdots,N_{\mathrm{R}}) \\ \text{s. t.} \\ \begin{cases}\boldsymbol{x}_i^{\mathrm{R}}(k+1)=f(\boldsymbol{x}_i^{\mathrm{R}}(k),\boldsymbol{U}_i^{\mathrm{R}}(k)) \\ G_i^{\mathrm{R}}(\boldsymbol{x}_i^{\mathrm{R}}(k),\boldsymbol{U}_i^{\mathrm{R}}(k),\widetilde{\boldsymbol{x}}_i^{\mathrm{R}}(k),\widetilde{\boldsymbol{U}}_i^{\mathrm{R}}(k))\leqslant 0\end{cases}\end{gathered} \tag{6-22}$$

式中：$\boldsymbol{J}_i^{\mathrm{R}}(\boldsymbol{x}(k), \boldsymbol{U}(k))=\eta_1 \boldsymbol{J}_{\mathrm{t}i}^{\mathrm{R}}+\eta_2 \boldsymbol{J}_{\mathrm{e}i}^{\mathrm{R}}$；$\widetilde{\boldsymbol{x}}_i^{\mathrm{R}}(k)$，$\widetilde{\boldsymbol{U}}_i^{\mathrm{R}}(k)$ 分别为该无人机通信范围内其他无人机的状态和控制输入。

（2）察打型无人机任务规划模型。设 $\boldsymbol{U}^{\mathrm{RA}}$ 为控制决策输入下一时刻的无人机位置，多无人机协同察打任务规划模型为

$$\begin{gathered}\boldsymbol{U}^{\mathrm{RA}*}=\arg\max_{\boldsymbol{U}^{\mathrm{RA}}}(\omega \boldsymbol{J}_{\mathrm{s}}^{\mathrm{RA}}+(1-\omega)\boldsymbol{J}_{\mathrm{a}}^{\mathrm{RA}}) \\ \text{s. t.} \\ G^{\mathrm{RA}}(\boldsymbol{x}^{\mathrm{RA}}(k),\boldsymbol{U}^{\mathrm{RA}}(k))\leqslant 0\end{gathered} \tag{6-23}$$

式中：$G^{\mathrm{RA}}(\boldsymbol{x}^{\mathrm{RA}}(k), \boldsymbol{U}^{\mathrm{RA}}(k))\leqslant 0$ 为约束条件，包括无人机之间的安全距离、最大偏转角度等。采用分布式协同结构，任务规划模型进一步表示为

$$\begin{gathered}\boldsymbol{U}_i^{\mathrm{RA}*}=\arg\max_{\boldsymbol{U}_i^{\mathrm{RA}}}(\omega_i \boldsymbol{J}_{\mathrm{s}i}^{\mathrm{RA}}(\boldsymbol{x}_i^{\mathrm{RA}},\widetilde{\boldsymbol{x}}_i^{\mathrm{RA}})+(1-\omega_i)\boldsymbol{J}_{\mathrm{a}i}^{\mathrm{RA}}(\boldsymbol{x}_i^{\mathrm{RA}},\widetilde{\boldsymbol{x}}_i^{\mathrm{RA}})),i=1,2,\cdots,N_{\mathrm{RA}} \\ \text{s. t.} \\ G_i^{\mathrm{RA}}\leqslant 0\end{gathered} \tag{6-24}$$

6.2.2 基于蚁群优化的在线任务规划

异构协同察打在线任务规划问题的求解思路为：将系统分解为基于同构的侦察型和察打型无人机系统，通过侦察型和察打型无人机之间的通信交流与互相协同，完成异构多无人机系统的任务规划。

1. 分布式任务规划算法总体框架

侦察/察打型异构多无人机协同察打在线任务规划总体框架如图6-5所示[86]。

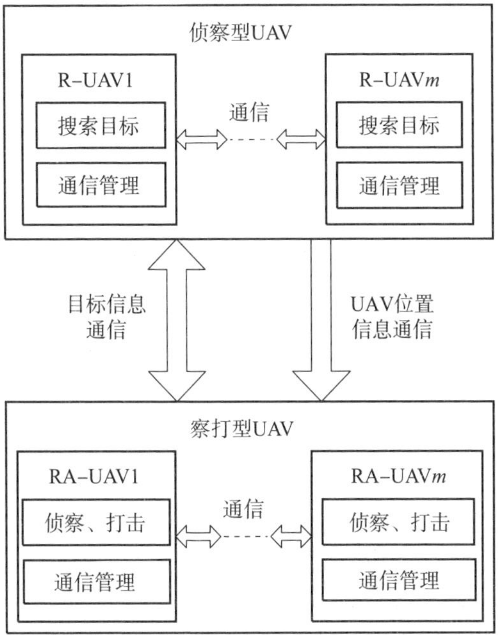

图6-5 侦察/察打型异构多无人机任务规划总体框架

侦察型无人机与察打型无人机系统之间的通信包括以下3方面：

（1）侦察型无人机信息。主要包括自身位置信息和目标位置信息。侦察型无人机每次做出决策后，将自身位置信息发送给察打型无人机，察打型无人机接收位置信息后，按照式（5-10）到式（5-13）所示更新本地的信息素结构图；侦察型无人机基于分布式模型预测控制的搜索方式对任务区域展开搜索，确认目标后，将目标位置信息发送给察打型无人机，察打型无人机召集信息素的更新公式如式（5-15）所示。

（2）察打型无人机信息。主要是指目标的位置信息。察打型无人机将搜索到的目标信息发送给侦察型无人机，用于侦察型无人机的进一步确认，察打型无人机只更新侦察型无人机所维护任务搜索图中的目标存在概率。更新公式如式（6-18）所示。

（3）防碰信息。主要是指为了实现察打型无人机与侦察型无人机之间的防碰所需的信息。一般情况下，察打型无人机的机动性更强，因此防碰策略设计为：当2种无人机处于安全距离内时，察打型无人机根据防碰转移规则，采取机动措施绕过侦察型无人机。

2. 分布式任务规划算法流程与步骤

侦察/察打型异构多无人机协同察打在线任务规划流程如图6-6所示，侦察型与察打型无人机之间保持基本独立，相互仅存在有限的信息交流[86]。

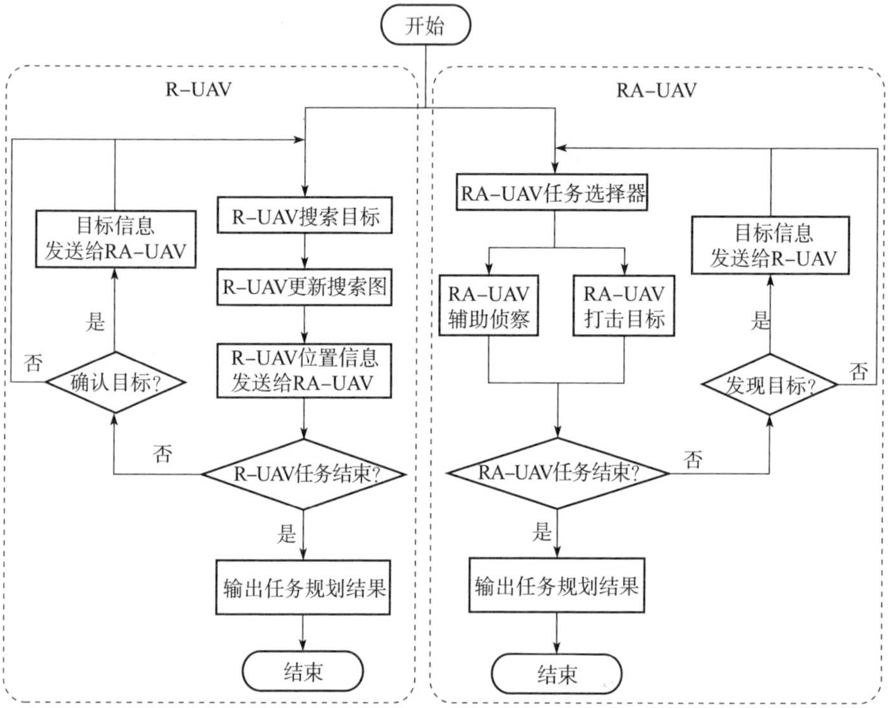

图6-6 侦察/察打型异构多无人机任务规划流程图

侦察型无人机的任务执行过程描述：①根据决策结果前进一个步长；②对任务区域进行搜索，确认目标后将目标信息发送给察打型无人机；③根据自身侦察及察打型无人机发送的环境信息和目标信息进行本地搜索图的更新；④将自身当前位置信息发送给察打型无人机；⑤判断任务是否结束，如果未结束，则转到步骤①。

察打型无人机的任务执行过程描述：①根据目标及自身的位置信息做出决

策，选择执行搜索任务或打击任务，若收到侦察型无人机在②中发送的目标确认信息，且在目标召集信息素作用范围内时，选择攻击任务，进入下一步，否则选择辅助搜索任务，跳转到③；②根据状态转移规则，在召集信息素的驱动下靠近目标，进行目标的打击；③根据状态转移规则移动，同时侦察周围环境，发现目标后将目标位置信息发送给侦察型无人机；④判断任务是否结束，如果未结束，则转到步骤①。

6.2.3 仿真分析

2架侦察型无人机和2架察打型无人机构成多无人机系统，18个目标随机分布在40km×40km的任务区域内，任务区域中不存在威胁，其余参数设置及详细结果见文献[86]。迭代1000次后，无人机的飞行航迹如图6-7所示。此时被摧毁目标数为15，目标5、9、15未被摧毁，任务区域覆盖率达到68.5%。

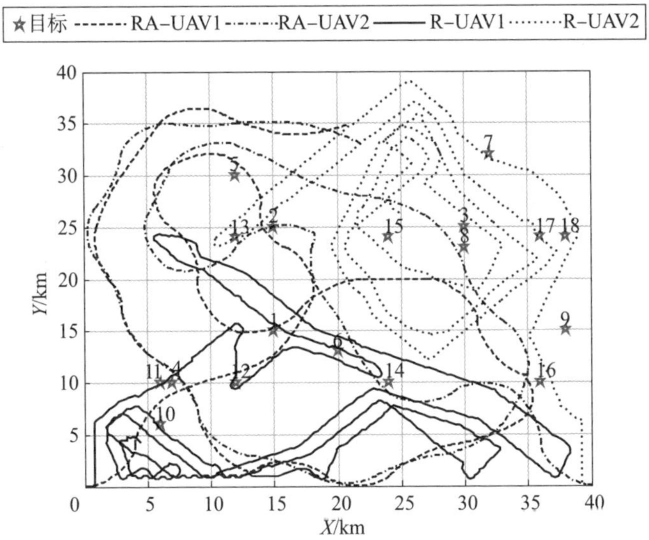

图6-7 异构多无人机协同察打航迹

6.3 小结

本章从以下方面研究了异构多无人机协同察打技术：

（1）异构多无人机协同察打离线任务规划。针对战场环境、目标信息已知的情况，进行了协同察打问题的数学描述，设计了任务性能指标函数和约束条件。设计了由态势分析、航迹规划、任务分配、飞行评估、仿真推演等模块组成的协同察打离线任务规划系统，结合粒子群优化算法和遗传算法的优点，采用并行遗传粒子群优化算法求解任务规划问题，实现了异构多无人机协同察打离线任务规划。

（2）异构多无人机协同察打在线任务规划。考虑到战场环境及目标的动态变化，建立了无人机探测攻击模型和协同察打决策模型。将异构系统分解成同构的侦察型和察打型无人机系统，设计了异构多无人机协同察打在线任务规划系统，使用分布式蚁群优化算法，实现了异构多无人机在线协同察打。

第7章 多无人机协同空战决策

无人机作战过程中无须考虑飞行员过载承受能力，能够充分利用携带载荷，避免人员伤亡，将成为未来对空打击的重要方式。多无人机协同空战是指交战双方无人机根据局部感知和相互通信，协同搜索任务区域中的敌方目标，并进行对抗性斗争，最大程度地击落敌方无人机，取得任务区域的制空权。其中，空战决策是无人机能够在对抗中取胜的关键所在。空战决策是指无人机根据战场态势，调整自身状态，做出规避、接敌、占位、攻击、退出等机动行为，尽可能在损伤最小的情况下完成最多的作战任务。空战决策是一个随着战场环境变化的动态过程，需要根据外界干扰及内部各种不确定性，进行实时调整，实现协同作战效能的最大化。

本章研究多无人机协同空战决策问题，分别提出多无人机协同空战威胁评估方法、多无人机协同空战智能目标分配方法以及多无人机协同空战自主机动决策方法。

7.1 多无人机协同空战威胁评估

无人机的空战决策需要根据战场环境的评估来进行，合理的评估结果能够确保任务规划系统做出正确的作战方案。多无人机协同空战决策系统进行战场环境的威胁评估和排序，为各无人机制定效能最佳的协同攻击、协同突防策略。其中，威胁评估是指建立评估模型对战场实时的态势信息进行威胁因素的评估，确定各类威胁在威胁评估中的作用；威胁评估排序是指根据已方无人机受到的威胁程度进行排序。由于战场环境难以进行准确建模，存在不确定性，且无人机的测量信息具有误差，因此需要在空战威胁评估中引入多种不确定性，使决策系统能够做出最适合的决策。本节将详细阐述一种基于灰色层次法的空战威胁评估方法[91-92]。

7.1.1 空战威胁评估指数

现代空战威胁评估的方法包括参量法和非参量法。参量法要求提前得到反映评估目标特征的概率分布情况，根据平均概率风险最小的优化条件得到评估结果，参量法需要获取大量已知信息，计算较为复杂。非参量法根据当前时刻交战双方的几何态势信息进行威胁评估的计算，计算过程简单，易于工程实现，具有很好的实时性。

空战双方态势关系如图 7-1 所示，d_{ji} 为敌我双方无人机之间的相对距离，θ_i 为目标线与我方无人机速度向量 $\boldsymbol{V}_i$ 的夹角，即我方无人机的位置角，θ_j 为目标线延长线与敌方无人机速度向量 $\boldsymbol{V}_j$ 的夹角，即敌方无人机的进入角，以相对目标线右偏为角度的正方向，位置角和进入角满足 $0 \leqslant |\theta_j| \leqslant 180°$，$0 \leqslant |\theta_i| \leqslant 180°$。

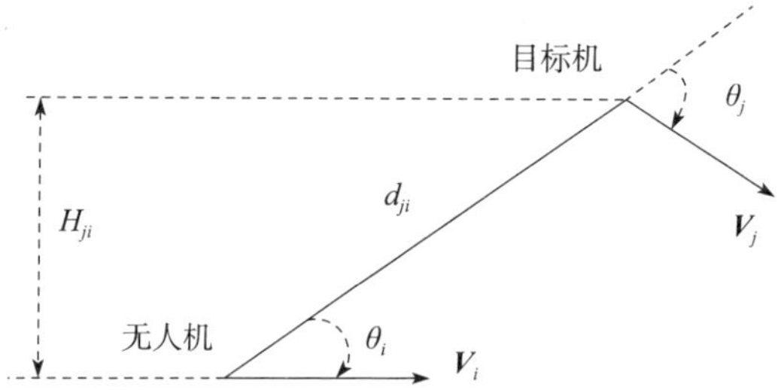

图 7-1　空战双方态势示意图

威胁评估的影响因素一般包括静态威胁指数和动态威胁指数两大类。

静态威胁指数 T_1 又称目标空战效能指数，反映了敌机的静态属性。无人机处于作战状态时，可以认为其武器性能和战机性能维持不变，通过静态评估得到目标空战效能威胁指数。目标空战效能威胁指数包括机动性、生存力、格斗火力、快速瞄准能力、拦射火力、超视距态势感知能力、操作效能、电子对抗能力、作战半径等因素，它反映了无人机本身的属性，一般情况下为常值。

传统的动态威胁指数主要是指三维态势威胁指数，即敌我双方无人机的相对运动状态信息，如相对角度、速度、高度、距离等。随着现代隐身技术的快速发展，无人机的隐身性能已成为衡量无人机性能的重要方面，因此在传统威胁指数的基础上还要考虑无人机的隐身威胁因素。

（1）角度威胁指数。无人机使用武器载荷对目标进行攻击，不同的攻击

角度会产生不同的损毁效果，目标进入角和目标前置角越大，所带来的威胁也越大。角度威胁指数的表达式为

$$T_2=\frac{|\theta_i|+|\theta_j|}{360} \tag{7-1}$$

式中：当我方无人机位于敌方无人机的正前方时，敌方无人机的进入角 $\theta_j=180°$，我方无人机的位置角 $\theta_i=180°$，此时敌机的威胁值最大；当敌方无人机位于我方无人机的正前方时，敌方无人机的进入角 $\theta_j=0°$，我方无人机的位置角 $\theta_i=0°$，此时敌机的威胁值最小；当我方无人机和敌方无人机相向飞行时，敌机的进入角 $\theta_j=180°$，我方无人机的位置角 $\theta_i=0°$，此时敌机的威胁值等于 0.5；当我方无人机和敌方无人机同向并排飞行时，敌机的进入角 $\theta_j=90°$，我方无人机的位置角 $\theta_i=90°$，敌机的威胁值等于 0.5。

（2）速度威胁指数。无人机的速度越大，其初始动能也越大，使得武器载荷能够具备更远的射程，是超视距空战中的重要指标；同时速度优势能够使无人机摆脱目标或完成对目标的追击。速度威胁指数的表达式为

$$T_3=\begin{cases}0.1 & (V_j<0.6V_i)\\ -0.5+\dfrac{V_j}{V_i} & (0.6V_i\leqslant V_j\leqslant 1.5V_i)\\ 1.0 & (V_j>1.5V_i)\end{cases} \tag{7-2}$$

（3）高度威胁指数。空战时无人机的占位是指占据有利攻击的高度，无人机所处的作战高度影响其攻击效果，高处的无人机具有更大的重力势能，进行攻击时，相应的武器载荷通过势能的转化可以获得更高的动能，将产生更强的攻击效果。高度威胁指数的表达式为

$$T_4=\begin{cases}\mathrm{e}^{-\left(\frac{H_{ji}-H_0}{\sigma_{H_0}}\right)^2} & (H_{ji}\leqslant H_0)\\ 1 & (H_{ji}>H_0)\end{cases} \tag{7-3}$$

式中：H_{ji} 为敌机与我机的高度差，以目标在上方时为正；H_0 为门限高度，超过门限高度时该无人机具有绝对的高度优势；σ_{H_0} 为高度威胁指数标准差。

（4）距离威胁指数。无人机与敌机之间的距离是否在敌机机载雷达的最大探测范围内，决定了敌机能否发现目标并做出攻击的决策。另外，不同的距离影响了敌机对于武器载荷的使用及其攻击效能。距离威胁指数与敌我双方无人机的机载雷达最大探测距离 d^{D} 及其携带攻击载荷的最大射程 d^{A} 有

关，表示为

$$T_5=\begin{cases}0.5 & (d_{ij}\leqslant d_i^{\mathrm{A}},d_{ij}\leqslant d_j^{\mathrm{A}})\\ 0.5-0.2\left(\dfrac{d_{ij}-d_j^{\mathrm{A}}}{d_i^{\mathrm{A}}-d_j^{\mathrm{A}}}\right) & (d_j^{\mathrm{A}}<d_{ij}<d_i^{\mathrm{A}})\\ 1.0 & (d_i^{\mathrm{A}}<d_{ij}<d_j^{\mathrm{A}})\\ 0.8 & (\max(d_i^{\mathrm{A}},d_j^{\mathrm{A}})<d_{ij}<d_i^{\mathrm{D}})\end{cases} \tag{7-4}$$

（5）隐身威胁指数。敌机的隐身性能直接关系到其是否被无人机雷达探测到，雷达反射面积（Radar Cross Section，RCS）越小，敌机隐身性能越好，被机载雷达发现的概率越小，威胁越大。隐身威胁指数表达式为

$$T_6=\begin{cases}\mathrm{e}^{-\left(\frac{s_i-s_j-s_0}{\sigma_{\mathrm{A}_0}}\right)^2} & (s_i-s_j\leqslant s_0)\\ 1 & (s_i-s_j>s_0)\end{cases} \tag{7-5}$$

式中：s_0 为门限 RCS 值，超过门限 RCS 时该无人机具有绝对的隐身性能优势；σ_{A_0} 为隐身威胁指数标准差。

7.1.2 基于层次分析法的空战威胁区间评估

空战威胁评估的算法流程如图 7-2 所示，从动态威胁指数和静态威胁指数两方面分析威胁因素的构成，构建评估指标体系；根据威胁因素分析，建立对应的权值评估矩阵，根据层次分析法确定威胁指数权重；结合专家评估与实际情况，对评估结果进一步处理，得到综合的威胁评估模型。

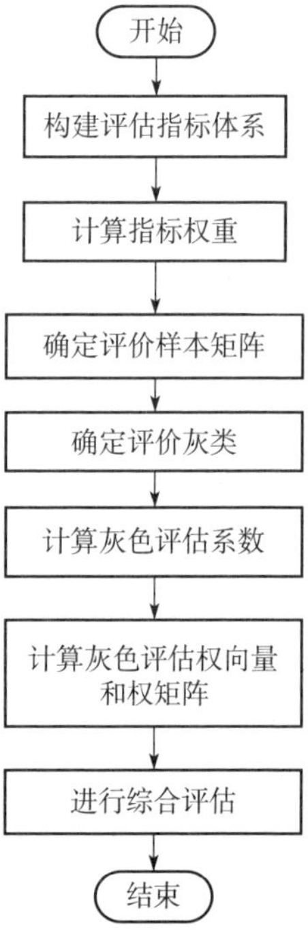

图 7-2 空战威胁评估算法流程图

复杂的作战环境、有限的探测性能使得无人机获取到的信息具有不确定性，因此引入区间灰数的概念，使用“低”“较低”“一般”“较高”“高”等词语来描述各威胁指数的重要性程度，将其转化为区间灰数，以此描述威胁指数的不确定性。

定义 7.1（区间灰数）：将既有下界 $\underline{a}$ 又有上界 $\overline{a}$ 的灰数定义为区间灰数，记为$\otimes\in[\underline{a},\ \overline{a}]$。当区间灰数的上界 $\overline{a}$ 和下界 $\underline{a}$ 都为无穷大时，将其定义为黑数；当$\otimes\in[\underline{a},\ \overline{a}]$ 且 $\underline{a}=\overline{a}$ 时，将其定义为白数。区间灰

数$\otimes$的标准化形式可以表示为：$\otimes(\gamma)=\otimes^{-}+(\otimes^{-}-\otimes^{+})\gamma$，$0\leqslant\gamma\leqslant1$。

定义 7.2（区间灰数运算法则）：假设存在 2 个区间灰数满足：$\otimes_1\in[a, b]$，$a<b$，$\otimes_2\in[c, d]$，$c<d$。定义如下的区间灰数基本运算法则：

（1）加法运算：$\otimes_1+\otimes_2\in[a+c, b+d]$。

（2）减法运算：$\otimes_1-\otimes_2\in[a-d, b-c]$。

（3）乘法运算：$\otimes_1\otimes_2\in[\min\{ac, ad, bc, bd\}, \max\{ac, ad, bc, bd\}]$。

（4）除法运算：$\dfrac{\otimes_1}{\otimes_2}\in\left[\min\left\{\dfrac{a}{c}, \dfrac{a}{d}, \dfrac{b}{c}, \dfrac{b}{d}\right\}, \max\left\{\dfrac{a}{c}, \dfrac{a}{d}, \dfrac{b}{c}, \dfrac{b}{d}\right\}\right]$，

其中 $cd>0$。

1. 威胁指数权重

层次分析法是一种多属性决策方法，用于处理各种决策因素，具有灵活、简便的优势。层次分析法采用传统数学算法，基于“点”或“刚性”数据进行处理。然而，实际应用中往往存在各种不确定性，复杂环境下威胁因素的评估难以通过准确的数字描述，更倾向于用模糊语句或是一个灰数区间表示。因此，通过引入“柔性”信息，对传统的层次分析法进行改进，提出区间层次分析法，确定各威胁指数的权重。区间层次分析法保留了层次分析法的阶梯层次结构，同时结合了定性判断和定量计算。首先根据无人机性能，得到威胁指数权重评估灰数矩阵

$$\boldsymbol{A}=\begin{bmatrix}\otimes_{11} & \otimes_{12} & \cdots & \otimes_{1n}\\ \otimes_{21} & \otimes_{22} & \cdots & \otimes_{2n}\\ \cdots & \cdots & \cdots & \cdots\\ \otimes_{n1} & \otimes_{n2} & \cdots & \otimes_{nn}\end{bmatrix} \tag{7-6}$$

式中：$\otimes_{ij}\in[\underline{a}_{ij}, \overline{a}_{ij}]$ 为 T_i 与 T_j 评分比值的区间灰数描述，反映了各类威胁指数重要程度的评估比值。区间层次分析法进行威胁指数权重计算的实现步骤如下：

（1）计算灰数区间长度。

$$d(\otimes_{ij})=\overline{a}_{ij}-\underline{a}_{ij} \tag{7-7}$$

（2）计算区间灰数权重向量。

$$\widetilde{w}_i=\sum_{j=i+1}^{n}\otimes_{ij}\boldsymbol{\lambda}_{ij}\widetilde{w}_j \tag{7-8}$$

式中：$i=1, 2, \cdots, n-1$；$\widetilde{w}_n>0$；且

$$\boldsymbol{\lambda}_{ij}=\frac{\dfrac{1}{d(\otimes_{ij})}}{\displaystyle\sum_{j=i+1}^{n}\frac{1}{d(\otimes_{ij})}}$$

（3）归一化处理。

$$w_i = \frac{\widetilde{w}_i}{\sum_{i=1}^{n} \widetilde{w}_i} \tag{7-9}$$

最终得到威胁指数权重 $\boldsymbol{W}=[w_1, w_2, \cdots, w_n]^{\mathrm{T}}$，这里 $n=6$，w_1 为目标空战性能威胁权重，w_2 为角度威胁权重，w_3 为距离威胁权重，w_4 为速度威胁权重，w_5 为高度威胁权重，w_6 为隐身性能威胁权重。

2. 综合威胁评估

灰色理论能够降低主观因素的影响，适合于解决各种不确定问题。在层次分析法中引入灰色理论，通过模糊数学理论建立模糊隶属函数，分析各威胁指数的权重，能够显著提高威胁评估的可靠性。利用灰色层次分析法进行综合威胁评估的具体步骤如下[92]：

（1）确定评价样本矩阵。分析某个时刻的瞬时战场态势，将无人机的威胁程度或优势的大小分为“很高、高、一般、低、很低”5 个等级，并使用 1~9 标度为各个等级赋值，依次为 9、7、5、3、1。根据专家进行威胁等级评估时，不同领域不同角度下多个专家的评估结果存在差异，因此将专家分成若干组，按照各组的重要程度进行加权平均，评价样本矩阵可以表示为

$$\boldsymbol{B}_{JI} = \begin{bmatrix} b_{11} & b_{12} & \cdots & b_{1i} \\ b_{21} & b_{22} & \cdots & b_{2i} \\ \vdots & \vdots & \ddots & \vdots \\ b_{j1} & b_{j2} & \cdots & b_{ji} \end{bmatrix} \tag{7-10}$$

式中：b_{ji} 为专家 j 对指标 i 的评价值。

（2）确定评价灰类。指确定灰类的等级数、灰数以及白化权函数。针对威胁程度等级“很高、高、一般、低、很低”分别设置 5 个灰类，如图 7-3 所示，其中 $n=1, 2, 3, 4, 5$ 为灰类的编号，转折点为白化权函数的阈值。

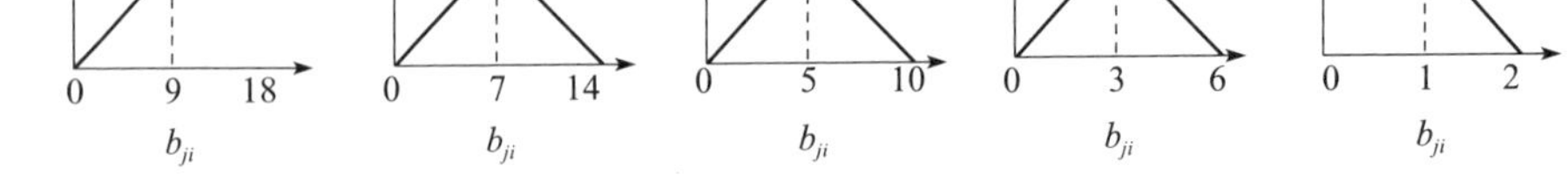

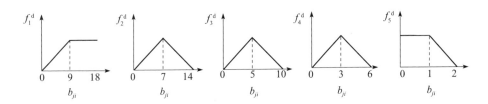

图 7-3　白化权函数示意图

$n=1$ 时，灰数为 $e_1 \in [0,\ 9,\ \infty)$，白化权函数为

$$f_1^{\mathrm{d}}(b_{ji})=\begin{cases}\dfrac{b_{ji}}{9} & (b_{ji}\in[0,9]) \\ 1 & (b_{ji}\in[9,\infty]) \\ 0 & (b_{ji}\in[-\infty,0])\end{cases} \tag{7-11}$$

$n=2$ 时，灰数为 $e_2 \in [0,\ 7,\ 14]$，白化权函数为

$$f_2^{\mathrm{d}}(b_{ji})=\begin{cases}\dfrac{b_{ji}}{7} & (b_{ji}\in[0,7]) \\ 2-\dfrac{b_{ji}}{7} & (b_{ji}\in[7,14]) \\ 0 & (b_{ji}\notin[0,14])\end{cases} \tag{7-12}$$

$n=3$ 时，灰数为 $e_3 \in [0,\ 5,\ 10]$，白化权函数为

$$f_3^{\mathrm{d}}(b_{ji})=\begin{cases}\dfrac{b_{ji}}{5} & (b_{ji}\in[0,5]) \\ 2-\dfrac{b_{ji}}{5} & (b_{ji}\in[5,10]) \\ 0 & (b_{ji}\notin[0,10])\end{cases} \tag{7-13}$$

$n=4$ 时，灰数为 $e_4 \in [0,\ 3,\ 6]$，白化权函数为

$$f_4^{\mathrm{d}}(b_{ji})=\begin{cases}\dfrac{b_{ji}}{3} & (b_{ji}\in[0,3]) \\ 2-\dfrac{b_{ji}}{3} & (b_{ji}\in[3,6]) \\ 0 & (b_{ji}\notin[0,6])\end{cases} \tag{7-14}$$

$n=5$ 时，灰数为 $e_5 \in [0,\ 1,\ 2]$，白化权函数为

$$f_5^{\mathrm{d}}(b_{ji})=\begin{cases}1 & (b_{ji}\in[0,1]) \\ 2-b_{ji} & (b_{ji}\in[1,2]) \\ 0 & (b_{ji}\notin[0,2])\end{cases} \tag{7-15}$$

（3）计算灰色评估系数。根据评价样本矩阵和白化权函数，对于评估指标 A，目标 j 的第 k 类灰色评估系数为

$$n_{jk} = \sum_{k=1}^{i} f_k^{\mathrm{d}}(b_{ji}) \tag{7-16}$$

每个评估灰类的总灰色评估系数为

$$n_j = \sum_{k=1}^{i} f_k^{\mathrm{d}}(n_{jk}) \tag{7-17}$$

第 k 类灰色评估系数对目标 j 的灰色评价权重为

$$r_{jk} = \frac{n_{jk}}{n_j} \tag{7-18}$$

（4）计算灰色评估权向量和权矩阵。

$$\boldsymbol{R} = \begin{bmatrix} r_{11} & r_{12} & \cdots & r_{1k} \\ r_{21} & r_{22} & \cdots & r_{2k} \\ \vdots & \vdots & \ddots & \vdots \\ r_{j1} & r_{j2} & \cdots & r_{jk} \end{bmatrix} \tag{7-19}$$

（5）进行综合威胁评估。

$$\boldsymbol{S} = \boldsymbol{U}\boldsymbol{G}^{\mathrm{T}} \tag{7-20}$$

式中：$\boldsymbol{U}=\boldsymbol{W}\boldsymbol{R}$；$\boldsymbol{G}=(9,7,5,3,1)$ 为灰类等级。

7.1.3 基于可能度函数的空战威胁实值评估

灰数区间描述的威胁评估结果不利于后续的决策优化，因此引入可能度函数，将其转化为更加直观的实值描述。

1. 区间灰数可能度函数

可能度函数可以定量地描述 2 个区间灰数的大小程度，通过比较 2 个区间灰数内的每一个值，以此定义区间灰数比较的可能度函数。

设 a 为任意实数，$\otimes \in [\otimes^-, \otimes^+]$ 为任意区间灰数，将实数 a 小于区间灰数$\otimes$的可能度函数表示为

$$p(a<\otimes) = \begin{cases} 1 & (a<\otimes^-) \\ \dfrac{\otimes^+ - a}{\otimes^+ - \otimes^-} & (\otimes^- \leqslant a \leqslant \otimes^+) \\ 0 & (a>\otimes^+) \end{cases} \tag{7-21}$$

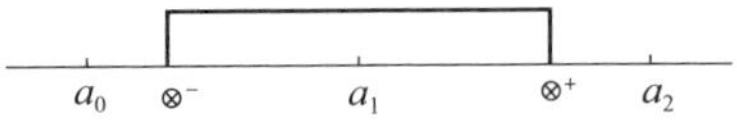

图 7-4　区间灰数的可能度函数

区间灰数的可能度函数如图 7-4 所示，图中 a_0，a_1，a_2 分别为实数 a 与区间灰数$\otimes$的 3 种位置关系。当 a 位于 a_0 处时，对于区间 $[\otimes^-, \otimes^+]$ 内的任意区间灰数$\otimes$，实数 a 都小于$\otimes$，即 $p(a<\otimes)=1$；当 a 位于 a_1 处，即 a 位于区间内时，$p(a<\otimes)=(\otimes^+-a)/(\otimes^+-\otimes^-)$；当 a 位于 a_2 处时，对于区间 $[\otimes^-, \otimes^+]$ 内的任意区间灰数$\otimes$，实数 a 都大于$\otimes$，即 $p(a<\otimes)=0$；当 a 位于左端点，

即 $a=\otimes^-$时，$p(a<\otimes)$ 无限趋向于 1；当 a 位于右端点，即 $a=\otimes^+$时，$p(a<\otimes)$ 无限趋向于 0。另外，灰数信息完全未知时，区间灰数$\otimes$取到 a 的可能度函数值为 0，表示为 $p(a=\otimes)=0$。同理，$p(a>\otimes)$ 时的可能度函数表示为

$$p(a>\otimes)=\begin{cases}0 & (a<\otimes^-)\\ \dfrac{a-\otimes^-}{\otimes^+-\otimes^-} & (\otimes^-\leqslant a\leqslant\otimes^+)\\ 1 & (a>\otimes^+)\end{cases} \tag{7-22}$$

设$\otimes_1\in[\otimes_1^-,\ \otimes_1^+]$ 和$\otimes_2\in[\otimes_2^-,\ \otimes_2^+]$ 为任意 2 个区间灰数，$\otimes(\gamma)$ 为区间灰数标准化形式。给定 γ_1，则$\otimes_1(\gamma_1)$ 为定点，定义 $p(\otimes_1(\gamma_1)<\otimes_2)$ 为固定点$\otimes_1(\gamma_1)$ 小于区间数$\otimes_2$ 的可能度函数，则区间$\otimes_1$ 小于区间$\otimes_2$ 的可能度函数为

$$p(\otimes_1<\otimes_2)=\int_0^1 p(\otimes_1(\gamma_1)<\otimes_2)\mathrm{d}\gamma_1 \tag{7-23}$$

式中：$p(\otimes_1<\otimes_2)=1-p(\otimes_1\geqslant\otimes_2)$，满足“互补性”。

设$\otimes_1\in[\otimes_1^-,\ \otimes_1^+]$ 和$\otimes_2\in[\otimes_2^-,\ \otimes_2^+]$ 为任意 2 个区间灰数，$p(\otimes_1<\otimes_2)$ 为$\otimes_1<\otimes_2$ 的可能度。若 $p(\otimes_1<\otimes_2)=1$，则灰数区间$\otimes_1<\otimes_2$；若 $1/2<p(\otimes_1<\otimes_2)<1$，则灰数区间$\otimes_1<\otimes_2$ 的可能度函数值大于 1/2。

区间灰数$\otimes_1$ 和$\otimes_2$ 之间存在 6 种位置关系，如图 7-5 所示。

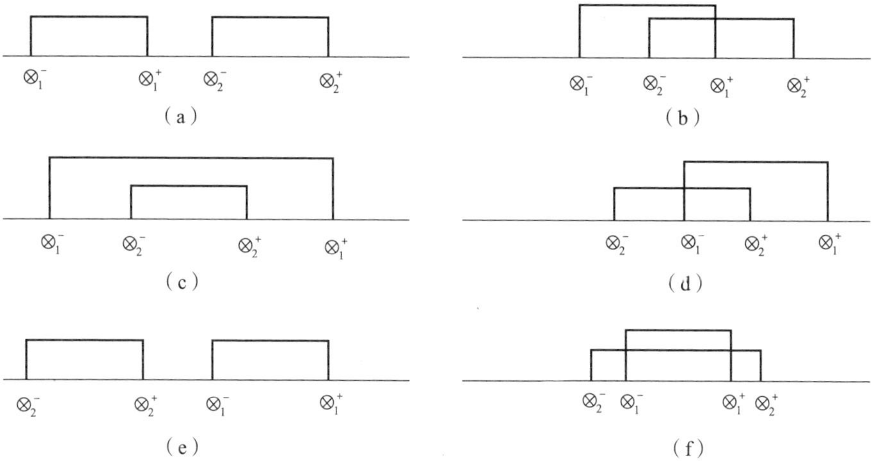

图 7-5　区间灰数的位置关系

通过积分求解方法，计算各种位置关系下$\otimes_1<\otimes_2$ 的可能度函数，即

$$p(\otimes_1<\otimes_2)=\begin{cases}1 & (\otimes_1^+\leqslant\otimes_2^-)\\ 1-\dfrac{(\otimes_1^+-\otimes_2^-)^2}{2(\otimes_1^+-\otimes_1^-)(\otimes_2^+-\otimes_2^-)} & (\otimes_1^-\leqslant\otimes_2^-\leqslant\otimes_1^+\leqslant\otimes_2^+)\\ \dfrac{\otimes_2^++\otimes_2^--2\otimes_1^-}{2(\otimes_1^+-\otimes_1^-)} & (\otimes_1^-\leqslant\otimes_2^-\leqslant\otimes_2^+\leqslant\otimes_1^+)\\ \dfrac{(\otimes_1^+-\otimes_2^-)^2}{2(\otimes_1^+-\otimes_1^-)(\otimes_2^+-\otimes_2^-)} & (\otimes_2^-\leqslant\otimes_1^-\leqslant\otimes_2^+\leqslant\otimes_1^+)\\ 0 & (\otimes_2^+\leqslant\otimes_1^-)\\ 1-\dfrac{\otimes_2^++\otimes_2^--2\otimes_1^-}{2(\otimes_1^+-\otimes_1^-)} & (\otimes_2^-\leqslant\otimes_1^-\leqslant\otimes_1^+\leqslant\otimes_2^+)\end{cases}\tag{7-24}$$

2. 灰数区间实值化

通过区间层次分析法得到区间灰数形式描述的威胁指数权重，使用可能度函数进行区间灰数比较，经过处理得到固定数值形式描述的威胁指数权重。

在灰数区间上对可能度函数进行积分，得到 2 个区间灰数排序的可能度。根据联赛竞争的机制，将 N 个灰数区间两两进行比较，每一轮比较后产生的优势（积分）进行累加得到最终的优势值，据此进行多个区间灰数的排序。用优势累积矩阵描述每一轮的比较过程，设存在$\otimes_1$，$\otimes_2$，…，$\otimes_N$ 这 N 个灰数区间，每一轮比较后的优势值累积情况通过权值评估灰矩阵表示，如表 7-1 所示。其中，COM_{ij} 为灰数区间$\otimes_i$ 相对于灰数区间$\otimes_j$ 的优势值。任何区间灰数对于自身的“优”或“劣”的可能度为 1/2，因此优势累积矩阵主对角线上的元素均为 1/2。可能度具有互补性，矩阵对称位置上的元素之和为“1”。假设 3 个区间灰数分别为$\otimes_1=[0, 1]$，$\otimes_2=[0.5, 1.5]$，$\otimes_3=[2, 3]$，定义 $\mathrm{COM}_{11}=\mathrm{COM}_{22}=\cdots=\mathrm{COM}_{NN}=0.5$，由式（7-24）计算出$\otimes_2$、$\otimes_3$ 小于$\otimes_1$ 的可能度分别为 0.125、0，$\otimes_2$、$\otimes_3$ 大于$\otimes_1$ 的可能度分别为 0.875、1。

表 7-1 权值评估矩阵 ***A***

COMP	$\otimes_1$	$\otimes_2$	…	$\otimes_N$
$\otimes_1$	COM_{11}	COM_{12}	…	COM_{1N}
$\otimes_2$	COM_{21}	COM_{22}	…	COM_{2N}
		⋮		
$\otimes_N$	COM_{N1}	COM_{N2}	…	COM_{NN}

经过一轮比较后，灰数区间$\otimes_i$与其他所有灰数区间产生的累积优势值为第 i 行或第 i 列元素之和，进行“归一化”处理，从而得到每个灰数区间威胁指数的权重，进而根据专家给出的威胁指数评价样本矩阵进行综合评估。

7.2　多无人机协同空战智能目标分配

经过对战场环境的威胁评估后，分析威胁评估矩阵，判断我方无人机当前时刻能否承受敌机威胁。若敌机威胁较小，则进入无人机的目标分配阶段，以我方多无人机系统整体受到的威胁最小为优化条件建立目标分配模型，通过智能算法进行模型的求解，为各无人机分配目标和武器资源，实现无人机的自主协同目标分配。下面给出基于遗传算法的目标分配原理及仿真分析[91-92]。

7.2.1　目标分配模型

设某一时刻敌方无人机对我方无人机的灰数区间威胁矩阵为$\boldsymbol{T}_{\mathrm{G}}=[S_{ij}]_{m\times n}$，我方多无人机系统由 m 架无人机组成，每架无人机携带武器资源数为 r_i，所有无人机共携带武器资源数为 r，敌方包括 n 架无人机。设 $p_{kj}(k=1,2,\cdots,r)$ 为第 k 个武器资源攻击第 j 个目标的毁伤概率。x_{kj} 为决策变量，其中 $x_{kj}=1$ 为发动攻击；$x_{kj}=0$ 为没有发动攻击。

目标分配问题的目标函数为

$$\begin{cases}\min F=\sum\limits_{j=1}^{n}\sum\limits_{i=1}^{m}\left[S_{ji}\prod\limits_{k=1}^{r}(1-p_{kj})^{x_{kj}}\right]\\ \max E=\sum\limits_{j=1}^{n}\left[1-\prod\limits_{k=1}^{r}(1-p_{kj})^{x_{kj}}\right]\end{cases}\tag{7-25}$$

式中：F 为剩余目标的威胁评估函数值；E 为毁伤评估函数值。

目标分配问题的约束条件为

$$\begin{cases}\sum\limits_{k=1}^{r}x_{kj}\leqslant r_{\mathrm{T}_j}\\ \sum\limits_{k=1}^{r}\sum\limits_{j=1}^{n}x_{kj}\leqslant r\\ \sum\limits_{j=1}^{n}x_{kj}\leqslant 1\end{cases}\tag{7-26}$$

式中：约束条件 1 表示最多可以为第 j 个目标分配的武器资源数为 r_{T_j}；约束条件 2 表示可以使用的武器资源数小于 r；约束条件 3 表示一个武器资源最多只能完成一个目标的攻击。

通过线性加权法将多目标优化问题分解为单目标优化问题，使用罚函数法处理约束条件，经过简化后的目标函数模型为

$$E_0=\min\omega_1\sum_{j=1}^{n}\sum_{i=1}^{m}\left[S_{ji}\prod_{k=1}^{r}(1-p_{kj})^{x_{kj}}\right]+\frac{\omega_2}{n}\left\{n-\sum_{j=1}^{n}\left[1-\prod_{k=1}^{r}(1-p_{kj})^{x_{kj}}\right]\right\}$$
$$+N\sum_{j=1}^{n}\left[\min\left(0,r_{\mathrm{T}_j}-\sum_{k=1}^{r}x_{kj}\right)\right]^2 \tag{7-27}$$

式中：N 为罚函数的惩罚因子，为了防止解空间中出现一个武器资源同时攻击多于一个目标的错误情况发生。

当目标函数计算出的适应度值相差不大时，考虑到消耗的武器资源数，应该选择消耗武器资源数最少的分配方案。另外，随着无人机空战规模的不断发展，要求无人机携带的武器资源能够同时对多个空中目标进行攻击，此时引入变量 r_i^{T} 作为一个武器资源最多可以攻击的目标数量。因此，需要对式（7-27）进行适当的修正，修正后的目标函数为[93]

$$E=\min\left\{E_0+M\sum_{k=1}^{r}\left[\min\left(0,r_i^{\mathrm{T}}-\sum_{j=1}^{n}x_{kj}\right)\right]^2-P\left[\max\left(0,r-\sum_{k=1}^{r}\sum_{j=1}^{n}x_{kj}\right)\right]^2\right\} \tag{7-28}$$

式中：M 为罚函数的惩罚因子，为了防止解空间中出现一个武器资源同时攻击多于 r_i^{T} 个目标的情况；P 为节省武器资源消耗的奖励因子。

7.2.2 基于混合遗传算法的智能目标分配

不同无人机可能携带不同的武器载荷，具有不同的攻击性能，无人机目标分配问题需要合理搭配和使用各类武器资源，从而以最小的经济代价获取最优的攻击性能。目标分配问题是一个非线性组合优化问题，属于 NP 完全问题，精确的最优解一般需要进行枚举得到。同时，目标分配问题具有随机性，一般常用随机概率描述武器资源与攻击目标的分配情况。对于问题规模较大、约束条件较多的情况，智能优化算法能够快速准确地找到最优解。

启发式智能优化算法包括遗传算法、蚁群优化算法、粒子群优化算法、模拟退火算法等。遗传算法可能出现过早收敛的情况，迭代时间较长，容易陷入局部最优解。而模拟退火算法是一种基于概率的优化算法，能够避免陷入局部最优解，且算法初值的选择几乎不影响寻优结果。因此，将遗传算法与模拟退火算法结合，用于智能目标分配问题的求解，实现快速寻优，具有良好的收敛性，算法流程如图 7-6 所示。

设种群个体数量为 N，最大迭代次数为 N_{T}，交叉概率为 p_{c}，变异概率为 p_{m}。算法的具体实现过程如下：

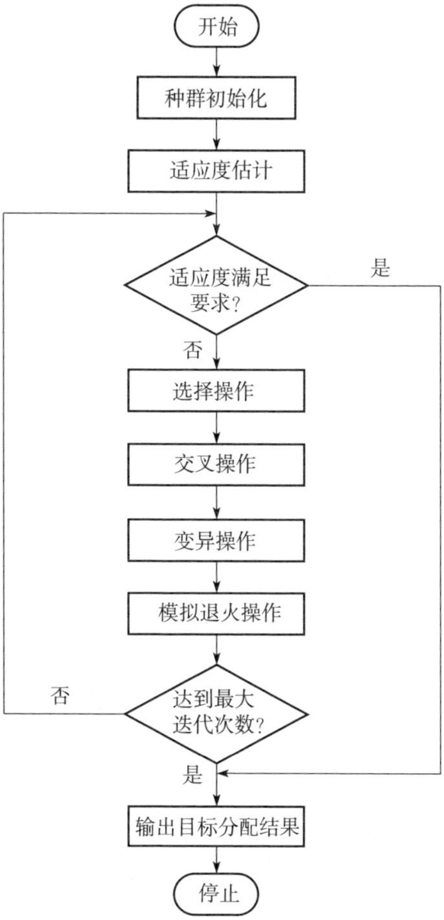

图 7-6　智能目标分配算法流程图

（1）算法初始化。生成满足式（7-26）中约束条件 2 和约束条件 3 的初始解 $\boldsymbol{X}_0=[\boldsymbol{X}_{01}, \boldsymbol{X}_{02}, \cdots, \boldsymbol{X}_{0N}]$。计算个体适应度值 $f=[f(\boldsymbol{X}_{01}), f(\boldsymbol{X}_{02}), \cdots, f(\boldsymbol{X}_{0N})]$。基于二进制编码，使用二进制矩阵描述分配方式。

（2）基因的选择。根据联赛竞争机制，通过可能度函数表示各威胁指数的权重大小。经过优势值累加的可能度函数值，能够使优势明显的个体具有更高的适应度区间，提高其被选择的概率。

（3）基因的交叉。以种群中的每个个体为单位，通过单点交叉的方式产生一个随机数 z，若 $z<p_c$，则互换 2 个个体位于 z 点以后的所有元素。交叉概率 p_c 影响种群中个体的更新速率，为了避免由于 p_c 选择不当造成的稳定性差、易于陷入局部最优等问题，利用自适应算法对交叉概率进行更新，即

$$p_{\rm c}=\begin{cases}p_{\rm cmax}-\dfrac{p_{\rm cmax}-p_{\rm cmin}}{1+\exp\left(G\cos\left(\dfrac{f_{\rm avg}-f'}{f_{\rm avg}-f_{\rm min}}\pi\right)\right)} & (f'\leqslant f_{\rm avg})\\ p_{\rm cmax} & (f'>f_{\rm avg})\end{cases}\tag{7-29}$$

式中：G 为常数；$f_{\min}$ 为种群的最小适应度值，$f_{\rm avg}$ 为种群的平均适应度值；f' 为参与交叉的 2 个个体中较大的适应度值。

（4）基因的变异。以解空间里的每个元素为单位，产生一个随机数 z，若 $z<p_{\rm m}$，则对原先元素“取反”，进行变异操作。变异操作能够在维持种群的多样性的同时提高局部搜索能力，为了避免由于 $p_{\rm m}$ 选择不当造成的种群失去优良基因、算法搜索速率降低等问题，利用自适应算法对变异概率进行更新为

$$p_{\rm m}=\begin{cases}p_{\rm mmax}-\dfrac{p_{\rm mmax}-p_{\rm mmin}}{1+\exp\left(G\cos\left(\dfrac{f_{\rm avg}-f}{f_{\rm avg}-f_{\rm min}}\pi\right)\right)} & (f\leqslant f_{\rm avg})\\ p_{\rm mmax} & (f>f_{\rm avg})\end{cases}\tag{7-30}$$

（5）模拟退火处理。确定初始种群经过选择交叉变异之后得到的最佳染色体，随机选取其中的 2 行和 2 列元素分别进行交换，生成新的个体，然后进行如下的模拟退火处理：

①设初始温度为 T_0，$\gamma\subset(0,1)$，当模拟退火未冻结，即 $T_0>T_{\min}$ 时，将变异操作后找到的最佳个体记为 P_0，由此生成的新个体记为 P_1。

②分别计算 P_0，P_1 的适应度值 $f(P_0)$，$f(P_1)$，当 $p(f(P_1)<f(P_0))>0.5$ 时认为 P_1 优于 P_0，并用 P_1 代替原种群中的所有个体，当 $p(f(P_1)<f(P_0))<0.5$ 时，P_1 劣于 P_0，以 $p=\exp(-\Delta f/T)$ 的概率接受劣质个体，$\Delta f=f(P_0)^{+}-f(P_1)^{-}$。

③计算 $T=\gamma T$，T 小于底线温度 $T_{\min}$ 时，返回到①；否则结束模拟退火算法。

7.2.3 仿真分析

以文献［91］为例，威胁因素权重评估灰数矩阵如表 7-2 所示，评估某一时刻单架敌方战机对单架我方无人机的威胁程度。经过区间层次分析法的计算，目标作战能力权重 $w_1=[0.18,0.21]$，角度威胁指数权重 $w_2=[0.24,0.28]$，距离威胁指数权重 $w_3=[0.42,0.53]$，速度威胁指数权重 $w_4=[0.61,0.72]$，高度威胁指数权重 $w_5=[0.32,0.44]$，隐身威胁指数权重 $w_6=[0.23,0.41]$。

表 7-2　权重评估灰数矩阵

	T_1	T_2	T_3	T_4	T_5	T_6
T_1	[1.0, 1.0]	[0.2, 0.8]	[0.2, 0.3]	[0.1, 0.2]	[0.25, 0.4]	[0.2, 0.4]
T_2	[1.25, 5.0]	[1.0, 1.0]	[1.4, 1.6]	[0.8, 1.2]	[2.0, 2.0]	[1.0, 1.25]
T_3	[3.3, 5.0]	[0.63, 0.71]	[1.0, 1.0]	[0.6, 0.8]	[1.33, 1.40]	[0.33, 0.50]
T_4	[5.0, 10.0]	[0.83, 1.25]	[1.25, 1.67]	[1.0, 1.0]	[2.0, 2.4]	[1.0, 1.0]
T_5	[2.4, 4.0]	[0.5, 0.5]	[0.71, 0.75]	[0.42, 0.50]	[1.0, 1.0]	[0.77, 0.80]
T_6	[2.5, 5.0]	[0.8, 1.0]	[2.0, 3.0]	[1.0, 1.0]	[1.25, 1.3]	[1.0, 1.0]

利用可能度函数对灰数区间进行比较，根据联赛竞争机制计算优势累积矩阵如表 7-3 所示。各个灰数区间累积优势值分别为 $\widetilde{\boldsymbol{W}}=[0.5, 1.5, 3.57, 5.5, 4.31, 2.62]$。然后进行归一化处理，得到各灰数区间威胁指数的权重分别为 $\boldsymbol{W}=[0.028, 0.083, 0.1983, 0.306, 0.2394, 0.146]$。由此，威胁指数的排序为 w_4，w_5，w_3，w_6，w_2，w_1。

表 7-3　联赛竞争机制计算优势累积矩阵

	$\otimes_1$	$\otimes_2$	$\otimes_3$	$\otimes_4$	$\otimes_5$	$\otimes_6$
$\otimes_1$	0.5	1	1	1	1	1
$\otimes_2$	0	0.5	1	1	1	1
$\otimes_3$	0	0	0.5	1	0.81	0.12
$\otimes_4$	0	0	0	0.5	0	0
$\otimes_5$	0	0	0.19	1	0.5	0
$\otimes_6$	0	0	0.88	1	1	0.5

结合专家给出的指标评价样本矩阵

$$\boldsymbol{B}_{\mathrm{JI}}=\begin{bmatrix} 8 & 7 & 6.5 & 6 & 8 & 9 \\ 7 & 8 & 6.5 & 6 & 5.5 & 6 \\ 6.5 & 7 & 6.5 & 8 & 7 & 6 \\ 7 & 6 & 5.5 & 6 & 8 & 6 \\ 8 & 7 & 5.5 & 6.5 & 6 & 7 \\ 6 & 7 & 7 & 8 & 6.5 & 7 \end{bmatrix}$$

计算得到灰色评估系数 $\boldsymbol{U}=\boldsymbol{WR}=[0.3153, 0.3707, 0.2865, 0.0249, 0]$，综

合威胁评估结果 $\boldsymbol{S}=\boldsymbol{U}\boldsymbol{G}^{\mathrm{T}}=3.25$，威胁程度介于“低”到“一般”之间，可以进行目标分配。

假设我方4架无人机各携带2个具备中距离攻击能力的武器资源，可以完成多目标攻击，攻击同一目标的武器资源数最多为2，敌方有6架无人机，其余参数设置及详细结果见文献［91］。可以看出，该目标分配的解位于 $8\times6=48$ 维的离散 0−1 空间中。

考虑环境的不确定性，使用可能度函数描述威胁指数的区间，剩余目标期望值和杀伤目标期望评估值的变化曲线如图7−7和图7−8所示，图7−7中的2条曲线分别代表威胁指数最小和最大的情形。经过9次迭代后，混合遗传算法计算得到最优解，剩余目标威胁评估区间为［1.23，1.39］，杀伤目标期望评估值为5.14。求解得到的目标分配矩阵为

$$\boldsymbol{X}=\begin{bmatrix}0&1&0&0&0&0\\1&0&0&0&0&0\\0&0&0&1&0&0\\0&0&1&0&0&0\\0&0&1&0&0&0\\1&0&0&0&0&0\\0&0&0&0&1&0\\0&0&0&0&0&1\end{bmatrix}$$

可以看出，任务分配方案为：武器资源2和6攻击目标1，武器资源1攻击目标2，武器资源4和5攻击目标3，武器资源3攻击目标4，武器资源7攻击目标5，武器资源8攻击目标6。基于混合遗传算法的目标分配具有很好的稳定性、快速性与收敛性，能够适应战场环境的不确定性。

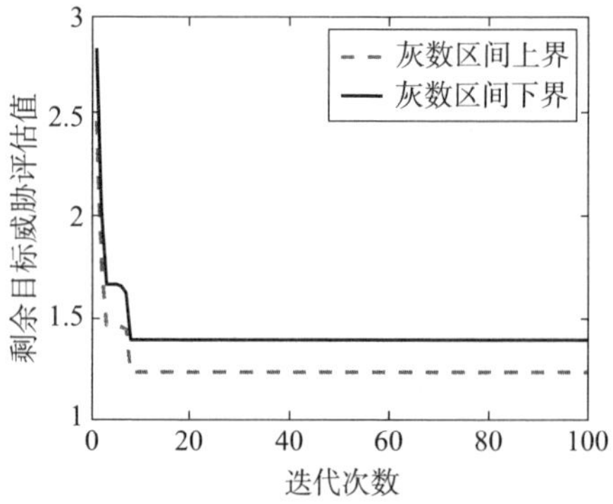

图7−7　剩余目标期望评估值变化曲线

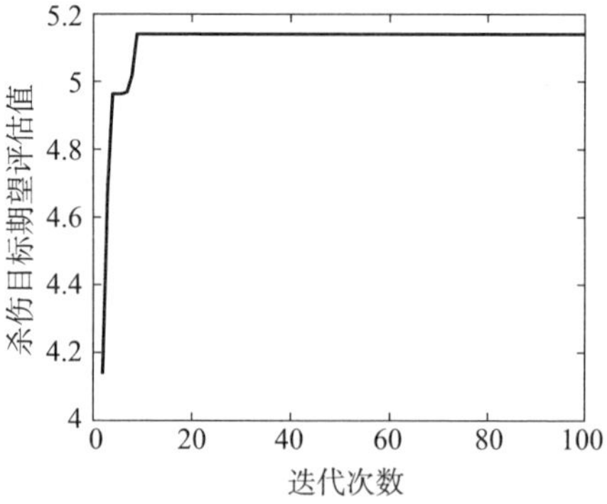

图7−8　杀伤目标期望评估值曲线

7.3　多无人机协同空战自主机动决策

无人机空中对抗的过程中对机动能力有很高的要求，需要决策系统将敌我双方实时的态势信息进行分析和处理，根据预先制定的战术和策略快速地对各无人机下达控制指令，使其跟踪控制指令，并在一定约束条件下到达指定位置，完成空中占位，根据分配的目标序列和武器资源进行目标攻击，尽可能保全自己、歼灭敌机。

无人机自主空战机动决策是指基于数学优化和人工智能等方法，参考各种典型空战场景有人机飞行员的行为，自动生成无人机控制指令的决策过程。无人机自主空战决策算法需要具备实时性强、寻优效率高等特点。本节主要阐述机动动作库[77] 和机动动作智能决策方法[92]。

7.3.1　机动动作库

无人机的航迹包括各种基本机动动作，通过基本机动动作的组合完成航迹的跟踪和控制。基于机动动作库的无人机航迹跟踪如图 7-9 所示，无人机将预先设定好的航路点信息和其当前位置信息发送到机动动作选择模块中，机动动作选择模块按照内置的算法输出无人机应该采取的机动动作，然后机动动作库根据机动动作信息选择对应的机动模型，并生成无人机的航迹，最后由自动驾驶仪控制无人机跟踪航迹飞行[77]。

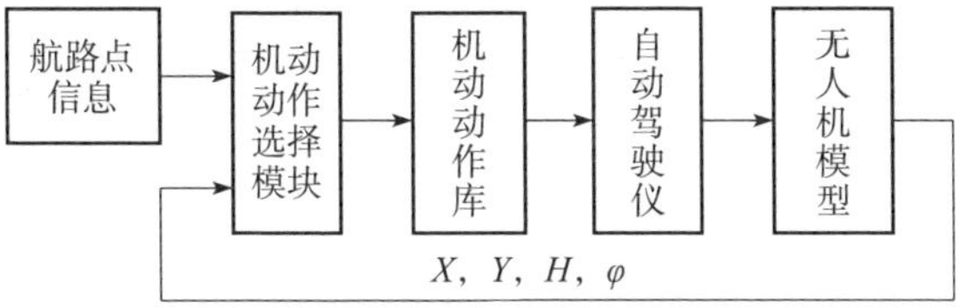

图 7-9　基于机动动作库的无人机航迹跟踪结构

常用的战机机动动作库可以分为基本操作机动库和典型战术机动库。

1. 基本操作机动库

编队队形控制中常用的基本操作机动库包括：①控制量不变；②匀加速；③匀减速；④定过载左转；⑤定过载右转；⑥拉起；⑦俯冲等 7 种机动动作，如图 7-10 所示。按照运动特点将其分为直线机动、转弯机动、拉起与俯冲机动 3 种类型，通过 7 种基本机动动作的组合，可以基本完成三维空间内的各种飞行动作。

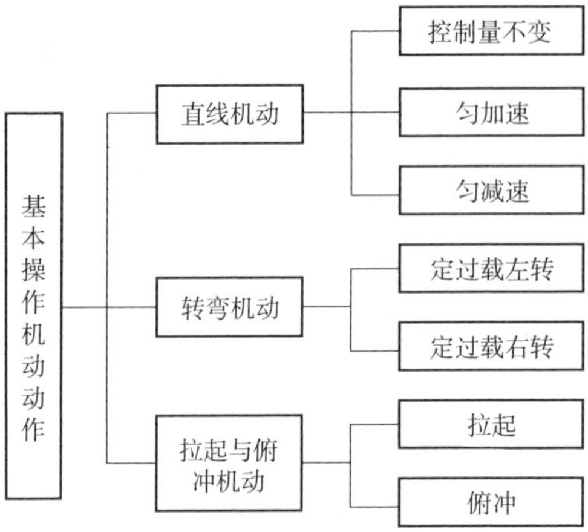

图 7-10　基本操作机动动作分类

（1）直线机动。假设直线飞行段的起点为 $O_s(X_s, Y_s, H_s, \varphi_s, V_s)$，终点为 $O_f(X_f, Y_f, H_f, \varphi_f, V_f)$，则起点与终点之间的直线距离为

$$L_{sf}=\sqrt{(X_f-X_s)^2+(Y_f-Y_s)^2+(H_f-H_s)^2} \tag{7-31}$$

无人机的切向过载为

$$n_x=\frac{V_f^2-V_s^2}{2gL_{sf}} \tag{7-32}$$

（2）转弯机动。无人机的侧滑角会增大空气阻力，阻碍机动，因此采用协调转弯的方式，即

$$\begin{cases} mg=L\cos\phi \\ m\dfrac{V^2}{R}=L\sin\phi \end{cases} \tag{7-33}$$

式中：ϕ 为滚转角；R 为协调转弯下的转弯半径。联立方程组求解可得

$$\phi=\arctan\frac{V^2}{Rg} \tag{7-34}$$

此时无人机的法向过载为

$$n_z=\frac{\dot{\varphi}V}{g} \tag{7-35}$$

无人机滚转角和转弯半径可以分别为

$$\phi=\arctan n_z \tag{7-36}$$

$$R=\frac{V^2}{n_z g} \tag{7-37}$$

（3）拉起与俯冲机动。通过匀速圆周运动实现。无人机升力与重力沿半径方向分量的向量和提供向心力，即

$$L-mg\cos(\theta-\alpha)=\frac{mV^2}{R} \tag{7-38}$$

此时无人机的法向过载为

$$n_z=\frac{\dot{\theta}V}{g} \tag{7-39}$$

机动半径为

$$R=\frac{V^2}{n_z g} \tag{7-40}$$

由 7 种基本机动动作组成的基本操作动作库指令如表 7-4 所示，其中，n_1，n_2 分别为切向过载和法向过载，应在无人机能够承受的过载范围内取值；γ 为无人机航迹滚转角，$\gamma_1\in[0,\ \pi/2]$。

表 7-4　基本操作机动动作库指令

机动指令	基本操作机动动作						
	1	2	3	4	5	6	7
n_x	0	n_1	$-n_1$	0	0	0	0
n_z	0	0	0	$-n_2$	n_2	$-n_2$	n_2
γ	0	0	0	0	0	$-\gamma_1$	γ_1

2. 典型战术机动库

典型战术机动动作由基本机动动作组合而成，常用的战术机动动作包括：①筋斗；②跃升；③俯冲；④蛇形机动；⑤8 字巡逻机动；⑥盘旋；⑦盘旋降；⑧半筋斗；⑨斜筋斗；⑩桶滚；⑪跟踪瞄准；⑫急上升转弯；⑬急下降转弯；⑭半滚倒转；⑮下滑倒转；⑯跃升半滚；⑰低速摇摇；⑱高速摇摇。下面以跃升机动、蛇形机动和 8 字巡逻机动为例，介绍基本机动动作组合生成典型战术机动动作的过程[77]。

（1）跃升机动。如图 7-11 所示，进入跃升时采用拉起动作，跃升过程中无人机高度逐渐增加，采用控制量不变动作，改出跃升时采用俯冲动作。

（2）蛇形机动。如图 7-12 所示，进入蛇形机动时采用定过载左转动作，转过一定角度后采用控制量不变动作，退出蛇形机动时采用定过载右转动作。

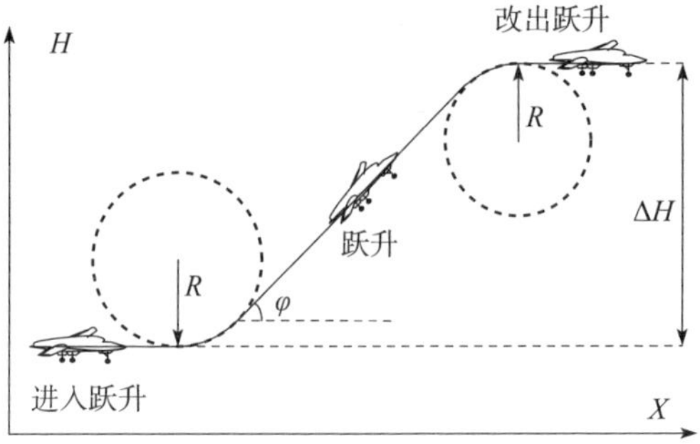

图 7-11　跃升机动示意图

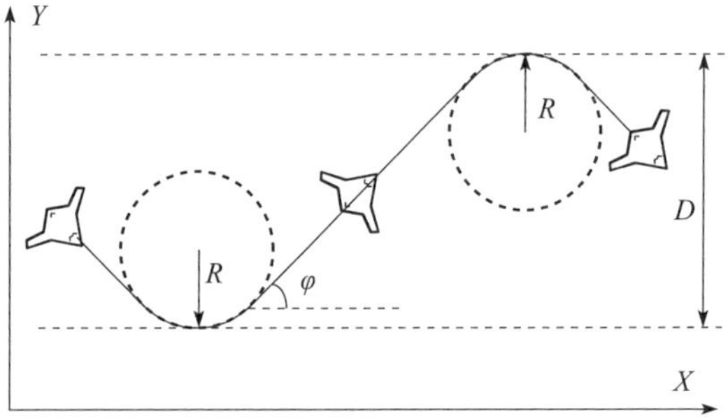

图 7-12　蛇形机动示意图

（3）8 字巡逻机动。如图 7-13 所示，基本机动动作的组合与蛇形机动相同，用两个蛇形机动连接形成“8”字形。

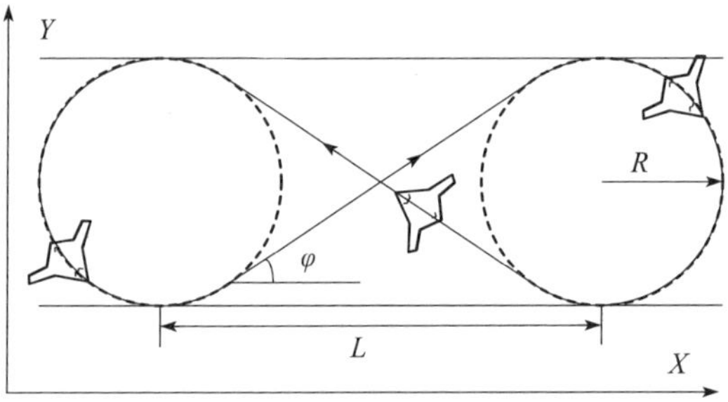

图 7-13　8 字巡逻机动示意图

基于基本操作机动动作库，其他战术机动动作都可以由基本机动动作组合而成。机动动作选择流程如图 7-14 所示，$\Delta\mu$ 为相邻两航迹点航迹倾斜角的变化量，$\Delta\varphi$ 为相邻两航迹点航迹方位角的变化量。当航迹倾斜角和航迹方位角的变化量都不为 0 时，无人机完成由拉起或俯冲机动和转弯机动组合而成的三维空间组合机动动作。

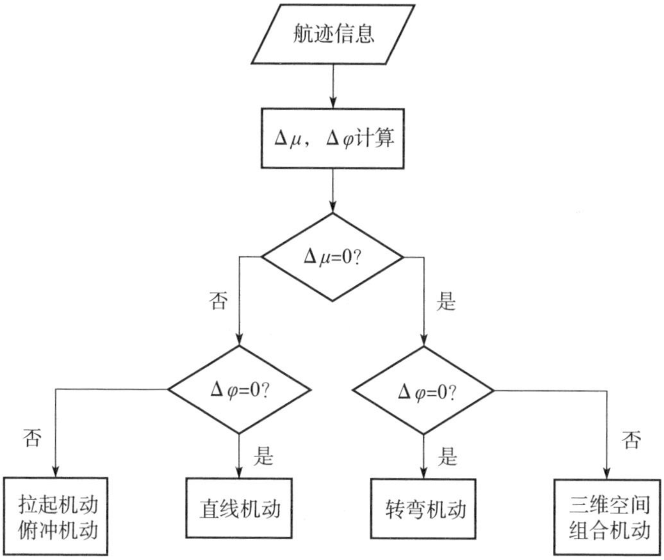

图 7-14　机动动作选择流程图

7.3.2　基于遗传算法的自主机动决策

基于对策法的机动决策能够利用数学模型进行决策结果的合理性分析和证明，但计算较复杂，求解时间长；基于矩阵对策、影响图对策法的机动决策计算简单，描述方式直观，但缺乏能够系统地设计规则库和决策集的方法；基于人工智能的机动决策最大程度上通过自主学习模拟人的决策过程，但算法本身带有一定的主观性，需要大量的训练样本，且决策结果无法进行数学分析和证明。因此将基于遗传算法的人工智能法与对策法进行融合，弥补各自的缺点，通过在决策顶层引入随机机制，模拟真实环境中的不确定因素。

传统自主机动决策通过调用机动动作库中的多种机动动作指令，将战术机动的选择问题转化为目标函数下的优化问题。实际作战环境中，无人机机动动作之间的切换不仅仅是机动动作库指令的变换。例如，无人机以大过载右转飞行时，直接调用机动动作库中的大过载右转机动指令无法使无人机迅速完成机动动作的切换，需要设计过渡过程，使机动动作的切换合理可实现。

假设无人机质量不变，将其看成质点，用惯性坐标系中的 3 个质心运动学方程描述飞机的运动规律，无人机的侧滑角、迎角和发动机安装角都为 0°，在地理坐标系（北—天—东）下，无人机的运动学方程为

$$\begin{cases}\dot{X}=V\cos\mu\cos\varphi\\\dot{Y}=V\cos\mu\sin\varphi\\\dot{H}=V\sin\mu\end{cases}\tag{7-41}$$

$$\begin{cases}\dot{V}=a\\\dot{\mu}=\Delta\mu\\\dot{\phi}=\Delta\varphi\end{cases}\tag{7-42}$$

式中：a 为飞机的加速度；$\dot{\mu}$ 为单位时间航迹倾斜角的变化量；$\dot{\varphi}$ 为单位时间航迹方位角的变化量。某一时刻加速度的取值范围为

$$a\in\left[a_{\min}\frac{V_{\min}-V}{V_{\max}-V_{\min}},a_{\max}\frac{V_{\max}-V}{V_{\max}-V_{\min}}\right]\tag{7-43}$$

类似地，$\dot{\mu}$ 与 $\dot{\varphi}$ 单位时间的变化量取值范围为

$$\Delta\mu\in\left[\mu_{\min}\frac{\mu_{\min}-\mu}{\mu_{\max}-\mu_{\min}},\mu_{\max}\frac{\mu_{\max}-\mu}{\mu_{\max}-\mu_{\min}}\right]\tag{7-44}$$

$$\Delta\varphi\in\left[\varphi_{\min}\frac{\varphi_{\min}-\varphi}{\varphi_{\max}-\varphi_{\min}},\varphi_{\max}\frac{\varphi_{\max}-\varphi}{\varphi_{\max}-\varphi_{\min}}\right]\tag{7-45}$$

离散化无人机的各飞行控制量，形成由不同染色体构成的种群，每一条染色体上的一个基因表示一个控制量，一条染色体由多个基因构成。无人机机动动作可以通过 $\Delta\mu$，$\Delta\varphi$，a 这 3 个控制量进行控制，每个控制量对应 n 条染色体上的 n 个基因，所有染色体含有的基因数为 $3n$，即 $\Delta\mu$ 受到基因 x_1，x_2，…，x_n 的控制，$\Delta\varphi$ 受到基因 y_1，y_2，…，y_n 的控制，a 受到基因 z_1，z_2，…，z_n 的控制。

通过遗传算法对经过编码后的染色体种群进行寻优，以得到使我方无人机综合优势最高的决策方案。综合优势可以用我方无人机对敌方产生的综合威胁来衡量，因此优势评估的过程可以参考威胁评估，定义无人机空战效能指数 T'_1、角度优势指数 T'_2、速度优势指数 T'_3、高度优势指数 T'_4、距离优势指数 T'_5、隐身优势指数 T'_6，并利用层次分析法进行综合优势评估，综合优势值为

$$S'=w'_1T'_1+w'_2T'_2+w'_3T'_3+w'_4T'_4+w'_5T'_5+w'_6T'_6\tag{7-46}$$

随着空战模式及当前空战阶段的变化，决策者对各优势值的敏感度也发生变化，调整加权系数可以实现各影响因素重要程度的变化，调整后的优势指数权重为

$$w''_i=w'_i+k_i\mathrm{e}^{-\left(\frac{d_{ij}}{1.5d_i^{\mathrm{A}}}\right)^2}\tag{7-47}$$

式中：k_i 为调节系数，满足 $k_1+k_2+k_3+k_4+k_3+k_6=1$。机动决策系统原理如图 7-15 所示[92]。

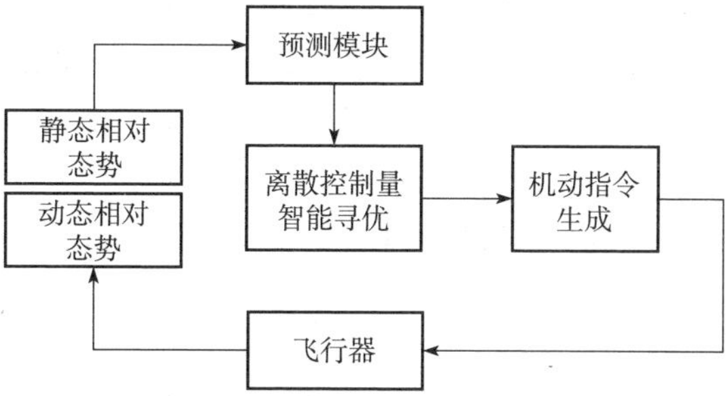

图 7-15　机动决策仿真原理示意图

7.3.3　仿真分析

红蓝双方 2 架无人机进行空战，参数设置及详细结果见文献［92］。假设蓝方无人机按照预定的航迹飞行，不进行自主机动决策，双机对抗机动决策结果如图 7-16 所示，作战初期红方无人机迅速进行爬升机动以占据有利位置，到 4000m 高度时已经占据足够的高度优势。此时，无人机的高度优势函数权重减小，角度优势函数权重增大，无人机经过 10 次机动决策后，逐渐转向角度瞄准并提前进入攻击位置，形成战术机动轨迹。

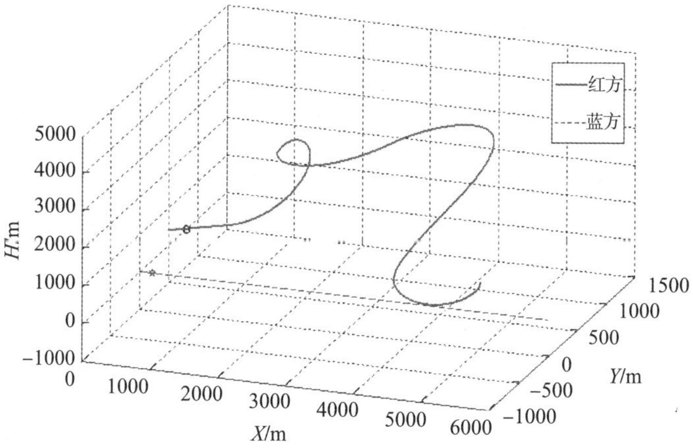

图 7-16　红方自主机动决策下的双机对抗三维航迹

假设双方无人机都可以进行自主机动决策，红方无人机采用基于模拟退火遗传算法的自主决策，双机对抗机动决策结果如图 7-17 和图 7-18 所示。空战初期，蓝方无人机的初始状态优势较大，且其速度具有绝对的优势。双方立即进入缠斗阶段，做出各种机动动作试图占据高度和角度优势。由于红方无人机无法在高度、速度上占据优势，转而寻求角度优势，最终通过更灵活合理的机动决策实现了态势的扭转。图 7-18 给出了交战双方的瞬时优势值，在 3s 时双方进行第一次机动决策，蓝方无人机优势值仍然处于上升趋势，且其优势值大于红方。在 6s 时双方进行第 2 次机动决策，红方无人机优势值有所增加，但是仍然处于劣势。到第 7 次机动决策后，红方无人机才实现优势值的逆转。

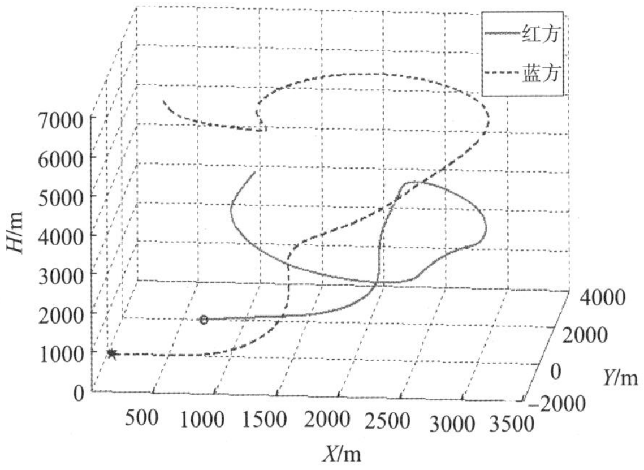

图 7-17　双方自主机动决策下的双机对抗三维航迹

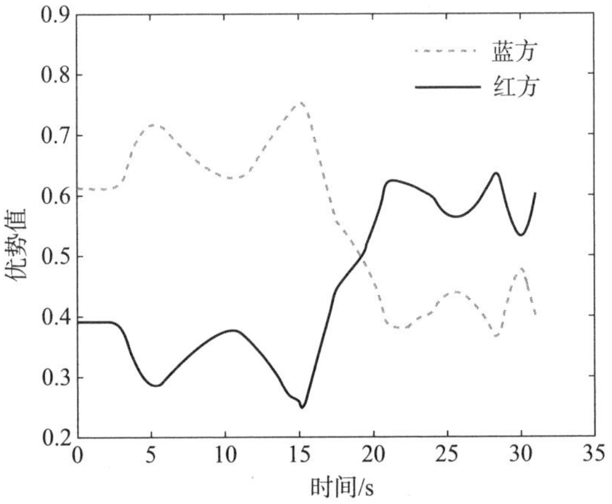

图 7-18　双机对抗优势值变化曲线

因此，基于智能算法的机动决策更加高效灵活，一定程度上可以弥补无人机自身性能和当前态势上的劣势，甚至使其完成局势的逆转。

7.4　小结

本章从以下方面研究了多无人机协同空战决策技术：

（1）多无人机协同空战威胁评估。分析了威胁因素的构成，并给出了各威胁指数的表达式，引入区间灰数理论，建立了威胁指数权重评估灰数矩阵，依次使用区间层次分析法和灰色层次分析法，得到了更加客观、合理的综合威胁区间评估，进而通过可能度函数，转化为实值描述的威胁评估结果。

（2）多无人机协同空战智能协同目标分配。建立了目标分配模型，通过对比各种算法的优缺点，融合模拟退火算法、自适应算法和遗传算法，设计了混合遗传算法进行智能目标分配，以获得更好的收敛性和快速性。

（3）多无人机协同空战自主机动决策。通过分析无人机作战过程中的飞行特点，研究了无人机机动动作库的组成及机动动作选择流程，考虑到无人机机动动作的切换问题，设计了基于遗传算法的智能机动决策方法。

第8章 无人机集群自组织系统

无人机集群控制的分布式、自主性和鲁棒性等要求与生物群体的去中心化和自组织等特点有着相似之处，因此无人机集群作战可以采用以生物群体自组织机制为基础的自主作战系统，通过模拟生物群体的信息交互与协作方式，提高集群的自主决策、规划和控制能力，使其成为一个自主化和智能化的整体。与功能全面的单机作战平台相比，无人机集群作战结合了无人机自身的性能优势和集群系统的规模优势，具有功能多样、体系生存率高、攻击成本低等优点。

本章研究无人机集群自组织系统，描述生物群体自组织行为特征，分析自组织系统定义和规范，概述无人机集群自组织系统模型，提出基于行为规则的无人机集群自组织系统模型。

8.1 生物群体自组织行为及特征

自组织是指没有全局知识或信息的智能体聚集到一起能呈现出涌现行为，完成单个智能体难以完成的任务，是生物群体的重要特征之一。自组织行为可以描述为一系列行为规则的互相作用，不同的规则通过正反馈或负反馈作用产生新的自组织行为，可以用来描述生物体或非生物体的自然习性。

蚁群觅食是一个典型的生物群体自组织行为。当蚁群没有找到食物时，它们会随机搜索周围环境，并释放信息素进行相互通信。找到食物的蚂蚁在返回巢穴的途中释放信息素，其他个体感应到该信息素后，将以更大的概率沿着包含信息素的路径运动，同时释放信息素，进而提高该路径上的信息素浓度。另外，鸟群通过基本的行为规则，时而保持松散队形，时而又保持紧密队形，也是一种自组织行为。

8.1.1 生物群体自组织行为

通过对生物群体自组织行为的研究，可以将其应用于各种高级行为的数学建模。首先需要分析生物个体的相互作用关系和集群行为[42]：

（1）共识主动性（Stigmergy）。指由一个智能体间接传递信息给另外一个智能体的行为，它是自组织系统的信息协同机制，多数自组织系统都具有共识主动性。以蚁群为例，工蚁判断相邻工蚁放置石头的位置，将石头放置在该位置附近，通过这种基于共识主动性的间接信息传递，最终蚁群完成蚁穴外墙的建造。此外，一些自组织系统也可以通过信号、接触等方式实现智能体间的直接信息传递。

（2）信息素踪迹（Pheromone Trail）。当蚂蚁从目标位置返回巢穴时，将下腹部与地面摩擦留下气味痕迹。通过多只蚂蚁的不断重复，使该路径上的信息素浓度增强，其余蚂蚁可以按照该路径行动至目的地。类似地，还有动物用气味标记威胁点。而非生物体不依靠化学信息素，直接通过通信交流得到包含信息的路径。信息素法可以用于旅行商问题和其他优化问题的求解。

（3）聚类（Clustering）。指个体的聚集和分类行为，也是共识主动性的一种体现，能够显著提高系统自组织速度。蚁群中的单只蚂蚁可以快速识别任务类型、做出决策并完成任务，例如，蚁群育雏、清理废物的整个过程都体现出群体的聚类性质。聚类的思想已广泛用于多种计算模型中。

（4）群集（Schooling）。指个体间的速度匹配行为，例如，鱼群和鸟群通过协同运动使所有个体保持群集状态。该行为有利于减小集群紧密机动过程带来的危险。

（5）内部等级进化（Evolution of Internal Hierarchy）。通过对集群内部2个智能体的相关参数进行比较，参数较好的一方等级得到提升，参数较差的一方等级相应降低，并向较好的一方靠近。经过集群中个体的多次比较，逐渐出现不同的等级和中心节点。内部等级进化可以用于Ad-Hoc网络、冗余系统的建立，提高层级结构对环境变化的适应能力。

8.1.2 生物群体自组织特征

借助分析生物种群的一些典型特征，可以对自组织群体进行分类。生物种群的主要特征如下[42]：

（1）层级结构。指生物种群内部的等级关系，它反映了种群分解和解决问题的方式。根据层级结构的不同，可以将自组织群体分为智能体内部自组织、子系统自组织和全局自组织。斑马的条纹是一种典型的智能体内部自组织表现，自组织发生在细胞层面，通过化学相互作用实现。子系统自组织以蜂群的攻击行为为例，该行为既不是由单个智能体执行，也不是由整个种群执行，而是由部分子集协同完成。智能体内部自组织和子系统自组织都是同构集合，只具备单一的涌现特性，而全局自组织由异构集合组成，能够呈现不同特性的涌现行为。多数生物种群仅通过单个智能体之间的简单交互，即可实现全局自组织，其涌现特性不依赖于单独智能体的认知信息。例如，单只蚂蚁只能感知附近环境信息，不具备全局信息感知能力，而蚁群则具备觅食、建造、繁殖等多种涌现特性。层级结构是自组织群体的最基本特征，决定了其他特征如何影响智能体及种群自组织行为。

（2）决策。指生物群体基于当前状态、环境刺激以及其余智能体的变化而制定行为规则的过程。智能体到达决策点时，不再保持稳定的状态，根据环境的变化调整自身行为，其决策过程遵循可预测模型。根据可预测模型的不同，可以将自组织群体分为确定性模型自组织和随机性模型自组织。确定性模型自组织由一个简单的确定性函数驱动，决策过程与相邻智能体的行为线性相关。以鱼群的群集行为为例，每个智能体的运动方向由其相邻智能体的运动方向决定。随机性模型自组织由随机决策机制驱动，智能体的决策概率与随机变量的选取有关。以蚁群为例，当一只蚂蚁到达不同路径之间的交叉点时，会随机选择一条路径，使得觅食模式具有多样性。

（3）同构/异构集群。指自组织的实现方式，由同类智能体构成的种群称为同构集群，由不同种类智能体构成的种群称为异构集群。同构集群的规则集较为简单，但难以完成差异较大的任务。异构集群中不同特性的个体通过简单的指引规则，即可实现自组织，并完成更多种类的任务。蚁群是典型的异构集群，集群中涵盖了工蚁、兵蚁、蚁后等多种只能完成特定任务的亚型。异构集群中的智能体往往具有一定的可塑性，比如蚁群中工蚁大量减少，则兵蚁将会接替工蚁完成觅食工作，直至工蚁的数量恢复到正常水平，这种工作分配即是自组织行为。

（4）驱动力。许多生物群体通过集群的繁衍来发展其自组织特性。多数情况下，控制并利用资源是驱动生物群体形成自组织的因素之一，其他驱动力还包括交配、防御、通信等。自组织群体的驱动力是将生物学模型用于求解数学计算问题的重要方法。

8.2　自组织系统定义与规范

受昆虫群体、狼群、鸟群等生物群体智能的启发，自组织概念可以应用于无人机集群，以实现自主运行。为此，首先需要明确自组织系统的定义与规范。

8.2.1　自组织系统概念

自组织系统是指系统内部智能体通过与外界的信息交互，随着外界环境的改变自发地调整自身行为运作方式，使得在没有外力干预的条件下，系统整体形成规律性分布。从本质上讲，自组织是一个系统内智能体从不同的初始状态逐渐趋于一致的过程。自组织系统的典型特征描述如下：

（1）自组织是一种具有特定目标并反映特定属性及目标性能的系统属性，也是一种使系统实现有序交互的静态解决方案。

（2）自组织系统由许多较低级别的智能体组成。

（3）自组织系统智能体间利用通信和共识主动性产生相互作用，以实现系统行为，其通信分为显式与隐式，前者用于执行具有通信意图的行为，后者是自组织系统的核心。

（4）自组织系统能够产生优于单个智能体的行为，智能体之间的相互作用能够提高系统实现目标的能力。

（5）自组织系统中的智能体根据局部观测信息进行决策，具有局部感知和通信能力，且感知和通信能力受到自组织系统通信拓扑方式与环境的约束。

（6）自组织系统中的智能体不具备全局感知的能力，无法有意识地产生群体行为，该特征为区别自组织行为的关键所在。

无人机集群即为一个典型的自组织系统，其自组织行为可以体现在以下应用场景中：

（1）长僚机编队飞行。指在分级系统中，长机能够处理所有信息，协调其他僚机按照任务规划结果进行飞行的过程。自组织系统需要通过层次结构实现，长机—僚机的控制结构即可实现智能体的分层。然而，在规模较大的集群系统中，长机的信息处理能力成为制约系统的瓶颈。此外，当长机被击毁时，可能使无人机集群陷入危险、混乱状态。

（2）集群任务规划。指完成任务的分步方法或程序。通过掌握所有无人机个体的性能、任务目标和集群整体的作战任务，为每架无人机规划所有步骤，并写入程序中。然而，规划的过程可能会损失自组织系统的部分灵活性。

（3）集群行动计划。指无人机集群模式的空间和时间关系表述。由于集群行动计划是一种描述性的自组织行为，不适合用于对无人机集群灵活性要求较高的场景。

（4）集群行为模板。指无人机集群行为或任务模式的范本，需要结合环境属性共同指导无人机集群完成任务。

8.2.2 自组织系统框架

2006 年，美国空军技术学院的 Price 建立了自底向上的自组织系统框架，描述了自组织系统智能体及其行为的关系，为自组织系统其他元素的扩展提供了条件。该自组织框架主要由环境、宏观状态转换函数、马尔可夫链和智能体组成[94]。

（1）宏观状态 $\boldsymbol{S}_{\mathrm{M}}$。也称全局状态，反映了自组织系统的动态特征，直接影响执行机构及决策系统的行为和属性。以蚁群或蜂群为例，宏观状态代表所有蚂蚁或蜜蜂的总体位置及当前任务。

（2）执行器集合 $\boldsymbol{E}$。包括系统宏观状态以外的所有执行器，无人机通过执行器集合实现对外部环境的影响，即

$$\boldsymbol{E}=(\mathrm{effector}_1,\mathrm{effector}_2,\cdots,\mathrm{effector}_n) \tag{8-1}$$

（3）宏观状态转移函数 ρ。在执行器的操作下，系统宏观状态根据状态转移函数制定的规则发生改变，即

$$\rho:\boldsymbol{S}_{\mathrm{M},k}\times\boldsymbol{E}_k\rightarrow\boldsymbol{S}_{\mathrm{M},k+1} \tag{8-2}$$

（4）马尔可夫链。系统的状态转移过程可以用马尔可夫链表示，仅通过历史状态信息即可预测下一时刻的状态，根据马尔可夫链模型建立宏观状态之间的概率链，即

$$P_{\mathrm{c}}(\boldsymbol{S}_{\mathrm{M},k+1})=P_{\mathrm{c}}(\boldsymbol{S}_{\mathrm{M},k+1}\mid\boldsymbol{E}_k,\boldsymbol{S}_{\mathrm{M},k})P_{\mathrm{c}}(\boldsymbol{S}_{\mathrm{M},k}) \tag{8-3}$$

（5）智能体。自组织系统通过智能体间的相互作用产生全局的涌现行为，智能体是自组织系统的微观层面，可以用一个由智能体微观状态 $\boldsymbol{s}_{\mathrm{I}}^{\mathrm{a}}$、智能体自更新率 δ_{a}、对其他智能体的观察值 O_{a}、微观状态空间 $\boldsymbol{S}_{\mathrm{I,s}}$ 组成的四元数组描述，即

$$\boldsymbol{a}=(\boldsymbol{s}_{\mathrm{I}}^{\mathrm{a}},\delta_{\mathrm{a}},O_{\mathrm{a}},\boldsymbol{S}_{\mathrm{I,s}}) \tag{8-4}$$

式中：$\boldsymbol{s}_{\mathrm{I}}^{\mathrm{a}}\in\boldsymbol{S}_{\mathrm{I,s}}$；$O_{\mathrm{a},k}\in\{\boldsymbol{E}_k\cup\boldsymbol{a}_k-\boldsymbol{a}\}$ 为所有其他智能体和执行器集合的子集，$\boldsymbol{a}_k$ 为 k 时刻智能体空间的子集。

自组织系统的运行机制如图 8-1 所示，$\boldsymbol{A}_k$ 为系统宏观状态下的有效智能体集合，动态自组织系统状态 $\boldsymbol{\sigma}_k\triangleq(\boldsymbol{A}_k,\ \boldsymbol{E}_k)$，状态映射 $\boldsymbol{\tau}$ 为微观系统状态到宏观系统状态的映射。

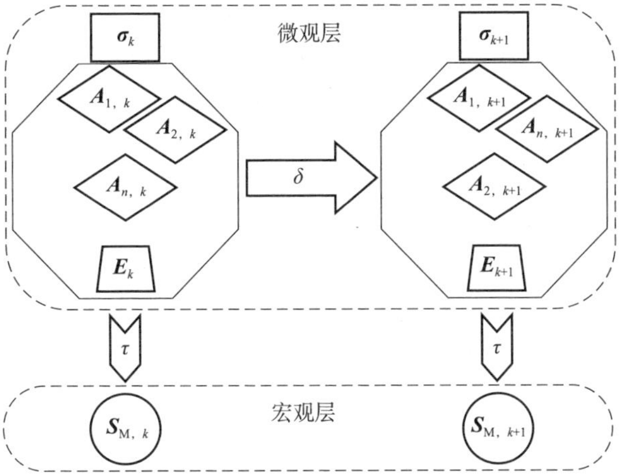

图 8-1　自组织系统运行机制示意图

8.3　无人机集群自组织系统模型

无人机集群技术借鉴自然界生物群体的自组织机制，使具备有限自主能力的多架无人机在没有集中指挥控制的情况下，通过信息交互产生整体效应，实现较高程度的自主协作，从而能在尽量少的人员干预下完成预期任务目标。自组织系统的运行可以描述为一组行为规则的相互作用。本节将自组织概念引入到无人机集群的控制中，根据任务需求，研究无人机集群的基本自组织行为，基于该行为建立无人机集群自组织模型，并完成无人机行为规则集的设计。

8.3.1　自组织行为

生物群体的自组织行为主要包括聚集、群集、觅食，研究无人机集群自组织系统，需要将上述行为在无人机的应用背景下重新定义。

1. 聚集运动行为

聚集是指单个智能体向中心位置移动的行为，广泛存在于生物系统中。例如，企鹅聚集在一起取暖等。聚集行为可以使无人机更好地完成通信，增强其探测能力。美国空间技术学院的 Kleeman 使用树皮甲虫来描述无人机的聚集攻击场景，无人机携带相应载荷执行察打任务，当探测到敌方目标时，各无人机向该位置聚集，通过协同完成对目标的攻击[95]。Kleeman 将该协调运动称为信息素控制运动，信息素的强度与无人机观察到的目标数量成正比。协调信号包括化学、机械、视觉 3 种方式。无人机可以通过无线电通信系统，代替生物群体中的化学信息素，通过广播无线电脉冲通信传递信息，实现对目标的定位。

2. 群集运动行为

群集是指智能体间表现出的同步和协调运动，生物群体利用群集行为来避免个体被捕食或被狩猎，包括“迅速扩散”和“喷泉效应”2 种方式。“迅速扩散”指智能体迅速增加彼此之间的距离，使群集范围扩大，可以混淆捕食者并挫败其捕猎企图。“喷泉效应”是一种回避技术，生物群体分成两组，每组在相反的方向上移动，经过捕食者后重新组合。群集行为可应用于无人机突防、侦察等任务。群集依赖于相邻无人机的航迹信息，因此需要确定无人机之间的相对运动关系。

3. 搜索行为

该行为模拟生物群体的觅食行为，觅食是指智能体遍历所在区域以寻找食物、搜捕目标的行为，主要包括对食物的识别和利用。例如，蜂群中包括专职觅食者和非专职觅食者，当专职觅食者找到花蜜时，确定它的质量与位置信息，并将其发送给非专职觅食者，非专职觅食者决定是否进行开采，并制定最优的采蜜方案。觅食行为能够用于无人机的目标识别、定位与攻击。无人机使用蜂群模式进行攻击，首先派遣部分无人机到达中心点处进行侦察，通过信息传递将目标位置、运动状态等信息发送给其他无人机，该方式依赖中心节点的通信能力，要求每架无人机都能从通信获取的信息中定位目标。与蜂群相比，蚁群中不存在专职和非专职的个体关系，通过使用信息素跟踪策略，可以同时驱动所有智能体，对智能体自身的决策能力要求较低，只依赖于简单频繁的通信，更适合规模较大的无人机集群系统。因此，无人机集群自组织模型的选取需要考虑其信息感知能力，若无人机感知能力较强，则适合使用蜂群模型，若无人机数量多且感知能力差，则适合使用蚁群模型。

生物种群中的一些其他自组织行为也为无人机集群自组织系统提供了模板，表 8-1 给出了几种由生物种群启发得到的无人机集群自组织系统应用场景。

表 8-1　生物种群自组织行为与无人机集群行为的对应关系

行为	生物种群	行为机制	决定因素/传感器	条件/知识库	无人机应用
路径规划	霉菌	化学信息诱导运动	环磷酸腺苷传感器	内外环境中的环磷酸腺苷值	集群运动
集结	树皮甲虫	信息素产生、自主运动	信息素	信息素浓度/梯度	集群集结
时间协同	萤火虫	光、运动与节律机制	视觉	脉冲时间常数	集群通信

续表

行为	生物种群	行为机制	决定因素/传感器	条件/知识库	无人机应用
聚集	蜜蜂	跳舞、觅食	视觉	运动方式	集群搜索
群集	鱼	运动、捕食	视觉、侧线器官	邻居智能体信息	集群防御、集结
觅食	蚂蚁	觅食、标记、路径跟踪	信息素	信息素浓度/梯度	集群攻击

8.3.2　Kadrovich 模型

为了构建联合作战空间信息圈（Joint Battlespace Infosphere，JBI），需要部署无人机传感器群，在高度动态的网络环境中高效地传输大量数据。为此，美国空军学院的 Kadrovich 提出了一种集群自组织模型，作为后续网络通信分析的基础[96]。该模型忽略了无人机的飞行控制问题，将其作为一个整体，集群中的个体视为质点（粒子），通过无人机之间的 4 种距离描述，制定了 2 种行为规则：结队和聚集。Kadrovich 模型由时间进程算法和质点运动模型组成，使用离散变量进行描述，根据邻域、边界、航路点计算方向向量，最终实现质点的位置更新，反映现实成员交互的群体行为。Kadrovich 模型主要包含可见度模型、状态信息和假设、集群算法等要素。

1. 可见度模型

可见度模型是指由可见粒子组成的邻居集，涉及阴影、遮挡和可见性的描述，如图 8-2 所示，粒子 p_B 和 p_D 分别被粒子 p_A 和 p_C 遮挡。需要注意的是，

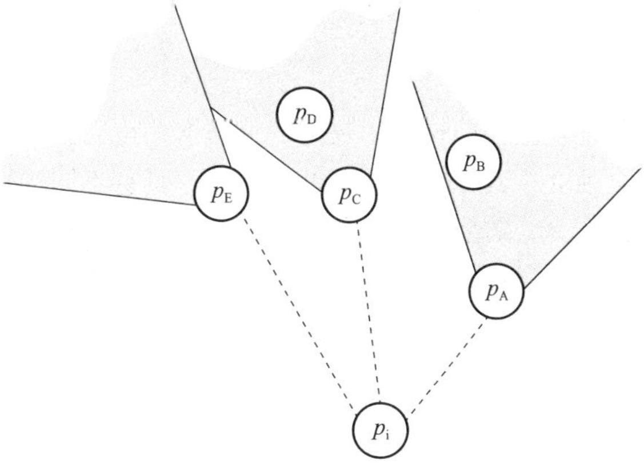

图 8-2　粒子间可见关系示意图

即使 p_D 比 p_E 更接近 p_i，p_D 也不在 p_i 的邻域集内。可见度模型限制了邻居集合的规模，从而保证了算法的可扩展性。

所有被遮挡点 $p_k=(X,\ Y)$ 的集合定义为阴影，如图 8-3 所示，p_k 满足

$$\begin{cases} \text{vis}(\theta_{ab})=\begin{cases}1 & (\theta_{ab}>\theta_{vis})\\ 0 & (\theta_{ab}\leqslant\theta_{vis})\end{cases} \\ \theta_{ab}=\cos^{-1}\left(\dfrac{\boldsymbol{V}_a\boldsymbol{V}_b}{\|\boldsymbol{V}_a\|\|\boldsymbol{V}_b\|}\right) \\ \boldsymbol{V}_a=p_j-p_i \\ \boldsymbol{V}_b=p_k-p_j \end{cases} \tag{8-5}$$

式中：θ_{ab} 为向量 $\boldsymbol{V}_a$ 和 $\boldsymbol{V}_b$ 之间的角度，$\theta_{ab}\in[0,\ \pi]$；$\text{vis}(\theta_{ab})$ 描述了粒子 p_k 的可见性，当 $\text{vis}(\theta_{ab})=1$ 时，粒子可见，当 $\text{vis}(\theta_{ab})=0$ 时，粒子被遮挡；θ_{vis} 为可见度角；p_i 为第 i 架无人机的质点位置；p_j 是 p_i 的邻居，也可能是边界或航路点。假设无论距离多远质点都不被遮挡，则上式可改写为

$$\text{vis}(\cos\theta_{ab})\equiv\begin{cases}1 & (\cos\theta_{ab}<\cos\theta_{vis})\\ 0 & (\cos\theta_{ab}\geqslant\cos\theta_{vis})\end{cases} \tag{8-6}$$

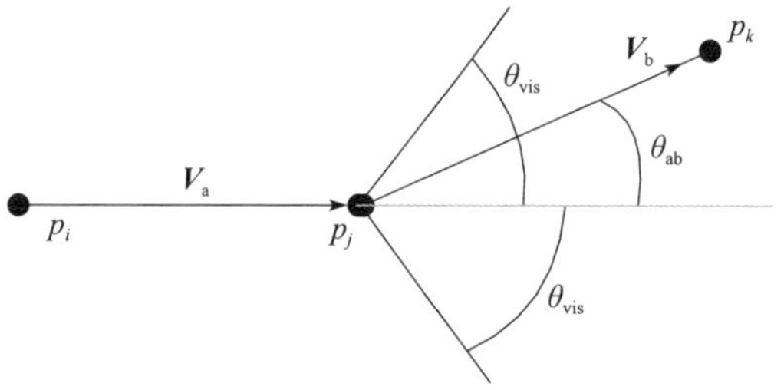

图 8-3　可见度模型示意图

2. 状态信息和假设

粒子的状态信息包括当前速度、最大允许转弯角度、当前位置和方向，粒子的状态信息完全独立于其他粒子，因此可以建立具有不同特性的异构集群模型。为了进行集群仿真，需要将测量单位和时间单位进行抽象处理，所有粒子的最大速度保持统一，以便经过适当的转换后适应不同的物理场景。

3. 集群算法

集群中的粒子独立执行集群算法，从而实现位置更新，涉及的主要概念有邻居模型、周边视野，以及边界与航路点信息等。

（1）位置更新。基于分离、结队和聚集 3 个基本规则，该运动模式模仿自然界中鸟类或水牛的集群现象，是一个持续的物理过程，具有即时反馈能

力。分离和结队可以用一组大小相等方向相反的向量表示，粒子速度的更新律为

$$(V_{\text{update}})_i = \sum_{p_j \in \boldsymbol{S}_i} [(w_{\text{periph}})_{ij}(w_{\text{seperation}})_{ij}((w_{\text{attract}})_{ij}(\boldsymbol{V}_{\text{attract}})_{ij} + C_{\text{align}}(\boldsymbol{V}_{\text{align}})_{ij})] \tag{8-7}$$

式中：$\boldsymbol{S}_i$ 为粒子 p_i 的邻居集合；w_{periph} 为周边视野权重；$w_{\text{seperation}}$ 为分离规则权重；w_{attract} 为聚集规则权重；分离/聚集规则更新律 $\boldsymbol{V}_{\text{attract}}=p_j-p_i$；$C_{\text{align}}$ 为结队规则权重；结队规则更新律 $\boldsymbol{V}_{\text{align}}=(\boldsymbol{V}_{\text{dir}})_j$，$\boldsymbol{V}_{\text{dir}}$ 为质点速度，质点速度和位置的更新律为

$$\begin{cases} \boldsymbol{V}'_{\text{dir}} = \dfrac{\boldsymbol{V}_{\text{dir}}+\boldsymbol{V}_{\text{update}}}{|\boldsymbol{V}_{\text{dir}}+\boldsymbol{V}_{\text{undate}}|} \\ p'_i = p_i + (\boldsymbol{V}_{\text{dir}}+\boldsymbol{V}_{\text{update}})\Delta t \end{cases} \tag{8-8}$$

（2）邻居模型。质点的邻居包括边界、航路点和其他质点，如图 8-4 所示。矩形区域表示所有空间，对于边界和航路点，该区域为 R_2；对于其他粒子，该区域为 R_4。质点与其邻居的距离 $d \equiv \|\boldsymbol{V}_{\text{attract}}\|$，质点只受到处于该范围内邻居的影响。邻居模型用于计算边界、航路点和其他集群成员的距离权重。

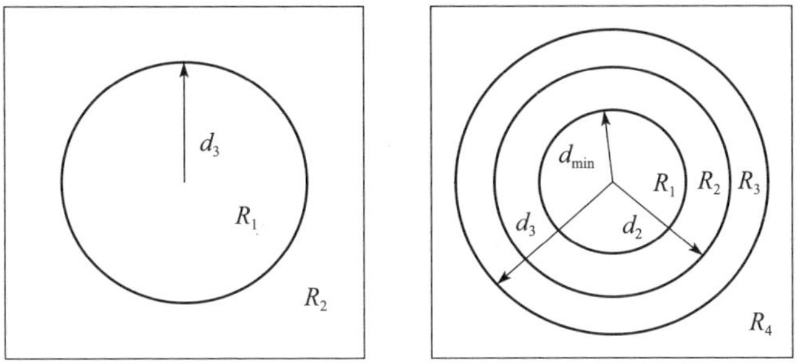

（a）边界和航路点　　（b）其他质点

图 8-4　邻居模型

（3）边界。用于限制粒子的移动区域，将每个边界上最接近 p_i 的点视为必须避免的质点，边界没有方向，因此不包含结队规则，边界模型为

$$\boldsymbol{V}_{\text{attract}} \equiv p_{\text{b}} - p_i, b \in \{\text{North}, \text{South}, \text{East}, \text{West}\} \tag{8-9}$$

$$w_{\text{seperation}} \equiv \begin{cases} 0 & (p_{\text{b}} \in R_2(d<d_3)) \\ \sqrt{d_3-d} & (p_{\text{b}} \in R_1(d \geqslant d_3)) \end{cases} \tag{8-10}$$

$$w_{\text{attract}} \equiv \begin{cases} 0 & (p_{\text{b}} \in R_2(d<d_3)) \\ -C_{\text{boundary}} & (p_{\text{b}} \in R_1(d \geqslant d_3)) \end{cases} \tag{8-11}$$

式中：$C_{boundary}$ 为常值，反映了允许粒子靠近边界的程度。

（4）周边视野。通过为粒子前方的对象设计更高的权重，以此提高集群行为的灵活性，使得集群算法具有更好的“逼真度”。周边视野的加权关系为

$$w_{periph}(\theta)\equiv C_{periph}\cos^{n}\left(\frac{\theta}{2}\right)\quad(n=1,2,\cdots)\tag{8-12}$$

式中：C_{periph} 为常值。

（5）航路点。指沿预定路线方向的固定粒子，作为导航定位点，通常取目的地或参考点作为航路点，能够起到引导集群沿着预定路线前进的作用。图 8-5（a）中，粒子在 $\boldsymbol{V}_{attract}$ 的直接作用下，向着航路点 p_{wp} 飞行。图 8-5（b）中，粒子在 $\boldsymbol{V}_{result}=\boldsymbol{V}_{align}(\boldsymbol{V}_{attract}\boldsymbol{V}_{align})$ 的引导下，向着垂直于 $\boldsymbol{V}_{align}$ 方向距离航路点 p_{wp} 最近的点飞行。

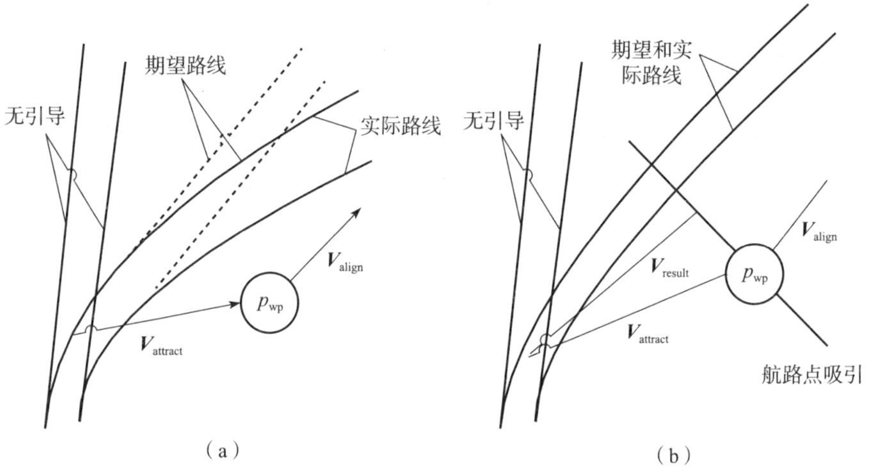

图 8-5　航路点控制示意图

（6）集群成员。如果邻居质点 p_j 不是航路点，$p_j\in R_1$ 对应排斥作用，$p_j\in R_3$，R_4 对应吸引作用，分离和聚集规则权重分别为

$$w_{seperation}\equiv\begin{cases}\sqrt{1-d} & (p_j\in R_1(d<d_{min}))\\ 0 & (p_j\in R_2(d_{min}\leqslant d<d_2))\\ \left(\dfrac{d-d_2}{d_3-d_2}\right)^2 & (p_j\in R_3(d_2\leqslant d<d_3))\\ e^{-\frac{d-d_3}{d_3}} & (p_j\in R_4(d\geqslant d_3))\end{cases}\tag{8-13}$$

$$w_{\text{attract}} \equiv \begin{cases} -C_{\text{seperation}} & (p_j \in R_1(d<d_{\min})) \\ 0 & (p_j \in R_2(d_{\min} \leqslant d<d_2)) \\ C_{\text{attract}} & (p_j \in R_3(d_2 \leqslant d<d_3)) \\ C_{\text{attract}} & (p_j \in R_4(d \geqslant d_3)) \end{cases} \tag{8-14}$$

8.3.3 Lotspeich 模型

2003 年，莱特帕特森空军基地空军研究实验室提出研究和开发无人机传感器集群网络，使无人机躲避威胁、自主穿越作战空间并将高分辨率融合数据传输给作战人员，通过高度可生存的分布式平台提供快速、有效获取信息的能力。为此，美国空军技术学院的 Lotspeich 提出了一种集群自组织模型，指导无人机集群在由一组威胁、一组航路点和单一目标组成的作战环境中保持期望的行为特征，绕开威胁和冲突，通过既定的航路点向目标前进[97]。该模型在 Kadrovich 模型的基础上，采用加权的周边视野机制，使无人机的控制和行为在简单通信条件下获得更多的相关信息，建立了包括聚集、分离、威胁躲避和目标搜索的行为规则，利用势场的概念计算行为规则，由进化策略确定权重因子完成行为规则的组合。

Lotspeich 模型反映了集群中所有智能体间的相互关系，包括聚集、分离、威胁躲避、目标搜索。智能体移动的方向向量为

$$\boldsymbol{d} = \sum_{r=1}^{|\tau|} \boldsymbol{\tau} \tag{8-15}$$

式中：$\boldsymbol{\tau} = [w_\sigma \boldsymbol{\sigma} \quad w_\eta \boldsymbol{\eta} \quad w_t \boldsymbol{t} \quad w_g \boldsymbol{g}]^{\mathrm{T}}$；向量 $\boldsymbol{\sigma}$、$\boldsymbol{\eta}$、$\boldsymbol{t}$、$\boldsymbol{g}$ 分别为由聚集、分离、威胁躲避、目标搜索规则确定的方向向量；w_σ、w_η、w_t、w_g 是各行为规则对应的权重系数，通过调整各行为规则权重，可以控制不同涌现行为的发生。

Lotspeich 模型将涌现行为定义为行为模式，总结了无人机集群自组织系统中常用的行为模式：侦察、搜索、巡航、集结、保持等。利用一组适应度函数描述不同行为模式下无人机的行为规则权重、传感器重叠范围、与邻居无人机的速度差等状态信息。

智能体与其邻居集合的重叠范围为

$$f_1(a) = \frac{\sum_{n \in N(a)} O(n,a)}{C(a) + \sum_{n \in N(a)} C(n)} \tag{8-16}$$

式中：$C(a)$ 为智能体 a 的传感器覆盖范围；n 为邻居智能体；$N(a)$ 为邻居集合；$O(n, a)$ 为邻居 n 和 a 覆盖范围之间的重叠量，包括历史覆盖范围。

智能体与其邻居之间的速度匹配关系为

$$f_2(a)=\frac{\sum_{n\in N(a)} d(n)}{|N(a)|s(a)} \tag{8-17}$$

式中：$d(n)$ 为 n 与 a 法向平面之间的距离；$s(a)$ 为智能体 a 的视距。$f_2(a)<0$ 时，智能体位于其邻居法向平面之前，当 $f_2(a)>0$ 时，智能体位于其邻居法向平面之后，如图 8-6 所示，数值越大，无人机与邻居之间距离越远。

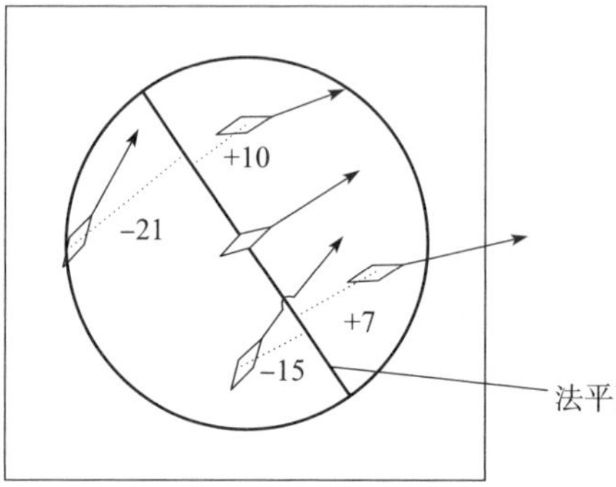

图 8-6　速度匹配关系示意图

接近角 θ_{app} 是指智能体与目标之间的夹角，集群自组织系统的接近角方差为

$$f_3(a)=\frac{(|N(a)|+1)\left(\sum_{n\in N(a)}\theta_{app}(n)^2+\theta_{app}(a)^2\right)-\left(\sum_{n\in N(a)}\theta_{app}(n)+\theta_{app}\right)^2}{(|N(a)|+1)|N(a)|\mu_{max}} \tag{8-18}$$

式中：$f_3(a)\in[0,1]$；$\mu_{max}\in[0,2\pi]$ 为最大可能方差。

为了满足任务需求，需要设计具备自适应能力的行为模式切换策略。行为模式的切换通过模式系数矩阵 $\boldsymbol{\delta}_b$ 及适应度函数 $f_0\cdots f_3$ 实现，$\boldsymbol{\delta}_b$ 的每一行对应一个特定的规则向量，每一列对应一个特定的适应度函数，表示为

$$\boldsymbol{\delta}_b=\begin{bmatrix}\delta_{f_0,\boldsymbol{\sigma}} & \delta_{f_1,\boldsymbol{\sigma}} & \delta_{f_2,\boldsymbol{\sigma}} & \delta_{f_3,\boldsymbol{\sigma}}\\ \delta_{f_0,\boldsymbol{\eta}} & \delta_{f_1,\boldsymbol{\eta}} & \delta_{f_2,\boldsymbol{\eta}} & \delta_{f_3,\boldsymbol{\eta}}\\ \delta_{f_0,\boldsymbol{t}} & \delta_{f_1,\boldsymbol{t}} & \delta_{f_2,\boldsymbol{t}} & \delta_{f_3,\boldsymbol{t}}\\ \delta_{f_0,\boldsymbol{g}} & \delta_{f_1,\boldsymbol{g}} & \delta_{f_2,\boldsymbol{g}} & \delta_{f_3,\boldsymbol{g}}\end{bmatrix} \tag{8-19}$$

8.3.4　Lua 模型

2003 年，为了实现针对目标的战术同步多点攻击，北达科他州立大学的 Lua 等提出了一种集群自组织模型[33]。集群中的每架无人机都携带发射器和接收器，发射器生成反映自身状态的短程信息，接收器用于接收来自附近无人机的短程信息和来自目标的远程信号，无人机内部的罗盘和视觉传感器用于获取与障碍物的相对距离和方向。该模型具备集群控制的能力，每架无人机根据

其传感器感知的局部信息进行决策，通过恰当的机动控制，无人机能够避开障碍物，搜索、感知目标信息，围绕目标飞行或攻击目标。Lua 模型克服了控制依赖于全局通信和战场先验信息的问题，具备从单点攻击扩展到多点同步攻击的能力。Lua 模型主要包括传感器、执行器和行为模块等要素。

（1）传感器。它是无人机的“眼睛”和“耳朵”，无人机的行为很大程度上取决于其传感器的探测信息。传感器的探测过程如图 8-7 所示，三角形表示无人机，正方形表示障碍物，圆形表示目标。无人机能够探测到位于其探测范围内的目标信号，通过信息处理解算得到目标的相对距离和方向。视觉范围是指无人机能够探测到障碍物的范围，利用视觉传感器能够确定障碍物的相对距离和方向，进而采取避障行为。局部通信范围是指无人机能够接收邻居信息或传播短程消息的范围。

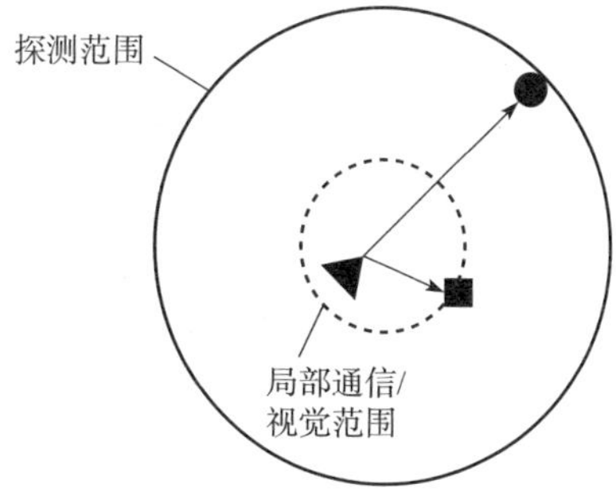

图 8-7　传感器探测过程

（2）执行器。在执行器的作用下可以产生转动和平动 2 种运动状态，进而完成避障、趋近目标和绕目标飞行等行为。避障过程如图 8-8（a）所示，当无人机探测到附近的障碍物时，采取机动措施绕过该障碍物，若附近存在 2 个障碍物，则将指向目标 1 和目标 2 的向量合成作为避障路径。绕飞轨道是指以目标为圆心，既使无人机位于目标杀伤范围之外，同时也能确保目标位于无人机攻击范围以内的轨迹。趋近目标过程如图 8-8（b）所示，当无人机检测到目标时，在绕飞轨道上规划出一系列航路点，其中距离最近的航路点作为参考点，无人机迅速趋近于参考点逆时针方向的下一航路点。绕目标飞行过程如图 8-8（c）所示，当无人机进入绕飞轨道时，总是向着逆时针方向的下一航路点飞行，最终实现绕目标飞行。

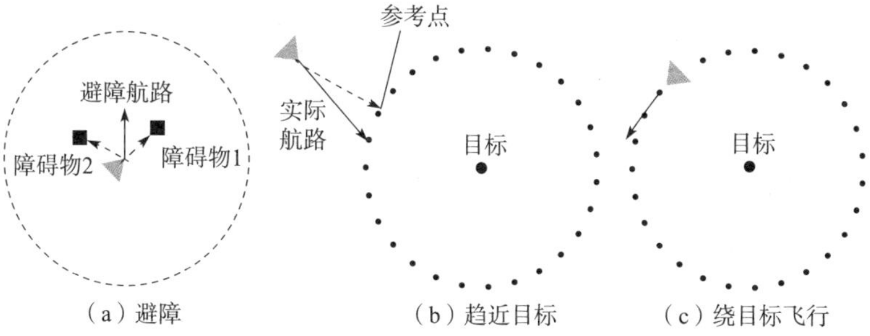

图 8-8　无人机避障、趋近目标、绕目标飞行示意图

（3）行为模块。无人机通过搜索、绕飞轨道、待命轨道、攻击、避障等状态的有序切换，实现协同多点攻击任务，不同状态之间的切换关系如图 8-9 所示。正常情况下，无人机一直保持搜索状态。探测到目标信号后立即趋近目标，并在到达绕飞轨道后绕目标飞行。绕飞轨道上存在一些跳跃点，无人机经由跳跃点飞向位于外部的待命轨道，并维持机间通信。当收到攻击信号后，任务规划系统根据当前位置为所有无人机分配攻击位并规划转移航路，使无人机依次从待命轨道转移到绕飞轨道上的多点攻击位，立即发起协同多点攻击。当无人机探测到障碍物出现在前方航路上时，立即通过机动调整绕过障碍物，并返回到之前的状态。

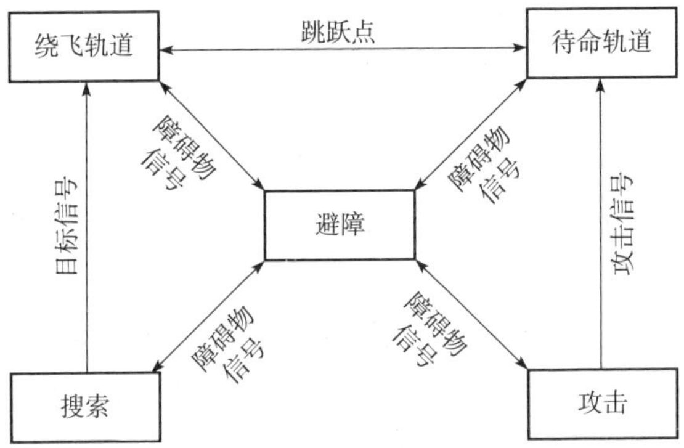

图 8-9　无人机行为状态切换示意图

8.3.5　Price 模型

2006 年，为了实现无人机集群搜索，美国空军技术学院的 Price 提出了包含顶层模型和底层模型的集群自组织模型。Price 模型适用于一般的自组织系统，同时也考虑了无人机及其所处环境的特点，不依赖于全局信息[94]。

1. 顶层自组织模型

顶层自组织模型描述了自组织系统、无人机系统框架，其中自组织系统的框架及运行机制可见 8.2.2 节。无人机系统框架包括环境模型和无人机模型。

（1）环境模型。指系统运行的广义空间，表示包括无人机在内的物理空间。无人机集群自组织系统飞行环境的复杂性体现在物理空间维度、目标、地形、气候条件、通信和传感器携带的电磁频谱、禁飞区域等障碍物，一般由边界约束、障碍物集合以及目标集合组成。

（2）无人机模型。无人机由飞行控制、传感器、导航模块和航迹规划模块等组成，无人机的建模过程可以视为表 8-2 所示多个不同模块模型的融合。

基于惯性模型，Price 提出控制模型描述运动层次，将期望速度作为输入指令。传感器模型参考了 Kadrovich 模型中的可见度模型，当目标处于传感器可见度范围内时，即可认为目标被探测到。通信模型包括主动通信和被动通信两种类型。被动通信无须直接通信获取，例如，无人机根据探测到的机间相对距离和方向，解算得到相对速度即为被动通信。主动通信在无人机之间传递目标状态、机间协同、任务分配等信息。作战模型基于命中点模型，允许多架无人机攻击同一个目标，使得目标被快速摧毁。行为选择模型基于防碰、避障、聚集、分离、速度匹配等规则，使用行为原型法降低计算复杂度。

表 8-2　无人机建模中的不同层次模型

模块	模型
运动	无人机飞行动力学模型
传感器	无人机传感器探测模型
通信	无人机之间的通信拓扑模型
作战	无人机作战模型
行为	无人机行为选择模型

2. 底层自组织模型

底层自组织模型描述了无人机根据行为原型，选择行为规则，完成状态更新的过程。行为规则是状态更新的核心，Price 定义了以下 10 条行为规则来描述无人机集群自组织运动。

（1）结队。指无人机调整其速度方向，与其他无人机保持一致的过程，表示为

$$U_1 = \frac{\sum_{j=0}^{|N|} V_j}{|N|} \tag{8-20}$$

式中：V_j 为邻居无人机的速度；$|N|$ 为邻居无人机的数量。

（2）绕目标飞行。

$$U_2 = \sum_{i=0}^{|\hat{T}|} f_2(i) \tag{8-21}$$

$$f_2(i) = \begin{cases} \text{Orbit}(P_U, V_U, P_T) & (\text{dist}(P_U, P_T) \geqslant 0.7R_T) \\ \{0,0\} & (\text{其他}) \end{cases} \tag{8-22}$$

式中：$\hat{T}$为无人机的可见目标集合；P_U 和 P_T 分别为无人机和目标的位置；V_U 为无人机的速度；Orbit(P_U，V_U，P_T）为目标轨道圆上关于点 P_U 的切向量，

方向为靠近速度一侧；$\mathrm{dist}(P_U, P_T)$ 为无人机与目标的距离；R_T 为目标的最大探测范围。该规则可以使无人机在保持安全距离的情况下绕目标稳定飞行。

（3）聚集。指当无人机之间的距离大于一定范围时相互吸引的过程。吸引力对无人机的影响与机间距离有关，表示为

$$U_3 = \frac{\sum_{i=0}^{|N|} f_3(i)(P_i - P_U)(\mathrm{dist}(P_U, P_i) - R_{B_{a1}} R_U)}{|N|} \tag{8-23}$$

$$f_3(i) = \begin{cases} 0 & (\mathrm{dist}(P_U, P_i) \leqslant R_{B_{a1}} R_U) \\ 1 & (\text{其他}) \end{cases} \tag{8-24}$$

式中：$\mathrm{dist}(P_U, P_i)$ 为无人机与邻居无人机 i 的距离；$R_{B_{a1}}$ 为行为规则 1 的作用范围；R_U 为无人机的最大探测范围。

（4）分离。指无人机距离其他无人机过近而产生排斥力的过程，排斥力对无人机的影响与机间距离有关，表示为

$$U_4 = \frac{\sum_{i=0}^{|N|} f_4(i)(P_i - P_U)(R_{B_{a2}} R_U - \mathrm{dist}(P_U - P_i))}{|N|} \tag{8-25}$$

$$f_4(i) = \begin{cases} 1 & (\mathrm{dist}(P_U, P_i) < R_{B_{a2}} R_U) \\ 0 & (\text{其他}) \end{cases} \tag{8-26}$$

式中：$R_{B_{a2}}$ 为行为规则 2 的作用范围。

（5）目标吸引。指无人机趋近目标集合质心的过程，目标集合质心反映了所有目标的分布情况，不一定与某一目标的质心重合，表示为

$$U_5 = \begin{cases} \sum_{i=0}^{|\hat{T}|} P_i - P_U & (|\hat{T}| > 0 \text{ 且 } \mathrm{dist}(P_U, P_i) \geqslant 0.8R_U) \\ \sum_{i=0}^{|N|} P_i - P_U & (\text{其他}) \end{cases} \tag{8-27}$$

（6）加权目标吸引。指无人机趋近特定目标的过程，不同目标对无人机的吸引程度与二者距离有关，距离越近的目标对无人机的吸引权重越高，表示为

$$U_6 = \begin{cases} \dfrac{\sum_{i=0}^{|\hat{T}|} \dfrac{(P_i - P_U)}{\mathrm{dist}(P_U, P_i)^5}}{|\hat{T}|} & (|\hat{T}| > 0) \\ \dfrac{\sum_{j=0}^{|N|} \dfrac{P_j(P_j - P_U)}{\mathrm{dist}(P_U, P_j)^5}}{|N|} & (\text{其他}) \end{cases} \tag{8-28}$$

（7）目标排斥。指无人机在目标集合探测范围内或受到目标威胁时远离目标集合的过程，所有可见目标对无人机的排斥效应都是一致的，此规则与绕目标飞行规则可以一起运行，表示为

$$U_7=\frac{\sum_{i=0}^{|\hat{T}|}f_7(i)(P_{\mathrm{U}}-P_i)}{|\hat{T}|} \tag{8-29}$$

$$f_7(i)=\begin{cases}1 & (\mathrm{dist}(P_{\mathrm{U}},P_i)<0.9R_{\mathrm{T}}\text{ 且 }\mathrm{dist}(P_{\mathrm{U}},P_i)<R_{\mathrm{T}}^{\mathrm{A}})\\ 0 & (\text{其他})\end{cases} \tag{8-30}$$

式中：$R_{\mathrm{T}}^{\mathrm{A}}$ 为目标的最大攻击范围。

（8）加权目标排斥。指无人机远离特定目标的过程，不同目标对无人机的排斥程度与二者距离有关，距离越近的目标对无人机的排斥权重越高，表示为

$$U_8=\frac{\sum_{i=0}^{|\hat{T}|}f_8(i)}{|\hat{T}|} \tag{8-31}$$

$$f_8(i)=\begin{cases}\dfrac{(P_{\mathrm{U}}-P_i)}{2(R_{\mathrm{B_{a3}}}R_T-\mathrm{dist}(P_{\mathrm{U}},P_i))} & (|\hat{T}|>0\text{ 且 }\mathrm{dist}(P_{\mathrm{U}},P_i)<R_{\mathrm{B_{a3}}}R_{\mathrm{T}}\text{ 且 }R_{\mathrm{B_{a3}}}R_{\mathrm{T}}>R_{\mathrm{T}}^{\mathrm{A}})\\ \dfrac{(P_{\mathrm{U}}-P_i)}{2(R_{\mathrm{T}}^{\mathrm{A}}-\mathrm{dist}(P_{\mathrm{U}},P_i))} & (|\hat{T}|>0\text{ 且 }\mathrm{dist}(P_{\mathrm{U}},P_i)<R_{\mathrm{T}}^{\mathrm{A}})\\ 0 & (\text{其他})\end{cases} \tag{8-32}$$

式中：$R_{\mathrm{B_{a3}}}$ 为行为规则 3 的作用范围。

（9）防碰。指由于无人机之间距离过近而相互远离的过程，可以提高无人机的生存能力，避免无人机之间发生碰撞，表示为

$$U_9=\frac{\sum_{i=0}^{|N|}f_9(i)}{|N|} \tag{8-33}$$

$$f_9(i)=\begin{cases}\dfrac{\mathrm{dist}(P_{\mathrm{U}},P_i)}{R_{\mathrm{s}}}(P_{\mathrm{U}}-P_i) & (\mathrm{dist}(\boldsymbol{S}_{\mathrm{U}},\boldsymbol{S}_i)<\mathrm{dist}(P_{\mathrm{U}},P_i)\text{ 或 }\mathrm{dist}(\boldsymbol{S}_{\mathrm{U}},\boldsymbol{S}_i)<R_{\mathrm{s}})\\ 0 & (\text{其他})\end{cases} \tag{8-34}$$

式中：R_{s} 为无人机间的安全距离；$\boldsymbol{S}_{\mathrm{U}}$，$\boldsymbol{S}_i$ 分别为无人机与邻居的运动状态信息，包括位置与速度方向。

(10) 避障。指无人机绕过障碍物的过程，触发条件包括 2 种情况：障碍物位于无人机未来航路上，无人机靠近障碍物威胁区域。避障规则表示为

$$U_{10} = \sum_{i=0}^{|\hat{O}|} \sum_{j=0}^{|O|} \frac{(R_{\mathrm{U}} - \mathrm{dist}(P_{\mathrm{U}}, P_{\mathrm{O}_i}^{\mathrm{c}}))(U'_{10}(i) + U''_{10}(i))}{\mathrm{dist}(P_{\mathrm{U}}, P_{\mathrm{O}_j}^{\mathrm{c}})} \tag{8-35}$$

式中：O 为任务区域中的障碍物集合；$\hat{O}$为无人机探测范围内的障碍物集合；$P_{\mathrm{O}_i}^{\mathrm{c}}$ 为无人机到障碍的最近点；U'_{10} 与 U''_{10} 分别为 2 种避障规则的方向和权重，满足

$$U'_{10}(i) = \begin{cases} \mathrm{OVect}(O_i, U)\dfrac{\gamma_{\mathrm{U}} - \gamma_{\mathrm{O}_i}}{90°} & (\text{无人机与障碍物航路相交}) \\ 0 & (\text{其他}) \end{cases}$$

$$U''_{10} = \begin{cases} -\dfrac{R_{\mathrm{U}} - \mathrm{dist}(P_{\mathrm{U}}, P_{\mathrm{O}_i}^{\mathrm{c}})}{R_{\mathrm{U}}}(P_{\mathrm{O}_i}^{\mathrm{c}} - P_{\mathrm{U}}) & \left(\mathrm{dist}(P_{\mathrm{U}}, P_{\mathrm{O}_i}^{\mathrm{c}}) < \dfrac{R_{\mathrm{U}}}{2}\right) \\ 0 & (\text{其他}) \end{cases}$$

式中：$\mathrm{OVect}(O_i, U)$ 为无人机与障碍物最近点处平行于障碍物航路的向量；γ_{U} 与 γ_{O_i} 分别为无人机与障碍物的航迹角。

8.4 基于行为规则的无人机集群自组织系统模型

在“聚集—防碰—结队”这一经典集群行为规则的基础上，为了实现无人机集群作战，引入组群攻击行为规则和应激防御行为规则，本节提出一种基于 SACOD（Seperation-Alignment-Cohesion-Offense-Defense）规则的集群运动模型[98]。组群攻击行为驱使无人机形成攻击队形向敌方基地飞行，应激防御行为驱使无人机分散地向所分配到的运动目标飞行。

8.4.1 集群自组织行为规则

无人机集群的攻击对象可以概括为敌机和敌方基地两类。若无人机集群攻击敌机，即采取防御行为；若攻击敌方基地，则采取攻击行为。设计无人机集群的行为规则集，将智能体之间的运动交互抽象为力的作用，并设计相应的控制力算法。

将 $\mathrm{Action} = \{A_1, A_2, A_3, A_4, A_5\}$ 记为无人机集群的行为规则集，分别代表分离、结队、聚集、攻击和防御行为，为每条行为规则设计对应的控制力。

(1) 分离。当无人机与邻居无人机之间的距离过近时，邻居无人机会对其产生排斥力，驱使无人机远离，避免发生碰撞。分离规则的控制力为

$$\boldsymbol{U}_i^{\mathrm{S}} = \sum_{j \in N_i^{\mathrm{c}}} g_{\mathrm{S}}(d_{ij})\,\hat{\boldsymbol{X}}_{ij} \tag{8-36}$$

式中：$|N_i^c|$为第i架无人机的邻居无人机数量；d_{ij}为无人机i与j之间的距离；$g_S(d_{ij})$为斥力函数；$\hat{\boldsymbol{X}}_{ij}$为无人机$j$指向无人机$i$的单位向量，表示为

$$\hat{\boldsymbol{X}}_{ij}=\frac{\boldsymbol{X}_i-\boldsymbol{X}_j}{\|\boldsymbol{X}_i-\boldsymbol{X}_j\|} \tag{8-37}$$

（2）结队。通过速度平均机制设计结队规则，使无人机的速度与所有邻居无人机的平均速度保持一致。结队规则的控制力为

$$\boldsymbol{U}_i^{\mathrm{A}}=-\boldsymbol{\kappa}^{\mathrm{A}}\left(\boldsymbol{V}_i-\frac{1}{|N_i^{\mathrm{c}}|}\sum_{j\in N_i^{\mathrm{c}}}\boldsymbol{V}_j\right) \tag{8-38}$$

式中：$\boldsymbol{\kappa}^{\mathrm{A}}>0$为结队控制力的控制增益。

（3）聚集。当无人机与邻居无人机之间的距离较远时，邻居无人机产生吸引力，驱使无人机之间距离减小。聚集规则的控制力为

$$\boldsymbol{U}_i^{\mathrm{C}}=-\sum_{j\in N_i^{\mathrm{c}}}g_{\mathrm{C}}(d_{ij})\hat{\boldsymbol{X}}_{ij} \tag{8-39}$$

式中：$g_{\mathrm{C}}(d_{ij})$为引力函数。聚集与防碰规则遵循“近距排斥、远距吸引”的原则，以实现无人机之间的位置协同。统一的引力/斥力函数为

$$g(d_{ij})=\sum_{j\neq i}(d_{ij}^{-\gamma_{\mathrm{C}}}-d_{ij}^{-\gamma_{\mathrm{S}}}) \tag{8-40}$$

式中：参数γ_{C}，γ_{S}分别用于调节无人机之间引力和斥力的作用范围。

（4）攻击。当无人机分配的目标为敌方基地时，将基地对无人机的引力作为攻击控制力，驱使无人机飞往敌方基地并发起攻击，攻击规则的控制力为

$$\boldsymbol{U}_i^{\mathrm{O}}=\boldsymbol{\kappa}^{\mathrm{O}}\frac{\boldsymbol{X}_{\mathrm{b}}-\boldsymbol{X}_i}{\|\boldsymbol{X}_{\mathrm{b}}-\boldsymbol{X}_i\|} \tag{8-41}$$

式中：$\boldsymbol{\kappa}^{\mathrm{O}}>0$为攻击控制力的控制增益；$\boldsymbol{X}_{\mathrm{b}}$为敌方基地的位置向量。

（5）防御。当无人机分配的目标为敌方无人机时，将敌方无人机对其产生的引力作为防御控制力，驱使无人机飞向所分配的敌方无人机并发起攻击，防御规则的控制力为

$$\boldsymbol{U}_i^{\mathrm{D}}=\boldsymbol{\kappa}^{\mathrm{D}}\frac{\boldsymbol{X}_i^{\mathrm{t}}-\boldsymbol{X}_i}{\|\boldsymbol{X}_i^{\mathrm{t}}-\boldsymbol{X}_i\|} \tag{8-42}$$

式中：$\boldsymbol{\kappa}^{\mathrm{D}}>0$为防御导航力控制增益；$\boldsymbol{X}_i^{\mathrm{t}}$为分配的敌方无人机位置向量。

8.4.2 集群运动模型

集群运动建模方法一般分为基于整体的宏观建模法和基于智能体的微观建模法。宏观建模法以集群整体为研究对象，忽略单架无人机之间的交互。微观建模法以集群中的无人机个体为研究对象，考虑单架无人机的行为特性，并分

析外部环境对其产生的影响。因此，利用微观建模法，建立基于 SACOD 行为规则的有限感知集群运动模型。

设无人机集群由 N_V 架无人机构成，在二维平面内飞行，忽略任务区域中的危险地形和突发威胁。第 i 架无人机的位置和速度满足

$$\begin{cases}\dot{\boldsymbol{X}}_i=\boldsymbol{V}_i\\ \dot{\boldsymbol{V}}_i=\dfrac{\boldsymbol{U}_i}{m_i}\end{cases} \tag{8-43}$$

式中：$i=1, 2, \cdots, N_V$；m_i 为无人机质量。

基于 SACOD 行为规则集，无人机在环境影响下的协同控制律为

$$\boldsymbol{U}_i=(1-a_i)[\boldsymbol{U}_i^{A}+\boldsymbol{U}_i^{C}+\boldsymbol{U}_i^{O}+\boldsymbol{U}_i^{D}]+a_i(\boldsymbol{U}_i^{S}+\boldsymbol{U}_i^{D})-\zeta\|\boldsymbol{V}_i\|^2\boldsymbol{V}_i+\eta\boldsymbol{\xi}_i \tag{8-44}$$

式中：$-\zeta\|\boldsymbol{V}_i\|^2\boldsymbol{V}_i$ 为摩擦力；$\zeta>0$ 为阻尼系数；$\eta\boldsymbol{\xi}_i$ 表示强度为 $\eta\geqslant0$ 的随机噪声；a_i 为布尔值，描述无人机采取攻击行为或防御行为。若将敌方基地作为目标分配给无人机，选择组群攻击行为，$a_i=0$，在攻击规则控制力、分离规则控制力、聚集规则控制力与结队规则控制力的作用下，与其余同样分配组群攻击行为的无人机共同组成特定的攻击队形，向敌方基地运动并发起攻击。若将敌方无人机作为目标分配给无人机，选择应激防御行为，$a_i=1$，在防御规则控制力、分离规则控制力的作用下，与其余同样分配应激防御行为的无人机分散开，向所分配的目标运动，并保持与邻居无人机的安全距离避免发生碰撞。

无人机集群自组织系统模型的集群性能可以通过极化指数和集群耗时来衡量。

（1）极化指数。指集群中各无人机运动方向趋于一致的程度，可以认为是归一化的系统总动量，表示为

$$I_P=\frac{1}{N_V}\left\|\sum_{i=1}^{N_V}\frac{\boldsymbol{V}_i}{\|\boldsymbol{V}_i\|}\right\| \tag{8-45}$$

式中：$I_P\in[0, 1]$，I_P 越大，集群的有序程度越高。

（2）集群耗时。指集群中各无人机运动方向趋向一致的速度，可以定义为从随机初始状态开始到所有无人机的运动方向达成一致所需的时间，表示为

$$I_T=\min_{I_P(t)>\varepsilon} t \tag{8-46}$$

式中：ε 为判断无人机之间运动方向是否满足一致的阈值条件。

8.4.3 仿真分析

基于 SACOD 行为规则，进行无人机集群攻击行为和应激防御行为的仿真分析，仿真参数设置及详细结果见文献［98］。

1. 集群攻击行为仿真

50 架无人机组成集群，初始时刻随机均匀分布在任务区域上，对无人机集群攻击行为进行仿真，集群中所有无人机的目标均为敌方基地。无人机集群的运动轨迹如图 8-10 所示，集群的初始飞行状态和一致飞行状态如图 8-11 所示。可以看出，无人机集群从最初的无序状态逐渐形成一个紧密且有序的整体，向着敌方基地飞行。极化指数变化曲线如图 8-12 所示，初始时刻集群的极化指数较低，随着无人机不断向着目标飞行并调整运动状态，极化指数快速趋近于 1，在 60s 时达到稳定。无人机机间距离平均值和最小值变化曲线如图 8-13 所示，经过一段时间的调整，在分离规则控制力与聚集规则控制力的共同作用下，集群内无人机的机间距离逐渐趋于稳定。

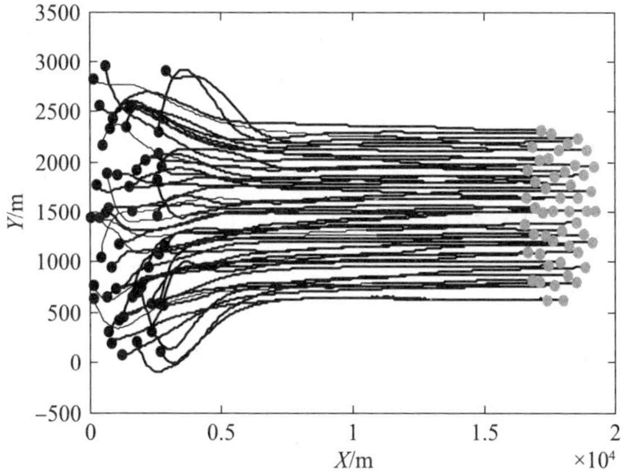

图 8-10　无人机集群运动轨迹

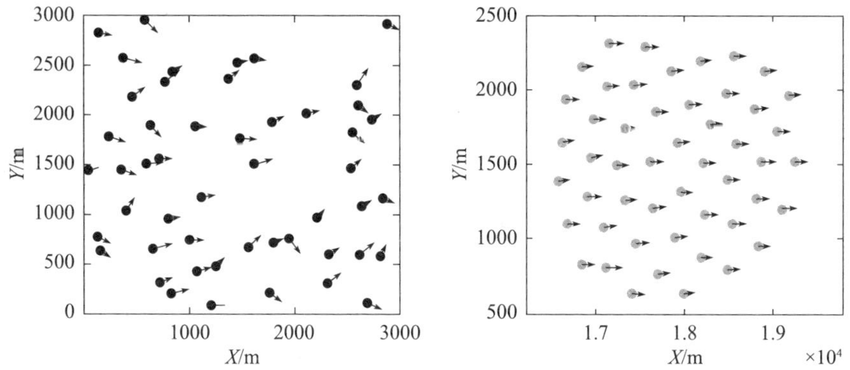

（a）集群初始飞行状态　　（b）集群一致飞行状态

图 8-11　无人机集群飞行状态

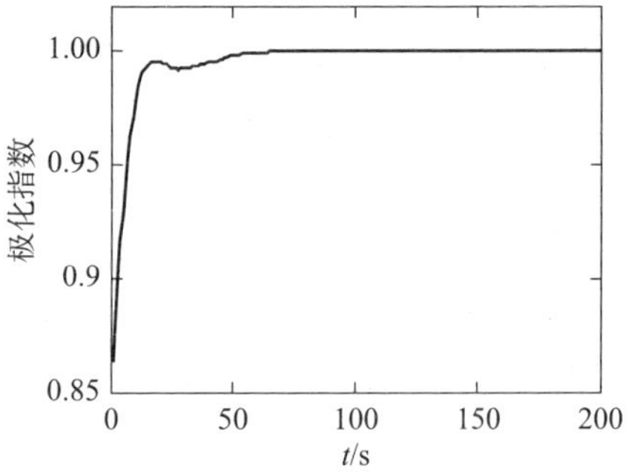

图 8-12　极化指数变化曲线

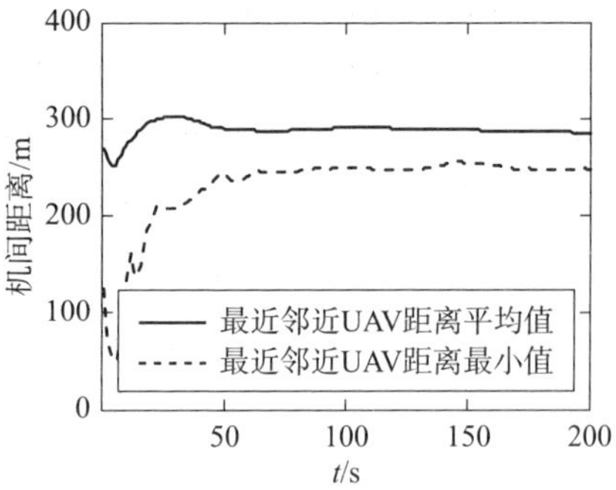

图 8-13　机间距离变化曲线

2. 应激防御行为仿真

20 架无人机组成集群，初始时刻随机均匀分布在任务区域上，对无人机的应激防御行为进行仿真，在 120s 时给 1 号无人机分配 1 架敌方无人机，其余无人机攻击敌方基地。集群运动轨迹如图 8-14 所示，1 号无人机在收到目标分配信息后，立即脱离集群加速向着敌方目标无人机运动，其余无人机重新调整状态保持紧密有序的整体向敌方基地运动。

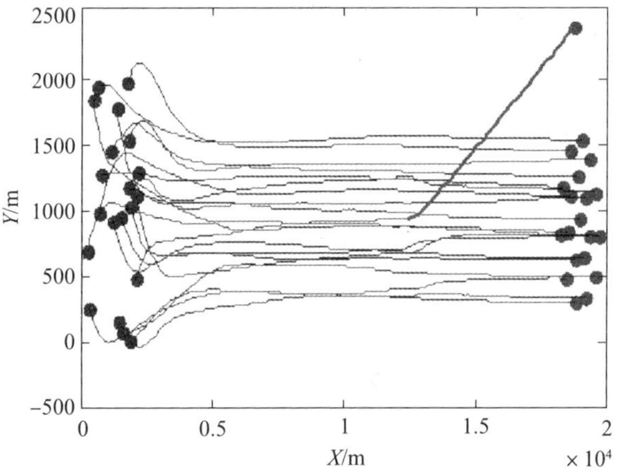

图 8-14　无人机集群运动轨迹

8.5　小结

本章从以下方面研究了无人机集群自组织系统：

(1) 生物群体自组织行为。以几种典型生物群体为例，分析了生物群体自组织行为，总结了生物群体自组织特征。

(2) 自组织系统定义与规范。概述了几种自组织概念，以一种典型自组织系统框架为例，分析了该自组织系统的框架。

(3) 无人机集群自组织系统模型。考虑到无人机集群与生物群体的很多相似性，引入生物群体的自组织协调机制，分析了典型的无人机行为规则，总结了典型的自组织模型，详细分析了各种模型的构成和原理。

(4) 提出了基于行为规则的无人机集群自组织系统模型。使用微观建模法，在无人机行为规则集和动态拓扑交互机制的基础上，建立基于 SACOD 规则的有限感知集群运动模型，分别进行了集群攻击行为和应激防御行为的仿真分析。

第9章 无人机集群协同搜索与察打

协同搜索与察打是无人机集群的典型作战任务。无人机集群协同搜索是指在一定的任务需求和约束条件下，搜索并确定指定区域内的目标位置，是完成后续目标定位、跟踪和打击等一系列作战任务的前提。无人机集群协同察打要求无人机在发现目标后，迅速接近目标并完成攻击行为。协同搜索与察打以搜索论为基础，为了最大化目标发现概率，预先设计集群协同搜索航迹。然而，考虑到实际战场环境的复杂性、动态性和不确定性，需要根据无人机的实时探测信息进行在线任务规划，以获得最大作战效能。

本章研究无人机集群协同搜索与察打问题，利用人工势场—蚁群优化算法分别解决了无人机集群协同搜索和无人机集群协同察打。

9.1 无人机集群协同搜索

本节针对未知任务环境下的集群协同搜索决策问题，引入人工势场和蚁群优化算法，实现多无人机的在线协同搜索和防撞避障[98-99]。

9.1.1 协同搜索任务

1. 任务区域离散化

任务区域中分布了无人机、目标、威胁，为了便于任务规划系统的实现，将任务区域离散化为 $N_x \times N_y$ 个大小为 $d \times d$ 的栅格，如图 9-1 所示。无人机的速度 V 和最大转弯角 $\varphi_{\max}$ 反映了其机动性能，无人机的探测范围用半径为 R 的圆表示，五角星和圆圈分别表示目标和威胁区域。每次决策后，无人机移动一个栅格的距离，下一时刻的可能位置用灰色网格表示。

无人机 i 在 k 时刻的位置和航向状态记为 $\boldsymbol{X}_i(k)=[P_i(k), \varphi_i(k)]$，决策

输入记为 $\boldsymbol{U}_i(k)=[V_i(k),\ \Delta\varphi_i(k)]$，无人机系统的状态方程为

$$\boldsymbol{X}(k+1)=\boldsymbol{X}(k)+\begin{bmatrix}\Delta P_i(k)\\ \Delta\varphi_i(k)\end{bmatrix} \quad (9-1)$$

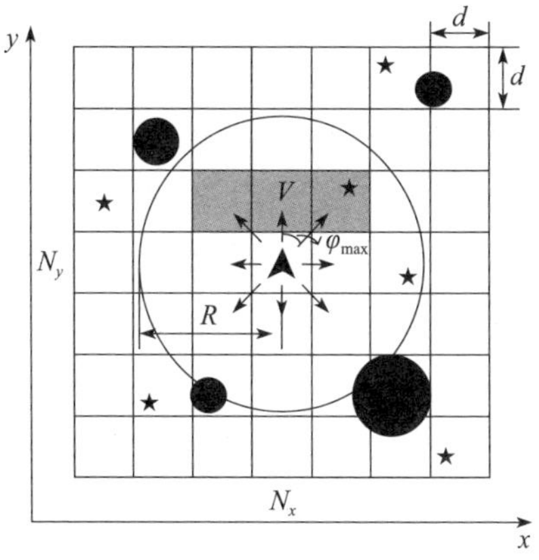

图 9-1　离散化任务区域

2. 任务规划模型

无人机集群搜索要求用较短的时间对任务区域进行覆盖性搜索，发现并确认更多的目标，任务性能指标同时考虑目标发现收益 J_{T} 和环境搜索收益 J_{E}。目标发现收益定义为无人机从当前栅格转移到下一栅格的过程中发现目标的概率，环境搜索收益定义为任务区域的覆盖率，表示为

$$\begin{cases} J_{\mathrm{T}i}(k)=\displaystyle\sum_{(x,y)\in \boldsymbol{S}_i} p_i(x,y) \\ J_{\mathrm{E}i}(k)=\displaystyle\sum_{x=1}^{N_x}\sum_{y=1}^{N_y} f_i^{\mathrm{state}}(x,y)/N_xN_y \end{cases} \quad (9-2)$$

式中：$\boldsymbol{S}_i$ 为无人机 i 探测到的栅格集合；$p_i(x,\ y)$ 为栅格（x，y）的目标存在概率。f_i^{state} 为无人机对栅格的搜索情况，$f_i^{\mathrm{state}}(x,\ y)=0$ 时，栅格（x，y）未被搜索过，$f_i^{\mathrm{state}}(x,\ y)=1$ 时，栅格（x，y）已被搜索过。

因此，分布式任务规划模型为

$$\boldsymbol{U}_i^*(k)=\arg\max_{\boldsymbol{U}_i(k)}(\omega_1 J_{\mathrm{T}i}(\boldsymbol{X}_i,\widetilde{\boldsymbol{X}}_i)+\omega_2 J_{\mathrm{E}i}(\boldsymbol{X}_i,\widetilde{\boldsymbol{X}}_i))$$

s. t.

$$\begin{cases} G_{\mathrm{m}}:\varphi_i(k)-\varphi_{\max}\leqslant 0 \quad (i=1,2,\cdots,N_{\mathrm{U}}) \\ G_{\mathrm{c}}:d_{\min}-d_{ij}(k)\leqslant 0 \quad (i,j=1,2,\cdots,N_{\mathrm{U}},i\neq j) \\ G_{\mathrm{t}}:R_l-d_{it_l}(k)\leqslant 0 \quad (i-1,2,\cdots,N_{\mathrm{U}},l=1,2,\cdots,N_{\mathrm{t}}) \end{cases} \quad (9-3)$$

式中：ω_1 和 ω_2 分别为目标发现收益和环境搜索收益的权重系数；$\widetilde{\boldsymbol{X}}_i$ 为邻居无人机的运动状态；G_{m}，G_{c}，G_{t} 分别为无人机受到的机动约束、防碰约束和避障约束；N_{U} 为集群中的无人机数；d_{ij} 为无人机 i 与 j 之间的距离；$d_{\min}$ 为机间安全距离；R_l 为威胁 l 的威胁半径；d_{it_l} 为无人机 i 与威胁 l 之间的距离；N_{t} 为任务区域中的威胁数量。

3. 通信拓扑机制

无人机集群任务规划问题的关键在于维持无人机之间的有效通信。“拓扑

交互”现象来源于对鸟类飞行数据的分析和统计，是指无人机只与其周围距离最近的一定数量邻居发生信息交互，邻居无人机数量不受无人机之间距离大小的影响。动态拓扑交互机制能够使无人机的邻居数量保持基本恒定，适合应用在无人机集群规模庞大且分布稠密的任务场景中，可以显著降低集群的通信量。将无人机的实际交互尺度记为协同半径 R_{ci}，无人机能够与在其协同半径内的无人机进行实时的状态信息交互，交互邻居集合为

$$\widetilde{\boldsymbol{S}}_i=\{j \mid \|x_i-x_j\| \leqslant R_{ci}, j\in\{1,2,\cdots,\widetilde{N}_i\}, j\neq i\} \tag{9-4}$$

式中：$\widetilde{N}_i$ 为第 i 架无人机当前时刻的邻居无人机数量，由 R_{ci} 决定。随着无人机的位置不断变化，需要对协同半径进行动态调整，以保持邻居数量的基本恒定，调整过程为

$$\dot{R}_{ci}=kR_{d}(1-\widetilde{N}_i/\widetilde{N}_{c}) \tag{9-5}$$

式中：$0<k<1$ 为调节协同半径变化速率的参数；R_{d} 为无人机的感知半径，反映其与邻居无人机能够进行通信的距离上界，满足 $R_{ci}\leqslant R_{d}$；$\widetilde{N}_{c}$ 为期望邻居无人机数量。当邻居无人机分布的稠密程度发生变化时，随之调整协同半径，保持邻居无人机数量基本恒定在$\widetilde{N}_{c}$。$\boldsymbol{G}(\boldsymbol{U}, \boldsymbol{E}, \boldsymbol{A})$ 可以表示无人机间的通信网络结构，其中 $\boldsymbol{U}=\{U_i, i=1, 2, \cdots, N_{U}\}$ 为 $\boldsymbol{G}$ 的 N_{U} 个无人机节点。$\boldsymbol{E}\in\boldsymbol{U}\times\boldsymbol{U}$ 为 $\boldsymbol{G}$ 中所有边的集合，边 $e_{ij}=(U_i, U_j)\in\boldsymbol{E}$ 代表第 j 架无人机可以向第 i 架无人机发送信息，称 U_j 为 U_i 的父节点，U_i 所有父节点的集合称为 U_i 的邻居集合。通过邻接矩阵 $\boldsymbol{W}=[w_{ij}]\in\boldsymbol{R}^{n\times n}$ 来描述图中各节点之间的关系，其中 w_{ij} 为节点 U_j 到 U_i 的连接权重，若 $U_j\notin\widetilde{\boldsymbol{S}}_i$，则 $w_{ij}=0$，否则 $w_{ij}>0$，设权重为 1，连接权重为

$$w_{ij}=\begin{cases}1 & (d_{ij}\leqslant R_{ci})\\ 0 & (d_{ij}>R_{ci})\end{cases} \tag{9-6}$$

无人机集群使用动态拓扑交互机制，τ 时刻无人机集群通信拓扑网络的邻接矩阵为 $\boldsymbol{W}(\tau)=[w_{ij}(\tau)]$。当第 i 架无人机可以接收到第 k 架邻居无人机的信息时，$w_{ik}(\tau)=1$。每架无人机都可以获得自身的状态信息，即 $w_{ii}(\tau)=1$。

4. 目标存在概率图

为了建立目标存在概率图，首先利用先验信息进行概率分布矩阵初始化，然后基于无人机探测信息进行联合更新。

执行任务之前，地面站将任务区域中目标的先验信息发送给无人机，目标的先验信息一般分为初始位置未知和初始位置已知 2 种情况。

（1）初始位置未知。此时任务区域中所有栅格具有相同的目标存在概率，采用均匀分布描述目标概率分布密度函数为

$$f(x,y)=\frac{1}{N_x N_y d^2} \tag{9-7}$$

式中：$f(x, y)$ 为栅格 (x, y) 的目标存在概率。

（2）初始位置已知。目标的初始位置为 (x_0, y_0)，由于先验信息可能存在误差，因此采用正态分布描述目标概率分布密度函数为

$$f(x,y)=\frac{1}{2\pi\delta_0^2}\exp\left[-\frac{1}{2}\left(\frac{(x-x_0)^2}{\delta_0^2}+\frac{(y-y_0)^2}{\delta_0^2}\right)\right] \tag{9-8}$$

式中：$\delta_0^2 \geqslant 0$ 为正态分布方差，与先验信息的准确性有关。

根据概率分布密度函数，栅格 (x, y) 的目标存在概率为

$$p_i(x,y)=\int_{(y-1)d}^{yd}\int_{(x-1)d}^{xd} f(x,y)\,\mathrm{d}x\mathrm{d}y \tag{9-9}$$

初始化后的目标概率分布矩阵为

$$\mathrm{TMP}_i(x,y)=\frac{p_i(x,y)}{\sum\limits_{x=1}^{N_x}\sum\limits_{y=1}^{N_y} p_i(x,y)} \tag{9-10}$$

随着无人机对任务区域的不断搜索，需要在每一个决策周期内，根据探测信息对目标概率分布矩阵进行更新。传感器探测模型为

$$p(b=1\mid d)=\begin{cases} P_{\mathrm{D}} & (d\leqslant d_{\mathrm{in}}) \\ P_{\mathrm{D}}-\dfrac{(P_{\mathrm{D}}-P_{\mathrm{F}})(d-d_{\mathrm{in}})}{(d_{\mathrm{out}}-d_{\mathrm{in}})} & (d_{\mathrm{in}}<d\leqslant d_{\mathrm{out}}) \\ P_{\mathrm{F}} & (d>d_{\mathrm{out}}) \end{cases} \tag{9-11}$$

式中：$b\in\{0, 1\}$ 为探测结果，$b=1$ 时，探测到目标，$b=0$ 时，没有探测到目标；P_{D}，P_{F} 分别为传感器的探测概率和虚警概率；d 为传感器与目标之间的距离；d_{in}，d_{out} 为传感器固有属性。

根据贝叶斯概率公式，目标分布矩阵的联合探测更新为

$$p_{mn}^{i}(k+1)=\begin{cases} \tau p_{mn}^{i}(k) & (\text{未探测}) \\ \dfrac{P_{\mathrm{D}}p_{mn}^{i}(k)}{P_{\mathrm{F}}+(P_{\mathrm{D}}-P_{\mathrm{F}})p_{mn}^{i}(k)} & (\text{已探测且 } b=1) \\ \dfrac{(1-P_{\mathrm{D}})p_{mn}^{i}(k)}{1-P_{\mathrm{F}}+(P_{\mathrm{F}}-P_{\mathrm{D}})p_{mn}^{i}(k)} & (\text{已探测且 } b=0) \end{cases} \tag{9-12}$$

式中：$\tau\in[0, 1]$ 为衰减系数，反映环境的动态性。

9.1.2 协同搜索算法框架与流程

无人机集群协同搜索算法的总体框架如图 9-2 所示[98]，无人机附近存在目标、威胁或距离过近的邻居无人机时，选择确定性转移规则，使无人机通过势场力快速接近目标、远离威胁区域或距离过近的邻居无人机；其他场景下选择启发式转移规则，使无人机通过信息素和启发信息的引导完成任务区域的搜索。基于自组织系统理论，在蚁群优化算法中引入人工势场的概念，提出一种混合人工势场—蚁群优化（Hybrid Artificial Potential Field with Ant Colony optimization，HAPF-ACO）算法，对传统蚁群优化算法的状态转移规则进行改进。

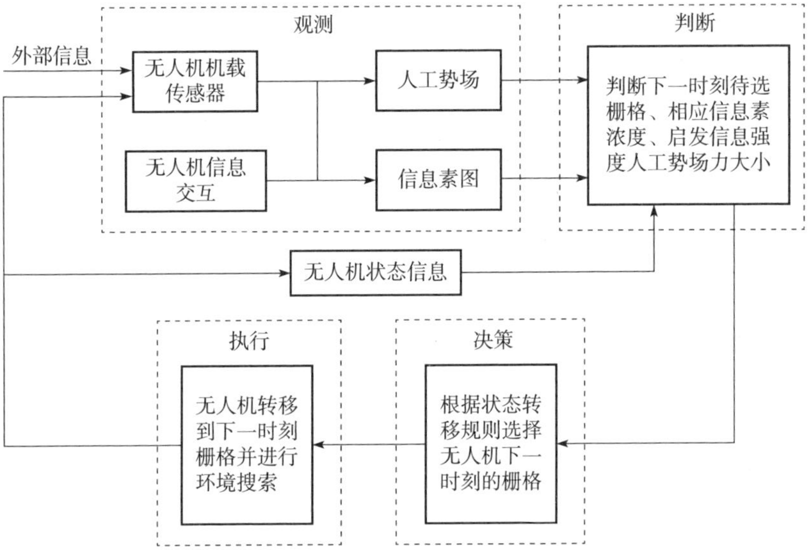

图 9-2　无人机集群协同搜索算法总体框架

每个决策周期内，无人机集群的在线协同搜索自主任务规划过程包括以下 4 个步骤：

（1）根据机载传感器探测信息与机间通信信息，实时更新本地人工势场和信息素结构。

（2）根据无人机当前状态信息与本地存储的人工势场和信息素结构，计算下一时刻待选栅格的信息素浓度、启发信息强度和人工势场力大小。

（3）根据待选栅格的信息进行决策，选择适当的状态转移规则，确定下一时刻的转移栅格，并作为无人机的决策输入。

（4）根据决策结果转移到下一栅格，同时搜索周围环境。

传统的启发式蚁群优化算法仅考虑信息素浓度和启发信息对蚂蚁状态转移

的影响，引入人工势场改进蚁群优化算法的状态转移规则，能够保证无人机避开威胁区域，防止与邻居无人机发生碰撞，并快速到达目标附近，人工势场—蚁群优化算法的流程如图 9-3 所示[98]。

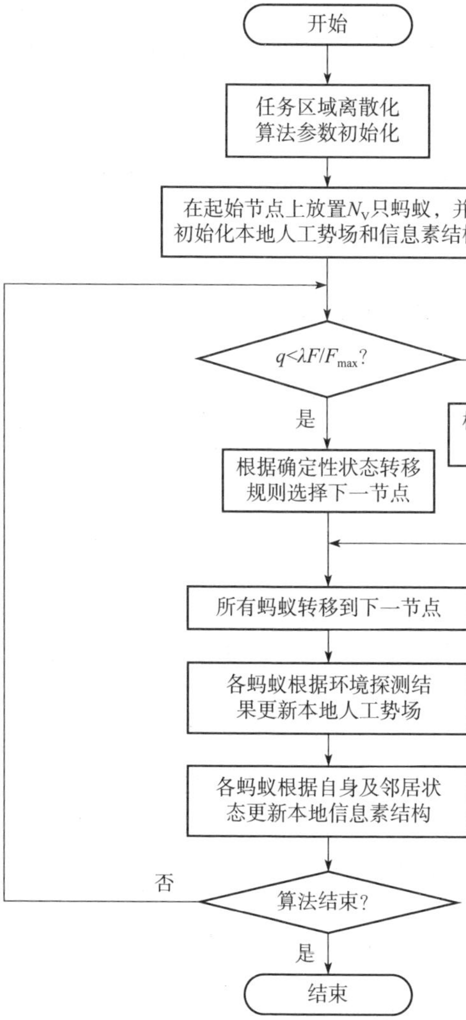

图 9-3　基于人工势场—蚁群优化的协同搜索算法流程图

人工势场—蚁群优化算法的转移规则包括确定性转移规则和启发式转移规则，当无人机所在栅格势场力较大时，无人机接近威胁区域、目标或邻居无人机。因此，在引力或斥力的作用下，选择确定性转移规则，使无人机尽快远离威胁区域、邻居无人机或接近目标。否则，选择启发式转移规则，在信息素和启发函数的作用下，使无人机覆盖更多的区域。

9.1.3 基于人工势场的协同搜索

根据无人机对环境的认知，将其运动环境抽象为一个势场，目标对无人机产生引力作用，障碍物和距离过近的邻居无人机对其产生斥力作用，二者的合力控制无人机的运动，使其靠近目标完成对目标的搜索，同时避开威胁区域，防止无人机之间发生碰撞危险。

1. 目标引力场

无人机的机载传感器探测到目标时，需要到达目标附近确认目标信息。此时，目标产生引力场 $\boldsymbol{U}^{\mathrm{A}}(X)$，通过引力 $\boldsymbol{F}^{\mathrm{A}}$ 驱动无人机向目标靠近，如图 9-4 所示。

在引力的作用下，无人机将向着目标存在概率增加最大的方向运动。因此，目标引力场表示为

$$\boldsymbol{U}_i^{\mathrm{A}} = k_{\mathrm{A}}\mathbf{TPM}_i \tag{9-13}$$

式中：$k_{\mathrm{A}}>0$ 为引力系数。目标对无人机的引力定义为目标引力场在无人机所在位置处的梯度，表示为

$$\boldsymbol{F}_i^{\mathrm{A}}(P_i) = \nabla \boldsymbol{U}_i^{\mathrm{A}}(P_i) \tag{9-14}$$

2. 威胁斥力场

任务区域中存在各种威胁区域，会对经过的无人机产生不利影响。此时，威胁区域产生威胁斥力场 $\boldsymbol{U}^{\mathrm{Rt}}$，通过斥力 $\boldsymbol{F}^{\mathrm{Rt}}$ 驱动无人机远离威胁区域，如图 9-5 所示。

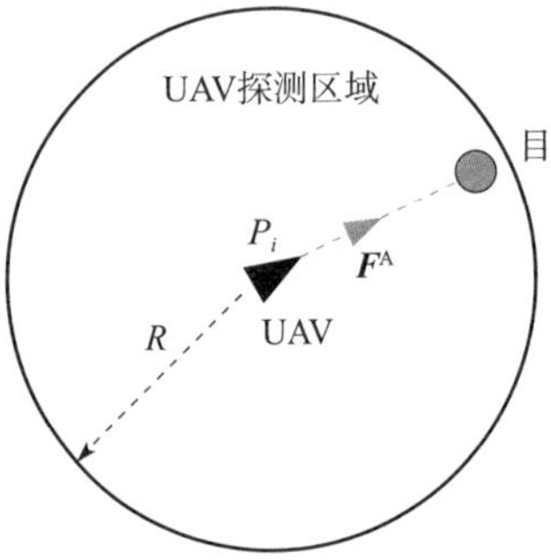

图 9-4　目标引力示意图

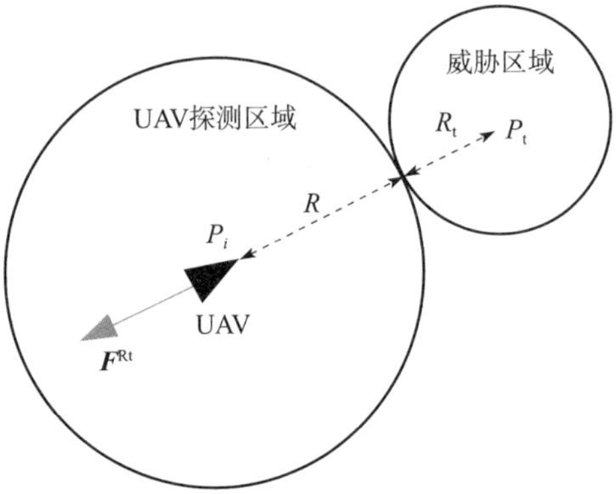

图 9-5　威胁斥力示意图

设圆形威胁区域的圆心位置为 P_{t}，半径为 R_{t}。当无人机距离威胁区域边缘小于其探测半径 R 时，无人机能够发现此威胁。当无人机与威胁区域距离减小时，需要增大排斥力。威胁斥力为

$$\boldsymbol{F}_i^{\mathrm{Rt}}(P_i)=\begin{cases}k_{\mathrm{R}}\sum\limits_{l\in S_i}\left(\dfrac{1}{\|\boldsymbol{P}_{il}\|^2}-\dfrac{1}{(d_{l\max}-d_0)^2}\right)\hat{\boldsymbol{P}}_{il} & (\|\boldsymbol{P}_{il}\|\leqslant R_{l\max})\\ 0 & (\|\boldsymbol{P}_{il}\|>R_{l\max})\end{cases}\tag{9-15}$$

式中：k_{R} 为斥力系数；$\boldsymbol{P}_{il}=P_i-P_l$ 为威胁 l 指向无人机的位置向量；$\hat{\boldsymbol{P}}_{il}=\boldsymbol{P}_{il}/\|\boldsymbol{P}_{il}\|$ 为威胁 l 指向无人机的单位位置向量；$R_{l\max}$ 为威胁斥力场的作用半径；$d_0\geqslant R_{\mathrm{t}}$ 为最小安全距离。

3. 机间斥力场

随着无人机集群规模的增加，各无人机的搜索航迹可能发生时空交叠，从而引发无人机之间的碰撞。因此，距离过近的邻居无人机产生机间斥力场 $\boldsymbol{U}^{\mathrm{RU}}$，通过机间斥力 $\boldsymbol{F}^{\mathrm{RU}}$ 驱动无人机与邻居无人机保持安全距离，避免发生碰撞，如图 9-6 所示。

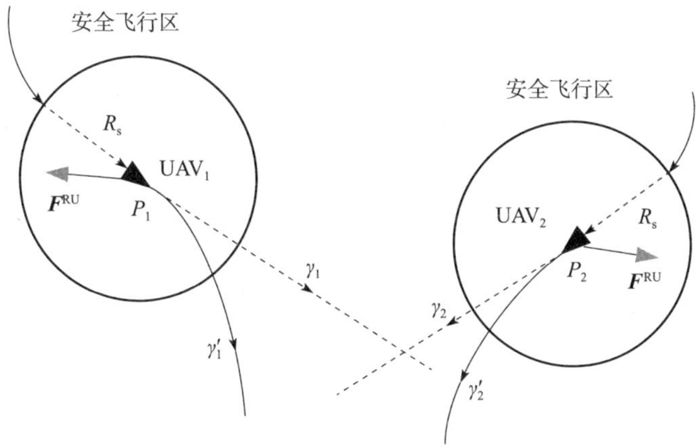

图 9-6　机间斥力示意图

设无人机的安全飞行半径为 R_{s}，γ_1，γ_2 为无人机的预定航迹，航迹交叉导致 2 架无人机发生碰撞。此时，无人机在机间斥力作用下，将航迹调整为 γ_1'，γ_2' 以避免碰撞，基于广义 Morse 函数构建邻居无人机的机间斥力势场为

$$\boldsymbol{U}_i^{\mathrm{RU}}=\begin{cases}\sum\limits_{j\in N_i^{\mathrm{c}}}\dfrac{b}{\mathrm{e}^{\frac{\|\boldsymbol{P}_{ij}\|}{c}}-\mathrm{e}^{\frac{\|\boldsymbol{P}_{ij}\|_{\min}}{c}}} & (\|\boldsymbol{P}_{ij}\|\in[R_{\mathrm{s}},R_{\mathrm{U}}])\\ 0 & (\|\boldsymbol{P}_{ij}\|\notin[R_{\mathrm{s}},R_{\mathrm{U}}])\end{cases}\tag{9-16}$$

式中：b，c 为可调参数，分别表示斥力势场的幅值和变化速度；N_i^{c} 为无人机 i 的邻居集合；$[R_{\mathrm{s}},R_{\mathrm{U}}]$ 为机间斥力场的作用范围。机间斥力定义为机间斥力引力场在无人机所在位置处的负梯度，表示为

$$\boldsymbol{F}_i^{\mathrm{RU}}(P_i) = -\nabla \boldsymbol{U}_i^{\mathrm{RU}}(P_i) = \sum_{j \in N_i^{\mathrm{c}}} \frac{b}{c} \frac{1}{\left(\mathrm{e}^{\frac{\|\boldsymbol{P}_{ij}\|}{c}} - \mathrm{e}^{\frac{\|\boldsymbol{P}_{ij}\|_{\min}}{c}}\right)^2} \mathrm{e}^{\frac{\|\boldsymbol{P}_{ij}\|}{c}} \hat{\boldsymbol{P}}_{ij} \quad (9-17)$$

4. 状态转移规则

设当前所在栅格为 s_i，当 $q<\lambda F/F_{\max}$ 时，选择确定性状态转移规则为

$$s_j = \arg\min_{j \in \boldsymbol{\Omega}} \{\theta_j\} \quad (9-18)$$

式中：θ_j 为当前栅格到待选栅格 s_j 的路径与当前栅格势场力方向的夹角。条件中：q 为 [0, 1] 范围内的随机数；λ 为环境感知因子；F 为当前所在栅格的势场力大小；$F_{\max}$ 为当前探测范围内的势场力最大值。无人机从待选栅格中选出一个与当前势场方向夹角最小的栅格作为下一时刻的转移节点。

9.1.4 基于蚁群优化的协同搜索

人工势场体现了环境对无人机集群搜索任务的影响，信息素则是无人机实现行为协调的重要媒介。信息素浓度值反映了栅格对无人机的吸引程度，对任务区域的所有栅格赋予信息素值，将信息素更新机制引入到人工势场中，使无人机集群避免重复搜索栅格。

1. 局部信息素更新机制

无人机完成一步搜索后，根据当前所掌握的自身及邻居无人机状态信息，对所维护的本地信息素进行更新，降低已搜索过栅格的信息素浓度，避免集群对某一区域进行重复搜索。设第 i 架无人机在 k 时刻所掌握的集群历史状态信息为

$$\boldsymbol{I}_i(k) = \{x_{j,i}(k_{\mathrm{f}}), y_{j,i}(k_{\mathrm{f}}), \varphi_{j,i}(k_{\mathrm{f}}), j \in N_{\mathrm{V}}\} \quad (k_{\mathrm{f}} \leqslant k) \quad (9-19)$$

对该状态信息进行预测，得到

$$\boldsymbol{I}_i^*(k) = \{x_{j,i}^*(k), y_{j,i}^*(k), \varphi_{j,i}^*(k), j \in N_{\mathrm{V}}\} \quad (9-20)$$

则第 i 架无人机局部信息素的更新表示为

$$\tau_{(x,y)}^i(k+1) = \tau_{(x,y)}^i(k) - \sum_{j \in N_i^{\mathrm{c}}} \Delta\tau_{1(x,y)}^{(i,j)}(k) \quad (9-21)$$

$$\Delta\tau_{1(x,y)}^{(i,j)}(k) = \begin{cases} \Delta\tau_{1_0} \dfrac{R^4 - d^4((x,y),(x_{j,i}^*(k), y_{j,i}^*(k)))}{R^4} & (d((x,y),(x_{j,i}^*(k), y_{j,i}^*(k))) \leqslant R) \\ 0 & (d((x,y),(x_{j,i}^*(k), y_{j,i}^*(k))) > R) \end{cases}$$

(9-22)

式中：$\Delta\tau_{1(x,y)}^{(i,j)}(k)$ 为第 j 架邻居无人机在栅格 (x, y) 上产成的信息素衰减量；$\Delta\tau_{1_0}$ 为局部信息素衰减常量；$d((x, y), (x_{j,i}^*(k), y_{j,i}^*(k)))$ 为栅格 $(x,$

y）与（$x^*_{j,i}(k)$，$y^*_{j,i}(k)$）之间的距离。

2. 全局信息素更新机制

无人机集群在搜索过程中，每隔一段时间对所有栅格进行一次信息素增强操作，以保证对整个任务区域的持续覆盖搜索。第 i 架无人机全局信息素的更新表示为

$$\tau^i_{(x,y)}(k+1)=\tau^i_{(x,y)}(k)+\rho\Delta\tau_{g_0} \tag{9-23}$$

式中：$\rho\in(0,1)$ 为环境不确定因子，环境的动态性越强，ρ 的值越大，信息素浓度增加得越多；$\Delta\tau_{g_0}$ 为全局信息素更新常量。

3. 状态转移规则

当 $q\geqslant\lambda F/F_{\max}$ 时，选择启发式状态转移规则为

$$s_j=\begin{cases}\arg\max\limits_{j\in\boldsymbol{\Omega}}[(\tau_{ij})^{\alpha}(\eta_{ij})^{\beta}] & (q_1\leqslant q_0)\\ S & (\text{其他})\end{cases} \tag{9-24}$$

式中：$\boldsymbol{\Omega}$ 为下一时刻的待选栅格集合；τ_{ij}，η_{ij} 分别为从栅格 s_i 到栅格 s_j 的信息素浓度和启发信息；α，β 分别为信息素浓度和启发信息的重要程度因子；q_1 为［0，1］范围内的随机数；$0<q_0<1$；S 为根据状态转移概率分布选出的随机变量。无人机倾向于向信息素浓度和启发信息较大的栅格转移。

9.1.5　仿真分析

任务区域中随机分布了 18 个未知目标，10 架无人机构成集群进行目标搜索，其余参数设置及详细结果见文献［98-99］。图 9-7 为经过 200 次迭代后的无人机集群搜索航迹，图中五角星表示目标，空心圆圈表示威胁区域，实心

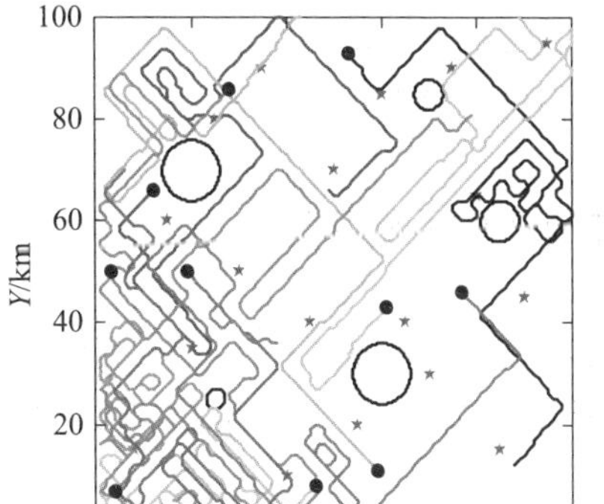

（a）方案1下的无人机航迹

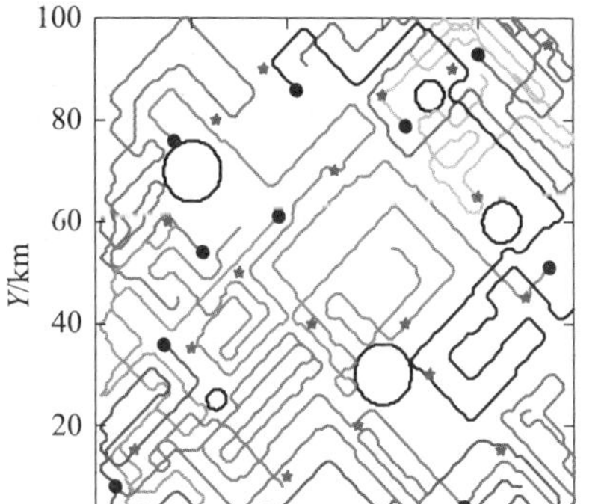

（b）方案2下的无人机航迹

图 9-7　无人机集群搜索航迹

圆圈表示各无人机的初始位置。图 9-7（a）所示的方案 1，不考虑启发信息和迭代阈值，在搜索后期，无人机集中在左下角区域陷入局部搜索。图 9-7（b）所示的方案 2 引入启发信息和迭代阈值，无人机集群以更大概率向未搜索栅格飞行，提高任务区域覆盖率。

图 9-8 和图 9-9 分别为无人机集群搜索任务区域覆盖率变化曲线和集群搜索目标数量变化曲线，任务前期，2 组方案的任务区域覆盖率大致相同。随着迭代次数的增加，越来越多的任务区域被搜索过，方案 1 的无人机集群容易陷入局部搜索中，导致任务区域覆盖率变化非常缓慢，迭代 200 次后，方案 1 的任务区域覆盖率仅为 72.23%，而方案 2 的任务区域覆盖率达到了 88.83%；方案 1 的无人机集群仅搜索到 12 个目标，而方案 2 的无人机集群搜索到全部的 18 个目标。

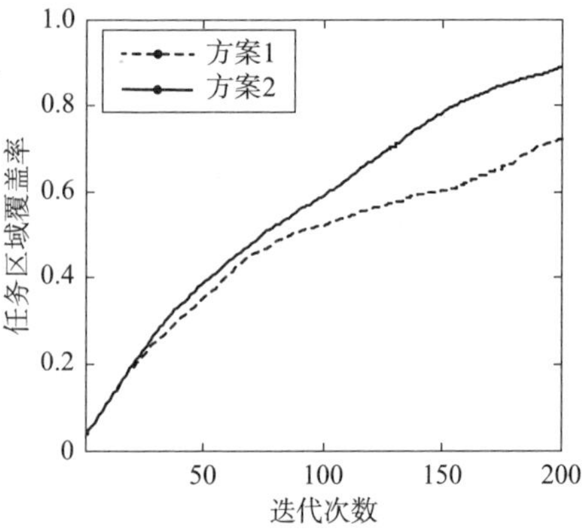

图 9-8　集群搜索任务区域覆盖率变化曲线

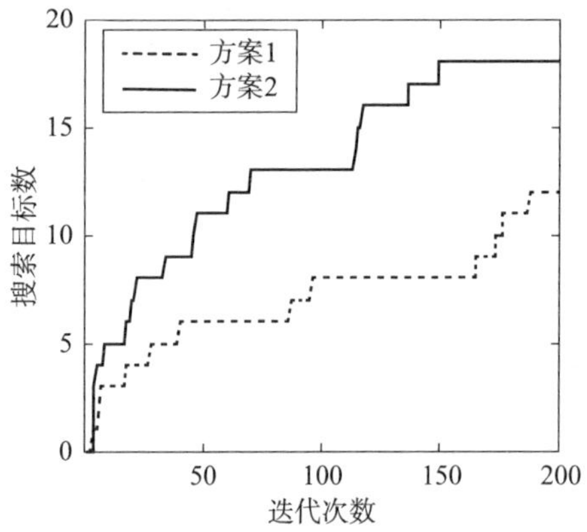

图 9-9　集群搜索目标数变化曲线

可以看出，人工势场—蚁群优化算法能够很好地解决静态目标集群协同搜索任务规划问题，与传统的蚁群优化算法相比，具有更高的搜索效率。

9.2　无人机集群协同察打

本节针对动态任务环境下的集群协同察打决策问题，结合人工势场与蚁群优化算法，实现多无人机的移动目标搜索与打击、防撞避障以及安全返回[100]。

9.2.1　协同察打任务

1. 任务规划模型

无人机集群协同察打要求在给定的约束条件下，发现并摧毁更多的目标，任务性能指标同时考虑目标攻击收益 J_A 和环境搜索收益 J_E。目标攻击收益定义为被攻击的目标价值总和，表示为

$$\begin{cases} J_A(k) = \sum\limits_{m=1}^{N_T(k)} C_m \\ J_E(k) = \sum\limits_{x=1}^{N_x} \sum\limits_{y=1}^{N_y} \dfrac{f^{\text{state}}(x,y)}{N_x N_y} \end{cases} \tag{9-25}$$

式中：$N_T(k)$ 为被攻击的目标数；C_m 为被攻击的目标价值。

集中式任务规划模型表示为

$$\boldsymbol{U}^*(k) = \arg\max_{\boldsymbol{U}(k)} (\omega J_A(k) + (1-\omega) J_E(k))$$

$$\text{s.t.}$$

$$\begin{cases} G_m: \varphi_i(k) - \varphi_{\max} \leqslant 0 & (i=1,2,\cdots,N_U) \\ G_c: d_{\min} - d_{ij}(k) \leqslant 0 & (i,j=1,2,\cdots,N_U, i \neq j) \\ G_t: R_l - d_{it_l}(k) \leqslant 0 & (i=1,2,\cdots,N_U, l=1,2,\cdots,N_t) \\ G_r: L_{\text{past}}^i(k) - L_{\max}^i \leqslant 0 & (i=1,2,\cdots,N_U) \end{cases} \tag{9-26}$$

式中：$\omega \in \{0, 1\}$，$\omega=0$ 时，无人机执行攻击任务，$\omega=1$ 时，无人机执行搜索任务；G_r 为航程约束；L_{past}^i，$L_{\max}^i$ 分别为无人机 i 的航行距离和最大航程。

考虑到无人机集群是一个分布式系统，将全局性能指标分解为单个无人机的局部性能指标，表示为

$$\begin{cases} J_A = \sum\limits_{i=1}^{N_U} \mu_i J_{Ai} \\ J_E = \sum\limits_{i=1}^{N_U} \mu_i J_{Ei} \end{cases} \tag{9-27}$$

式中：μ_i 为无人机 i 的权重。因此，分布式任务规划模型为

$$\boldsymbol{U}_i^*(k) = \arg\max_{\boldsymbol{U}_i(k)} (\omega J_{Ai}(\boldsymbol{X}_i, \widetilde{\boldsymbol{X}}_i) + (1-\omega) J_{Ei}(\boldsymbol{X}_i, \widetilde{\boldsymbol{X}}_i))$$

$$\text{s.t.} \tag{9-28}$$

$$G_i \leqslant 0 \quad (i=1,2,\cdots,N_U)$$

2. 目标存在概率图

为了建立目标存在概率图，首先利用先验信息进行概率分布矩阵初始化，然后基于无人机探测信息进行联合更新，最后考虑动态目标进行预测更新。

执行任务之前，地面站将任务区域中目标的先验信息发送给无人机，目标的先验信息可以分为 4 种情况。

（1）初始位置未知。此时任务区域中所有栅格具有相同的目标存在概率，

采用均匀分布描述目标概率分布密度函数

$$f(x,y)=\frac{1}{N_xN_yd^2} \tag{9-29}$$

式中：$f(x, y)$ 为栅格（x，y）的目标存在概率。

（2）初始位置已知，速度未知。目标的初始位置为（x_*，y_*），由于先验信息可能存在误差，实际位置（x_0，y_0）符合二维独立变量正态分布 $N(x_*,y_*,\sigma_0^2,\sigma_0^2,0)$，即

$$f_0(x_0,y_0)=\frac{1}{2\pi\delta_0^2}\exp\left[-\frac{1}{2}\left(\frac{(x_0-x_*)^2}{\delta_0^2}+\frac{(y_0-y_*)^2}{\delta_0^2}\right)\right] \tag{9-30}$$

式中：$\sigma_0^2\geqslant 0$ 为正态分布方差，与先验信息的准确性有关。由于目标的时间敏感特性，无人机接收先验信息后前往任务区域的过程中，目标位置发生变化，利用维纳随机过程 $x(t)-x(t-1)\sim N(0,\sigma_e^2\Delta t)$，$y(t)-y(t-1)\sim N(0,\sigma_e^2\Delta t)$ 描述目标运动的随机性，目标概率分布密度函数为

$$f(x,y)=\frac{1}{2\pi(\delta_0^2+\delta_e^2\Delta t)}\exp\left[-\frac{1}{2}\left(\frac{(x-x_*)^2}{(\delta_0^2+\delta_e^2t_0)^2}+\frac{(y-y_*)^2}{(\delta_0^2+\delta_e^2t_0)^2}\right)\right] \tag{9-31}$$

（3）初始位置和速度大小已知，速度方向未知。设目标初始速度为 V，t_0 时刻无人机进入任务区域，则目标概率分布密度函数为

$$f(x,y)=\frac{1}{2\pi Vt_0}\int_L f_0(x_0,y_0)\,\mathrm{d}s \tag{9-32}$$

式中：L 为以（x，y）为圆心、Vt_0 为半径的圆。经过积分变换，即

$$f(x,y)=\frac{1}{(2\pi\delta_0)^2}\int_{\theta=0}^{2\pi}\exp\left[-\left(\frac{(x+Vt_0\cos\theta-x_*)^2}{2\delta_0^2}+\frac{(y+Vt_0\sin\theta-y_*)^2}{2\delta_0^2}\right)\right]\mathrm{d}\theta \tag{9-33}$$

（4）目标初始位置、速度大小和方向都已知。设目标运动方向为 θ，$\theta\in[0,2\pi]$，目标实际位置发生（$Vt_0\cos\theta$，$Vt_0\sin\theta$）的偏离，则概率密度函数为

$$f(x,y)=\frac{1}{2\pi\delta_0^2}\exp\left[-\left(\frac{(x-Vt_0\cos\theta-x_*)^2}{2\delta_0^2}+\frac{(y-Vt_0\sin\theta-y_*)^2}{2\delta_0^2}\right)\right] \tag{9-34}$$

根据概率分布密度函数，栅格（x，y）的目标存在概率为

$$p_i(x,y)=\int_{(y-1)d}^{yd}\int_{(x-1)d}^{xd}f(x,y)\,\mathrm{d}x\mathrm{d}y \tag{9-35}$$

初始化后的目标概率分布矩阵为

$$\mathrm{TMP}_i(x,y)=\frac{p_i(x,y)}{\sum\limits_{x=1}^{N_x}\sum\limits_{y=1}^{N_y}p_i(x,y)} \tag{9-36}$$

随着无人机对任务区域的不断搜索，需要在每一个决策周期内，根据探测信息对目标概率分布矩阵进行更新。传感器探测模型为

$$p(b=1\mid d)=\begin{cases}P_{\mathrm{D}} & (d\leqslant d_{\mathrm{in}})\\ P_{\mathrm{D}}-\dfrac{(P_{\mathrm{D}}-P_{\mathrm{F}})(d-d_{\mathrm{in}})}{(d_{\mathrm{out}}-d_{\mathrm{in}})} & (d_{\mathrm{in}}<d\leqslant d_{\mathrm{out}})\\ P_{\mathrm{F}} & (d>d_{\mathrm{out}})\end{cases} \tag{9-37}$$

式中：$b\in\{0,1\}$ 为探测结果，$b=1$ 时，探测到目标，$b=0$ 时，没有探测到目标；p_{D}，p_{F} 分别为传感器的探测概率和虚警概率；d 为传感器与目标之间的距离；d_{in}，d_{out} 为传感器固有属性。

根据贝叶斯概率公式，目标分布矩阵的联合探测更新为

$$p_{mn}^{i}(k+1)=\begin{cases}\tau p_{mn}^{i}(k), & (\text{未探测})\\ \dfrac{P_{\mathrm{D}}p_{mn}^{i}(k)}{P_{\mathrm{F}}+(P_{\mathrm{D}}-P_{\mathrm{F}})p_{mn}^{i}(k)} & (\text{已探测且 } b(k)=1)\\ \dfrac{(1-P_{\mathrm{D}})p_{mn}^{i}(k)}{1-P_{\mathrm{F}}+(P_{\mathrm{F}}-P_{\mathrm{D}})p_{mn}^{i}(k)} & (\text{已探测且 } b(k)=0)\end{cases} \tag{9-38}$$

式中：$\tau\in[0,1]$ 为衰减系数，反映环境的动态性。

考虑目标的时敏特性，对目标的运动进行预测，并更新目标存在概率图。用全概率公式表示第 k 个决策周期目标位置（x^{k}，y^{k}）的概率密度函数

$$f_k(x^k,y^k)=\iint f_k((x^k,y^k)\mid(x^{k-1},y^{k-1}))f_{k-1}(x^{k-1},y^{k-1})\,\mathrm{d}x^{k-1}\mathrm{d}y^{k-1} \tag{9-39}$$

式中：$f_k((x^k,\ y^k)\mid(x^{k-1},\ y^{k-1}))$ 为条件概率密度。

（1）目标的速度大小和方向均未知。采用维纳随机过程 $x(k)-x(k-1)\sim N(0,\ \delta_{\mathrm{e}}^2\Delta t)$，$y(k)-y(k-1)\sim N(0,\ \delta_{\mathrm{e}}^2\Delta t)$ 进行估计，条件概率密度为

$$f_k((x^k,y^k)\mid(x^{k-1},y^{k-1}))=\frac{1}{2\pi\delta_{\mathrm{e}}^2\Delta t}\exp\left[-\left(\frac{(x^k-x^{k-1})^2}{2\delta_{\mathrm{e}}^2\Delta t}+\frac{(y^k-y^{k-1})^2}{2\delta_{\mathrm{e}}^2\Delta t}\right)\right] \tag{9-40}$$

（2）目标的速度大小已知、方向未知。目标均匀分布在以（x^{k-1}，y^{k-1}）为圆心、$V\Delta t$ 为半径的圆上，条件概率密度为

$$f_k((x^k,y^k)\mid(x^{k-1},y^{k-1}))=\begin{cases}\dfrac{1}{2\pi V\Delta t} & ((x-x_0)^2+(y-y_0)^2=(V\Delta t)^2)\\ 0 & (\text{其他})\end{cases} \tag{9-41}$$

（3）目标的速度大小和方向都已知。目标位置发生偏移量为（$V\Delta t\cos\theta$，$V\Delta t\sin\theta$）的偏移，条件概率密度函数为

$$f_k((x^k,y^k)\mid(x^{k-1},y^{k-1}))=\begin{cases}1 & (x^k=x^{k-1}+V\cos\theta,y^k=y^{k-1}+V\sin\theta)\\0 & (\text{其他})\end{cases} \tag{9-42}$$

经过如式（9-35）、式（9-36）所示的积分、归一化过程，得到预测更新后的目标存在概率图。

9.2.2　基于人工势场与蚁群优化的协同察打

利用人工势场—蚁群优化算法求解动态目标协同察打问题，根据无人机所在位置的势场信息，选择基于人工势场的确定性状态转移规则或基于蚁群优化的启发式状态转移规则，算法流程如图 9-10 所示。

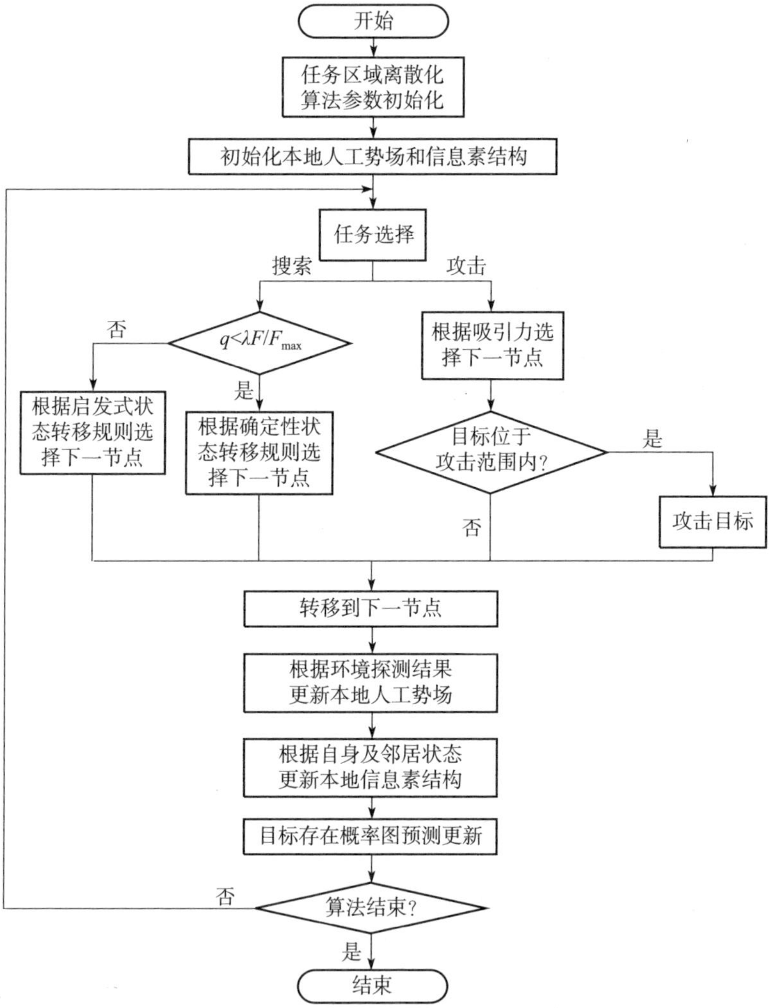

图 9-10　协同察打算法流程图

人工势场—蚁群优化算法的转移规则包括确定性转移规则和启发式转移规则，当无人机所在栅格势场力较大时，无人机接近威胁区域、目标或邻居无人机。因此，在引力或斥力的作用下，选择确定性转移规则，使无人机尽快远离威胁区域、邻居无人机或接近目标。否则，选择启发式转移规则，在信息素和启发函数的作用下，使无人机覆盖更多的区域。

当无人机当前监测范围内存在目标、威胁或距离过近的邻居无人机时，将执行确定性状态转移规则，从待选栅格中选择与当前势场方向成最小角度的栅格作为转移节点，使无人机在势场力的作用下能够快速接近目标、远离威胁区域或距离太近的邻居无人机。为了保证无人机在燃料用尽前返回基地，在确定性状态转移规则中引入航程约束为

$$s_j=\omega_1 \arg\min_{j\in\boldsymbol{\Omega}}\{\theta_j\}+\omega_2 \arg\min_{j\in\boldsymbol{\Omega}}(\,|L_{\max}-L_{\text{past}}(k+1)-D_{\text{left}}(k+1)|\,)\;(q<\lambda F/F_{\max}) \tag{9-43}$$

式中：$D_{\text{left}}(k+1)$ 为 s_j 与起点间的距离；$\omega_1+\omega_2=1$，且

$$\begin{cases}\omega_2=0 & \left(L_{\text{past}}\leqslant\dfrac{1}{2}L_{\max}\right)\\ \omega_2=1 & \left(L_{\text{past}}>\dfrac{1}{2}L_{\max}\right)\end{cases} \tag{9-44}$$

当 $q\geqslant\lambda F/F_{\max}$ 时，执行启发式状态转移规则，考虑无人机当前位置、航向、最大转弯角和单位决策时间的位移，根据每个待选栅格的信息素浓度和启发式信息，选择下一时刻的转移节点。无人机从当前栅格转移到待选栅格的状态转移概率为

$$p_{ij}(k)=\begin{cases}\dfrac{[\tau_{ij}(k)]^{\alpha}[\eta_{ij}(k)]^{\beta}}{\sum\limits_{s_j\in\boldsymbol{\Omega}}[\tau_{ij}(k)]^{\alpha}[\eta_{ij}(k)]^{\beta}} & (s_j\in\boldsymbol{\Omega})\\ 0 & (s_j\notin\boldsymbol{\Omega})\end{cases} \tag{9-45}$$

考虑无人机的航程约束，启发式状态转移规则为

$$s_j=\begin{cases}\omega_1\arg\max\limits_{j\in\boldsymbol{\Omega}}(\tau_{ij}^{\alpha}\eta_{ij}^{\beta})+\omega_2\arg\min\limits_{j\in\boldsymbol{\Omega}}(\,|L_{\max}-L_{\text{past}}(k+1)-D_{\text{left}}(k+1)|\,) & (q_1\leqslant q_0)\\ S & (\text{其他})\end{cases} \tag{9-46}$$

9.2.3 仿真分析

任务区域中随机分布了 16 个时敏目标，10 架无人机构成集群进行协同察打，发现目标后快速接近并完成打击，其余参数设置及详细结果见文献

[100]。图 9-11 为无人机集群察打航迹，图 9-12 为任务区域覆盖率变化曲线，图 9-13 为察打目标数变化曲线，图 9-14 为机间距离变化曲线。经过 250 次迭代，无人机集群有效地避开威胁区域，完成了对 14 个目标的察打，任务覆盖率达到 84.5%，在距离约束下有 7 架无人机返回起点，未返回起点的无人机也在飞行约束范围内，整个搜索过程中始终保持安全的机间距离，没有发生碰撞。

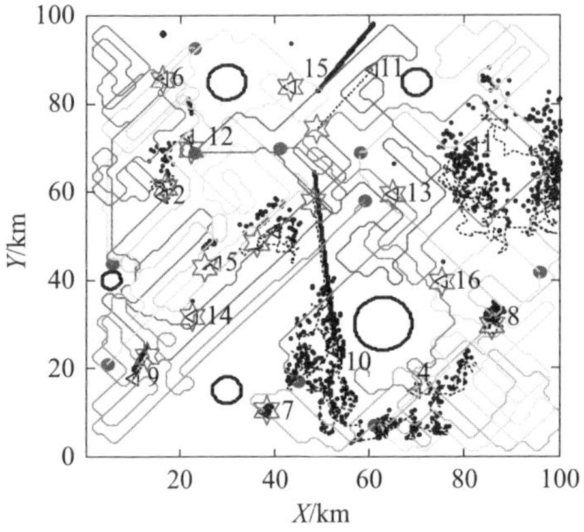

图 9-11　无人机集群察打航迹

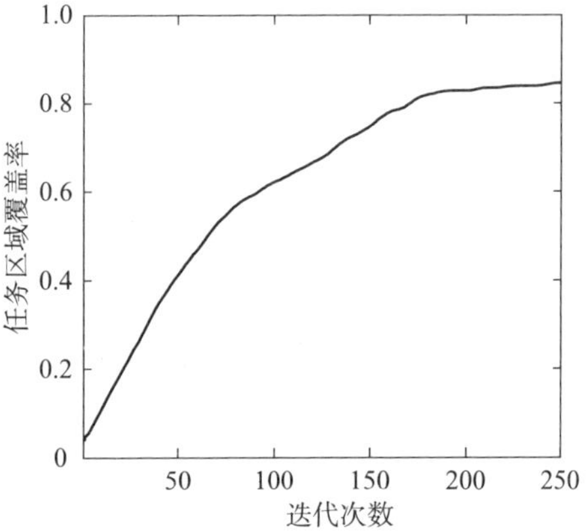

图 9-12　任务区域覆盖率变化曲线

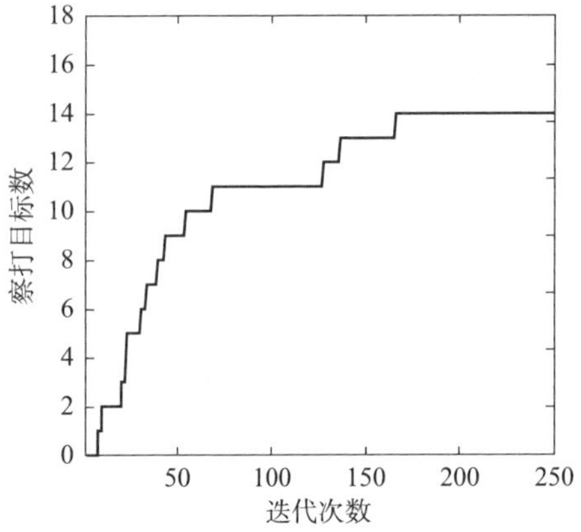

图 9-13　察打目标数变化曲线

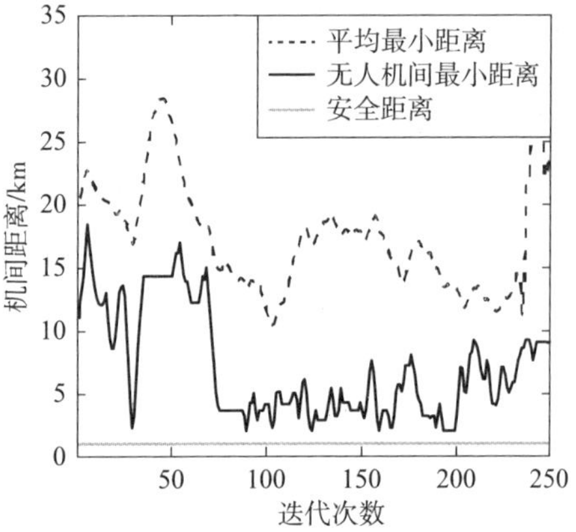

图 9-14　机间距离变化曲线

9.3 小结

本章从以下方面研究了无人机集群协同搜索与察打问题：

（1）无人机集群协同搜索。构建了任务区域离散化、任务规划模型、通信拓扑机制、目标存在概率图，以描述协同搜索任务，建立了基于观测、判断、决策和执行的协同搜索算法总体框架，开发了基于人工势场—蚁群优化的协同搜索算法流程，分别设计了基于人工势场的协同搜索和基于蚁群优化的协同搜索，并进行了仿真分析。

（2）无人机集群协同察打。构建了任务规划模型、动态目标存在概率图，以描述协同察打任务，设计了基于人工势场—蚁群优化的协同察打算法，在确定性状态转移规则与启发性状态转移规则中考虑了航程约束，并进行了仿真分析。

第10章 无人机集群协同对抗与饱和攻击

随着无人飞行器技术的不断进步，未来使用无人机进行集群攻击的可能性越来越大，因此，协同对抗与饱和攻击是无人机集群作战中的典型应用场景。无人机集群协同对抗与饱和攻击以集群协同控制与决策为基础，利用无人机集群的大规模特性破坏敌方空中力量，消耗敌方防御武器，争夺空中优势，完成对敌重要目标和高价值资产的饱和攻击。

本章研究无人机集群空中动态对抗与对地目标饱和攻击问题，分别设计无人机集群协同对抗和无人机集群饱和攻击算法。

10.1 无人机集群协同对抗

无人机集群协同对抗是指敌我双方集群为了消灭更多的对方无人机，使己方无人机损失最小，而在空中进行缠斗。集群对抗是一个动态过程，双方无人机的状态、数量、通信网络等情况不断发生变化，需要任务规划系统能够进行实时的自主决策。本节将围绕集群空中动态对抗任务模型、目标分配算法、集群运动控制等问题展开论述[98,101]。

10.1.1 协同对抗任务

假设忽略任务区域中的危险地形、障碍物等外部特征，无人机集群协同对抗的场景如图 10-1 所示。红蓝双方无人机集群的作战任务是守护己方基地，基地同时也作为对方无人机的高价值目标。双方基地分别位于任务区域两边，不具备其他防空防御能力。假设红蓝双方无人机性能完全相同，每架无人机携带一定数量的武器资源，并可以进行敌我识别。无人机进行实时的态势感知，并与集群中的其他无人机进行通信交互，各自完成自主决策，实现集群的自组织作战。

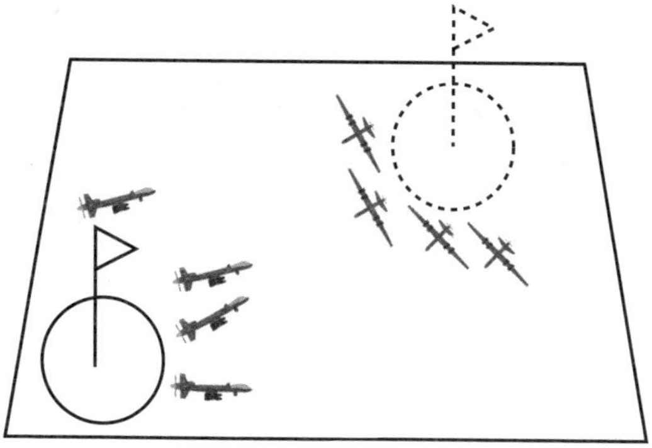

图 10-1　无人机集群协同对抗场景示意图

初始时刻，双方无人机集群随机分布在各自基地上方，经过预侦察后，无人机集群得到对方基地的位置信息。作战开始时，所有无人机形成作战队形向着对方基地飞行，准备发起进攻，遇到对方无人机时，双方将进入动态对抗阶段。双方无人机集群的作战任务为摧毁对方基地，攻击入侵对方无人机，保护己方基地，当对方基地被摧毁，或对方所有无人机被击落时，己方成功完成作战任务。

无人机的状态信息包括速度、位置、生存概率和导弹数量，设 R 代表红方，B 代表蓝方，第 i 架无人机在 k 时刻的状态为 $\boldsymbol{\zeta}_i^{\mathrm{R}}(k)=[V_i^{\mathrm{R}}(k), X_i^{\mathrm{R}}(k), P_{\mathrm{S}i}^{\mathrm{R}}(k), N_i^{\mathrm{R}}(k)]$，其中 $V_i^{\mathrm{R}}(k)$ 为其速度，$X_i^{\mathrm{R}}(k)$ 为其位置，$P_{\mathrm{S}i}^{\mathrm{R}}(k)$ 为其生存概率，$N_i^{\mathrm{R}}(k)$ 为其导弹数量。各无人机的状态方程为

$$\begin{cases} V_i^{\mathrm{R}}(k+1)=V_i^{\mathrm{R}}(k)+a_i^{\mathrm{R}}(k) \\ X_i^{\mathrm{R}}(k+1)=X_i^{\mathrm{R}}(k)+V_i^{\mathrm{R}}(k+1) \\ P_{\mathrm{S}i}^{\mathrm{R}}(k+1)=P_{\mathrm{S}i}^{\mathrm{R}}(k)\overline{P}_{\mathrm{S}i}^{\mathrm{R}}(k) \\ N_i^{\mathrm{R}}(k+1)=N_i^{\mathrm{R}}(k)-N_{\mathrm{A}i}^{\mathrm{R}}(k) \end{cases} \tag{10-1}$$

式中：$a_i^{\mathrm{R}}(k)$ 为红方第 i 架无人机在 k 时刻的加速度，用于完成无人机速度和位置的更新；$N_{\mathrm{A}i}^{\mathrm{R}}(k)$ 为其在当前时刻消耗的导弹数量，由双方攻击决策结果确定；$\overline{P}_{\mathrm{S}i}^{\mathrm{R}}(k)$ 为其从当前时刻到下一时刻的生存概率。

生存概率由双方目标分配结果确定，满足

$$\overline{P}_{\mathrm{S}i}^{\mathrm{R}}(k)=\prod_{j=1}^{N_{\mathrm{B}}}\left[1-P_{ji}^{\mathrm{BR}}(k)\right]^{N_{ji}^{\mathrm{BR}}(k)} \tag{10-2}$$

式中：N_{B} 为蓝方无人机数量；$N_{ji}^{\mathrm{BR}}(k)$ 为 k 时刻蓝方第 j 架无人机对红方第 i 架无人机发射的导弹数量；$P_{ji}^{\mathrm{BR}}(k)$ 为所发射导弹产生的毁伤概率。

毁伤概率由集群任务区域环境、作战态势以及导弹的理想毁伤概率决定，表示为

$$P_{ji}^{\mathrm{BR}}(k)=\kappa_{\mathrm{w}}S_{ji}^{\mathrm{BR}}(k)K_{ji}^{\mathrm{BR}} \tag{10-3}$$

式中：$0<\kappa_{\mathrm{w}}<1$ 为环境影响因子，代表任务区域环境对导弹毁伤概率的影响；$S_{ji}^{\mathrm{BR}}(k)$ 为 k 时刻蓝方第 j 架无人机对红方第 i 架无人机的态势优势；K_{ji}^{BR} 为导弹理想杀伤概率。无人机的生存概率小于某一阈值 P_{SU} 时，将此无人机判定为损毁。

红方所发射的导弹包括对蓝方无人机发射的导弹和对蓝方基地发射的导弹，表示为

$$N_i^{\mathrm{R}}(k)=\sum_{j=1}^{N_{\mathrm{B}}}N_{ij}^{\mathrm{RB}}(k)+N_{i\mathrm{b}}^{\mathrm{RB}}(k) \tag{10-4}$$

式中：$N_{i\mathrm{b}}^{\mathrm{RB}}(k)$ 为 k 时刻红方第 i 架无人机对蓝方基地发射的导弹数量，导弹数量由该无人机自身的目标分配与攻击决策结果决定。不同态势下，第 i 架无人机的攻击决策为

$$\begin{cases}N_{ij}^{\mathrm{RB}}(k)=1 & (d_{ij}^{\mathrm{RB}}(k)\leqslant R_{\mathrm{A}},S_{ij}^{\mathrm{RB}}(k)\geqslant S_{\mathrm{U}}^{\mathrm{R}})\\ N_{ij}^{\mathrm{RB}}(k)=0 & (\text{其他})\end{cases} \tag{10-5}$$

$$\begin{cases}n_{i\mathrm{b}}^{\mathrm{RB}}(k)=1 & (d_{i\mathrm{b}}^{\mathrm{RB}}(k)\leqslant R_{\mathrm{A}},S_{i\mathrm{b}}^{\mathrm{RB}}(k)\geqslant S_{\mathrm{b}}^{\mathrm{R}})\\ n_{i\mathrm{b}}^{\mathrm{RB}}(k)=0 & (\text{其他})\end{cases} \tag{10-6}$$

式中：$d_{ij}^{\mathrm{RB}}(k)$ 为 k 时刻红方第 i 架无人机与蓝方第 j 架无人机之间的距离；$d_{i\mathrm{b}}^{\mathrm{RB}}(k)$ 为其与蓝方基地之间的距离；$S_{i\mathrm{b}}^{\mathrm{RB}}(k)$ 为其对蓝方基地的态势优势；$S_{\mathrm{U}}^{\mathrm{R}}$ 为攻击蓝方无人机的态势优势阈值；$S_{\mathrm{b}}^{\mathrm{R}}$ 为攻击蓝方基地的态势优势阈值；R_{A} 为无人机的攻击半径。当无人机所分配的目标位于其攻击半径内，且其攻击态势优势大于给定阈值时，无人机的决策结果为发动攻击。

假设基地不具备攻击和防御手段，集群协同对抗过程只涉及基地生存概率的变化。k 时刻红方基地生存概率的状态方程为

$$P_{\mathrm{Sb}}^{\mathrm{R}}(k+1)=P_{\mathrm{Sb}}^{\mathrm{R}}(k)\overline{P}_{\mathrm{Sb}}^{\mathrm{R}}(k) \tag{10-7}$$

式中：$\overline{P}_{\mathrm{Sb}}^{\mathrm{R}}(k)$ 为红方基地从当前时刻到下一时刻的生存概率，由蓝方无人机当前时刻下对基地的攻击情况决定，满足

$$\overline{P}_{\mathrm{Sb}}^{\mathrm{R}}(k)=\prod_{j=1}^{N_{\mathrm{B}}}\left[1-P_{j\mathrm{b}}^{\mathrm{BR}}(k)\right]^{N_{j\mathrm{b}}^{\mathrm{BR}}(k)} \tag{10-8}$$

$$P_{j\mathrm{b}}^{\mathrm{BR}}(k)=\kappa_{\mathrm{w}}S_{j\mathrm{b}}^{\mathrm{BR}}(k)K_{j\mathrm{b}}^{\mathrm{BR}} \tag{10-9}$$

式中：$P_{j\mathrm{b}}^{\mathrm{BR}}(k)$ 为已发射导弹对红方基地的实际毁伤概率；$S_{j\mathrm{b}}^{\mathrm{BR}}(k)$ 为蓝方第 j

架无人机对红方基地的态势优势；K_{jb}^{BR} 为导弹对基地的理想毁伤概率。基地的生存概率小于 P_{Sb} 时，认为该基地被摧毁。

10.1.2　基于一致性拍卖算法的目标分配

目标分配的目的是为各无人机分配合理的目标，使无人机集群根据战场环境进行自主决策，在红方损失最小的情况下完成对蓝方无人机或基地的打击，集群协同对抗自主任务规划要求目标分配算法具有较好的实时性。分布式一致性拍卖算法具有结构简单、计算量小等优点，常用于进行大规模目标分配问题的求解，在此基础上设计基于扩展分布式迭代一致性拍卖算法的目标分配决策方法。

1. 目标分配模型

根据空战态势评估结果，可以获得某时刻红方无人机对蓝方无人机或蓝方基地的态势优势矩阵 $\boldsymbol{S}$。基于蓝方目标的生存概率和价值，红方第 i 架无人机对蓝方第 j 架无人机的攻击收益为

$$c_{ij}^{RB}=[\mu S_{ij}^{RB}+(1-\mu)P_{Sj}^{B}]v_j^{B} \tag{10-10}$$

式中：v_j^B 为蓝方第 j 架无人机的价值；μ 为权重系数，其值越大，无人机越倾向于攻击优势较大的目标，其值越小，无人机越倾向于攻击生存概率更大的目标。

同样地，红方第 i 架无人机对蓝方基地的攻击收益为

$$c_{ib}^{RB}=[\mu S_{ib}^{RB}+(1-\mu)P_{Sb}^{B}]v_b^{B} \tag{10-11}$$

式中：v_b^B 为蓝方基地的价值。

无人机集群协同对抗目标分配要求分配结果满足攻击总收益的最大化。将 x_{ij}^{RB}，x_{ib}^{RB} 记为决策变量，$x_{ij}^{RB}=1$ 代表红方第 i 架无人机被分配用于攻击蓝方第 j 架无人机，$x_{ib}^{RB}=1$ 代表其被分配攻击蓝方基地，相应地，$x_{ij}^{RB}=0$，$x_{ib}^{RB}=0$ 代表没有分配攻击任务。目标分配优化模型为

$$\max\sum_{i=1}^{N_R}\sum_{j=1}^{N_B}[\mu S_{ij}^{RB}+(1-\mu)P_{Sj}^{B}]v_j^{B}x_{ij}^{RB}+f[\mu S_{ib}^{RB}+(1-\mu)P_{Sb}^{B}]v_b^{B}x_{ib}^{RB}$$

$$\text{s.t.}\quad \begin{cases}\displaystyle\sum_{i=1}^{N_R}x_{ij}^{RB}\leqslant 1\\ \displaystyle\sum_{j=1}^{N_B}x_{ij}^{RB}\leqslant \min\{1,N_i^R\}\end{cases} \tag{10-12}$$

式中：f 为攻防偏好因子，f 越大，红方无人机越倾向于攻击蓝方基地（偏好

攻击）；f 越小，红方无人机越倾向于攻击蓝方无人机，保护己方基地（偏好防御）。合理设置 f 的值，可以调整集群的攻防作战策略。第 1 个约束条件代表每架蓝方无人机最多分配给 1 架红方无人机，第 2 个约束条件代表每架红方无人机分配的目标数量不能超过 1 个，同时也不得超过此时剩余的武器数量。

2. 目标分配算法流程

以拍卖算法为代表的基于市场机制的目标分配算法，通过竞标自身所获知的目标并与邻居无人机进行信息交互，可以在无法获知所有目标信息的情况下，消除集群中各无人机的分配冲突，得到一致的目标分配方案。为了有效提高算法效率，使其能够自适应无人机的规模变化，采用分布式迭代一致性拍卖算法，经过多轮竞拍求解满足总收益最大的目标分配方案，实现红方无人机对蓝方无人机的一对一分配。每次迭代开始时，根据无人机对各目标的攻击收益大小，通过轮盘赌法初始化目标分配方案，使用分布式一致性拍卖算法不断循环迭代拍卖阶段和一致性阶段，依次生成本轮竞拍的最终方案。其中，在拍卖阶段，每架无人机判断自身是否已经分配目标，如果未分配，则通过一定规则进行竞标，如果已经分配到目标，则跳过该阶段；在一致性阶段，无人机使用通信网络向邻居无人机传递竞标信息，基于一致性无冲突法则，消除目标分配冲突。

经过多次对拍卖阶段和一致性阶段的迭代和循环，当所有无人机的收益列表不再发生变化时，本轮竞拍结束，产生本轮目标分配方案及对应的总收益。若总收益大于之前分配方案的总收益，则将本轮方案作为最优分配方案，并进行下一轮拍卖，直到达到算法迭代次数，将当前最优目标分配方案作为最终的分配结果。上述扩展分布式迭代一致性拍卖算法的流程如图 10-2 所示[98]。

3. 拍卖阶段

当红方无人机没有分配到目标时，进入拍卖阶段，有效目标列表表示为

$$\begin{cases} h_{ij}^{\mathrm{R}} = \Theta(c_{ij}^{\mathrm{R}} > y_{ij}^{\mathrm{R}}(t)) \\ h_{i,N_{\mathrm{B}}+1}^{\mathrm{R}} = 1 \end{cases} \tag{10-13}$$

式中：$j=1,2,\cdots,N_{\mathrm{B}}$；$\Theta(\cdot)$ 为指示函数，自变量的内容为真时，其值为 1，否则为 0；$h_{ij}^{\mathrm{R}}=1$ 表示红方第 i 架无人机可竞选第 j 个蓝方目标；y_{ij}^{R} 为第 i 架无人机竞标第 j 架蓝方无人机的最大收益。若第 i 架无人机攻击蓝方第 j 架无人机的收益大于通信获取的邻居无人机竞选蓝方第 j 架无人机的最大攻击收益，则将蓝方第 j 架无人机作为其有效目标。

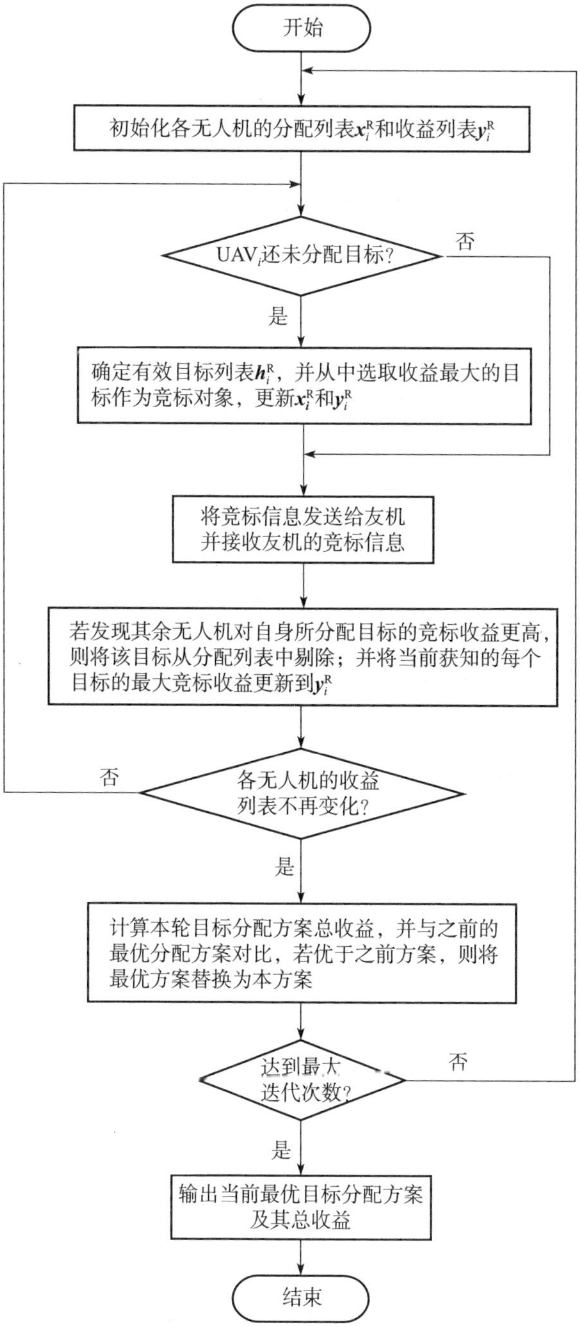

图 10-2　扩展分布式迭代一致性拍卖算法流程图

由于蓝方基地是一个高价值目标，可以同时分配给多架无人机，因此蓝方

基地始终为有效目标。其中，收益最大的目标为

$$j^* = \arg\max_j h_{ij}^{\mathrm{R}} c_{ij}^{\mathrm{R}} \tag{10-14}$$

当无人机对目标j^*的攻击收益$c_{ij^*} \neq 0$时，对其分配列表$x_{ij^*}(t)=1$及收益列表$y_{ij^*}(t)=c_{ij^*}$进行更新，将目标j^*分配给第i架无人机，将其收益存入收益列表$\boldsymbol{y}_i^{\mathrm{R}}$；当无人机对目标$j^*$的攻击收益$c_{ij^*}=0$时，无人机对所有有效目标的收益均为0，将蓝方基地分配给无人机，将分配列表更新为$x_{i,N_{\mathrm{B}}+1}^{\mathrm{R}}(t)=1$。拍卖阶段的算法伪代码如表10-1所示，所有无人机都完成竞标后，进入一致性阶段。

表 10-1　拍卖阶段的算法伪代码

步骤	第 i 架无人机的 t 次迭代竞拍过程
1	**Procedure** SELECT TARGET（$\boldsymbol{c}_i^{\mathrm{R}}$，$\boldsymbol{x}_i^{\mathrm{R}}(t-1)$，$\boldsymbol{y}_i^{\mathrm{R}}(t-1)$）
2	$\boldsymbol{x}_i^{\mathrm{R}}(t)=\boldsymbol{x}_i^{\mathrm{R}}(t-1)$
3	$\boldsymbol{y}_i^{\mathrm{R}}(t)=\boldsymbol{y}_i^{\mathrm{R}}(t-1)$
4	**if** $\boldsymbol{x}_i^{\mathrm{R}}(t)=0$ **then**
5	$h_{ij}^{\mathrm{R}}=\Theta(c_{ij}^{\mathrm{R}}>y_{ij}^{\mathrm{R}}(t))$，$j=1，2，\cdots，N_{\mathrm{B}}$
6	$h_{i,N_{\mathrm{B}}+1}^{\mathrm{R}}=1$
7	$j^*=\arg\max_j h_{ij}^{\mathrm{R}}c_{ij}^{\mathrm{R}}$，$j=1，2，\cdots，N_{\mathrm{B}}+1$
8	**if** $c_{ij^*}\neq 0$ **then**
9	$x_{ij^*}^{\mathrm{R}}(t)=1$，$y_{ij^*}^{\mathrm{R}}(t)=c_{ij^*}^{\mathrm{R}}$
10	**else**
11	$x_{i,N_{\mathrm{B}}+1}^{\mathrm{R}}(t)=1$
12	**end if**
13	**end if**
14	**end procedure**

4. 一致性阶段

当无人机完成目标分配后，进入一致性阶段。通过一致性准则，解决无人机之间的目标分配冲突问题，得到一个能将所有无人机竞标信息都收敛的分配决策方案。由于蓝方基地可以同时分配给多架红方无人机，因此一致性阶段仅作用于消除对蓝方无人机的分配冲突，避免多架无人机分配到同一架蓝方无人

机，产生资源的浪费。

（1）动态拓扑交互机制。

无人机集群任务规划解决分配冲突问题的关键在于维持无人机之间的有效通信。无人机能够与在其协同半径内的无人机进行实时的状态信息交互，邻居集合为

$$\widetilde{\boldsymbol{S}}_i=\{j \mid \|x_i-x_j\| \leqslant R_{ci} \quad (j\in\{1,2,\cdots,\widetilde{N}_i\},j\neq i\})\tag{10-15}$$

式中：R_{ci} 为协同半径，决定了邻居集合内的无人机数量；$\widetilde{N}_i$ 为第 i 架无人机当前时刻的邻居无人机数量。随着无人机的位置不断变化，需要对协同半径进行动态调整，以保持邻居数量的基本恒定，调整过程为

$$\dot{R}_{ci}=kR_{\mathrm{d}}(1-\widetilde{N}_i/\widetilde{N}_{\mathrm{c}})\tag{10-16}$$

式中：$0<k<1$ 为调节协同半径变化速率的参数；R_{d} 为无人机的感知半径，反映其与邻居无人机能够进行通信的距离上界，满足 $R_{ci}\leqslant R_{\mathrm{d}}$；$\widetilde{N}_{\mathrm{c}}$ 为期望邻居无人机数量。当邻居无人机分布的稠密程度发生变化时，随之调整协同半径，保持邻居无人机数量基本恒定在$\widetilde{N}_{\mathrm{c}}$。通过邻接矩阵 $\boldsymbol{W}=[w_{ij}]\in\boldsymbol{R}^{n\times n}$ 来描述无人机的通信拓扑关系，w_{ij} 为无人机 U_j 与 U_i 的连接权重，若 $U_i\notin\widetilde{N}_i$，则 $w_{ij}=0$，否则 $w_{ij}>0$，设权重为 1，连接权重为

$$w_{ij}=\begin{cases}1 & (d_{ij}\leqslant R_{ci})\\0 & (d_{ij}>R_{ci})\end{cases}\tag{10-17}$$

式中：每架无人机都可以获得自身的状态信息，即 $w_{ij}=1$。设 τ 时刻无人机集群通信拓扑网络的邻接矩阵为 $\boldsymbol{W}(\tau)=[w_{ij}(\tau)]$，在无人机集群协同对抗问题中，各无人机的位置不断变化，与其建立通信的邻居无人机也在不断变化，因此 $\boldsymbol{W}(\tau)$ 也在动态变化中。

（2）分配冲突的消除。

将红方第 i 架无人机接收到邻居无人机 k 的竞标信息记为 $\boldsymbol{y}_k^{\mathrm{R}}$，根据通信获取的其他无人机竞标信息与自身竞标信息，更新自身的分配列表 $\boldsymbol{x}_i^{\mathrm{R}}$ 和收益列表 $\boldsymbol{y}_i^{\mathrm{R}}$。$y_{ij}^{\mathrm{R}}(t)$ 的更新公式为

$$y_{ij}^{\mathrm{R}}(t)=\max g_{ik}(\tau)y_{kj}^{\mathrm{R}}(t)\tag{10-18}$$

式中：$y_{kj}^{\mathrm{R}}(t)$ 为当前时刻第 k 架邻居无人机竞标第 j 架蓝方无人机的最大收益。攻击目标 j^* 收益最大的无人机为

$$z_{ij^*}^{\mathrm{R}}=\arg\max g_{ik}(\tau)y_{kj^*}^{\mathrm{R}}(t)\tag{10-19}$$

若 $z_{ij^*}\neq i$，则 $x_{ij^*}(t)=0$，当第 i 架无人机发现目标 j^* 同时被分配给其他无人机，且其他无人机对该目标的收益更大时，将其从无人机的分配列表中删除。

一致性阶段的算法伪代码如表 10-2 所示。

表 10-2　一致性阶段的算法伪代码

步骤	第 i 架无人机的 t 次迭代一致性过程
1	Send $\boldsymbol{y}_i^{\mathrm{R}}$ to k with $g_k(\tau)=1$
2	Receive $\boldsymbol{y}_k^{\mathrm{R}}$ from k with $g_{ik}(\tau)=1$
3	**Procedure** UPDATE TARGETC $(g_i(\tau),\ \boldsymbol{y}_{k\in\{k\mid g_{ik}(\tau)=1\}}^{\mathrm{R}}(t),\ j^*)$
4	$y_{ij}^{\mathrm{R}}(t)=\max g_{ik}(\tau)y_{kj}^{\mathrm{R}}(1),\quad j=1,\ 2,\ \cdots,\ N_{\mathrm{B}}$
5	$z_{ij^*}^{\mathrm{R}}=\arg\max g_{ik}(\tau)y_{kj^*}^{\mathrm{R}}(t)$
6	**if** $z_{ij^*}^{\mathrm{R}}\neq i$ **then**
7	$x_{ij^*}^{\mathrm{R}}(t)=0$
8	**end if**
9	**end procedure**

5. 仿真分析

红蓝双方各 5 架无人机随机分布在各自基地上方，双方无人机进行动态对抗以消灭对方无人机，击毁对方基地。设置优势评估权向量、攻防偏好因子等参数，分别计算得到红方无人机对蓝方无人机、蓝方基地的优势矩阵及收益矩阵，其余参数设置及详细结果见文献［98］。分别使用算法 1（扩展分布式一致性拍卖算法）和算法 2（扩展分布式迭代一致性拍卖算法），并改变攻防偏好因子，得到如图 10-3 所示的目标分配结果。

可以看出，采用扩展分布式一致性拍卖算法进行目标分配时，红方 2 号无人机和 4 号无人机均对蓝方 4 号无人机的收益最大，且 2 号无人机的收益大于 4 号无人机，因此将蓝方 4 号无人机分配给红方 2 号无人机，红方 4 号无人机只能选择收益次之的蓝方 2 号无人机，目标分配结果存在较大的交叉。采用扩展分布式迭代一致性拍卖算法，不断迭代的过程中，通过在每一轮竞拍前根据轮盘赌法进行目标分配列表的初始化，以此消除了红方 2 号无人机和 4 号无人机之间的分配交叉。

当 $f=0.1$ 时，红方无人机更倾向于攻击蓝方机，所有无人机都分配了 1 架蓝方无人机作为攻击目标；随着攻防偏好因子的增加，红方无人机越来越倾向于攻击蓝方基地，当 $f=0.3$ 时，红方 2 号无人机和 5 号无人机都以蓝方基地为攻击目标。

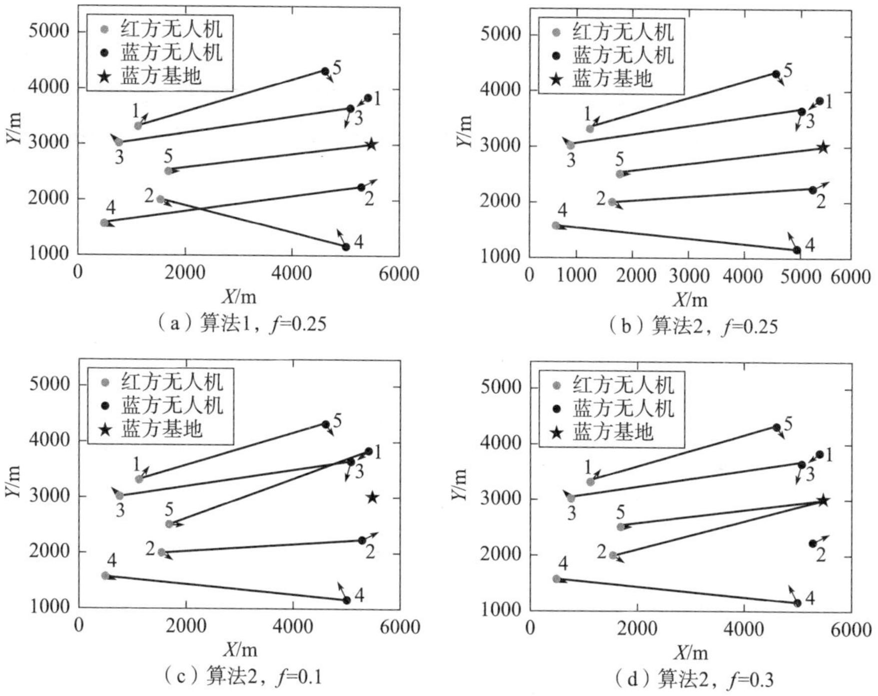

图 10-3 集群协同对抗目标分配结果

10.1.3 协同空中动态对抗

在无人机集群协同对抗的任务中，可以将其中的单架无人机看成是独立智能体，具备与邻居无人机通信交流、自主任务决策的能力。根据生物群集行为的自组织机制，为各无人机设计行为规则集，对其邻域环境的变化做出响应并同时改变环境，完成无人机集群的行为协调，实现有效的集群对抗。

1. 算法流程

无人机集群协同对抗算法流程如图 10-4 所示，包括 3 个模块[98]：

(1) 目标分配决策模块。每一个决策周期中，无人机对周围环境和目标信息进行态势评估，通过评估结果计算各目标的攻击收益，将攻击总收益最大化作为优化条件，使用分布式迭代一致性拍卖算法寻找最优目标分配决策。

(2) 集群运动决策模块。结合目标分配结果和当前态势，做出攻击或防御的行为选择，当红方无人机分配的目标是蓝方基地时，选择攻击行为；当目标是蓝方无人机时，选择防御行为，然后针对上述行为规则对无人机的自身速度和位置进行更新，使其接近所分配的目标。

（3）目标攻击决策模块。无人机判断当前状态能否满足攻击条件，若满足，则无人机对目标发起攻击，同时对其生存概率和武器数量进行更新，根据当前态势进行判断，直到对方无人机或基地完全被摧毁，此时作战结束，否则进入下一个决策周期。

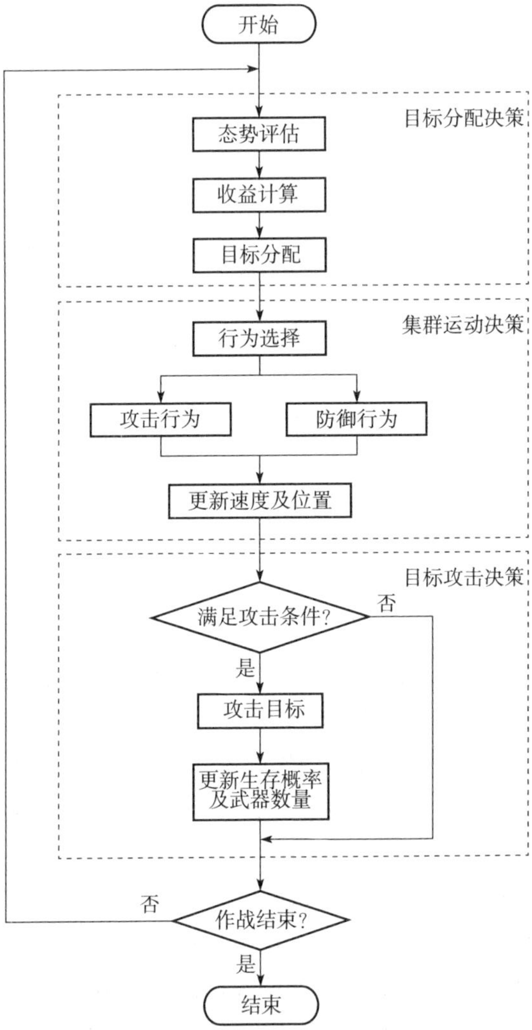

图 10-4　协同对抗算法流程图

2. 仿真分析

红蓝双方基地各配备 30 架性能完全相同的无人机，均匀分布在双方各自的基地上方，每架无人机各携带 5 枚导弹，双方的攻防偏好因子均为 $f=0.05$，其余参数设置及详细结果见文献［98］。

集群协同对抗无人机航迹如图 10-5 所示，初始阶段无序的无人机集群经过一段时间的调整逐渐变为有序，并向着对方基地进攻。双方无人机的攻防偏好因子较小，因此当双方无人机相遇时，都倾向于与对方无人机进行对抗，双方陷入空中混战。随着蓝方无人机被大量摧毁，红方集群中分配少量无人机用于追击剩余蓝机，其余无人机重新构成攻击队形向蓝方基地运动，完成对蓝方基地的攻击，红方取得最终胜利。整个过程中红蓝双方无人机数量和基地生存概率的变化曲线分别如图 10-6 和图 10-7 所示。作战结束以后，红方剩余 19 架无人机，蓝方剩余 1 架无人机，在 231s 时，蓝方基地被摧毁，生存概率变为 0。

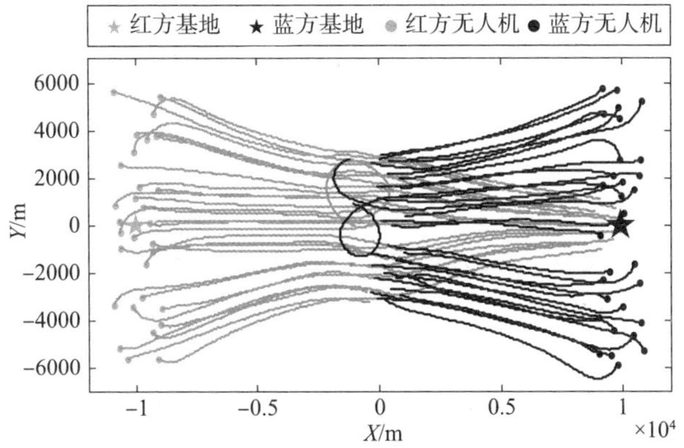

图 10-5　无人机集群对抗航迹

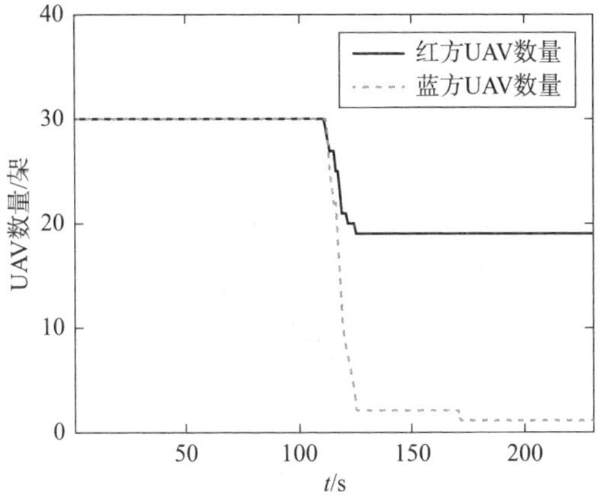

图 10-6　作战双方无人机数量变化曲线

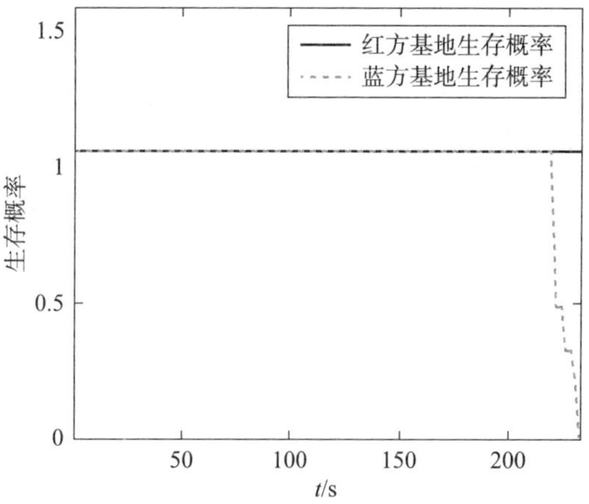

图 10-7　作战双方基地生存概率变化曲线

以红方第 9 架无人机和蓝方第 26 架无人机为例，研究集群协同对抗过程中无人机单机的存活概率和决策过程。2 架无人机生存概率的变化曲线如图 10-8 所示，在 110s 时红方无人机首先受到 1 次攻击，生存概率降为 0. 3；蓝方无人机分别在 114s、171s 和 172s 时被攻击，经过 3 次攻击后，无人机被摧毁，生存概率降为 0。

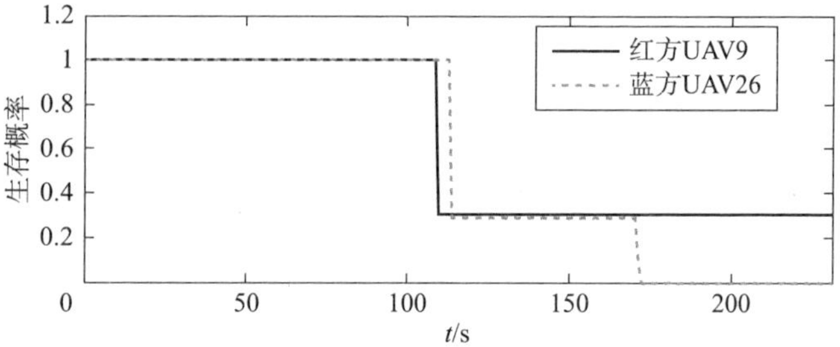

图 10-8　无人机生存概率变化曲线

2 架无人机的实时决策结果如图 10-9 所示，决策 0 代表无人机被摧毁，决策 1 代表无人机接近对方基地，决策 2 代表无人机接近对方无人机，决策 3 代表无人机攻击目标。初始阶段，红蓝双方无人机均未探测到对方无人机，双方执行决策 1，向着对方基地飞行。90s 时，红方无人机首先探测到蓝方无人机，立即执行决策 2，向着蓝方无人机飞行；110s 时，红方无人机满足对目标的攻击条件，执行决策 3，对蓝方无人机发起攻击，之后重新分配目标并在 116s 时再次发起对蓝方无人机的攻击；此时，大量蓝方无人机被摧毁，该无人机执行决策 1，再次向着蓝方基地飞行，220s 时满足攻击条件并对基地发起了 3 次攻击；无人机消耗完所携带的 5 枚导弹，执行决策 1，向着蓝方基地飞行。同理，蓝方无人机在探测到红方无人机后，立即执行决策 2，向着红方无人机飞行；满足攻击条件后，执行决策 3，对红方目标无人机发起攻击，之后重新分配目标再次进行攻击；经过 4 次攻击后，无人机重新分配目标并执行决策 1，向着目标无人机飞行，直到 172s 时蓝方无人机被摧毁，变为决策 0。

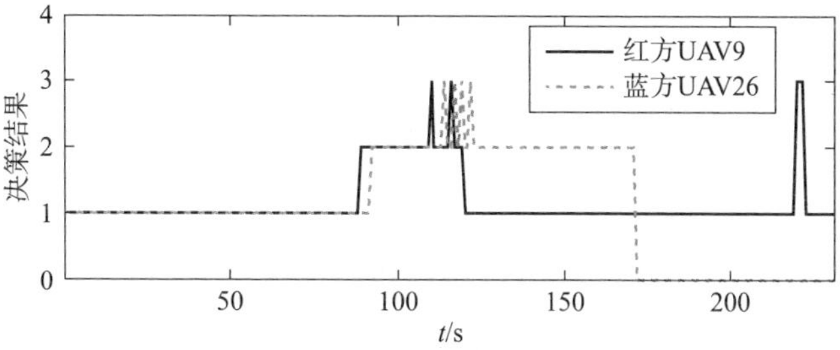

图 10-9　无人机实时决策结果变化曲线

改变蓝方无人机集群的初始分布位置，研究无人机集群初始位置分布对作战结果的影响。不同攻防偏好因子下，蓝方无人机 3 种初始分布的获胜率如表 10-3 所示。

表 10-3　蓝方获胜率与其初始位置分布的关系

攻防偏好因子	蓝方无人机集群初始位置分布	蓝方获胜率
$f=0.05$	两侧	20.2%
	均匀	49.8%
	中部	50.8%
$f=0.1$	两侧	14.8%
	均匀	50.4%
	中部	87.6%

当蓝方无人机的初始位置分布在两侧时，中部没有无人机防守，容易使得红方从中部进行突破，同时蓝方的两侧分布方式延长了其到红方基地的距离，在蓝方无人机到达红方基地之前，蓝方基地可能已被红方无人机入侵并摧毁，因此无论选择偏好防还是偏好攻的策略，蓝方的获胜率都远小于红方；当蓝方无人机的初始位置分布均匀时，红蓝双方所有条件都相同，红蓝双方获胜率相差极小；当蓝方无人机的初始位置分布在中部时，红蓝双方都偏好防守的情况下，双方无人机集群相遇时仍然保持一个相对集中在中部的整体，双方获胜率相差极小，红蓝双方都偏好攻击的情况下，蓝方的中间分布方式缩小了其到红

方基地的距离，获胜概率远大于红方。

由此，无人机集群初始位置的两侧分布不利于无人机集群协同对抗，中间分布有利于偏好攻击对方基地的情况。

10.2 无人机集群饱和攻击

无人机集群饱和攻击是指使用大规模、连续进攻的低成本小型无人机，从不同攻击位置和攻击角度同时向目标发动攻击，实现对目标的多点攻击，提高无人机集群的作战效能。集群饱和攻击本质上是用数量战胜质量的方法，关键在于合理的时间与空间协同控制，主要用于攻击重要的战略目标，如航母、军事基地等。本节主要研究拦截防御环境下的集群突防与饱和攻击问题[98]。

10.2.1 协同饱和攻击任务

无人机集群饱和攻击任务需要分析无人机突防概率，据此计算无人机饱和攻击数，然后在时间和空间协同的条件下，进行目标分配和航迹规划。该协同问题主要包括无人机集群内部的平台协同、时间协同和空间协同。

（1）平台协同。指根据无人机对各种拦截防御系统的突防概率确定执行任务的无人机数量和参战无人机集合。设无人机集群包括 N_U 架无人机，记为 $U=\{U_1, U_2, \cdots, U_{N_U}\}$，经过对任务区域的侦察搜索到 L 个目标，记为 $T=\{T_1, T_2, \cdots, T_L\}$，对其进行评估并按执行时间排序得到目标序列 T_{ls}，其中 l 为目标编号，s 为目标攻击顺序编号，然后计算对目标 T_1 实施饱和攻击所需的无人机数量。参与攻击的无人机数量过多，会提高协同的难度和计算量，增加作战成本；参与攻击的无人机数量过少，则会因为无法有剩余无人机突破防御系统，造成攻击任务的失败。为此，需要确定合理的无人机数量，进一步明确参战无人机集合，参战无人机集合以小组编队模式发起对目标 T_1 的攻击，表示为

$$F_1=\{U_k \mid x_k=1; U_k \in U\} \tag{10-20}$$

式中：$x_k=1$ 代表第 k 架无人机被纳入对目标 T_1 攻击的参战编队。设决策空间的解为 $\boldsymbol{x}=(x_1, x_2, \cdots, x_N)^{\mathrm{T}}$，对应的协同指标分别为 $J_C(x_1)$，$J_C(x_2)$，…，$J_C(x_N)$，根据任务需求和其他约束条件求解协同指标的最优解 $J_C^*(x)$，进而得到最优编队模式 F_1^*。对于同构无人机系统进行自杀式攻击的情形，最优编队模式中的无人机从与目标距离最近的无人机中选择。

（2）时间协同。指按照确定的时序要求使各无人机到达攻击位置。将时间协同要求下的无人机集合记为 F_t，判断无人机 U_i，U_j 是否完成时间协同的检验函数为

$$\begin{cases} f_t(U_i,U_j)=1 & (\forall U_i,U_j \in F_t) \\ f_t(U_i,U_j)=0 & (\exists U_i,U_j \notin F_t) \end{cases} \tag{10-21}$$

式中：$f_t(U_i, U_j)=1$ 代表无人机 U_i，U_j 完成时间协同，否则 $f_t(U_i, U_j)=0$。所有无人机同时到达攻击位置，是集群突防与饱和攻击任务规划的关键要求。时间协同模型为

$$t_{U_i}=t_{U_j} \tag{10-22}$$

式中：t_{U_i}，t_{U_j} 分别为无人机 U_i，U_j 到达攻击位置的时间。集群中各无人机的初始位置和速度各异，需要对无人机的航迹和速度进行重新调整，确保时间协同。

（3）空间协同。指为所有无人机分配任务空域与航迹，避免发生空间分布冲突，以提高协同作战效能。将空间协同要求下的无人机集合记为 F_s，无人机 U_i，U_j 是否完成空间协同的检验函数定义为 $f_s(U_i, U_j)$，满足

$$\begin{cases} f_s(U_i,U_j)=1 & (\forall U_i,U_j \in F_s) \\ f_s(U_i,U_j)=0 & (\exists U_i,U_j \notin F_s) \end{cases} \tag{10-23}$$

式中：$f_s(U_i, U_j)=1$ 代表无人机 U_i，U_j 完成空间协同，否则 $f_s(U_i, U_j)=0$。为了提高无人机集群的饱和攻击作战效能，需要各无人机占据不同攻击位置，以不同的攻击角度实施对目标的饱和攻击。假设无人机集群以圆形编队均匀分布在目标附近，并对其进行多角度攻击，空间协同模型为

$$\begin{cases} \chi_i \in \{\chi_1,\chi_2,\cdots,\chi_{N_A}\} & (\forall U_i \in F_s) \\ |\chi_i-\chi_j| = |i-j|\Delta\chi_E & (\forall U_i,U_j \in F_s, i\neq j) \end{cases} \tag{10-24}$$

式中：χ_i 为无人机 U_i 相对于目标的位置角；$\Delta\chi_E=2\pi/N_S$ 为相邻无人机的角度间隔要求；N_A 为参与饱和攻击的无人机数。

以不携带武器资源的同构无人机执行饱和攻击任务为例，不考虑武器资源种类和数量限制，任务分配中不考虑攻击顺序、攻击收益等指标，将距离目标最近的 N_A 架无人机组成编队模式，通过基于一致性算法的分布式包围控制，实现无人机集群的时间协同和空间协同，具体步骤如下：

（1）计算单架无人机分别对预警探测系统、防空导弹防御系统、高炮防御系统以及电子干扰系统的突防概率，分别记为 Q_d，Q_m，Q_a，Q_e。

（2）根据无人机对各系统的突防概率，计算无人机集群在敌方防御系统下的总突防概率 Q，参考无人机期望突防数量 N_c^P 的要求，确定无人机饱和攻

击数 N_A。

（3）距离目标最近的 N_A 架无人机形成编队模式，基于一致性算法设计分布式包围控制器，使所有无人机同时到达并均匀分布在目标包围圈上，发动饱和攻击。

10.2.2 集群突防

无人机集群突防受到敌方防御系统的探测能力与拦截能力影响，敌方目标的防御系统包括预警系统探测、防空导弹拦截、高炮系统拦截与电子干扰系统干扰。若无人机集群在距离目标很远处即被敌方预警探测系统探测到，则敌方会启用防空导弹武器系统对我方无人机进行拦截。若有无人机突破防空导弹拦截区域，则敌方的高炮系统和电子干扰系统采取拦截措施，无人机经过 2 次拦截后才能成功突防发动对目标的攻击。若无人机集群在进入高炮系统拦截区域后才被敌方探测到，则无人机只受到敌方高炮系统和电子干扰系统的拦截打击。能够成功突防的无人机越多，完成饱和攻击任务的成功率越大。因此，为了保证攻击任务的有效完成，需要根据无人机对各种拦截防御系统的突防概率计算需要出动的无人机数，以完成对目标的饱和攻击。在敌方全系统对抗的情况下，无人机集群突防的过程如图 10-10 所示[98]。

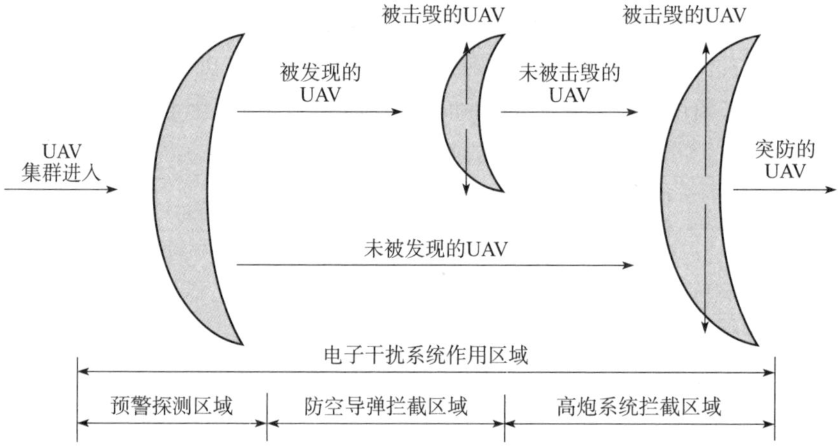

图 10-10　无人机集群突防过程示意图

为了在敌方目标全系统对抗条件下，保证集群突破敌方防御体系后仍然剩余无人机能够发起后续的目标攻击任务，需要分析无人机对防御体系下各种防御手段的突防概率，并由此确定执行饱和攻击任务的无人机数量。

1. 对预警探测系统的突防概率

与其他防御系统相比，预警探测系统一般具有最远的作用距离，预警系统在发现我方无人机的基础上，引导防空导弹进行主动防御，极大程度上降低了无人机集群的突防概率。将雷达搜索到无人机的概率 P_d 近似作为预警探测系统的目标发现概率。雷达搜索到无人机的概率受到雷达本身的性能和其所处环境的影响，与无人机的高度等状态信息有关。忽略复杂电磁环境以及雷达信息处理能力的限制，理想状况下雷达发现无人机的概率为

$$P_d \approx P_F^{\frac{1}{1+\sigma}} \tag{10-25}$$

式中：P_F 为雷达虚警概率；σ 为雷达接收机的信噪比。因此，无人机对预警探测系统的突防概率为

$$Q_d = 1 - P_d \tag{10-26}$$

2. 对防空导弹系统的突防概率

防空导弹对拦截无人机等空中目标起到关键作用，一般具有多个目标通道和火力通道，实现对多个目标的同时跟踪和拦截，拦截过程如图 10-11 所示。

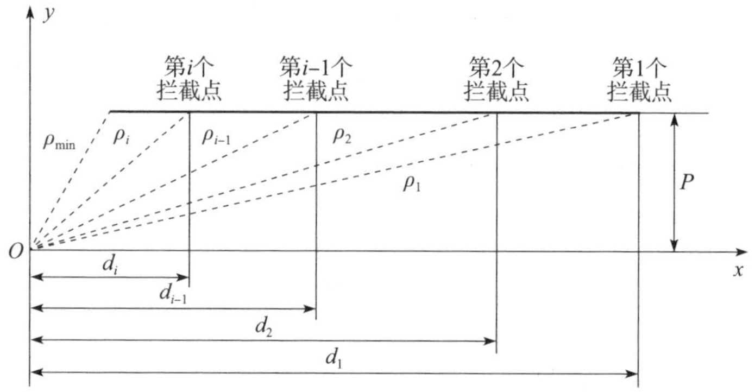

图 10-11　防空导弹武器系统拦截过程示意图

预警系统将其探测到的无人机信息发送给防空导弹系统，使其能够在射程边界处发起首次拦截，第 1 个拦截点与无人机之间的距离为

$$d_1 = R_{m\max} \tag{10-27}$$

式中：$R_{m\max}$ 为防空导弹的最远射程。防空导弹第 i 个拦截点与无人机之间的距离满足

$$\begin{cases} \dfrac{d_{i-1} - d_i}{V} = \dfrac{\rho_i}{V_d} + \Delta t \\ \rho_i = \sqrt{P^2 + d_i^2} \end{cases} \tag{10-28}$$

式中：V 为无人机的平均飞行速度；V_d 为防空导弹的平均飞行速度；ρ_i 为第 i 个拦截点的斜距；Δt 为防空导弹系统火力通道的射击准备时间；P 为无人机的航路捷径。

当无人机到达防空导弹系统近处时，防空导弹已经无法进行有效拦截。因此，拦截点的约束条件为

$$R_{\mathrm{m\,min}} \leqslant d_i \leqslant R_{\mathrm{m\,max}} \tag{10-29}$$

式中：$R_{\mathrm{m\,min}}$ 为防空导弹杀伤区近界。根据式（10-28），求得满足拦截点约束条件下的所有 d_i，防空导弹在其有效杀伤区域内能够发起的拦截次数 $N_{\mathrm{m\,max}}=i_{\max}$。

因此，无人机对防空导弹系统的突防概率 Q_{m} 表示为

$$Q_{\mathrm{m}}=\left(1-\frac{P_{\mathrm{m}}}{\omega_{\mathrm{m}}}\right)(1-P_{\mathrm{m}})^{N_{\mathrm{m\,max}}-1} \tag{10-30}$$

式中：P_{m} 为防空导弹命中无人机的概率；ω_{m} 为平均必需命中弹数。

3. 对高炮系统的突防概率

无人机突破防空导弹防御系统后，随即进入高炮系统的防御区域，受到其拦截打击。高炮系统对无人机的最大射弹数为

$$N_{\mathrm{a\,max}}=V_{\mathrm{a}}\frac{R_{\mathrm{a\,max}}-R_{\mathrm{a\,min}}}{V} \tag{10-31}$$

式中：$R_{\mathrm{a\,max}}$ 为高炮系统的最大射程；$R_{\mathrm{a\,min}}$ 为其杀伤区近界；V_{a} 为发射速度。因此，无人机对高炮系统的突防概率为

$$Q_{\mathrm{a}}=\left(1-\frac{P_{\mathrm{a}}}{\omega_{\mathrm{a}}}\right)(1-P_{\mathrm{a}})^{N_{\mathrm{a\,max}}-1} \tag{10-32}$$

式中：P_{a} 为高炮系统命中无人机的概率；ω_{a} 为平均必需命中弹数。

4. 对电子干扰系统的突防概率

电子干扰系统对无人机的干扰形式分为有源干扰和无源干扰。

有源干扰受到干扰机样式、性能及无人机抗干扰能力的影响。无人机对有源干扰的突防概率为

$$Q_{\mathrm{ea}}=1-\frac{\mu_1\mu_2(\lambda+\mu_1+\mu_2)}{(\lambda+\mu_1)(\lambda+\mu_2)(\mu_1+\mu_2)} \tag{10-33}$$

式中：λ 为无人机的攻击密度，单位为架/s；μ_1，μ_2 分别为电子侦察设备、电子干扰设备的处理信号强度。

无源干扰基于箔条质心干扰方法，在无人机逼近攻击目标时，通过无源近程干扰装置发射箔条干扰弹，产生多个箔条假目标，使得无人机放弃跟踪真实目标，改向跟踪箔条假目标的能量质心，以此实现对目标的防御。其质心干扰效果由箔条云团的布设数量、方向、时机等因素决定，无人机对箔条质心无源

干扰的突防概率为

$$Q_{ep}=\frac{\sigma_t}{\sigma_t+\sigma_b} \tag{10-34}$$

式中：σ_t，σ_b 分别为攻击目标和箔条云团的雷达反射面积。

无人机对电子干扰系统的总突防概率可以表示为对有源干扰系统和无源干扰系统突防概率的乘积，即

$$Q_e=Q_{ea}Q_{ep} \tag{10-35}$$

5. 无人机集群总突防概率

无人机集群突防情况可以分为 2 种：一种是无人机在较远距离即被预警探测系统发现，此时无人机集群依次经过防空导弹系统、高炮系统和电子干扰系统的拦截打击；另一种是无人机到达防空导弹杀伤区近界才被发现，此时无人机集群依次经过高炮系统和电子干扰系统的拦截打击。

根据电子干扰系统必须服务、防空导弹系统尽可能服务、高炮系统平均服务的准则，设防空导弹对无人机的服务概率为 P_{fm}，高炮系统对无人机的服务概率为 P_{fa}，发射的防空导弹数量为 N_0，高炮系统对远程无人机的射击次数为 N_1，对防空导弹杀伤区近界无人机的射击次数为 N_2，若高炮系统对无人机的平均射击次数多于 1 次，则 N_1，N_2 满足

$$\begin{cases}N_1\geqslant \mathrm{int}(N_U P_d+1)\\ N_2\geqslant \mathrm{int}[N_U(1-P_d)+1]\end{cases} \tag{10-36}$$

此时，在全系统对抗条件下，无人机集群的总突防概率为

$$\begin{aligned}Q=&\left[P_{fm}Q_m^{\frac{N_0}{N_U P_d}}+(1-P_{fm})\right]\left[P_{fa}Q_a^{\frac{N_1}{N_U P_d}}+(1-P_{fa})\right]Q_e P_d+\\&\left[P_{fa}Q_a^{\frac{N_2}{N_U(1-P_d)}}+(1-P_{fa})\right](1-P_d)Q_d\end{aligned} \tag{10-37}$$

由此，期望突防无人机数为

$$N_c^P=N_U Q \tag{10-38}$$

当期望突防无人机数大于等于 1 时，即可认为无人机集群满足饱和攻击的要求。无人机饱和攻击数为

$$\begin{cases}N_A=N_U Q\geqslant 1\\ N_c^P=\min[(N_c^P,(N_U+1)_c^P,(N_U+2)_c^P,\cdots)]\\ N_A=N_U\end{cases} \tag{10-39}$$

式中：饱和攻击数 N_A 为理想状况下能够成功实施饱和攻击所需的最少无人机数量，一般作为决策结果的参考下限值。

10.2.3 基于一致性算法的协同饱和攻击

无人机集群构建能够包围目标的圆形编队，是一种常用的多点饱和攻击形式，如图 10-12 所示。目标包围圈以 O 为圆心，R_1 为半径，各无人机均匀分布在圆上，θ_1 为编队角度。只有一个目标存在时，将该目标位置作为圆心 O；若任务区域中包含 k 个目标时，将各目标点的几何中心作为圆心 O。

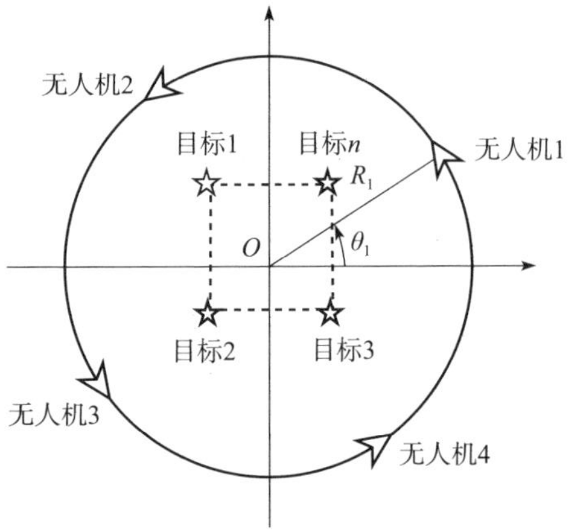

图 10-12　基于圆形编队的目标包围示意图

各无人机的运动方程为

$$\dot{\boldsymbol{X}}_i(t)=f(\boldsymbol{u}_i(t)) \tag{10-40}$$

式中：$\boldsymbol{X}_i(t)$ 为第 i 架无人机的位置；$\boldsymbol{u}_i(t)$ 为控制输入。

在极坐标系中，无人机与目标的几何关系为

$$\begin{cases}\dot{R}_i(t)=V_i(t)\\ \dot{\theta}_i(t)=q_i(t)\end{cases} \tag{10-41}$$

此时，第 i 架无人机的位置为

$$\boldsymbol{X}_i(t)=\boldsymbol{O}+[R_i(t)\cos(\theta_i(t)),R_i(t)\sin(\theta_i(t))]^{\mathrm{T}} \tag{10-42}$$

考虑到集群同步多点饱和攻击问题，第 i 架无人机需要满足的约束条件为

$$\lim_{t\to\infty}\left\{\left\|\boldsymbol{X}_i(t)-\frac{1}{k}\sum_{p=1}^{k}\boldsymbol{X}_p^{\mathrm{T}}(t)\right\|-\kappa\max_{q\in\boldsymbol{\Omega}}\left\{\left\|\boldsymbol{X}_q^{\mathrm{T}}(t)-\frac{1}{k}\sum_{p=1}^{k}\boldsymbol{X}_p^{\mathrm{T}}(t)\right\|\right\}\right\}=0 \tag{10-43}$$

式中：$\boldsymbol{X}_p^{\mathrm{T}}(t)$ 为 t 时刻第 p 个目标的位置信息；$\left\|\boldsymbol{X}_i(t)-\frac{1}{k}\sum_{p=1}^{k}\boldsymbol{X}_p^{\mathrm{T}}(t)\right\|$ 为 t 时刻第 i 架无人机与 O 点的距离；$\kappa\max_{q\in\boldsymbol{\Omega}}\left\{\left\|\boldsymbol{X}_q^{\mathrm{T}}(t)-\frac{1}{k}\sum_{p=1}^{k}\boldsymbol{X}_p^{\mathrm{T}}(t)\right\|\right\}$ 为无人机圆形编队的期望半径；$\boldsymbol{\Omega}$ 为目标集合；$\kappa>0$ 为无人机圆形编队的半径增益，用于调节编队期望半径。

第 i 架无人机与第 j 架无人机运动半径的差值趋于 0 时，2 架无人机同时到达目标包围圈，即

$$\lim_{t\to\infty}[R_i(t)-R_j(t)]=0 \tag{10-44}$$

第 i 架无人机与第 j 架无人机角度的差值趋于圆形编队期望的角度差时，所有无人机均匀分布在目标包围圈上，即

$$\lim_{t\to\infty}\left[\theta_i(t)-\theta_j(t)-\frac{2\pi(i-j)}{N_S}\right]=0 \tag{10-45}$$

设多智能体系统为 I，基于信息一致性理论的多智能体系统的控制目标为设计理想的控制输入 $\boldsymbol{u}_i$，使得所有智能体的状态逐渐收敛并达到一致，即

$$\lim_{t\to\infty}|\boldsymbol{X}_i(t)-\boldsymbol{X}_j(t)|=0 \quad (\forall i,j\in I,i\neq j) \tag{10-46}$$

一阶多智能体系统的信息一致性控制律设计为

$$\boldsymbol{u}_i(t)=-\sum_{j\in\widetilde{U}_i}g_{ij}(\boldsymbol{X}_i-\boldsymbol{X}_j) \quad (i\in I) \tag{10-47}$$

式中：g_{ij} 为通信拓扑邻接矩阵中的对应值。

考虑式（10-43）~式（10-45）所示的控制目标，基于一致性理论的分布式包围控制器包括无人机的运动半径控制和角度控制，设计为

$$\begin{cases}\dot{R}_i(t)=-\lambda\,\mathrm{sign}(R_i(t)-\kappa d_{\mathrm{lo\,max}})-\sum\limits_{j\in\widetilde{U}_i(t)}g_{ij}(R_i(t)-R_j(t))\\ \dot{\theta}_i(t)=-\sum\limits_{j\in\widetilde{U}_i(t)}g_{ij}\left(\theta_i(t)-\theta_j(t)-\dfrac{2\pi(i-j)}{N_S}\right)\end{cases} \tag{10-48}$$

式中：$\lambda>0$ 为控制器增益；sign(·) 为符号函数；$d_{\mathrm{lo\,max}}$ 为目标与 O 点的最大距离。

该分布式包围控制器能够使所有参战无人机同时到达目标附近，并以圆形编队均匀分布在以目标中心为圆心、$\kappa d_{\mathrm{lo\,max}}$ 为半径的包围圈上。

无人机集群多角度多阵位分布在包围圈上绕圈飞行，等待进攻指令。根据作战任务要求，无人机集群既可以同时发起对目标的同步多点饱和攻击，也可以最大速度向目标发起自杀式攻击，还可以按照时序对目标进行多轮打击，确保无人机集群对目标毁伤效能最大化。

10.2.4　仿真分析

对无人机集群饱和攻击进行仿真分析，参数设置及详细结果见文献[98]。

1. 集群突防

分析无人机集群总突防概率与无人机饱和攻击数的关系，参战无人机数随集群总突防概率的变化曲线如图 10-13 所示，其中带圆圈曲线表示实际参战的无人机数量，带方框曲线表示 3 架无人机成功突防条件下的期望参战无人机数量。当 10 架无人机参战时，集群总突防概率为 0.314，即成功突防的无人机数

量为 3.14。因此，设计饱和攻击数 $N_A \geqslant 10$，才能实现至少 3 架无人机成功突防。

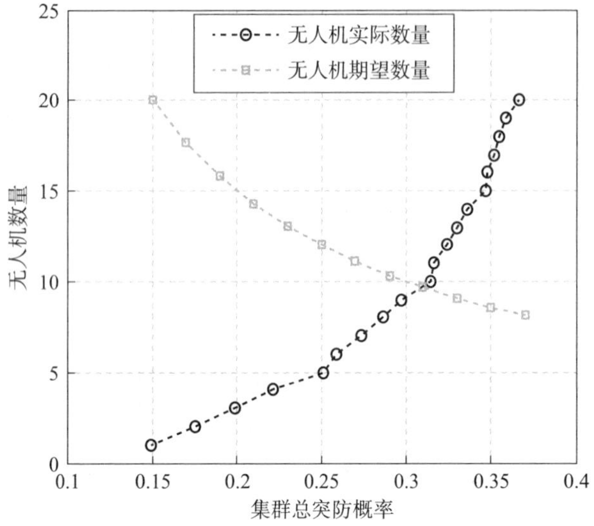

图 10-13　参战无人机数量随集群总突防概率的变化曲线

2. 饱和攻击

8 架无人机突破敌方防御系统，对 4 个静止目标发起攻击，无人机集群饱和攻击航迹如图 10-14 所示。由于第 8 架无人机距离最远，为了实现时间协同要求，第 1 架~第 7 架无人机增加自身航迹长度，同时第 8 架无人机以最大速度飞往预定位置，200s 时，所有无人机同时到达目标附近，相邻无人机之间的角度差为 π/4，均匀分布在目标包围圈上。

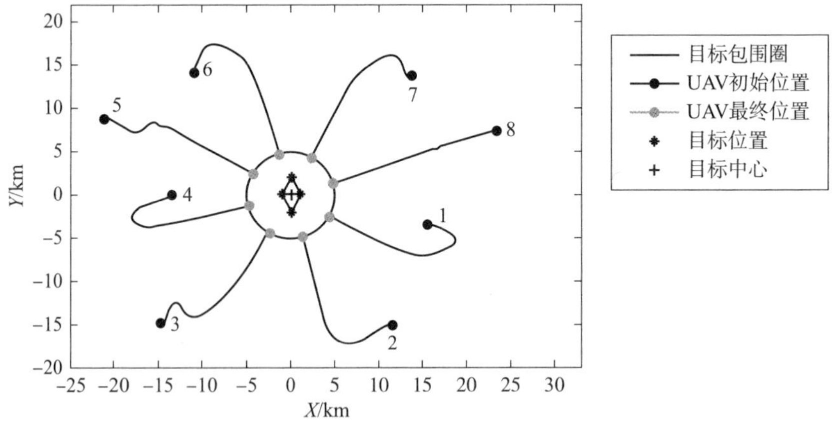

图 10-14　无人机集群饱和攻击航迹

10.3　小结

本章从以下方面研究了无人机集群协同对抗与饱和攻击技术：

（1）无人机集群协同对抗。构建了集群协同对抗场景、数学模型，来描述协同对抗任务，建立了目标分配优化模型，设计了扩展分布式迭代一致性拍卖算法，经过多轮迭代和竞拍求解满足总收益最大的目标分配方案，实现了无人机对目标无人机的一对一分配。开发了包括目标分配决策、集群运动决策和目标攻击决策模块的无人机集群协同对抗算法，并进行了仿真分析。

（2）无人机集群饱和攻击。构建了无人机平台协同、时间协同和空间协同模型，来描述协同饱和攻击任务，针对全系统对抗的背景，计算了无人机突破敌方各防御系统的概率，进而解决了集群总突防概率和饱和攻击数的计算问题，分析了集群同步多点饱和攻击问题及约束条件，设计了基于一致性算法的分布式包围控制器，使得所有无人机同时到达目标附近，并以一定角度均匀分布在目标的包围圈上，并通过仿真验证了无人机集群饱和攻击算法。

参考文献

[1] Dempsey M E, Rasmussen S. Eyes of the army: US army road map for unmanned aircraft systems 2010-2035 [R]. US Army UAS Center of Excellence, 2010.

[2] Phillips A N, Mullins B E, Raines R A, et al. A secure group communication architecture for autonomous unmanned aerial vehicles [J]. Security & Communication Networks, 2009, 2 (1): 55-69.

[3] Vachtsevanos G, Tang L, Drozeski G. From mission planning to flight control of unmanned aerial vehicles: Strategies and implementation tools [J]. Annual Reviews in Control, 2009, 29 (1): 101-115.

[4] Rubio J S, Vagners J, Rydsyk R. Adaptive path planning for autonomous UAV oceanic search missions [C]. AIAA 1st Intelligent Systems Technical Conference. Chicago: American Institute of Aeronautics and Astronautics, 2004.

[5] Reynolds C W. Steering behaviors for autonomous characters [C]. Proceedings of the 2005 Winter Simulation Conference. San Jose: [s. n.], 2005.

[6] Jongho S, Kim H J. Nonlinear model predictive formation flight [J]. IEEE Transactions on Systems, Man and Cybernetics-Part A: Systems and Humans, 2009, 39 (5): 1116-1125.

[7] Duan H B, Liu S Q. Nonlinear dual-mode receding horizon control for multiple unmanned air vehicles formation flight based on chaotic particle swarm optimization [J]. IET Control Theory and Applications, 2010, 11 (4): 2565-2578.

[8] Lamont G B. UAV swarm mission planning development using evolutionary algorithms-Part I [D]. Dayton: Air Force Institute of Technology Wright-Patterson Air Force Base, Department of Electrical and Computer Engineering, 2008.

[9] Huang J, Cao M, Zhou N, et al. Distributed behavioral control for second-order nonlinear multiple-agent systems [C]. 20th World Congress of the International Federation of Automatic Control. Toulouse: Elsevier, 2017.

[10] Hattenberger G, Alami R, Lacroix S. Planning and control for unmanned air vehicle formation flight [C]. 2006 IEEE/RSJ International Conference on Intelligent Robots and Systems. Hattenberger: IEEE, 2016.

[11] Bencatel R, Faied M, Sousa J, et al. Formation control with collision avoidance [C]. 2011 50th IEEE Conference on Decision and Control and European Control Conference. Bencatel: IEEE, 2011.

[12] Bayezit I, Fidan B. Distributed cohesive motion control of flight vehicle formations [J]. IEEE Transactions on Industrial Electronics, 2013, 60 (12): 5763-5772.

[13] Juan A, Vargas J, Corona H, et al. Experimental implementation of a leader-follower strategy for quadrotors using a distributed architecture [J]. Journal of Intelligent & Robotic Systems, 2016, 84: 435-452.

[14] Zhang M, Liu H T. Formation flight of multiple flxed-wing unmanned aerial vehicles [C]. 2013 American Control Conference. Washington: IEEE, 2013.

[15] Seyed M K Z, Fariborz S. Vision-based navigation in autonomous close proximity operations using neural

networks [J]. IEEE Transactions on Aerospace and Electronic Systems, 2011, 47 (2): 864-883.

[16] Mohammad A D, Mohammad B M. Integral sliding mode formation control of flxed-wing unmanned aircraft using seeker as a relative measurement system [J]. Aerospace Science and Technology, 2016, 58: 318-327.

[17] Semsar E, Khorasani K. Adaptive formation control of UAVs in the presence of unknown vortex forces and leader commands [C]. Proceedings of 2006 American Control Conference. Minneapolis. Minnesota state: IEEE, 2006.

[18] Paul T, Krogstad T R, Gravdahl J T. Modelling of UAV formation flight using 3D potential field [J]. Simulation Modelling Practice & Theory, 2008, 16 (9): 1453-1462.

[19] Liao F, Teo R, Wang J L. Robust Formation and reconfiguration control for nonholonomic UAVs with dynamic constraints [C]. AIAA Guidance, Navigation, and Control (GNC) Conference. Boston: AIAA, 2013.

[20] Animesh C, Debasish G. Obstacle avoidance in a dynamic environment: a collision cone approach [J]. IEEE Transactions on Systems, Man, and Cybernetics, 1998, 28 (5): 562-574.

[21] Tian X, Barshalom Y, Chen G, et al. A unified cooperative control architecture for UAV missions [J]. Proceedings of SPIE-The International Society for Optical Engineering, 2012, 8392: 1-12.

[22] Eric J B. Agent-based cooperative control [R]. Wright-Patterson Air Force Base, OH 45433-7542 AFRL-VA-WP-TM-2006-3031, 2005.

[23] Chandler P R, Pachter M, Swaroop D, et al. Complexity in UAV cooperative control [C]. American Control Conference. Anchorage: IEEE, 2002.

[24] Awalt B, Turner D, Miller R, et al. Extended kalman filter applications to multiple-vehicle UAV cooperative controls [C]. AIAA "Unmanned Unlimited" Conf & Workshop & Exhibit. San Diego: AIAA, 2003.

[25] Weatherington D, Wilson A. The office of the secretary of defense (OSD) Unmanned Aerial Vehicles (UAV) Common Mission Planning Architecture (CMPA) -An Overview [C]. AIAA "Unmanned Unlimited" Conf & Workshop & Exhibit. San Diego: AIAA, 2003.

[26] Boskovic J D, Prasanth R, Mehra R K. A multiple-layer autonomous intelligent control architecture for unmanned aerial vehicles [J]. Journal of Aerospace Computing, Information, and Communication, 2004, 1 (12): 605-628.

[27] 廖沫，陈宗基．基于满意决策的多机协同目标分配算法 [J]．北京航空航天大学学报，2007，33 (1): 81-85.

[28] Burgin G H, Fogel L J, Phelps J P. An adaptive maneuvering logic computer program for the simulation of one-on-one air-to-air combat. Volume 1: General description [R]. NASA, CR-2582, 1975.

[29] Smith R E, Dike B A, Mehra R K, et al. Classifier systems in combat: Two-sided learning of maneuvers for advanced fighter aircraft [J]. Computer Methods in Applied Mechanics & Engineering, 2000, 186 (2): 421-437.

[30] John K, Kalmanje K. Tactical immunized maneuvering system for exploration air vehicles [R]. AIAA, 2005.

[31] Goddemeier N. Role-based connectivity management with realistic air-to-ground channels for cooperative UAVs [J]. IEEE Journal on Selected Areas in Communications, 2012, 30 (5): 951-963.

[32] Jones P J. Cooperative area surveillance strategies using multiple unmanned systems [D]. Atlanta: Georgia Institute of Technology, 2009.

[33] Lua C A, Altenburg K, Nygard K. Synchronized multiple-point attack by autonomous reactive vehicles with local communication [C]. Proceedings of the 2003 IEEE Swarm Intelligence Symposium. Indianapolis: IEEE, 2003.
[34] Boskovic J, Knoebel N, Moshtagh N, et al. Collaborative Mission Planning & Autonomous Control Technology (CoMPACT) system employing swarms of UAVs [C]. AIAA Guidance, Navigation, and Control Conference. Chicago: AIAA, 2009.
[35] Morris K M. Performance analysis of a cooperative search algorithm for multiple unmanned aerial vehicles under limited communication conditions [D]. Dayton: Air Force Institute of Technology, Wright-Patterson Air Force Base, 2006.
[36] Berner R A. The effective use of multiple unmanned aerial vehicles in surface search and control [D]. Monterey: Naval Postgraduate School, 2004.
[37] Endsley M R. Designing for situation awareness: an approach to user-centered design [M]. Boca Raton: CRC Press, 2016.
[38] Sabtr. Report on building the joint battlespace infosphere volume 1 [R]. United States Air Force Scientific Advisory Board, SAB-TR-99-02, 1999.
[39] 牛轶峰，肖湘江，柯冠岩. 无人机集群作战概念及关键技术分析 [J]. 国防科技，2013，34 (5)：37-43.
[40] Soylu U. Multi-target tracking for swarm vs. swarm UAV systems [D]. Monterey: Naval Postgraduate School, 2012.
[41] Schlecht, Joseph, Karl A, et al. Decentralized search by unmanned air vehicles using local communication [C]. Proceedings of the International Conference on Artificial Intelligence. Las Vegas: ACM, 2003.
[42] Nowak D J. Exploitation of self organization in UAV swarms for optimization in combat environments [D]. Dayton: Air Force Institute of Technology. 2008.
[43] Gaertner U. UAV swarm tactics: An agent-based simulation and markov process analysis [D]. Monterey: Naval Postgraduate School, 2013.
[44] 黄国勇，甄子洋，王道波. 变推力轴线无人机的建模与机敏性分析 [J]. 南京航空航天大学学报，2010，42 (2)：170-174.
[45] 王志胜，姜斌，甄子洋. 融合估计与融合控制 [M]. 北京：科学出版社，2009.
[46] 甄子洋，王志胜，王道波. 基于信息融合估计的离散系统最优跟踪控制 [J]. 控制与决策，2009，24 (1)：81-85.
[47] 甄子洋，王志胜，王道波. 离散线性信息融合最优跟踪控制 [J]. 控制与决策，2009，24 (6)：869-873，878.
[48] 甄子洋，江驹，王志胜，等. 有限时间信息融合线性二次型最优控制 [J]. 控制理论与应用，2012，29 (2)：172-176.
[49] Zhen Z Y, Jiang J, Wang X H, et al. Information fusion based optimal attitude control for large civil aircraft [J]. ISA Transactions, 2015, 55: 81-91.
[50] Zhen Z Y, Xu Y, Jiang J. Information fusion estimation-based flight control of a nonlinear jumbo jet under wind disturbance [J]. Optimal Control Applications and Methods, 2018, 39: 537-548.
[51] 甄子洋. 融合控制方法及其在无人机飞行控制中的应用研究 [D]. 南京：南京航空航天大学，2010.

[52] 甄子洋，王志胜，王道波．基于信息融合最优估计的非线性离散系统预测控制［J］．自动化学报，2008，34（3）：331-336.

[53] 甄子洋，王志胜，王道波．基于误差系统的信息融合最优预见跟踪控制［J］．控制理论与应用，2009，26（4）：425-428.

[54] 甄子洋．预见控制理论及应用研究进展［J］．自动化学报，2016，42（2）：172-188.

[55] Zhen Z Y，Jiang S Y，Jiang J. Preview control and particle filtering for automatic carrier landing［J］. IEEE Transactions on Aerospace and Electronic Systems，2018，54（6）：2662-2674.

[56] Zhen Z Y，Jiang S Y，Ma K. Automatic carrier landing control for unmanned aerial vehicles based on preview control and particle filtering［J］. Aerospace Science and Technology，2018，81：99-107.

[57] 甄子洋，陶钢，江驹，等．无人机自动撞网着舰轨迹自适应跟踪控制［J］．哈尔滨工程大学学报，2017，38（12）：1922-1927.

[58] Zheng F Y，Gong H J，Zhen Z Y. Adaptive constraint backstepping fault-tolerant control for small carrier-based unmanned aerial vehicle with uncertain parameters［J］. Proceedings of the Institution of Mechanical Engineers，Part G：Journal of Aerospace Engineering，2016，230（3）：407-425.

[59] Zhen Z Y，Yu C J，Jiang S Y，et al. Adaptive super-twisting control for automatic carrier landing of aircraft［J］. IEEE Transactions on Aerospace and Electronic Systems，2019，56（2）：984-997.

[60] 甄子洋，朱平，江驹，等．基于自适应控制的近空间高超声速飞行器研究进展［J］．宇航学报，2018，39（4）：355-367.

[61] 甄子洋，龚华军，陶钢，等．基于自适应控制的大型客机编队飞行一致性控制［J］．中国科学：技术科学，2018，48（3）：336-346.

[62] Tao G. Adaptive control design and analysis［M］. NY：John Wiley & Sons. Inc，2003.

[63] Zhen Z Y，Wang Z S，Hu Y，et al. Learning method of RBF network based on FCM and ACO［C］. 20th Chinese Control and Decision Conference. Yantai：IEEE，2008.

[64] Xu Q Z，Wang Z S，Zhen Z Y. Adaptive neural network finite time control for quadrotor UAV with unknown input saturation［J］. Nonlinear Dynamics，2019，98：1973-1998.

[65] 郑峰婴，龚华军，甄子洋．基于积分滑模控制的无人机自动着舰系统［J］．系统工程与电子技术，2015，37（7）：1621-1628.

[66] 甄子洋，王道波，王志胜，等．基于大脑情感学习的转台逆模型补偿控制［J］．应用科学学报，2009，27（3）：326-330.

[67] 甄子洋，王道波，王志胜．基于大脑情感学习模型的转台伺服系统设计［J］．中国空间科学技术，2009，29（1）：13-18，25.

[68] Pu H Z，Zhen Z Y，Jiang J，et al. UAV flight control system based on intelligent BEL algorithm［J］. International Journal of Advanced Robotic Systems，2013，10（121）：1-8.

[69] 浦黄忠，甄子洋，王道波，等．用于多峰函数优化的改进跳跃基因遗传算法［J］．南京航空航天大学学报，2007，39（6）：829-832.

[70] Zhen Z Y，Wang Z S，Liu Y Y. An adaptive particle swarm optimization for global optimization［C］. Proceedings of Third International Conference on Natural Computation. Haikou：IEEE Computer Society Press，2007.

[71] Zhen Z Y，Wang D B，Li M. Improved particle swarm optimizer based on adaptive random learning approach［C］. IEEE Congress on Evolutionary Computation. Trondheim：IEEE，2009.

[72] Zhen Z Y, Wang Z S, Gu Z, et al. A novel memetic algorithm for global optimization based on PSO and SFLA [C]. Proceedings of Advances in Computation and Intelligence, Lecture Notes in Computer Science. Wuhan: Springer, 2007.

[73] Zhen Z Y, Wang D B, Liu Y Y. Improved shuffled frog leaping algorithm for continuous optimization problem [C]. IEEE Congress on Evolutionary Computation. Trondheim: IEEE, 2009.

[74] Liang B B, Zhen Z Y, Jiang J. Modified shuffled frog leaping algorithm optimized control for air-breathing hypersonic flight vehicle [J]. International Journal of Advanced Robotic Systems, 2016, 13 (6): 1-7.

[75] 欧超杰. 多无人机编队控制技术研究 [D]. 南京: 南京航空航天大学, 2015.

[76] 刑冬静. 多无人机任务区集结控制算法研究 [D]. 南京: 南京航空航天大学, 2016.

[77] 李腾. 有人/无人机协同编队控制技术研究 [D]. 南京: 南京航空航天大学, 2017.

[78] Xu Y, Zhen Z Y. Multivariable adaptive distributed leader-follower flight control for multiple UAVs formation [J]. The Aeronautical Journal, 2017, 121 (1241): 877-900.

[79] 许玥. 基于自适应控制的无人机编队控制研究 [D]. 南京: 南京航空航天大学, 2017.

[80] 郜晨. 无人机编队飞行航迹规划方法研究 [D]. 南京: 南京航空航天大学, 2013.

[81] 郜晨, 甄子洋, 龚华军. 雷达威胁环境下的多无人机协同航迹规划 [J]. 应用科学学报, 2014, 32 (3), 287-292.

[82] Li T, Jiang J, Zhen Z Y, et al. Mission planning for multiple UAVs based on ant colony optimization and improved Dubins path [C]. 2016 IEEE Chinese Guidance, Navigation and Control Conference. Nanjing: IEEE, 2016.

[83] Zhen Z Y, Gao C, Zheng F Y, et al. Cooperative path replanning method for multiple unmanned aerial vehicles with obstacle collision avoidance under timing constraints [J]. Proceedings of the Institution of Mechanical Engineers, Part G: Journal of Aerospace Engineering, 2015, 229 (10): 1813-1823.

[84] Gao C, Gong H J, Zhen Z Y, et al. Three dimensions formation flight path planning under radar threatening environment [C]. Chinese Control Conference. Nanjing: IEEE, 2014.

[85] 肖东. 异构多无人机自主任务规划方法研究 [D]. 南京: 南京航空航天大学, 2018.

[86] 郜晨. 多无人机自主任务规划方法研究 [D]. 南京: 南京航空航天大学, 2016.

[87] Gao C, Zhen Z Y, Gong H J. A self-organized search and attack algorithm for multiple unmanned aerial vehicles [J]. Aerospace Science and Technology, 2016, 54: 229-240.

[88] Zhen Z Y, Xing D J, Gao C. Cooperative search-attack mission planning for multiple-UAV based on intelligent self-organized algorithm [J]. Aerospace Science and Technology, 2018, 76: 402-411.

[89] 甄子洋, 郜晨, 龚华军, 等. 一种针对多动态目标的多无人机智能协同察打方法: 中国, ZL201510218742.6 [P]. 2017-10-31.

[90] Zhen Z Y, Zhu P, Xue Y X, et al. Distributed intelligent self-organized mission planning of multiple-UAV for dynamic targets cooperative search-attack [J]. Chinese Journal of Aeronautics, 2019, 32 (12): 2706-2716.

[91] Zhao Y, Chen Y F, Zhen Z Y, et al. Multi-weapon multiple-target assignment based on hybrid genetic algorithm in uncertain environment [J]. International Journal of Advanced Robotic Systems, 2020: 1-16.

[92] 宋遐淦. 不确定环境下智能空战优化决策算法研究 [D]. 南京: 南京航空航天大学, 2017.

[93] 宋遐淦, 江驹, 徐海燕. 改进模拟退火遗传算法在协同空战中的应用 [J]. 哈尔滨工程大学学报, 2017 (11): 97-103.

[94] Price I C. Evolving self-organized behavior for homogeneous and heterogeneous UAV or UCAV swarms [D]. Dayton: Air Force Institute of Technology Graduate School of Engineering and Management, 2006.

[95] Kleeman M P. Self-organization [R]. Technical report, Air Force Institute of Technology, Wright-Patterson Air Force Base, Dayton, OH, 2004.

[96] Kadrovich J T. A communications modeling system for swarm-based sensors [D]. Dayton: Air Force Institute of Technology, 2003.

[97] Lotspeich J T. Distributed control of a swarm of autonomous unmanned aerial vehicles [D]. Dayton: Air Force Institute of Technology, Wright-Patterson Air Force Base, 2003.

[98] 邢冬静. 无人机集群作战自主任务规划方法研究 [D]. 南京: 南京航空航天大学, 2019.

[99] Xing D J, Zhen Z Y, Zhou C Y, et al. Cooperative search of UAV swarm based on ant colony optimization with artificial potential field [J]. Transactions of Nanjing University of Aeronautics and Astronautics, 2019, 36 (6): 912-918.

[100] Zhen Z Y, Chen Y, Wen L D, et al. An intelligent cooperative mission planning scheme of UAV swarm in uncertain dynamic environment [J]. Aerospace Science and Technology, 2020, 100: 105826.

[101] Xing D J, Zhen Z Y, Gong H J. Offense-defense confrontation decision making for dynamic UAV swarm versus UAV swarm [J]. Proceedings of the Institution of Mechanical Engineering, Part G: Journal of Aerospace Engineering, 2019, 233 (15): 5689-5702.

内容简介

无人机集群作战是未来作战方式的重要发展趋势，协同控制与决策是其关键技术。本书以多无人机编队飞行控制、协同航迹规划为基础，介绍了多无人机协同搜索、协同察打、协同空战决策等典型作战场景下的控制与决策。将无人机集群自组织概念应用于集群协同搜索、协同察打、协同对抗与饱和攻击等作战场景，全面翔实地论述了无人机集群作战协同控制与决策技术。

本书可作为控制科学与工程学科研究生的参考教材，也可供从事无人机技术研究与开发的学者、工程技术人员借鉴参考。

UAV swarm operation is an important trend in the future, and cooperative control and decision is one of the key technologies. Based on multiple UAVs formation flight control and cooperative path planning, this book introduces the control and decision in typical combat scenarios such as multiple UAVs cooperative search, cooperative search and strike, and cooperative air combat decision. The self-organization concept of UAV swarm is applied to combat scenarios such as cooperative search, cooperative search and strike, cooperative conflict and saturation attack, all of which accurately elaborate the cooperative control and decision of UAV swarm operations technology.

This book can be used as a reference material for graduate students of control science and engineering, as well as for scholars and engineers engaged in UAV research and development.